GUIDES SAVANTS

Guide des VOLCANS d'Outre-mer

Pascal Richet

Jean-Yves Cottin, Joël Dyon, René Maury et Nicolas Villeneuve

Avec la collaboration de
Pierre-Louis Guillot, Philippe Mairine et Gilbert Michon

brgméditions

3, avenue Claude-Guillemin BP 36009
45060 Orléans cedex 2 – editions.brgm.fr

BELIN

8, rue Férou - 75278 Paris cedex 06
www.editions-belin.com

Pascal Richet, géophysicien, est responsable du Laboratoire de physique des minéraux et des magmas à l'Institut de physique du globe de Paris. Ancien professeur à l'université Stanford et au Tokyo Institute of Technology, il a reçu en 2006 la prestigieuse médaille Robert W. Bunsen de l'European Geophysical Union pour ses travaux de volcanologie.
Il a écrit ce second guide des volcans de France avec le concours de **Jean-Yves Cottin** (professeur à l'université Jean-Monnet de Saint-Étienne), **Joël Dyon** (ingénieur à l'université Paris VII Denis-Diderot), **René Maury** (professeur à l'université de Bretagne occidentale à Brest) et **Nicolas Villeneuve** (maître de conférences à l'université de La Réunion à Saint-Denis).
Il a également bénéficié de la collaboration de Pierre-Louis Guillot † (ancien professeur à l'université de Savoie), Philippe Mairine (chercheur associé à l'université de La Réunion) et Gilbert Michon (maître de conférences à l'université Jean-Monnet de Saint-Étienne).

Des mêmes auteurs

Géologie de la croûte océanique. Pétrologie et dynamique endogène, T. Juteau et R. Maury, Masson, Paris, 1997.

Sciences de la Terre et de l'Univers, A. Brahic, M. Hoffert, R. Maury, A. Schaaf et M. Tardy, Vuibert, Paris, 2006.

L'âge du monde. À la découverte de l'immensité du temps, P. Richet, Le Seuil, Paris, 1999.

Les bases physiques de la thermodynamique, P. Richet, Belin, Paris, 2000.

L'âge du verre, P. Richet, Gallimard, Paris, 2000.

Guide des volcans de France, P. Richet avec la collaboration de J.-Y. Cottin, J. Dyon, J. Mergoil, P. Nehlig et N. Santarelli, Belin/BRGM Éditions, Paris, 2003.

Le Feu, aux sources de la civilisation, P. Richet, Gallimard, Paris, 2004.

Silicate Glasses and Melts. Properties and Structure, B. O. Mysen et P. Richet, Elsevier, Amsterdam, 2005.

A Natural History of Time, P. Richet, The Univ. of Chicago Press, Chicago, 2007.

ISBN 978-2-7011-4510-5
ISBN 978-2-7159-0999-1

SOMMAIRE

M O D E   D ' E M P L O I

Guide des VOLCANS d'Outre-mer

PARTIE I : « UNE HISTOIRE DES VOLCANS DE MER »

Une brève histoire de la découverte de ces îles lointaines et de leur nature volcanique, une initiation à la volcanologie, la présentation des principaux types de volcans, d'éruptions et de laves et de l'incessante sape de l'érosion.

PARTIE II : « LES VOLCANS DE LA FRANCE OUTRE-MER »

- Le volcanisme de 21 îles réparties dans 4 grandes régions naturelles : Antilles (Martinique et Guadeloupe), La Réunion, Polynésie (Société, Marquises, Australes, Gambier) et terres Australes (Amsterdam et Saint-Paul, Crozet, Kerguelen).
- Pour chaque région et archipel, une introduction historique, touristique et volcanologique (pages saumon).
- Pour chaque île, une carte en relief pour à la fois en comprendre l'histoire et repérer les sites décrits.

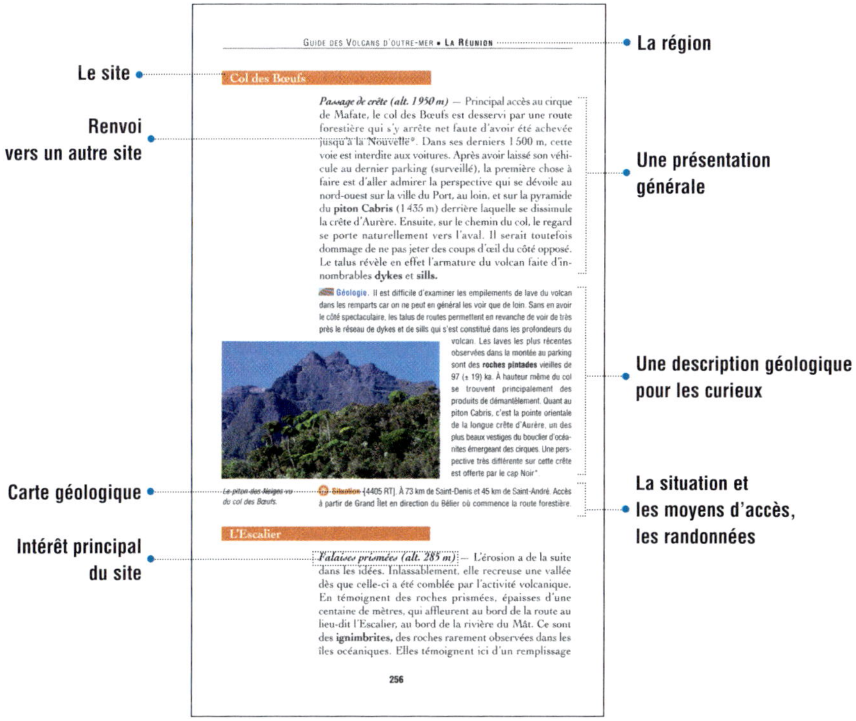

GUIDE DES VOLCANS D'OUTRE-MER • LA RÉUNION

Col des Bœufs

Passage de crête (alt. 1950 m) — Principal accès au cirque de Mafate, le col des Bœufs est desservi par une route forestière qui s'y arrête net faute d'avoir été achevée jusqu'à la Nouvelle*. Dans ses derniers 1 500 m, cette voie est interdite aux voitures. Après avoir laissé son véhicule au dernier parking (surveillé), la première chose à faire est d'aller admirer la perspective qui se dévoile au nord-ouest sur la ville du Port, au loin, et sur la pyramide du **piton Cabris** (1 435 m) derrière laquelle se dissimule la crête d'Aurère. Ensuite, sur le chemin du col, le regard se porte naturellement vers l'aval. Il serait toutefois dommage de ne pas jeter des coups d'œil du côté opposé. Le talus révèle en effet l'armature du volcan faite d'innombrables **dykes** et **sills.**

Géologie. Il est difficile d'examiner les empilements de lave du volcan dans les remparts car on ne peut en général les voir que de loin. Sans en avoir le côté spectaculaire, les talus de routes permettent en revanche de voir de très près le réseau de dykes et de sills qui s'est constitué dans les profondeurs du volcan. Les laves les plus récentes observées dans la montée au parking sont des **roches pintades** vieilles de 97 (± 19) ka. À hauteur même du col se trouvent principalement des produits de démantèlement. Quant au piton Cabris, c'est la pointe orientale de la longue crête d'Aurère, un des plus beaux vestiges du bouclier d'océanites émergeant des cirques. Une perspective très différente sur cette crête est offerte par le cap Noir*.

Le piton des Neiges vu du col des Bœufs.

Situation [4405 RT]. À 73 km de Saint-Denis et 45 km de Saint-André. Accès à partir de Grand Îlet en direction du Bélier où commence la route forestière.

L'Escalier

Falaises prismées (alt. 285 m) — L'érosion a de la suite dans les idées. Inlassablement, elle recreuse une vallée dès que celle-ci a été comblée par l'activité volcanique. En témoignent des roches prismées, épaisses d'une centaine de mètres, qui affleurent au bord de la route au lieu-dit l'Escalier, au bord de la rivière du Mât. Ce sont des **ignimbrites,** des roches rarement observées dans les îles océaniques. Elles témoignent ici d'un remplissage

256

Remerciements

Nombreux sont ceux qui doivent être remerciés pour leur aide lors de la réalisation de cet ouvrage de référence et notamment :

– N. Arnaud, P. Bachèlery, A.-M. Baudrand, T. Beaugé, A. Bonneville, E. Clévédé, M. Dauphite, P. Delepelaire, G. Delpech, M. Diament, R. Ethien, E. Fareau, D. Gasquet, C. Germanaz, M. Grégoire, D. Guillaume, H. Guillou, C. Guilpin, S. Hardy, M. Henry, J. Joseph, F. Martel-Asselin, E. Mitard, R. Moretti, B. O. Mysen, P. Nehlig, O. Odon, P. Ottino, M.-L. Pascal, J.-M. Prevet, X. Quidelleur, S. Rad, J. Roux, J. F. Stebbins, F. Touber, P. Vives, M. Wolf pour divers concours ;

– P. Agrinier, G. Barruol, P. Bastin, S. Bazin, S. Bès de Berc, S. Blais, A. Bonneville, J.-M. Bou, J. Chevet, A. Davaille, S. Deroussi, F. Doré, L. Ferlicot, M. Feuillard, A. Finizola, J. Félenc, Y. François, D. Gagnevin, M.-C. Gerbe, A. Giret, A.-M. Gonzales-Marabal, G. Guille, R. Hékinian, J.-Y. Hervé, Y. Hiramatsu, P. Labazuy, D. Laporte, C. Legendre, A.-M. Lejeune, G. Libourel, S. Lugand, B. D. Marsh, M.-F. Maury, D. Moiriat, P. Maurizot, M. Munschy, P. Ottino, A. Peltier, J. Perrin, M. Ricard, C. Roches, P. Rossi, B. Salvat, F. Simien, E. Stutzmann, J. Talandier, G. Techer, G. Troispoux, M. Urvois, B. Welsch, L. Zerbib et le BRGM pour les photos, cartes et documents généreusement fournis ;

– A. Barrère, F. Beauducel, A. Giret, J. Mergoil, B. Moine, D. et H. Rouland, Th. Staudacher et P. Vassal (BRGM-im@gé) pour leur aide iconographique précieuse ;

– G. Boudon, C. Legendre et Th. Staudacher pour les renseignements donnés respectivement sur les Antilles, sur les Marquises et sur La Réunion ;

– V. Ferrazzini et les membres de l'Observatoire volcanologique du piton de la Fournaise pour les enregistrements et informations généreusement communiqués ;

– P. Nehlig, E. Richet et J. Varet pour leur lecture critique du texte et M. Azémar pour son examen minutieux des épreuves ;

– le BRGM et le CEA pour le programme de cartographie géologique entrepris à leur initiative en Polynésie ;

– l'administration des TAAF et l'Institut Paul-Émile-Victor pour leur soutien aux études géologiques des îles Kerguelen, et en particulier au programme Cartoker dirigé par A. Giret, auquel ont participé de nombreux volontaires à l'aide technique ;

– enfin, par avance, les lecteurs qui signaleront toute erreur ou omission.

Ouvrage publié avec le concours de l'Association Naturalia et Biologia.

Avant-propos

Le volcanisme laisse rarement indifférent. Le fait n'est pas nouveau. Dès 1876, le géologue Charles Vélain, de retour d'une éruption du piton de la Fournaise à La Réunion, notait en effet : « *À chaque grande coulée, le grandiose spectacle offert par les laves attire sur le littoral un grand nombre de personnes venues de tous les points de l'île.* » Déjà, le volcanisme suscitait un intérêt proprement touristique dans des contrées lointaines. Mais le feu et les flammes de la Terre n'avaient pas pour autant perdu leurs solides vertus métaphoriques. « *Il y a des moments où ce qui se passe est à faire vomir les volcans* », soupira ainsi le polémiste Léon Bloy en 1903, l'année qui suivit la ruine de Saint-Pierre en Martinique…

En France métropolitaine, les volcans sont éteints ou peut-être endormis depuis 6000 ans, date de la dernière éruption identifiée. C'est dans les départements et collectivités d'outre-mer qu'il faut aller pour trouver un volcanisme vraiment actif. Petits ou grands, les volcans se rattachent en fait à trois grandes familles selon le cadre dans lequel ils se mettent en place. Leurs laves et leurs édifices diffèrent selon qu'ils surgissent dans les masses continentales, dans les chapelets d'îles qui bordent les continents ou au plein milieu des océans. Or la richesse de la France vient de ce que ces trois contextes se rencontrent sur son territoire, les volcans des Antilles, de La Réunion, de Polynésie et des Terres Australes complétant de façon presque idéale la panoplie des appareils métropolitains. Ces derniers représentent un riche patrimoine qui a fait l'objet d'un précédent guide. Il restait donc à décrire les volcans d'outre-mer, leur histoire et leurs principaux caractères. Ce second guide a pour but de le faire, dans un ordre qui est celui de la découverte de leurs îles.

Aux Antilles, les éruptions sont rares. À vrai dire, personne ne s'en plaint. Sur la Martinique et la Guadeloupe se profilent l'ombre du drame de la montagne Pelée en 1902 et le souvenir de la crise de la Soufrière en 1976, deux manifestations d'une activité fortement explosive. Bien qu'elle représente le volcanisme à l'état brut, La Réunion offre un visage plus paisible. L'île est constituée de deux grands volcans, le vieux piton des Neiges et le jeune piton de la Fournaise. D'un tempérament plutôt débonnaire, le second se trouve être l'un des volcans les plus actifs de la planète, entrant en éruption plus d'une fois par an en moyenne. En Polynésie, d'innombrables volcans sont dispersés dans l'immensité du Pacifique. De celui de Mehetia, qui est encore dans sa prime enfance, aux atolls les plus vénérables, ce sont les épisodes variés de la vie des volcans de haute mer qui se dévoilent et offrent en quelque sorte un panorama allant de la pépinière au cimetière de volcans. Dans ces trois régions, des climats chauds et humides ont laissé le soin à l'érosion de créer des reliefs abrupts couverts d'une végétation luxuriante. Le volcanisme n'en reste pas moins assez facile à lire. En dépit d'un tropisme contemporain pour les cocotiers et les plages blanches de sable corallien, il serait donc dommage de parcourir ces îles sans tenter de comprendre les grands traits de leur histoire.

Pour une part essentielle, l'histoire des terres Australes est aussi celle de leurs volcans. Le tableau est cependant tout autre. Dans des îles au rude climat subpolaire, une nature froide joue son jeu. C'est la houle, la pluie, le gel et les glaciers qui œuvrent de concert pour battre, casser et raboter les reliefs et créer des paysages d'autant plus étonnants qu'ils sont restés quasi vierges de toute présence humaine. Ces terres lointaines et méconnues font l'objet d'un tourisme balbutiant, mais respectueux d'un environnement fragile. Qu'on s'apprête à en fouler le sol, à en longer les côtes ou, plus simplement, à les découvrir de chez soi dans le confort d'un bon fauteuil, ces terres aux attraits bien originaux sont dévoilées dans les pages qui suivent.

C'est néanmoins par le biais de belles randonnées sur le terrain que ce guide a pour objectif premier de faire découvrir les volcans d'outre-mer. Il est organisé sur le même plan que le précédent consacré à la métropole. Après une brève histoire de la découverte de ces territoires lointains, une courte première partie décrit les aspects généraux du volcanisme. Ces vues d'ensemble sur les types de volcans et les styles d'éruptions pertinents font éviter des répétitions inutiles dans la seconde partie qui traite successivement des Antilles, de La Réunion, de la Polynésie et des terres Australes.

Pour chaque région, les grands traits spécifiques sont d'abord dépeints. Les sites principaux sont ensuite décrits, une présentation générale précédant les commentaires volcanologiques pour permettre à chacun de mieux décider où porter son intérêt. Sont également incluses des cartes géologiques simplifiées qui aident à intégrer dans un cadre plus vaste ce qui se voit sur le terrain, et aussi à concevoir plus aisément les itinéraires à suivre. Un glossaire, une bibliographie raisonnée et des index faciliteront l'usage de ce guide et seconderont le lecteur désireux d'en savoir plus. Au passage, peut-être faut-il noter que ce guide n'est pas exhaustif. Les principales omissions concernent les petites îles polynésiennes de Wallis-et-Futuna, qui sont encore à l'écart des routes touristiques, et surtout Mayotte, aux Comores, une île pour laquelle un excellent guide d'initiation géologique existe déjà (voir la bibliographie).

Bien que le commentaire s'écarte parfois des seuls aspects géologiques, cet ouvrage ne vise pas à empiéter sur les guides touristiques existants. C'est d'ailleurs dans ces derniers que devront être trouvés les renseigne-

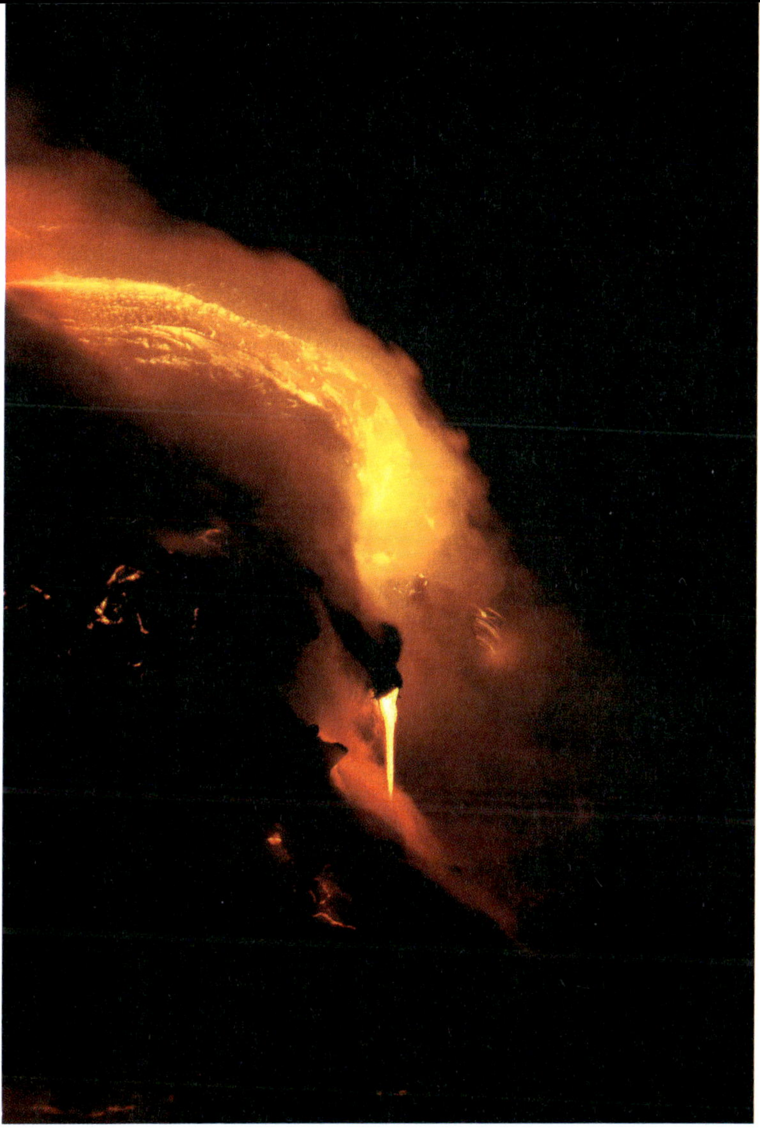

Une coulée de lave du Grand Brûlé (La Réunion) achevant son parcours dans la mer (novembre 2002).

ments nécessaires concernant voyage, hébergement et autres aspects pratiques. Il suffira ici de rappeler les recommandations d'usage lors des sorties sur le terrain : respecter tous les sites et les propriétés privées ; ne pas examiner de roches près de routes en compagnie de jeunes enfants ; ne jamais pénétrer dans des carrières en exploitation, même les jours d'inactivité, et rester prudent dans celles qui sont abandonnées ; ne pas partir en randonnée sans être correctement chaussé, habillé et muni d'eau et de nourriture. En bref, selon la formule consacrée, les auteurs, l'éditeur ou les propriétaires des lieux décrits ne sauraient être tenus pour responsables des troubles de toute nature qui pourraient se produire sur le terrain.

Partie I

Une histoire des volcans de mer

« Il n'est point dans la nature de phénomènes plus étonnants que ceux que présentent ces montagnes embrasées. […] Les éruptions des volcans sont ordinairement annoncées par des bruits souterrains semblables à ceux du tonnerre, par des sifflements affreux, par un déchirement intérieur ; la terre semble s'ébranler jusque dans ses fondements ; ces phénomènes durent jusqu'à ce que l'air dilaté par le feu ait acquis assez de force pour vaincre les obstacles qui le tiennent enchaîné ; et alors il se fait une explosion plus vive que celle des plus fortes décharges d'artillerie : la matière enflammée, semblable à des fusées volantes, est lancée en tous sens à une distance prodigieuse, et s'échappe avec impétuosité par le sommet de la montagne. »

Diderot et D'Alembert, *L'Encyclopédie*, 1765.

I. UNE LONGUE SÉRIE DE DÉCOUVERTES

Des montagnes de feu aux volcans

En Occident, le volcanisme se résuma pendant plus d'un millénaire à l'activité du Bassin méditerranéen. Les volcans étaient alors peu nombreux. Etna, Vésuve, Stromboli et Vulcano, constituaient un petit monde en compagnie du Santorin et du Nisyros, en mer Égée, et des îles Fortunées (Canaries), dans l'Atlantique. Quand l'Islande fut découverte au VIIIe siècle, puis peuplée au siècle suivant par des colons norvégiens, ses bouches enflammées prirent vite place parmi les légendes nordiques. Ailleurs en Europe, elles ne représentèrent guère autre chose que de mystérieuses voies pouvant mener à l'enfer.

Bien avant que les Portugais ne découvrent les Açores, le premier volcan vraiment lointain fut décrit au XIIe siècle par Al-Idrisi (v. 1100 - v. 1165) dans son *Amusement pour qui désire parcourir les différentes parties du monde*, un livre rédigé à la demande de Roger II, roi normand de Sicile. Au large des côtes d'Afrique, écrivit ce géographe arabe, se trouve une île « *peu considérable, dominée par une haute montagne, dont le sommet et les flancs sont inaccessibles, parce qu'elle brûle tout ce qui en approche.* » Dans cette île de « Selahat » existe ainsi « *un* borkan *de feu qui brûle et qui s'élève à la hauteur de 100 coudées. Durant le jour on ne voit que la fumée, et la nuit c'est un feu très ardent.* » Selon Al-Idrisi, cette île produisait « *beaucoup de bois de santal, du nard et du clou de girofle* ». La description ne peut guère s'appliquer qu'à la Grande Comore [Ngazidja] et à son volcan le Karthala. Contrairement à une opinion souvent avancée, il est impossible d'y reconnaître La Réunion, qui était alors inhabitée, mais que les navigateurs arabes durent néanmoins connaître.

Quand les Portugais, puis les Espagnols, lancèrent leurs grandes explorations maritimes au XVe siècle, ils avaient évidemment bien d'autres motivations que la découverte de nouveaux volcans. En arrivant en Amérique centrale, les Conquistadores assistèrent cependant à de spectaculaires éruptions. Ce fut d'ailleurs par leur entremise que le mot « volcan », emprunté aux Arabes, apparut en espagnol dans une lettre

Le cratère du Karthala à la Grande Comore.

écrite en 1524 par Pedro de Alvarado (1485-1541) à son chef Fernando Cortes. De là, le terme passa très vite à l'italien puis au français et à l'anglais en évinçant l'antique dénomination de « montagne de feu » employée jusqu'alors. Pendant longtemps encore, un volcan ne serait toutefois identifié comme tel que s'il était actif; le jour n'était pas encore venu où les « appareils » éteints ou en sommeil ne passeraient plus inaperçus !

Quand les Antilles furent colonisées dans la première moitié du XVIIe siècle, leurs plus hautes montagnes n'éveillèrent guère de soupçons. Seule la Soufrière de Guadeloupe suscita quelques parallèles chez ceux qui l'approchèrent en bravant bien des périls. En 1645, son activité n'échappa nullement au père dominicain Jean-Baptiste Du Tertre (1610-1687). Une des éminences de cette montagne presque ronde, rapporta-t-il, « *semble être une gueule d'enfer, ou une cheminée du Montgibel* [l'Etna], *fumante comme une fournaise enflammée, et dans les nuits les plus sereines, on voit cette fumée entremêlée de petites flammes de feu.* » Lorsqu'il gravit à son tour la Soufrière au milieu de fumerolles, Jean-Baptiste Labat (1663-1738), n'évoqua en 1696 qu'une sorte de chaudron. Bien qu'il eût vécu plusieurs années au pied de la montagne Pelée, cet autre dominicain n'écrivit pas une fois le mot volcan dans son *Nouveau voyage aux isles de l'Amérique.*

De fait, Labat s'intéressa très peu aux montagnes des autres îles Caraïbes alors que les particularités de leur faune et de leur flore étaient minutieusement décrites dans son ouvrage. Il est vrai que les montagnes ont tendance à se ressembler et, plus encore, qu'identifier une roche est un exercice très délicat quand les yeux sont le principal moyen d'observation. Il était bien sûr plus aisé de distinguer un cocotier d'un chêne, ou un agouti d'un sanglier, qu'une andésite d'un basalte. L'intérêt se portait d'autant plus sur les plantes et les animaux que les pierres avaient un intérêt pratique moins immédiat. Pour accroître les difficultés, la notion d'*espèce* n'existe pas pour les roches, entre lesquelles existent peu de limites abruptes, mais des passages souvent continus d'une sorte à une autre. En outre, rien ne peut mieux dissimuler la nature réelle d'une roche que les diverses patines que peut prendre sa surface. Et, aux Antilles en particulier, il aurait fallu une imagination débridée pour se figurer que les immenses dépôts de brèches couvrant de nombreux reliefs aient pu être l'œuvre de volcans.

Au XVIIe siècle, les montagnes restaient des terres inconnues qu'il valait mieux éviter. Sous les tropiques, tout comme dans la vieille Europe, elles représentaient avant tout des milieux hostiles. Dans son *Histoire naturelle et morale des îles Antilles,* Charles de Rochefort (1605-1683) nota par exemple que plusieurs montagnes de Guadeloupe « *sont hérissées de rochers pelés et affreux, qui s'élèvent du sein de plusieurs effroyables précipices* ». Celles de la Martinique, souligna-t-il par ailleurs, « *sont tout à fait inhabitables, et servent de repaire aux bêtes sauvages, aux serpents et aux couleuvres qui y sont en fort grand nombre* ». Rochefort n'eut donc pas besoin de citer un autre danger,

Au sommet de la Soufrière de Guadeloupe, dans une atmosphère étrange de brumes et de vapeurs soufrées.

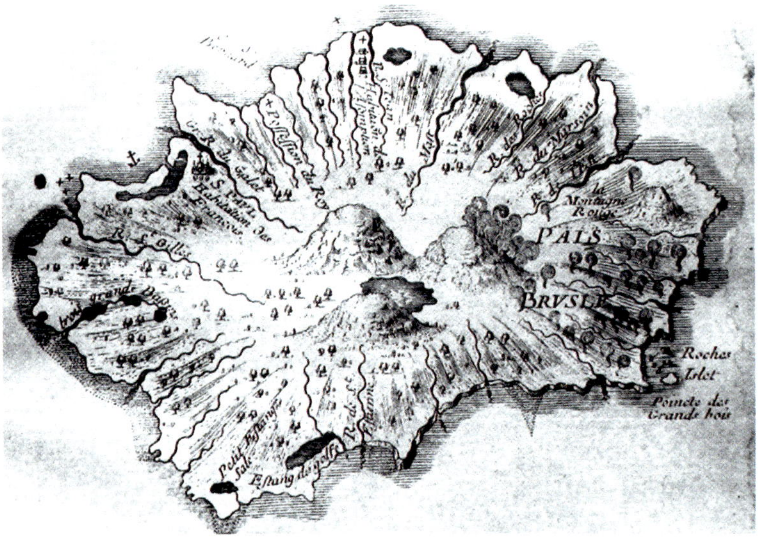

La carte de Flacourt (1661), l'une des premières représentations de La Réunion et du feu de son volcan actif, le piton de la Fournaise, à l'ouest du « Pais Bruslé ».

celui des Indiens caraïbes qui se réfugiaient également dans les hauteurs, pour justifier le fait que les Européens ne s'écartaient pas des plaines côtières.

Quant à la « *fumée* » vomie par la Soufrière de Guadeloupe, Rochefort nota qu'elle était simplement due à l'altération « *de mines de soufre* » par des rivières en crue. Depuis l'Antiquité, il était admis que le volcanisme résultait de la combustion souterraine de matières telles que le bitume, l'alun, le soufre ou les graisses. La présence des volcans près de la mer confortait cette explication. Comme le suggéraient les opérations métallurgiques, une réaction violente se produisait quand des eaux d'infiltration arrivaient au contact de roches fondues sous l'effet de combustions souterraines. Dans ce cadre, les volcans et leurs éruptions n'étaient que des accidents dus à la coexistence en un lieu donné de combustibles et d'eau. Le fait qu'une île porte un volcan n'impliquait aucunement que ses voisines en fassent de même.

La quête du continent austral

Le cap de Bonne-Espérance avait été franchi pour la première fois en 1488. Entretenue par une soif de découvertes mais aussi par des soucis mercantiles, l'exploration des mers se poursuivit à vive allure vers l'Occident comme vers l'Orient. L'Amérique fut atteinte en 1492, les Petites Antilles visitées dès le second voyage de Christophe Colomb en 1493, la route des Indes ouverte en 1497, le premier tour du monde effectué en 1519-1522 et une liaison entre le Mexique et les Philippines établie en 1542.

En chemin, les Portugais avaient à leur tour découvert en 1507 les îles actuellement nommées Maurice et La Réunion, la première sans doute par Domingo Fernandez Pereira, la seconde par Tristão da Cunha (v. 1460 - v. 1540). Petites et vierges d'habitants, celles-ci n'étaient source d'aucun profit. Pendant un siècle et demi, elles ne furent que des escales commodes pour se ravitailler en eau et en vivres. Quand Bourbon (La Réunion) finirait par être habitée, l'activité du piton de la Fournaise ne pourrait passer inaperçue. Dès la fin des années 1650, le colonisateur Étienne de Flacourt (1607-1660) en ferait une brève mention : « *l'on m'a dit qu'au Sud il y a une baie qui est toute close de roches et où il y a passage pour un navire : c'est là où est le pays brûlé et, sur la montagne, il y a toujours du feu.* »

Après l'océan Indien, le Pacifique devint un immense domaine à explorer. L'Espagnol Alvaro de Mendaña de Neira (1541-1595) y découvrit les îles Salomon en 1568, puis les Marquises en 1595. Dix ans plus tard, Pedro Fernandez de Queirós (v. 1565-1614), son ancien second, aperçut peut-être Tahiti et baptisa « Terre australe du Saint-Esprit » l'île du Vanuatu à laquelle il parvint. Il crut en effet avoir gagné le continent austral, un continent mythique dont l'existence avait déjà été postulée par les Anciens. De vastes terres situées dans l'hémisphère Sud, pensait-on, devaient compenser la masse des continents de l'hémisphère Nord. L'idée ne relevait pas seulement de l'esthétique et de la perfection attribuée dans l'Antiquité à la sphère. Dans le cadre de la physique qu'Aristote exposa dans son livre *Du Ciel*, elle exprimait le fait que le centre de masse de l'Univers devait coïncider avec son centre géométrique, un critère d'équilibre bien naturel dans un monde géocentrique.

En attendant la découverte de ce continent inconnu, il était tentant de lui prêter bien des merveilles ! Mais les recherches demeuraient vaines. Malgré les grands progrès accomplis, la navigation pâtissait encore de navires non conçus pour de très longs parcours, du secret qui entourait les voyages déjà accomplis et d'un manque d'instruments permettant de se repérer avec précision. La mesure de la longitude, en particulier, restait trop incertaine de sorte que les positions des navires et des nouvelles îles n'étaient connues qu'approximativement.

Parti pour commercer avec les habitants du continent austral, le Néerlandais Abel Tasman (1603-1659) longea en fait les côtes de la Tasmanie et de la Nouvelle-Zélande en 1642. Il rentra surtout dans son pays les cales vides après avoir fait le tour complet de l'Australie, sans l'entrevoir ! Bien peu de profits pouvaient ainsi être tirés de ces terres lointaines qui étaient soit désertes, soit habitées par des populations hostiles et dépourvues de métaux précieux. Le constat était décourageant pour les commanditaires privés de ces coûteux voyages. Pendant un long siècle, l'exploration du Pacifique marqua donc le pas. Le commerce se suffisait amplement des routes désormais bien établies menant aux Indes et à l'Orient. Dans ces vastes contrées, des populations importantes représentaient des sources de bénéfices bien réels.

« Carte physique de la Grande Mer ci-devant nommée Mer du Sud Pacifique », dressée par Philippe Buache (1744), « avec la représentation de ce que l'on conjecture sur la mer Glaciale Antarctique ». Selon Buache, cette dernière était le pendant de la mer Arctique. Elle divisait le continent austral en deux parties, dont l'une s'étendait jusqu'au cap de la Circoncision, seule terre découverte en 1739 lors de l'expédition infructueuse de Bouvet.

Dans la seconde moitié du XVIIIe siècle, la quête du continent austral redevint néanmoins d'actualité. On oublia les remarques de marins avisés selon lesquelles le climat difficile de la Terre de Feu ne présageait rien de bon pour celui de terres situées plus près du pôle Sud. On fit aussi peu de cas des glaces qui avaient obligé en 1739 Jean-Baptiste Bouvet de Lozier (1705-1786) à rebrousser chemin après avoir découvert par 55° S le cap de la Circoncision (l'actuelle île Bouvet). Au siècle des Lumières, on préféra curieusement faire état de vagues récits attestant que cet autre eldorado avait été abordé en 1503 par un sieur Binot Paulmier de Gonneville (qui avait sans doute échoué sur les côtes du Brésil !). Et des cartographes audacieux figurèrent même les contours de ce continent, tel Philippe Buache (1700-1773) qui le considéra borné, au sud-ouest du Pacifique, par les côtes de la Nouvelle-Zélande.

De grands savants adoptèrent semblable parti optimiste. Parmi eux, figuraient Buffon (1707-1788) et le physicien Pierre-Louis Moreau de Maupertuis (1698-1759). « *Tout le monde sait,* affirma ce dernier en 1752, *que dans l'hémisphère méridional il y a un espace inconnu où pourrait être placée une nouvelle partie du Monde plus grande qu'aucune des quatre autres.* » Comme on ne connaît nul autre espace plus étendu, poursuivit-il, « *il y a beaucoup plus de probabilité qu'on y trouvera des terres, qu'une mer continue.* » Mais pourquoi entreprendre des expéditions longues et coûteuses pour y mettre pied ? En mêlant curiosité pure et considérations mercantiles, Maupertuis suggéra qu'elles « *forment pour ainsi dire un monde à part, dans lequel on ne peut prévoir ce qui se trouverait. La découverte de ces terres pourrait donc offrir de grandes utilités pour le Commerce, et de merveilleux spectacles pour la Physique.* » Ainsi, conclut Maupertuis en restant dans l'air de son temps, « *c'est dans les îles de cette mer que les voyageurs nous assurent avoir vu des hommes sauvages, des hommes velus, portant des queues ; une espèce mitoyenne entre les singes et nous. J'aimerais mieux une heure de conversation avec eux qu'avec le plus bel esprit de l'Europe* »...

La fin d'un mythe

Dans un siècle où la navigation était « *portée à un si haut point de perfection* », selon l'expression de Maupertuis, il était devenu possible de serrer de plus près le pôle Sud. La détermination précise de la longitude grâce à l'horloge marine conçue par l'anglais John Harrison (1693-1776) marqua un progrès essentiel de ce point de vue. Dès son second voyage, James Cook (1728-1779) bénéficia de cet instrument.

Indépendamment ou non, sciences et techniques avaient progressé de conserve. Dans ce mouvement, l'Académie des sciences de Paris et la Société royale de Londres jouèrent un grand rôle en rendant possible nombre de découvertes et en favorisant leur diffusion dans le monde instruit. Peu après leur création dans les années 1660, toutes deux avaient même eu l'initiative des premières expéditions à caractère essentiellement scientifique, en Guyane et à Sainte-Hélène. Un petit siècle plus tard, ce ne fut plus seulement la recherche de profits immédiats qui motiva des voyages lointains. Améliorer les connaissances dans tous les domaines de la science fut aussi l'un des buts poursuivis. Parmi leurs membres, les expéditions comptèrent donc des astronomes et des naturalistes. Les savants avaient pris le relais des marchands.

À partir des années 1760 commença une période intense d'explorations menées par les Anglais et les Français, bientôt suivis par les Américains et les Russes, dans une atmosphère qui n'était certes pas exempte de rivalités coloniales. Des tours du monde furent accomplis par Samuel Wallis (1728-1795) et Louis Antoine de Bougainville (1729-1811) dans les années 1766-1769. Le continent austral était la destination fixée aux deux navigateurs. À défaut d'y parvenir, l'Anglais et le Français redécouvrirent Tahiti où ils se succédèrent à dix mois d'intervalle. De retour en France avec un passager tahitien, Bougainville contribua à forger une image idyllique du monde nouveau qu'il avait visité. Ce fut ensuite pour observer un phénomène astronomique très rare, le passage de Vénus devant le soleil le 3 juin 1769, que la Société royale de Londres patronna le premier voyage de Cook dans l'hémisphère Sud. Le navigateur anglais gagna d'abord Tahiti, un lieu propice à ces observations, puis mit le cap au sud pour gagner le continent austral. Mais ce fut la Nouvelle-Zélande que Cook retrouva avant de longer l'Australie.

Les navires de Cook, la Resolution *et l'*Adventure, *le 4 janvier 1773, tirant leur eau douce d'icebergs au voisinage de l'Antarctique (aquarelle de William Hodges).*

En 1771-1772, l'expédition de Nicolas-Thomas Marion-Dufresne (1729-1772) vers le continent austral fut chaudement soutenue par l'intendant des îles de France et de Bourbon. Ce dernier « *espérait qu'on y trouverait des mâtures, et une infinité de secours que ces îles, trop éloignées de la métropole, ne peuvent en tirer qu'avec peine et à très grand frais* », selon les mots de Julien Crozet (1728-1780), le second de Marion-Dufresne. Mais cette expédition ne fut pas plus heureuse que celle de Cook. En guise de continent, elle ne rencontra dans le sud de l'océan Indien que les petites îles désormais appelées Crozet et Marion. Quand il parvint en 1772 à l'archipel qui l'honore, presque à mi-chemin entre le pôle et l'équateur, Yves-Joseph de Trémarec de Kerguelen (1734-1797) crut enfin avoir réussi là où tout le monde avait échoué avant lui. Mais, dès l'année suivante, Cook passa au sud de ces nouvelles terres au cours de son second voyage. Celles-ci n'étaient donc que des îles.

Étape importante, le cercle antarctique fut pour la première fois franchi par Cook le 17 janvier 1773. « *Toute la mer était, en quelque façon, couverte de glace, du Sud-Est à l'Ouest en tournant par le Sud* », dut constater l'Anglais. Quelques heures plus tard, la barrière obstinée de la banquise l'arrêta pour de bon. Après de nouveaux essais infructueux, Cook nota en février 1775 : « *J'ai fait le tour de l'hémisphère austral dans une haute latitude, et je l'ai traversé de manière à prouver sans réplique, qu'il n'y a point de continent, à moins qu'il ne soit près du pôle et hors de la portée des navigateurs.* » Avec quelque fierté, Cook conclut : « *on ne parlera plus du continent austral, qui a occupé pendant près de deux siècles l'attention de quelques-unes des puissances maritimes, et exercé les spéculations géographiques de tous les âges.* »

En deux décennies, ces terres mythiques avaient été dépouillées de leur image d'eldorado. Leur recherche avait néanmoins conduit à explorer les contrées les plus reculées des océans et à y découvrir d'innombrables îles et îlots volcaniques. Plus que tout autre, Cook avait contribué à cet effort. S'il avait démoli l'idée d'un continent austral habitable, il pensait néanmoins que les innombrables icebergs rencontrés sur sa route provenaient de vastes territoires situés près du pôle Sud. L'avenir lui donnerait raison. Les terres les plus inhospitalières du globe, celles de l'Antarctique, seraient finalement abordées en 1840. Sans le savoir, Cook s'en était approché de très près…

Les premiers volcanologues

La géologie fait pâle figure dans les descriptions des îles lointaines laissées par les grands navigateurs. Dès l'expédition de Queirós, l'existence de volcans dans le Pacifique avait pourtant été reconnue. Selon Gaspar Gonzales de Laza, pilote de l'expédition, le 3 avril 1606 le commandant et d'autres marins « *avaient vu et nous montrèrent deux pierres ponces qu'ils avaient prises dans la mer, vestiges de quelque volcan.* » Mais astronomie, géographie, botanique, zoologie et ce qu'on appellera ethnographie retenaient beaucoup plus l'intérêt. La géologie, à vrai dire, était encore à ses balbutiements. De ce point de vue, l'Europe n'était guère mieux connue que la Polynésie. Ainsi, il n'était nul besoin de partir à l'autre bout du monde pour faire de grandes découvertes.

Jean-Étienne Guettard (1715-1786), un naturaliste parisien, le démontra lors d'un voyage effectué en Auvergne en 1751. En dépit de leur belle forme conique et de leurs grands cratères, les monts de la chaîne des Puys n'avaient jusqu'alors retenu aucune attention. Leurs scories bien évidentes avaient été prises pour d'antiques déchets métallurgiques ! Ce fut Guettard qui reconnut leur nature volcanique. En démontrant l'existence de volcans éteints, il posa ainsi les premiers jalons de la volcanologie. Guettard était un observateur minutieux, un naturaliste ennemi de l'esprit de système. Il témoignait d'une nouvelle attitude : il fallait aller voir sur le terrain les productions de la nature pour en comprendre le sens et les relations mutuelles. C'est sur une telle base que la géologie se constituait peu à peu.

En 1763 survint peu après une découverte de portée considérable quand Nicolas Desmarest (1725-1815) établit l'origine volcanique du basalte. En marchant sur les pas de Guettard en Auvergne, il fut amené à rejeter l'idée ancienne selon laquelle cette roche était de nature sédi-

Le château de Felsberg, en Hesse, sur une butte de basalte prismé (Raspe, 1771).

mentaire. Dès le début de la montée du puy de Dôme, Desmarest observa en effet la présence d'orgues basaltiques. Aussitôt, il réalisa que les basaltes prismés étaient des laves provenant des bouches d'anciens volcans. Il put même suivre le chemin suivi par les coulées dont il entreprit une cartographie complète. Que des basaltes fussent parfois présents loin de tout volcan visible ne l'étonna pas. Avec perspicacité, Desmarest reconnut que, contrairement au cas « *des scories et des matières cuites ou à moitié fondues* », les laves massives sont « *les seuls indices des volcans que le temps n'a point détruits.* » En l'absence de tout autre signe distinctif, la présence de basalte attestait donc l'existence d'un ancien volcan. La prismation devint en particulier un critère de reconnaissance de la nature volcanique d'une roche.

De fait, ce critère était si facile à mettre en œuvre que les orgues basaltiques connurent, selon l'expression du naturaliste Johann Reinhold Forster (1729-1798), « *une grande vogue dans les cercles philosophiques* ». De la Catalogne à la Saxe en passant par l'Italie ou l'Irlande, il suscita la découverte de volcans éteints dans de nombreuses régions d'Europe. « *J'ose espérer* », avait écrit Desmarest, « *que les Naturalistes s'attacheront à la recherche des différentes masses de basalte, soit prismatique, soit simple lave informe et à grain serré.* » Et il avait ajouté, après avoir mentionné Bourbon : « *on a déjà trouvé cette lave à Othaïti* [Tahiti], *dans quelques autres îles de la mer du Sud, et particulièrement dans la Nouvelle-Zélande.* » Sans connaître ces îles qui venaient d'être explorées, Desmarest put inférer qu'elles avaient possédé des volcans du seul fait qu'on y trouvait des roches prismées.

Une anecdote narrée par le célèbre paléontologue Georges Cuvier (1769-1832) atteste l'attention que Desmarest portait à la présence de basalte dans ces îles lointaines. Dans un salon parisien, un jour fut évoqué le moment où, pendant le premier voyage de Cook, son navire, « *percé par la pointe d'un rocher, ne se sauva que parce qu'un fragment de rocher se rompit et resta dans l'ouverture* ». Au milieu de l'émotion générale, rapporta Cuvier, « *M. Desmarest demanda avec tranquillité si la roche était basaltique ou calcaire* »...

Le volcanisme lointain

Tout comme ses prédécesseurs, Desmarest pensait que les volcans étaient le produit d'incendies souterrains, mais sa découverte conduisit à attribuer au volcanisme une extension considérable dans le passé. Les volcans actifs ne représentaient ainsi qu'une infime fraction de ceux dont on retrouvait les vestiges un peu partout dans le monde.

Ce changement de perspective se fit sentir bien au-delà des milieux savants de Paris ou de Londres. À l'image de Guettard et de Desmarest, on se mit à observer plus attentivement les roches. À l'autre bout du monde, la présence de pierres typiques du volcanisme fut remarquée. « *Les terres des environs de la montagne Pelée, à plusieurs lieues à la ronde, ne sont composées que de pierres ponces et de leurs débris pulvérisés* », rapporta en 1763 le botaniste Jean-Baptiste Thibault de Chanvalon (1725-1785). Ce caractère les rendait propices aux cultures parce qu'elles se desséchaient vite après la pluie, un fait qui conduisit peut-être à reconnaître enfin la nature volcanique des lieux. Laissant la première mention connue de la véritable origine de cette montagne, Thibault de Chanvalon écrivit en effet que la Pelée « *porte tous les caractères d'un ancien volcan* ». Et bien qu'il ajoutât « *c'est aussi le sentiment des anciens habitants* », on peut douter que ce sentiment eût alors été très ancien...

Tardivement, l'intérêt pour le volcanisme s'accrut aussi en raison de conjectures audacieuses émises sur l'origine des pierres précieuses. Selon sir William Hamilton (1730-1803), ambassadeur anglais à la cour de Naples et l'un des observateurs les plus avertis du Vésuve, toutes les gemmes, diamant compris, étaient des produits des volcans. La Société royale de Londres, dont Hamilton était membre, avertit donc Cook de l'attention qui devait être portée au volcanisme tout au long de ses escales. Grâce à la présence de Forster comme naturaliste, c'est au cours de son second voyage que la question fut étudiée de près. À défaut de rentrer en Europe les mains pleines de diamants, Forster put cependant assurer en 1778 : « *il est évident, je crois, que toutes les hautes îles du tropique de la mer du Sud ont été soumises à l'action du feu ; vérité qu'attestent encore d'une manière frappante les volcans observés à Tofooa, à Ambrym et Tanna.* » De ces volcans actifs des îles Tonga et du Vanuatu aux ponces et pouzzolanes de l'île de

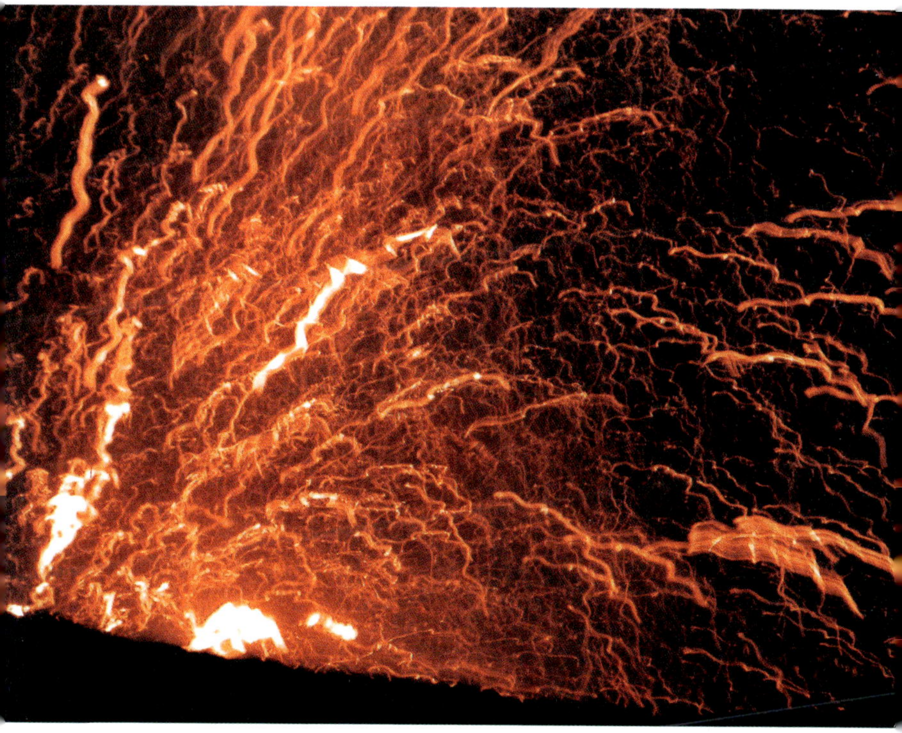

Le Yassour, à Tanna [Vanuatu], un volcan dont Cook et ses compagnons observèrent une éruption en juillet 1774 : une explosion phréatomagmatique dans le cratère et une éruption strombolienne. (N. B. : la trajectoire oscillante des bombes est trompeuse : elle est due aux trépidations du sol.)

Le Pain de Sucre de l'archipel des Saintes, près de la Guadeloupe. Sa prismation, ici masquée par la végétation, frappa tout particulièrement le minéralogiste Dupuget en 1796.

Pâques, en passant par les laves et basaltes de Tahiti, la série complète de manifestations volcaniques rencontrées à travers tout le Pacifique s'intégrait naturellement dans un schéma cohérent. Un observateur avisé comme Forster ne manqua pas de le percevoir.

Cette nouvelle perspective s'imposa aussi aux Antilles. Un officier féru de minéralogie, Edme Jean-Antoine Dupuget (1742-1802), fut l'un des premiers à en témoigner. « *Une des plus premières et des plus curieuses observations générales que présente l'archipel des Antilles*, écrivit-il en 1796, *est l'immense travail des volcans dans presque toutes les petites Antilles, depuis la Trinité jusqu'à Saint-Eustache. Les* soufrières *de la Martinique, de Sainte-Lucie, de la Dominique, de la Guadeloupe, ne sont que d'anciens volcans, dont l'activité a diminué par le défaut d'aliment.* » En quelques décennies, la nature volcanique de ces îles océaniques fut ainsi reconnue. Ce fut une belle illustration des progrès faits par la géologie dans les années 1775-1825, son *âge héroïque* où elle se détacha de l'histoire naturelle pour former une discipline propre. Mais, bien sûr, observer n'est pas expliquer. Il faudrait encore de nombreuses générations de géologues avant qu'il devienne possible de lier les diverses facettes du volcanisme dans un même cadre cohérent, celui de la tectonique globale.

Le mangeur mangé

« Lors de son séjour à Raiatea (archipel de la Société), Cook dut s'employer activement pour empêcher ses marins de déserter. Bien sûr la tentation ne venait pas des roches de l'île, mais des mœurs engageantes de ses habitantes. Dans tout le Pacifique, le cannibalisme fut un autre trait particulier des sociétés du Pacifique qui captiva longtemps le public occidental. Après un séjour aux îles Fidji, Jack London (1876-1916) y trouva encore matière à récit en 1911 dans ses *Contes des mers du Sud:*

« *Certains chefs, tels que Tanoa, Touveïkoso et Touikilakika, parmi les plus célèbres, avaient littéralement, au cours de leur vie, dévoré des troupeaux de leurs semblables.*

Mais entre tous ces gloutons, Ra Oundréoundré, qui régnait à Takiraki, s'était adjugé sans conteste le premier rang.

À l'aide d'une rangée de pierres, alignée devant son palais, il tenait un registre de ses exploits gastronomiques. Chaque pierre indiquait un homme qu'il avait mangé. La rangée avait une longueur de deux cent trente pas et les pierres étaient au nombre de huit cent soixante-douze.

Nul doute que la rangée ne se fût encore accrue si Ra Oundréoundré n'avait eu la malchance, au cours d'une escarmouche livrée dans la brousse, de recevoir au creux des reins un javelot qui l'avait mis bas.

D'où il résulta que ce fut à lui d'être servi sur la table de Naoungavouli, un débutant dont le médiocre registre ne comptait encore que quarante-huit pierres. »

Face à de tels registres, la géologie ne pouvait assurément pas lutter pour retenir l'attention du grand public ! »

II. LES GRANDS TRAITS DU VOLCANISME

La menace des éruptions

De nos jours, 10 % environ de la population mondiale vit à proximité des 1 500 volcans de la planète susceptibles d'entrer en activité. Cette fraction disproportionnée, eu égard à la taille de ces régions, a eu pour origine des sols d'une fertilité proverbiale, une particularité déjà reconnue par les Anciens en Campanie ou en Sicile. L'exploration des Indes ou de l'Amérique du Sud confirma que les autres continents jouissaient de cette grande fécondité. Partout, cependant, les populations massées autour des volcans encouraient de sérieux dangers que voyageurs et naturalistes manquèrent rarement de souligner.

Au tout début du XIXe siècle, le naturaliste Claude-Nicolas Ordinaire (1736-1808) nota ainsi que la plupart des volcans « *ont d'assez longs intervalles de repos. L'oreille s'accoutume alors aux gémissements de la terre, et à ces roulements sourds d'un tonnerre intérieur. L'œil se familiarise avec ces tourbillons presque continuels d'une fumée scintillante. On foule par hasard ce terrain retentissant, malgré qu'on sache qu'il couvre d'épouvantables feux.* » Si l'homme s'installe néanmoins en de tels lieux, poursuivit Ordinaire, c'est qu'il « *s'arrête à la fertilité prodigieuse que ces montagnes ardentes répandent dans leur voisinage par leurs exhalaisons et leurs cendres sulfureuses.* » Ainsi, conclut-il, « *l'on voit l'homme, toujours aveuglément confiant pour son intérêt ou son plaisir, bâtir des villages et des villes jusque sur ces voûtes tremblantes, dont le feu ne cesse pas de dévorer les bases.* »

Certes, l'agriculture ne joue plus aujourd'hui le rôle qu'elle tenait autrefois, mais la pression démographique n'a pas cessé de croître dans les contrées volcaniques. En Guadeloupe, par exemple, plus de 70 000 personnes sont installées au pied de la Soufrière. À La Réunion, une île de 2 512 km^2 dont la moitié n'est pas habitable, vivent 780 000 habitants. Là, comme ailleurs dans le monde, la surveillance des volcans s'est imposée comme une évidence pour limiter les conséquences d'éventuels accidents ou catastrophes. Naturellement, nul ne souhaite que survienne un désastre semblable à celui qui frappa Saint-Pierre en 1902, quand une éruption

Une station de surveillance du piton de la Fournaise : près de la cabane abritant les équipements électroniques se trouvent des inclinomètres, une balise GPS et des sismomètres (à l'abri dans un tunnel de lave), les panneaux de cellules photovoltaïques et l'antenne de transmission des données vers l'observatoire volcanologique. Au milieu de l'image, en contrebas de la station, les coulées de laves de l'Enclos Fouqué.

de la montagne Pelée détruisit la ville et ses 30 000 habitants.

De ce point de vue, les éruptions présentent des points favorables par rapport aux tremblements de terre. Un séisme ruine de vastes régions sans avertir quand un segment de roches profondes se fracture brusquement sur une grande longueur ; c'est alors à des vitesses de plusieurs kilomètres par seconde que se propagent au loin les secousses intenses induites par le jeu de la faille ainsi créée. Jamais, en revanche, une éruption volcanique ne survient sans être précédée de signes avant-coureurs. Un magma n'est évidemment pas une onde de grande vélocité ; c'est un fluide plus ou moins visqueux qui a besoin de temps pour parcourir des distances assez modestes lors de sa remontée vers l'air libre.

Des signes avant-coureurs

Des grandes profondeurs où il prend sa source, le magma se fraye un chemin et s'accumule dans des poches aux contours irréguliers, des chambres magmatiques, situées à moins de 10 km de la surface. Quand une éruption se prépare, d'anciennes fractures s'élargissent peu à peu ou de nouvelles se créent sous l'effet de la poussée du magma. C'est en s'y injectant sous forme de *dykes* ou de *sills* que ce dernier va gagner l'air libre à partir des chambres les plus superficielles.

Les dykes sont des filons plus ou moins verticaux qui recoupent généralement les roches préexistantes ; leur épaisseur varie de dizaines de centimètres à quelques dizaines de mètres, leur longueur de centaines de mètres à des dizaines de kilomètres. Les sills sont des filons proches de l'horizontale, s'insérant souvent entre deux strates rocheuses. Près de la surface, l'épaisseur des sills va typiquement de quelques décimètres à quelques mètres. Si l'on considère que, en profondeur, une chambre magmatique est un immense sill, alors l'épaisseur maximale des sills peut être de l'ordre du kilomètre. Quand l'érosion a eu le temps de faire son œuvre, il devient possible d'entrevoir le réseau complexe formé par ces

Un grand dyke au sommet du piton des Neiges (La Réunion), et son débit en petits prismes perpendiculaires aux surfaces de contact avec les roches encaissantes.

filons qui ont alimenté en lave les points de sortie et conféré une armature solide à un vieux volcan. Suivant l'usage, on désignera par *neck* toute masse importante de lave observée à l'aplomb d'un conduit, que ce soit un dyke élargi, un culot de cheminée ou un lac de lave.

L'arrivée de magma induit le lent gonflement d'un volcan. Il s'ensuit une augmentation des pentes de l'édifice, qu'on sait désormais mesurer même quand elle est infime, dont l'ampleur reflète le volume de magma en cours d'accumulation. Ces déformations d'un édifice assez mal consolidé se produisent par création ou réactivation de fractures. Elles sont à l'origine de petits séismes, de magnitude dépassant à l'occasion 2 sur l'échelle de Richter, qui n'échappent pas aux instruments modernes de détection, les *sismomètres*. C'est la conjonction d'un gonflement et d'une sismicité notables qui rend une éruption probable et donne aux autorités le signal d'alerte pour protéger personnes et biens. D'autres signes précurseurs peuvent en outre apparaître, par exemple la réactivation de fume-

Un sill oblique de syénite, épais de plus de 50 m, mis au jour dans le cirque de Cilaos (La Réunion).

rolles ou l'élévation de température de sources dues à un échauffement des nappes phréatiques par du nouveau magma remontant vers la surface.

Si la fréquence des séismes tend à croître à l'approche d'une éruption, le moment où l'activité va commencer échappe encore à toute prévision. Au piton de la Fournaise, tout juste sait-on que c'est généralement une affaire de semaines, voire de peu de mois. À la montagne Pelée ou à la Soufrière de Guadeloupe, dont les éruptions sont très rares, les manifestations pré-éruptives pourraient s'étaler sur des périodes se comptant en années. Ces différences sont une illustration élémentaire du fait que le début et le déroulement d'une éruption dépendent de divers paramètres; au premier rang de ceux-ci figurent la nature du magma et le contexte géologique du volcan. Les incertitudes planant sur les circonstances d'une éruption sont

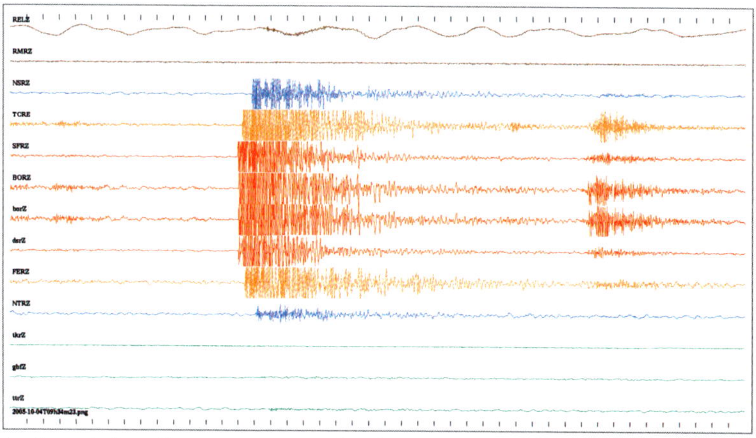

Les traces de deux séismes avant-coureurs d'une éruption au piton de la Fournaise. Au centre, les enregistrements des stations sismiques les plus proches du cratère; en haut – témoignage de la très grande sensibilité des appareils –, les lentes oscillations du sol, dues à la houle, sous un sismomètre situé près de la mer (période représentée: 45 secondes; durée du premier séisme: 8 secondes).

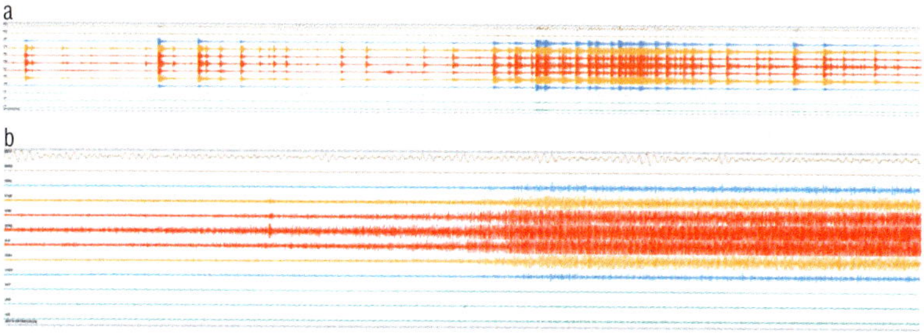

La sismologie volcanique: le début d'une éruption au piton de la Fournaise (octobre 2005). En a, *la crise sismique (durée: 21 min) détectée principalement par les sismomètres situés près du cratère Dolomieu où l'éruption allait se dérouler. En* b, *l'apparition du trémor marquant le véritable début de l'éruption (durée d'enregistrement deux fois plus courte qu'en* a*: 10 min 30 s).*

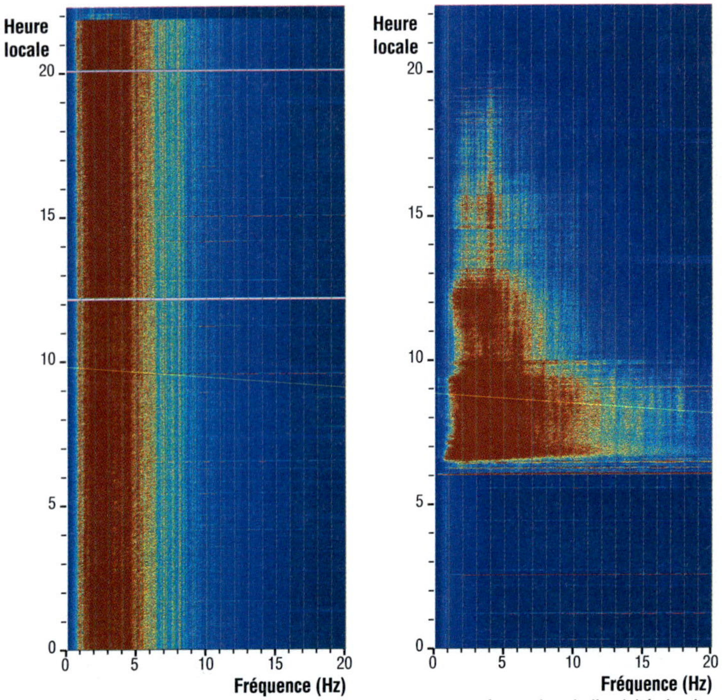

La fin d'une éruption vue par les sismogrammes. Dans cette représentation de l'activité sismique, le temps progresse de bas en haut tandis que, pour chaque séisme, l'intensité du signal est représentée horizontalement par un code de couleur (intensité croissante du bleu au rouge) en fonction de la fréquence (en hertz) des vibrations du sol. À gauche, la disparition du trémor (en rouge, entre 1 et 6 Hz), marquant la fin d'une éruption (octobre 2005). À droite, le début (bas) et la fin inhabituellement progressive (haut) de l'éruption du 29 novembre 2005 qui ne dura que 9 heures ; les traits horizontaux situés sous le trémor représentent les séismes de la crise pré-éruptive.

un facteur délicat à prendre en compte par la protection civile. Mais les décisions à prendre de ce point de vue sont du ressort des autorités administratives. Le volcanologue doit se borner à donner, à mesure que l'éruption se prépare, puis se déroule, les avis éclairés qui les rendront judicieuses…

Une éruption au piton de la Fournaise

Le piton de la Fournaise est le seul volcan très actif décrit dans ce guide. Il émet des laves basaltiques bien fluides, comme l'ont fait avant lui son grand voisin le piton des Neiges, les volcans polynésiens et ceux des terres Australes. Il est donc naturel de le prendre ici comme exemple pour illustrer l'importance tenue par la viscosité du magma et les gaz dissous dans le déroulement d'une éruption purement *magmatique*. D'autres scénarios sont en effet possibles, en particulier si le magma rencontre de l'eau sur son chemin. Mais ceci est une autre histoire dont on parlera un peu plus loin !

Au piton de la Fournaise, l'imminence d'une éruption est signalée par une crise sismique qui dure typiquement une demi-heure. Pendant cette période, plus d'un tremblement de terre se produit chaque minute ; ce sont les derniers coups de bélier donnés par le magma avant de s'épancher en surface. L'activité sismique décroît ensuite, pendant une heure ou plus, puis reprend sous une forme continue : c'est le *trémor* qui débute, c'est-à-dire les vibrations qu'un magma en cours de dégazage produit en remontant à une vitesse de 2 m/s environ pour gagner l'air libre.

Au sommet ou sur les flancs du volcan, le magma annonce son arrivée par la création d'une fissure, souvent segmentée en plusieurs tronçons décalés les uns par rapport aux autres. Un puissant sifflement se fait entendre. Ce sont les gaz expulsés par le magma qui arrivent à la surface. Les premières laves suivent de peu. Elles jaillissent avec force, sous l'effet d'une importante poussée gazeuse, formant des fontaines ou des rideaux hauts de quelques dizaines à plus d'une centaine de mètres. Au cours de son parcours aérien, la lave ne forme pas un jet continu mais elle se fragmente en paquets de taille et de forme irrégulières au gré des explosions continuelles qui la projettent. Au sol, la lave forme des coulées qui commencent aussitôt leur course vers les parties basses du volcan.

D'autres fissures s'ouvrent parfois un peu plus loin, d'où la lave va également jaillir sur toute ou une partie seulement de leur longueur. La

Quelques aspects du volcanisme basaltique au piton de la Fournaise : a, fragmentation d'une lave fluide vivement projetée en l'air à son point de sortie ; b, fontaines et coulées de laves sur les flancs du volcan ; c, un cône d'éclaboussures près de l'océan ; d, le cœur d'un de ces cônes rougi par oxydation du fer de la lave au contact prolongé de l'air à des températures de 800 °C environ.

poussée des gaz diminuant, la pression aux points de sortie décroît ensuite, la hauteur des jets de lave diminue, les explosions s'espacent. Après quelques heures ou quelques jours, l'activité tend à se concentrer en un ou deux points seulement. L'essentiel du magma s'échappe de ces points sous forme de coulée. Un peu de lave continue néanmoins à être projeté en l'air par bouffées et édifie de petits *cônes d'éclaboussures* (*spatter cone*, en anglais) en se solidifiant autour des points de sortie.

La suite de l'éruption est des plus variables selon la quantité de lave accumulée dans les chambres magmatiques, le dégazage plus ou moins avancé du magma, la géométrie des conduits souterrains et d'autres facteurs plus obscurs. Le débit de lave est ainsi faible ou élevé tandis que la durée de l'éruption varie de moins d'une journée à plusieurs mois, des interruptions pouvant être suivies quelque temps plus tard de reprises d'activité plus bas sur le volcan. Mais, le point commun à toutes les éruptions est que, dès leur début, le volcan commence à se dégonfler, les fractures à se refermer, et il arrive un moment où la source de magma se tarit pour de bon. L'éruption peut s'arrêter progressivement ou s'interrompre sans prévenir. Le trémor disparaît alors soudainement.

Basaltes et andésites

Les éruptions basaltiques sont rarement dangereuses pour les personnes. Certes, les coulées de laves très fluides peuvent s'épancher dans des zones habitées, mais elles laissent en principe le temps de procéder à des évacuations. La situation est évidemment très différente quand les laves sont visqueuses et que le style d'éruption n'est pas effusif, mais explosif. Une partie importante de la lave est alors émise non pas comme une coulée de liquide, mais sous forme de fragments isolés dont la forme et la taille peuvent être très variables. On donne à tous ces produits d'explosion le nom de *pyroclastes* (« cassés par le feu ») et aux roches qu'ils forment en s'accumulant celui de *pyroclastites*.

Dans les profondeurs du volcan comme à l'air libre, c'est la viscosité du magma qui contrôle l'écoulement à tous les stades de l'éruption. Si elle est élevée, le magma ne peut ni s'élever rapidement dans les conduits souterrains ni s'épancher en grandes coulées sur les flancs du volcan. Le dégazage reste la force motrice de l'éruption, mais il se produit de façon plus violente. De ce point de vue, le contraste entre laves fluides et laves visqueuses est analogue à celui que l'on observe entre un bouillon léger et une soupe très épaisse chauffés sur un feu vif : dans le premier cas, l'eau s'évapore paisiblement sous forme de petites bulles ; dans le second, apparaissent de grosses bulles de vapeur qui explosent en projetant au loin une partie du contenu de la marmite.

Un paramètre principal gouverne à la fois la viscosité d'un magma et la dangerosité d'une éruption : c'est la composition chimique, qui dépend

Les grandes conséquences de petites différences de composition entre basaltes et andésites : en haut, le bouclier de l'île Amsterdam (terres Australes) et, ci-dessus, le stratovolcan de la montagne Pelée (Martinique) vu de la plaine côtière au nord-est de l'île. De nos jours, l'île Amsterdam n'a des pentes douces que d'un côté ; de l'autre, des falaises abruptes témoignent des grands effondrements qui peuvent ponctuer la vie des grands volcans.

elle-même du type de volcanisme et de l'histoire du volcan. La diversité de composition des laves est en réalité quasi infinie. En rendre compte au moyen d'un nombre limité de termes est d'ailleurs une des difficultés de la volcanologie ! Sans se perdre dans des questions d'un grand intérêt fondamental, mais réservées aux spécialistes, il est néanmoins possible de placer dans quelques grandes lignées la plupart des laves observées à la surface de la Terre. Dans ces lignées, les andésites et les basaltes jouent un rôle essentiel.

Ces deux types de laves sont difficiles à distinguer à l'œil nu quand elles ne comportent pas de grands cristaux, mais elles se rencontrent en général dans des contextes assez différents pour que des confusions

Des péridotites (vertes) du manteau provenant de 50 km de profondeur au sein des basaltes du dôme Rouge (îles Kerguelen). L'enclave plus claire est un cumulat de feldspaths et de pyroxènes formé dans une chambre magmatique (échelle donnée par le stylo).

Une péridotite de la pointe Suzanne (îles Kerguelen) vue en lame mince: cristaux d'olivine (teintes vives), de pyroxène (jaunes) et de spinelles (noirs). (Échelle: 5 mm.)

fâcheuses puissent être évitées. Andésites et basaltes partagent de mêmes teintes sombres. Dans les deux cas, feldspaths (plagioclases) et pyroxènes sont les principaux minéraux dispersés dans une pâte vitreuse ou à grain très fin, bien que leurs proportions relatives et la nature des autres minéraux présents soient différentes. Le contraste entre les deux sortes de laves tient avant tout à des teneurs en silice différentes: de 44 à 53 % (en poids) pour les basaltes, et de 53 à 65 % pour les andésites, entre lesquels a été fixée une limite quelque peu arbitraire.

À distance de cette limite commune, les grandes différences d'écoulement entre magmas basaltiques et andésitiques illustrent le fait que, en première approximation, l'influence prédominante sur la viscosité d'une lave est exercée par la teneur en silice. Des variations d'apparence mineure de ce facteur peuvent ainsi induire des changements de styles entre éruptions effusives et explosives dont les conséquences affectent aussi la morphologie des volcans. En s'étalant peu à peu les unes sur les autres, des laves fluides édifient des appareils aux pentes faibles, les *volcans boucliers*. En alternant avec des produits d'explosions violentes, les laves visqueuses construisent des reliefs aux pentes relativement fortes, les *stratovolcans*, aussi appelés *volcans composites*.

Ces deux types de magmas prennent directement naissance par fusion partielle des roches du manteau supérieur. Comme le montrent des fragments parfois remontés par les magmas jusqu'à la surface, ces roches sont des péridotites, des assemblages d'olivines et de pyroxènes.

Comment des magmas distincts peuvent-ils néanmoins être produits à partir de la même source ? C'est ce que des progrès récents de la volcanologie permettent désormais d'expliquer.

Le volcanisme andésitique

Dans les temps historiques, au moins une éruption s'est produite pour 540 volcans de la planète. Les 4/5 d'entre eux ont émis des laves andésitiques. Celles-ci tiennent leur nom de la cordillère des Andes où elles abondent. On les trouve en particulier tout le long de la ceinture de feu du Pacifique qui représente le trait le plus spectaculaire du volcanisme terrestre. De l'Alaska à la Terre de Feu et des îles Aléoutiennes à la Nouvelle-Zélande, en passant par le Japon et les Philippines, cette ceinture est dessinée par une myriade de volcans situés en bordure de continent ou dans des chapelets d'îles. Sur toute sa longueur a lieu une sismicité très importante. De fait, la ceinture a été le siège des tremblements de terre les plus intenses (Chili, 1960, magnitude 9,5) et parmi les plus profonds jamais observés (650 km).

Le volcanisme andésitique n'est toutefois pas circonscrit à la ceinture de feu du Pacifique. Il se rencontre en particulier dans d'autres arcs insulaires qui, tels ceux de l'Indonésie et des Petites Antilles, sont également

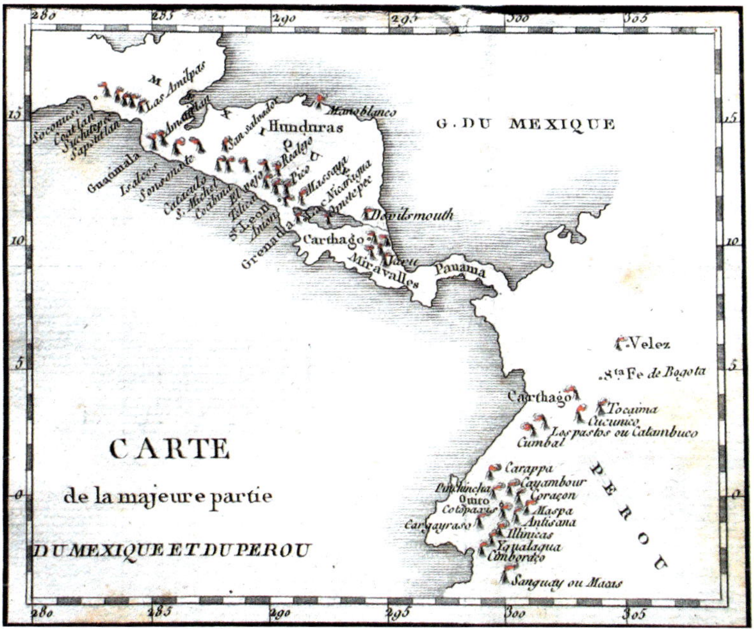

Dans la plus ancienne représentation de la ceinture de feu du Pacifique, le chapelet des volcans d'Amérique centrale (Ordinaire, 1802).

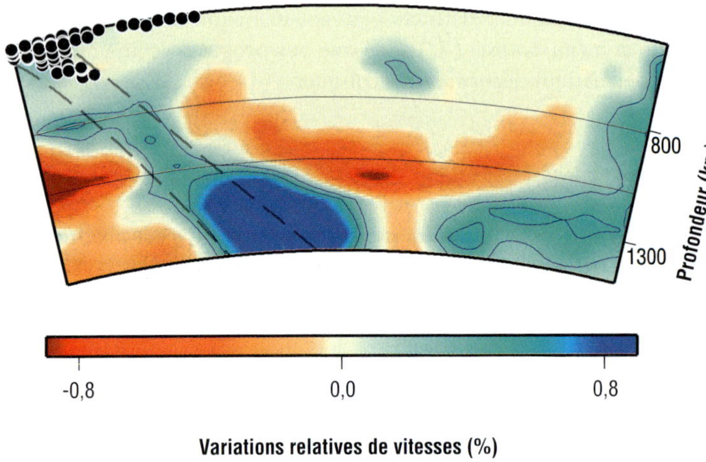

Entre le Guatemala, à gauche, et les Caraïbes, à droite, une coupe sismologique dans les profondeurs de la Terre : foyers des séismes détectés (ronds noirs) et plongement de la plaque pacifique froide (en bleu) dans le manteau chaud (en rouge) mis en évidence par les différences observées de vitesses de propagation des ondes sismiques (Ren et coll., 2007).

marqués par une sismicité importante. Bien qu'il n'existe aucune relation de cause à effet entre occurrence d'un séisme et déclenchement d'une éruption, ce lien étroit entre volcanisme et sismicité a très longtemps reçu des explications inadéquates. Un premier élément important de réponse a été apporté au début des années 1960 quand il apparut que les foyers des séismes profonds andins ne se répartissent pas au hasard. Ils délimitent un vaste pan incliné plongeant vers l'intérieur des terres suivant un angle de 12 à 27°, au niveau des zones de volcanisme actif, à partir de la bordure orientale de l'océan Pacifique. Dans le cadre de la tectonique globale qui se constituait, la notion de plaque rigide plongeant dans le manteau rendit compte de cette observation. Elle expliqua en outre pourquoi la Terre tremble à des profondeurs où les roches du manteau sont en principe trop chaudes pour casser : les séismes se produisent exclusivement dans la plaque plongeante, encore froide, et non dans le « manteau chaud » qui l'environne où les roches, pourtant solides, sont plastiques à l'échelle des temps géologiques.

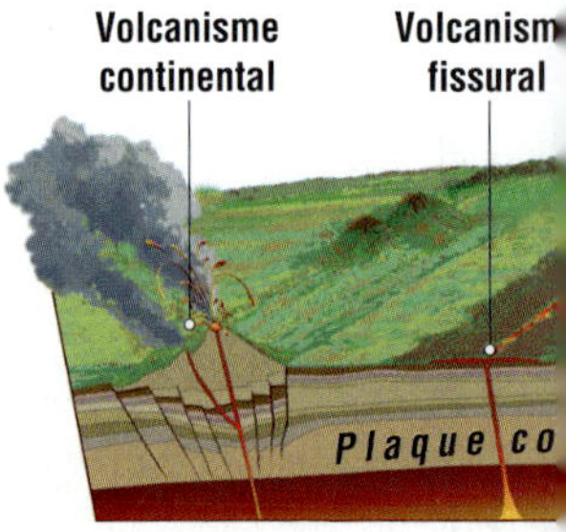

Il a ensuite été logique d'attribuer le volcanisme andésitique à la même cause. Diverses tentatives ont été faites dans ce sens. La plus convaincante part du fait que la partie supérieure des plaques est faite de roches comportant des minéraux hydratés. Quand une plaque plonge, elle s'échauffe en s'enfonçant peu à peu. Après une descente dont la durée se compte en millions d'années, les minéraux hydratés parviennent à des profondeurs de 75 à 110 km. Ils subissent alors des transformations qui leur font perdre leur eau. Or l'eau est un fondant des silicates extrêmement efficace. Elle induit un début de fusion des roches du manteau. Des magmas basaltiques se forment et commencent leur ascension à des vitesses de 10 à 100 m par an. Mais il est rare que ces magmas parviennent directement à la surface. Ils séjournent en général quelques centaines d'années dans des chambres profondes où se produit une différenciation chimique qui donne naissance aux andésites, les laves typiques du volcanisme de cordillère et d'arc insulaire.

Cette importance de l'hydratation des magmas dans le manteau à l'aplomb d'une plaque plongeante est illustrée par la présence fréquente d'amphiboles dans les andésites : ces minéraux ferromagnésiens en forme d'aiguilles noires comptent en effet l'eau parmi leurs composants. La quantité d'eau libérée par une plaque dépend de la vitesse de plongement. Le taux de production de magma apparaît ainsi lié à cette vitesse. Celle-ci est par exemple de 7,5 cm/an en Indonésie et de 5 cm/an à Sumatra, mais de 2 cm/an dans l'arc des Petites Antilles qui appartient à une petite plaque, celle des Caraïbes, sous laquelle plonge la grande plaque atlantique. Le fait que la sismicité et l'activité volcanique soient toutes deux beaucoup plus fortes en Indonésie qu'aux Antilles reçoit de la sorte un élément d'explication. Dans le détail, les choses sont toutefois assez compliquées car la tectonique joue également un grand rôle dans la création des reliefs. Aux Antilles, par exemple, le jeu complexe des déformations se produisant aux frontières de plaques a soulevé les anciens récifs coralliens de La Désirade 300 m au-dessus du niveau de la mer…

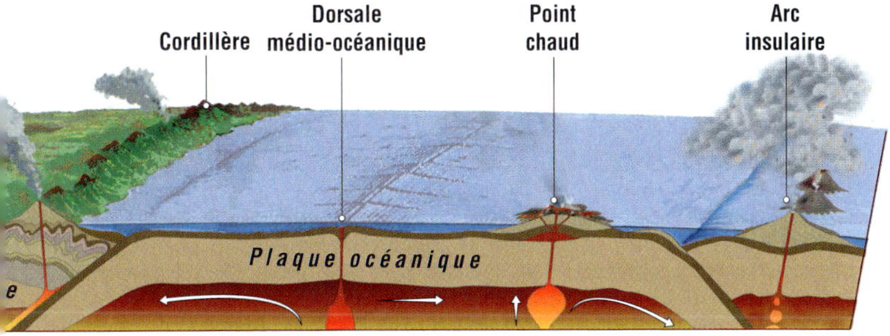

Dans le cadre de la convection qui anime la tectonique des plaques, la genèse des magmas et les principaux types de volcanismes : celui de cordillère et d'arc, liés au plongement d'une plaque tectonique ; celui de dorsale médio-océanique, terme d'une cellule de convection dans le manteau ; celui de point chaud, dû à la remontée d'un panache de matière.

Le volcanisme basaltique

Dans les années 1950, des campagnes océanographiques – dont la motivation était en partie liée à la sécurité des sous-marins –, ont révélé que les fonds océaniques sont tapissés de basalte. Ces roches couvrent donc plus de 70 % de la surface terrestre. Quand Desmarest arpentait les reliefs auvergnats en 1763, il ne se doutait pas de l'intérêt que prendrait au XXe siècle sa découverte de leur origine volcanique. D'importance particulière est le fait que d'immenses chaînes de montagnes courent tout au fond des océans. Ces *dorsales* ou *rides* médio-océaniques sont le siège d'un volcanisme fissural qui renouvelle continûment les fonds océaniques et leur substratum : chaque plaque est détruite d'un côté, par plongement sous une autre, et est recréée de l'autre par une dorsale. Ce mouvement des plaques les unes par rapport aux autres est à l'origine de la mobilité des continents. Il est l'expression superficielle d'immenses cycles convectifs qui se produisent dans le manteau. La matière chauffée en profondeur, moins dense, remonte en effet d'un côté, grâce à la poussée d'Archimède qu'elle exerce, refroidit vers la surface et, devenant plus dense, redescend à l'extrémité opposée. C'est en remontant vers les rides médio-océaniques que les péridotites du manteau fondent partiellement. La fusion n'est pas induite par une augmentation de température, mais par une diminution de pression lors de la remontée. À une soixantaine de kilomètres de profondeur, la fusion de 15 % environ de péridotite produit ainsi une lave nommée tholéiite dont les teneurs en silice, de 50 à 52 %, sont élevées pour un basalte.

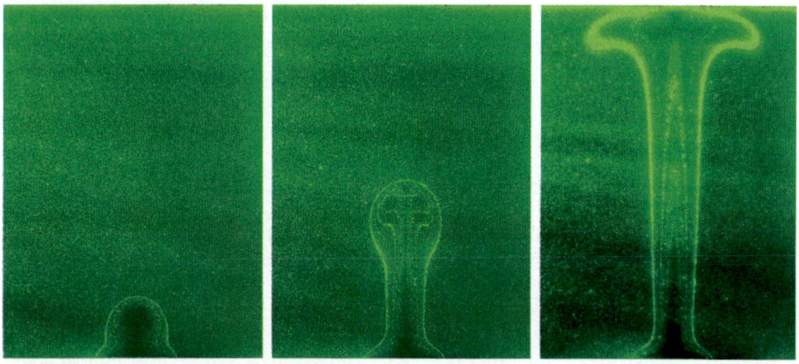

Naissance, montée et étalement d'un panache résultant d'une inversion de densité induite au sein d'un fluide (expérience de J. Vatteville et A. Davaille faite avec un sirop de sucre chauffé localement au fond du vase et éclairé à la lumière verte d'un laser). En s'approchant de la surface, la vaste tête d'un panache profond causerait les éruptions formant d'immenses plateaux basaltiques du type trapps du Deccan (Inde) ; la longue queue serait ensuite à l'origine de l'activité beaucoup moins intense qui, sur une longue période, donne naissance à un alignement de volcans.
Sur la cinquantaine de panaches identifiés, moins d'une dizaine (dont ceux de La Réunion, d'Hawaii et d'Islande) proviendraient d'instabilités survenant à la limite entre noyau et manteau à 2 900 km de profondeur. Tels ceux de Polynésie, une vingtaine, plus petits, prendraient leur source vers 600 km de profondeur, tandis que les autres auraient une origine encore plus superficielle.

Pour l'essentiel, les basaltes tholéiitiques voient toutefois rarement l'air libre. À l'exception de l'Islande aujourd'hui, ou jadis de Kerguelen, la plupart des îles volcaniques sont en effet situées loin des rides médio-océaniques et elles se sont édifiées avec d'autres types de basaltes (de teneur en silice variable mais inférieure à 50%). Comme à Hawaii ou en Polynésie, ces îles forment souvent des alignements au sein desquels leur âge varie de manière systématique : les plus récents sont observés pour les îles situées le plus près des dorsales. Cette corrélation a conduit dans les années 1960 à la notion de point chaud. Dans ce cadre, qui fait cependant encore l'objet de discussions animées, un volcan est l'expression superficielle d'un très lent panache de matière qui remonte à l'état solide des profondeurs du globe et fond partiellement avant d'arriver à la base de la plaque. Comme la position d'un panache est à peu près fixe, le lent défilement de la plaque qui le surmonte produit un déplacement du (ou des) point(s) d'émergence des laves, et donc de la position des volcans dans une direction opposée à celle du mouvement de la plaque. Et si la sismicité est très modérée, c'est que les volcans de point chaud sont généralement éloignés des limites de plaque.

La source des magmas

Quelle qu'en soit la cause, la fusion d'une roche est une transformation lente et progressive. C'est par leur surface que les minéraux d'une roche commencent à fondre. Un mince film de magma apparaît à l'interface entre deux minéraux. Des gouttelettes se forment quand la quantité de liquide produite devient suffisante. Elles commencent à migrer, coalesçant avec d'autres qu'elles rencontrent en chemin. Sur leur passage, les gouttes dissolvent préférentiellement la vapeur d'eau, le gaz carbonique et les autres gaz présents au sein des roches profondes. Le fait que la fusion puisse être déclenchée par de faibles quantités d'eau témoigne de cette affinité des gaz pour les magmas.

Quand les gouttes acquièrent une taille assez grande, leur mouvement prend une direction nettement ascendante. À la manière d'une bouée immergée dans l'eau, les magmas montent parce que leur densité (2,6

L'alimentation en laves d'un volcan : des réservoirs souterrains, les chambres magmatiques, et leur contenu qui cristallise partiellement (en vert) au contact des roches encaissantes.

Le tout début de la fusion d'une roche grenue : du liquide se rassemblant en minces et discrets tubules translucides le long des arêtes de grains de quartz (taux de fusion : 0,2 % en volume ; taille des grains : 0,03 mm ; photo en microscopie électronique de granite hydraté porté au laboratoire à 900 °C et 10 000 atmosphères). Expérience de Laporte et coll.

environ) est beaucoup plus faible que celle des roches au sein desquelles ils sont produits (3,2 environ). Bien entendu, ils s'élèvent d'autant plus vite qu'ils sont peu visqueux. En induisant des diminutions de densité, et surtout de viscosité, la présence de gaz dissous dans le magma facilite donc ce mouvement. La poussée d'Archimède diminue toutefois quand les magmas approchent la fin de leur long parcours parce que les roches de la croûte sont nettement moins denses que celles du manteau. Le magma tend alors à s'accumuler dans des chambres magmatiques. Pour parvenir à la surface, il doit bénéficier d'une seconde force motrice. C'est l'expulsion des gaz dissous qui la lui donne.

Comme celle du gaz carbonique dans le champagne, la solubilité d'un gaz dans un magma dépend avant tout de la pression. Pour garder les gaz dissous, il faut en pratique des pressions de plusieurs milliers d'atmosphères, soit celles qui règnent à une dizaine de kilomètres de profondeur. Aux plus faibles pressions auxquelles le magma séjourne dans des chambres, les gaz ont donc tendance à être expulsés pour s'individualiser sous forme de bulles. L'effet est renforcé quand le magma commence à cristalliser et voit sa sursaturation en gaz s'accroître corrélativement. En formant une émulsion, le magma devient par ailleurs de moins en moins dense, surtout près du toit de la chambre où les bulles s'accumulent. Mais le volume de la chambre ne peut guère augmenter pour accommoder la présence des bulles ; c'est la pression qui croît et induit en surface les premiers signes précurseurs d'une éruption.

Des agrégats d'olivines remontés d'une chambre magmatique par les basaltes du piton Chisny (La Réunion, taille de l'enclave : 7 cm).

L'explosion d'une énorme bulle de gaz (taille : 5 m, piton de la Fournaise, septembre 2004).

Quand le magma reprend sa remontée, la pression exercée sur lui devient plus faible, le volume des bulles gazeuses augmente, la densité de l'émulsion diminue, et la poussée d'Archimède croît. En retour, la taille des bulles croît plus vite, la poussée d'Archimède est renforcée, et la vitesse de remontée augmente encore : le cycle s'emballe et se clôt quand le magma parvient à la surface. En même temps peuvent être entraînés des fragments de roches arrachés aux parois des conduits menant à la surface, ou même des minéraux s'étant formés dans la chambre. Les abondants cristaux d'olivine présents dans des basaltes d'îles océaniques appelés *océanites* sont un exemple très commun de ce second cas.

La manière dont l'éruption se produit dépend toutefois très fortement de la viscosité du magma. Quand les gaz dissous s'échappent aisément d'un magma peu visqueux, les bulles se dispersent régulièrement dans la colonne ascendante : c'est le régime « bulleux » qui préside à l'effusion d'une coulée fluide de basalte. Si la viscosité est un peu plus élevée, les bulles restent piégées dans le magma ; elles peuvent néanmoins grossir au point d'atteindre des tailles comparables aux diamètres des conduits ; c'est le régime « intermittent » des éruptions stromboliennes où laves et

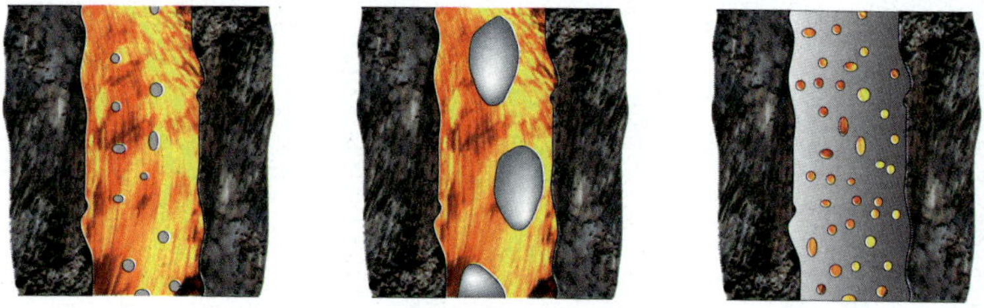

Bulleux **Intermittent** **Dispersé**

Les régimes d'écoulement des magmas dans les derniers stades de leur parcours vers la surface.

pyroclastes sont émis. Quand la viscosité est forte, le magma se fragmente et se disperse en gouttes dans le flux gazeux dont la viscosité négligeable autorise de très grandes vitesses d'écoulement ; c'est le régime « dispersé » des éruptions explosives. Quand elle est encore plus forte, le magma ne s'écoule plus vraiment. Il achève lentement sa remontée sous forme d'une pâte qui n'explose qu'après être parvenue à l'air libre.

L'évolution magmatique et les grandes familles de laves

« Les péridotites du manteau commencent à fondre soit par réaction avec de l'eau, soit parce que leur remontée les place dans des conditions de pression et de température où elles sont déstabilisées. Dans ce second cas, la fusion n'est pas déclenchée par une augmentation de température (à pression constante), mais plutôt par la diminution de pression (à température constante) due à une remontée de matière. L'effet est analogue à celui d'une eau qu'on fait bouillir bien au-dessous de 100 °C par simple réduction de la pression. Cette fusion « par décompression » est à l'origine des magmas basaltiques, aussi bien sous les dorsales médio-océaniques que dans les panaches de points chauds.

Par ailleurs, la fusion complète d'une roche se produit non pas à température fixe, mais sur un vaste intervalle de température parce que les minéraux les moins réfractaires commencent à fondre avant les autres. Quand débute la fusion, le magma qui apparaît est plus riche en silice et en éléments alcalins (sodium et potassium) que la péridotite. La composition d'un magma primaire dépend donc beaucoup du taux de fusion de la péridotite. Elle varie en outre selon la pression à laquelle elle se produit. Les taux de fusion sont généralement les plus élevés aux pressions les plus faibles. Les taux les plus bas conduisent à un enrichissement du magma en éléments alcalins et alcalino-terreux (calcium et magnésium). Les basaltes tholéiitiques, les basaltes alcalins et les basanites sont par exemple produits à 60 km de profondeur à partir de péridotites dont les taux de fusion sont respectivement de 15, de 8-10 et de 5-6 %. Quant aux néphélinites, des laves rares très riches en sodium, elles se forment vers 100 km de profondeur avec un taux de fusion de 2 ou 3 % seulement.

Mais il est rare que les magmas remontent directement des profondeurs, où ils se forment, jusqu'à la surface sans subir de transformations notables. Lors de leur séjour dans

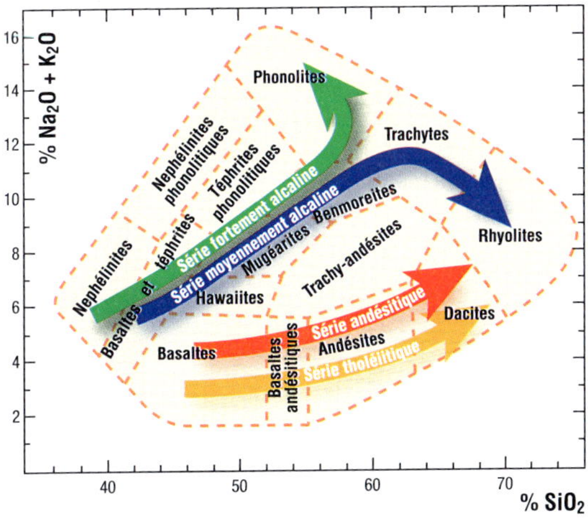

Les différentes séries de différenciation selon la composition chimique des magmas.

les chambres magmatiques, ils refroidissent au contact de parois froides. Plus le temps de séjour est long, plus le refroidissement est important et plus grande est la fraction du magma susceptible de cristalliser. Or la composition du magma change à mesure que la cristallisation progresse. C'est la *différenciation magmatique*. De même que les saumures de marais salant précipitent successivement des sels différents, les magmas se solidifient en suivant des séquences de cristallisation bien définies qui dépendent elles-mêmes de paramètres comme la teneur en eau et les conditions oxydantes ou réductrices. Souvent, au sein d'un magma basaltique précipiteront d'abord des spinelles (magnétite, chromite), puis des olivines, des pyroxènes et enfin des feldspaths. De façon schématique, les minéraux qui précipitent les premiers sont les plus pauvres en silice de sorte que le magma devient plus siliceux, et donc plus visqueux et explosif, à mesure que la cristallisation progresse.

Selon la composition initiale d'un magma basaltique, des séries distinctes de différenciation sont suivies. Alfred Lacroix (1863-1948), que nous rencontrerons à diverses reprises dans ce guide, le comprit dès 1927 en étudiant les laves polynésiennes. Il reconnut en effet que les magmas basaltiques riches en silice donnent finalement naissance à des laves rhyolitiques, les basaltes pauvres en silice (dits *alcalins*) à des phonolites, tandis que des trachytes sont obtenus pour les compositions intermédiaires entre ces deux situations. Ces évolutions sont accompagnées d'un passage à des laves de teinte claire parce que l'essentiel du fer est emporté par les minéraux réfractaires (en l'occurrence, ferromagnésiens) qui précipitent au début de la séquence de cristallisation.

La diversité des roches ignées est extrême car la dizaine d'oxydes qui les constituent a des abondances qui peuvent toutes varier dans des proportions importantes. Comme l'attestent les trachy-andésites ou les trachy-phonolites, il existe en fait tous les intermédiaires entre les grands types de laves qui ont été définis. L'important est toutefois que ces roches sont toutes constituées d'un petit nombre de minéraux au premier rang desquels se placent spinelles, olivines, pyroxènes, amphiboles, micas, feldspaths, feldspathoïdes et quartz.

Ne sont ici décrites que des laves massives, les roches grenues associées étant indiquées entre crochets. Les critères de reconnaissance sont la nature des minéraux et la texture de la roche d'abord observées à l'œil nu, puis, si possible, au microscope sous forme de lames minces, avec une lumière « polarisée » qui donne aux différents minéraux de très belles teintes caractéristiques. »

Les grandes roches volcaniques

• **Basalte** (gabbro) : teinte sombre, noire, grise ou parfois légèrement bleutée, présentant souvent des cristaux noirs (pyroxènes), verts translucides (olivines) et blancs (feldspaths) ; les cristaux ont généralement une taille inférieure au millimètre, mais peuvent occasionnellement atteindre un centimètre ou plus. Au microscope, les basaltes sont constitués en majorité de très petits cristaux de feldspaths (plagioclases), puis de pyroxènes, d'olivines et d'oxydes de fer. Proportion de verre très variable, mais généralement inférieure à 20 %.

Une océanite du piton de la Fournaise (La Réunion) : de grands cristaux d'olivine et de pyroxène (diopside zoné), de petits feldspaths (plagioclases), et une pâte à olivine, diopside, plagioclase, magnétite, ilménite et verre interstitiel.

Une néphélinite de Tubuai (îles Australes, Polynésie) : des cristaux d'olivine et de néphéline dans une pâte contenant ces minéraux avec de la magnétite, des feldspathoïdes, du verre et du diopside (non visible ici).

• **Andésite** (diorite) : à l'œil nu, se distingue d'un basalte par une pâte qui peut être plus claire et par une proportion plus élevée de grands cristaux de feldspaths. Au microscope, très forte majorité de feldspaths (plagioclases), avec amphiboles et pyroxènes. Proportion de verre très variable, mais supérieure à celle des basaltes.

Une andésite de la montagne Pelée (Martinique) : de grands cristaux d'amphibole et de feldspaths (plagioclases, zonés, avec des traces de déstabilisation) dans une pâte vitreuse comportant des plagioclases, du diopside, de la magnétite et plus rarement de l'olivine.

• **Trachyte** (syénite) : à l'œil nu, même aspect que les trachy-andésites. Au microscope, prédominance de la sanidine sur les plagioclases, et texture fluidale due à l'alignement des microlites pendant l'écoulement de la lave. Texture à l'origine du débit en dalles ou lauzes de la lave.

Un trachyte de la Table de l'Institut (péninsule Rallier du Baty, îles Kerguelen) : grands cristaux de sanidine (gris) dans une pâte comportant des pyroxènes (jaunes), des magnétites (noires) et surtout d'innombrables petites baguettes orientées de feldspaths.

• **Phonolite** (syénite néphélinique) : teinte variable, de vert foncé à gris, aspect souvent luisant, débit en lauzes et son clair rendu à la

frappe. Parfois présence de grands cristaux de sanidine (blancs) ou de très petits cristaux d'haüyne (bleus).
Au microscope, même aspect et texture fluidale que les trachytes, avec en plus de petits feldspathoïdes (haüyne ou bien néphéline).

Une phonolite de Ua Pou (îles Marquises) : des cristaux de feldspaths alcalins dans une pâte faite de lattes de ces feldspaths, de néphéline, de magnétite et d'autres cristaux non visibles ici (pyroxène et feldspathoïdes).

• **Rhyolite** (granite) : laves les plus riches en silice, verre abondant, couleur souvent rose ou rouge bien que d'autres teintes (verdâtres, par exemple) existent ; cristaux de quartz et de feldspaths (sanidine dominante, plagioclases) visibles, avec parfois des micas et d'autres minéraux accessoires.

Une obsidienne rhyolitique d'un sill du mont Lacroix (péninsule Loranchet, îles Kerguelen) : de grands cristaux de sanidine dans une pâte vitreuse qui est ici altérée et partiellement dévitrifiée (vue en lumière polarisée non analysée).

N. B. : les photos de lames minces sont observées en lumière polarisée analysée (échelle 3x5 mm).

III. BOUCLIERS ET STRATOVOLCANS

Le volcanisme sous-marin

Les fondements sous-marins d'une île échappent non seulement au regard, mais aussi à des études détaillées en raison d'une altération importante de leurs laves. Même les durées d'édification sont généralement mal connues. En Polynésie, des renseignements ont néanmoins été obtenus sur ce point par des explorations en submersible des volcans sous-marins de la Société, par l'étude de formations volcaniques sous-marines émergeant dans l'île Australe de Rurutu, ou par les datations de laves anciennes faites dans les atolls de Mururoa et Fangataufa grâce aux forages profonds effectués pour les essais nucléaires. Il est apparu que les vitesses de croissance sont les plus élevées pour les parties immergées. L'édification complète des volcans polynésiens aurait ainsi duré 1 million d'années (Ma) environ, dont 500 000 à 700 000 ans (on dit aussi 500 à 700 ka ou kilo-années) « seulement » pour les fondements sous-marins.

Les tout premiers stades de croissance sont marqués par des interactions avec les sédiments. En parvenant au fond de la mer, les premières laves ont tendance à s'étaler au sein de boues et de sédiments mal consolidés. Les dépôts qui s'empilent peu à peu sont instables et sujets à des glissements qui les dispersent sur de grandes distances. Peu à peu, un mont sous-marin s'édifie cependant. Grâce à des observations faites par plongée, le mode d'épanchement des laves est alors bien

Un coussin en formation sur les pentes sous-marines du piton de la Fournaise.

La structure concentrique d'un coussin de la ride est-pacifique à 21° N (campagne CYAMEX, 1978).

connu. Deux facteurs jouent un rôle essentiel : le contact avec l'eau, qui assure un refroidissement très rapide, et la pression élevée régnant au fond de l'eau qui s'oppose à un dégazage violent des laves.

Dans l'eau, une lave fluide forme des tubes longs de 1 à 5 m ou des coussins dont la taille varie de 20 à 100 cm. Une croûte solide se forme très vite mais craque aussitôt sous l'effet de la poussée du magma ; une nouvelle croûte apparaît, et ainsi de suite, jusqu'à ce que l'enveloppe solide soit trop épaisse pour céder ; un nouveau coussin apparaît alors à côté. Chaque coussin possède une forte proportion de verre en surface ; sa structure est concentrique et fracturée de façon radiale. Les coussins peuvent s'empiler sur quelques centaines de mètres. Restant directement au contact de l'eau, les derniers à s'épancher peuvent éclater sous l'effet du choc thermique. C'est pourquoi les empilements passent souvent latéralement à des niveaux de brèches comportant des fragments de coussins.

À tous les stades d'édification, c'est par des réseaux de dykes et de sills traversant les laves déjà épanchées que le magma s'élève. À Rurutu, on peut ainsi voir grâce à la surrection tardive de l'île comment les dykes, ayant alimenté le volcanisme aérien, ont recoupé les anciennes formations

La surface tourbillonnante d'un lac de lave figé sur la dorsale est-pacifique à 21° N (campagne RISE, 1979).

Des dykes gris de basalte recoupant le volcanisme sous-marin à Rurutu (îles Australes, Polynésie).

sous-marines altérées. À la manière d'un navire que l'on charge, le substratum marin du volcan tend à s'enfoncer sous l'effet de la masse de lave accumulée quand le volcan atteint une taille respectable. L'effet peut cependant être contrecarré par l'échauffement, et donc par la dilatation thermique, de ce substratum induits par un point chaud sous-jacent.

Les boucliers

Le sommet tourmenté d'un volcan bouclier, le piton de la Fournaise : les deux cratères (état avant 2007) et, à l'arrière-plan, le rempart de la caldeira. Au loin, le piton des Neiges.

De loin, les volcans boucliers se distinguent par leur forme surbaissée. Relativement rares en milieu continental par rapport aux stratovolcans, ils dominent en revanche au milieu des océans. Ils doivent leur nom à un volcan du sud de l'Islande, le Skjaldbreiður (« le grand bouclier »). La faiblesse de leurs pentes, qui est typiquement de 10 à 15°, est l'expression de coulées de laves très fluides qui s'empilent inlassablement. Pour se manifester, les volcans boucliers ont en effet une rude besogne à accomplir : ils doivent d'abord se hisser au-dessus de l'océan. Comme leur édification débute typiquement 4 000 m sous le niveau de la mer, seule une faible fraction d'entre eux donne en fin de compte naissance à une île. La plupart restent noyés dans l'anonymat des volcans sous-marins faute d'avoir assez élevé leur sommet pendant leur vie active.

La pointe émergée ne représente qu'une fraction minime du volume total d'un volcan bouclier, 5 % par exemple pour le tiers supérieur d'un appareil de forme conique. Comme l'histoire d'un volcan océanique est celle de ses parties aériennes, elle est nécessairement très incomplète. Selon les datations effectuées en Polynésie, les parties aériennes se sont construites en quelques centaines de milliers d'années. Elles l'ont donc fait à des vitesses moyennes inférieures à 1 cm par an. Celles-ci tendent à décroître avec le temps alors que la composition des magmas change pour passer souvent à des laves différenciées dans les derniers stades d'activité.

Bien qu'un volcan bouclier ait une forme conique assez régulière, les points de sortie ne sont pas répartis au hasard. Le magma remonte préférentiellement par certaines zones, là où la fracturation se fait plus facilement; la position de ces zones varie d'ailleurs au cours de la vie du volcan. La zone la plus active est évidemment le sommet. Par le jeu d'effondrements et d'explosions, un cratère se forme au sein des empilements de lave et ne cesse de se combler et de se reformer au gré des éruptions qui se succèdent. Par ailleurs, la partie haute des grands boucliers possède souvent une vaste *caldeira*, une cuvette dont la profondeur peut atteindre plusieurs centaines de mètres et le diamètre plusieurs kilomètres. Les caldeiras sont fermées ou s'ouvrent en fer à cheval sur le flanc du volcan tourné vers la mer. Elles sont créées à l'issue d'éruptions d'ampleur exceptionnelle par un effondrement des voûtes de vastes chambres magmatiques, lequel est souvent consécutif à de violentes interactions avec de l'eau. Enfin, les flancs des grands volcans boucliers font régulièrement l'objet de vastes glissements de flancs. Ce trait est partagé par les stratovolcans. Il sera donc décrit un peu plus loin.

Hawaiien ou strombolien ?

Le volcanisme basaltique est caractérisé par des laves fluides. Dans un bouclier, la plupart des éruptions sont de style *hawaiien*. Qu'elle émerge en rideaux de fissures ou en fontaines isolées, la lave est projetée presque verticalement en l'air par de puissants jets de gaz. Une faible fraction du magma s'accumule dans des murets ou des cônes d'éclaboussures bordant les points de sortie. Projetées en l'air à grande vitesse, les gouttelettes d'une lave très fluide peuvent s'étirer au cours de leur parcours en fragiles *cheveux de Pélé*.

Une étrange procession au piton de la Fournaise : des monticules de scories alignés sur une fissure éruptive émettant des laves très peu explosives, fluides et dégazées.

En retombant au sol, la lave s'écoule sur les pentes. Si le

Quelques facettes de l'activité du piton de la Fournaise (La Réunion). *Ici, un rideau de lave bordé d'une petite levée de scories.*

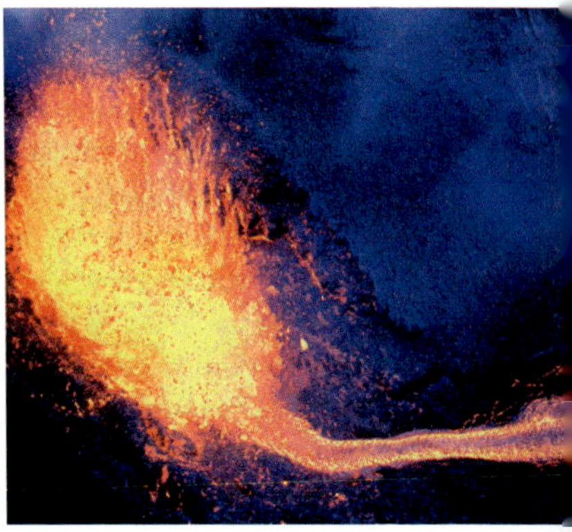

Vue des airs, une coulée émergeant d'un conduit au centre d'un cône d'éclaboussures égueulé.

La lente avancée des gratons en tête d'une coulée dans le Grand Brûlé.

Des gratons charriés par une coulée lente.

Une fabrique de cordes.

Un treillis de lave en formation.

Le chaos d'un moutonnement.

Cordes ou filaments : selon son mode de sortie de petits tubes, la lave acquiert en surface une texture différente.

Mêlée à quelques globules de lave, une pelote de cheveux de Pélé produite par le volcan.

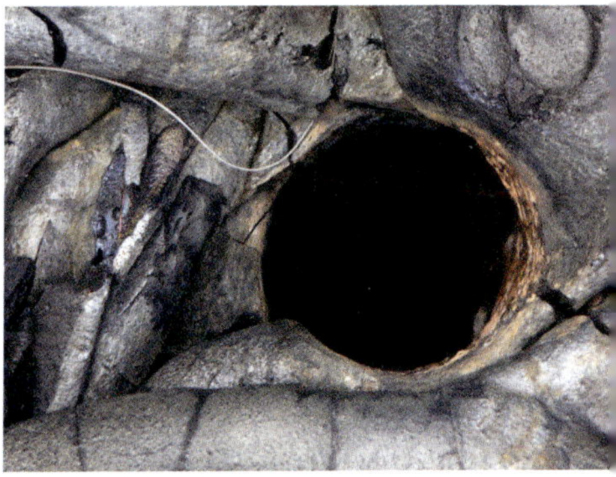

L'empreinte d'un tronc d'arbre dans une coulée de lave à la pointe de la Table.

Un tunnel de lave (plaine des Cafres).

Des stalagtites au plafond d'un tunnel de lave du Grand Brûlé.

Une très rare fantaisie éruptive : de multiples gerbes de bombes au sommet du Stromboli.

terrain est initialement froid, elle avance sur une grande largeur à des vitesses de quelques kilomètres par heure au plus. La lave progressant le plus lentement au niveau du sol, les scories formées en surface par refroidissement au contact de l'air se trouvent peu à peu amenées au front de la coulée et se déposent à sa base. C'est pourquoi une coulée repose généralement sur des brèches scoriacées plus ou moins épaisses. Sur la semelle chaude ainsi déroulée, la lave avance ensuite beaucoup plus rapidement, les vitesses pouvant dépasser 30 km/h. Si le débit reste constant, la largeur de la coulée diminue en proportion de l'augmentation de vitesse : la lave ne s'écoule plus que sur une partie de la largeur initiale et laisse de chaque côté des scories formant des sortes de moraines latérales appelées *levées*. Sur son passage, la lave s'attaque évidemment à la végétation existante. Elle brûle les arbustes et renverse les arbres en moulant parfois troncs ou branches dont on retrouve ainsi la trace après l'éruption.

Le mont du Mischief (991 m), un cône strombolien perché au sommet de la ligne de crête de l'île de la Possession (archipel Crozet).

À l'air libre, le refroidissement de la lave limite la

Mehetia (435 m) : un cône strombolien au sommet d'un volcan bouclier actif de l'archipel de la Société.

longueur d'une coulée. Les distances ne connaissent en revanche plus guère de bornes lorsque la lave s'écoule dans des tubes ou des tunnels qui apparaissent au sein de coulées assez épaisses quand une croûte solide se forme et isole thermiquement le magma sous-jacent. Un réseau compliqué de galeries qui se joignent, se divisent et se superposent peut alors se mettre en place. En fin d'éruption, ces cavités se purgent naturellement. Parfois, le toit du tunnel ainsi dégagé se trouve orné de stalactites ou d'un vernis de lave.

Les fuseaux d'une petite bombe (10 cm) du piton Hubert (massif de la Fournaise, La Réunion).

Les coulées les plus fluides se figent en formant à leur surface des cordes, des draps et bien d'autres figures. Leur aspect est originellement lisse car une mince couche de verre, vite enlevée par l'érosion, fait office d'émail. Plutôt que le terme hawaiien *pahoehoe*, le mot *cordées* sera employé dans ce guide comme terme générique pour qualifier ces laves. Pour une moins grande fluidité et d'autres facteurs pas toujours bien compris, les coulées se fragmentent en blocs de taille et de forme irrégulière, des *gratons*, sur lesquels, après refroidissement, la marche est à la fois difficile et dangereuse. D'une coulée à l'autre, laves cordées et en gratons alternent sur un même volcan. Pour une même coulée, le passage ne peut cependant se faire que dans un seul sens, de laves cordées à laves en gratons.

Une explosivité un peu plus élevée caractérise les éruptions *stromboliennes*. Ce ne sont plus des jets de gaz, mais de petites explosions qui projettent en l'air le magma à des vitesses de 200 m/s ou plus. Les explosions sont

Une grosse bombe (1 m) de la presqu'île de la Caravelle (Martinique).

La courbure de la prismation au contact d'une ancienne bordure de vallée (bassin La Paix, La Réunion).

discontinues, se produisant par bouffées de quelques secondes espacées d'une ou deux dizaine(s) de minutes selon la teneur en gaz et la vitesse de formation des grosses bulles. Le ciel reste clair entre deux bouffées. Il n'y a pas de panache de poussières. La lave se fragmente en plus grands morceaux, des *bombes*, qui sont projetées dans toutes les directions et retombent en suivant de belles trajectoires paraboliques. Ces projections de formes diverses représentent une fraction importante du débit de lave. Les cônes édifiés prennent donc des tailles respectables si l'éruption est de longue durée. La taille du cratère croît avec l'ampleur de l'éruption : les hauteurs peuvent atteindre plusieurs centaines de mètres et les diamètres à la base, un kilomètre. Malgré leur nature mal consolidée, les appareils résistent relativement bien à l'érosion car leur constitution spongieuse empêche leurs pentes d'être ravinées.

Quant à la prismation des laves, elle résulte de la contraction thermique induite par le refroidissement et se développe perpendiculairement aux surfaces par lesquelles la chaleur est évacuée. Elle est souvent nette dans les dykes qui se présentent comme un mur de petits prismes juxtaposés les uns contre les autres. Comme les coulées des volcans boucliers s'épanchent sur de vastes flancs dépourvus d'obstacles, elles sont en général peu épaisses de sorte que les grandes orgues sont rares. La prismation est la plus spectaculaire dans des masses de lave assez importantes comme celles qui s'accumulent dans des vallées creusées par l'érosion ou qui remplissent des cratères pour former des

L'entablement chaotique et la colonnade régulière de basalte d'une coulée moulant un vallon (hauteur : 15 m, rivière de l'Est, La Réunion).

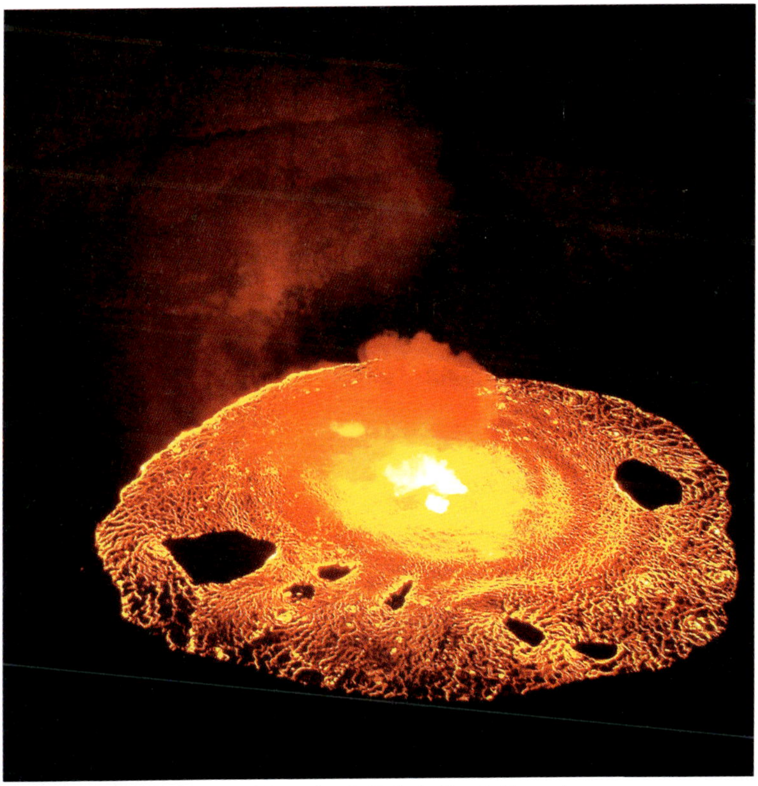

Un lac de lave basaltique au fond du cratère du Karthala (Grande Comore) en novembre 2005.

lacs de lave. À partir de la surface, se forme un chaos de petits prismes irréguliers. Au contact d'un sol horizontal, ce sont des colonnes polygonales bien verticales qui apparaissent et viennent rencontrer un entablement chaotique le long d'un plan d'une régularité surprenante. Dans les creux du relief, les prismes suivent l'orientation du sol. Ils forment alors d'élégantes gerbes, en particulier lorsqu'elles remontent du fond au bord d'un vallon.

Les magmas et l'eau : l'hydromagmatisme

Ce n'est pas parce qu'un volcan a émergé de l'océan que ses laves échappent à l'épreuve de l'eau. Une île ne peut en effet s'accroître que si les laves émises à l'air libre vont achever leur course en mer. Au contact du magma, d'immenses panaches de vapeur se forment et témoignent de la vigueur du refroidissement. Les laves déposées par de petites coulées sont rapidement déblayées par les vagues et les courants marins. En quelques semaines, les grandes éruptions peuvent en revanche produire des accroissements à la fois importants et durables.

Une imposante production de vapeur : les laves du piton de la Fournaise plongeant dans l'océan Indien.

La course du magma est spécialement brève quand les points de sortie sont situés près de la côte. Elle l'est encore plus quand ceux-ci sont en mer ! Les premiers signes d'une telle éruption de style *surtseyen*, du nom de l'île islandaise de Surtsey qui se forma de la sorte en 1963-1964, sont des arrivées d'eau sale en surface. De petites explosions espacées de quelques secondes ou minutes suivent, puis de hauts panaches blancs de vapeur et des nuages sombres de poussières et de fragments

En bord de mer, le début d'une explosion hydromagmatique lors d'une éruption du piton de la Fournaise (hauteur du cône : 10 m, La Réunion).

de lave s'élevant jusqu'à quelques centaines de mètres. Sous l'effet d'une trempe brutale, ces fragments se vitrifient largement et constituent des roches nommées *hyaloclastites*. En englobant des fragments de lave et de roches autochtones arrachés par les explosions, ces matériaux s'accumulent en anneau autour d'un cratère évasé et peu profond. L'éruption pouvant durer des mois, il arrive que surgisse finalement une île au sein de laquelle le magma émerge à l'air libre.

Dans les éruptions surtseyennes, les interactions entre magma et eau ne sont pas d'une brutalité extrême car l'énergie du magma est largement dissipée par réchauffement des eaux. Inversement, de faibles quantités d'eau n'ont que peu d'effets sur une grande masse de magma. C'est pour des rapports intermédiaires de l'ordre de 3 entre masses d'eau et de magma que le pouvoir explosif est le plus élevé. Ces conditions sont réalisées quand des nappes phréatiques sont soumises à la chaleur d'un magma en cours de remontée. Des centaines d'explosions sont induites par la détente violente de l'eau qui

Une bombe en chou-fleur (taille : 20 cm, cratère Julien, La Réunion).

Une grande explosion à Surtsey (Islande).

se vaporise et fragmente à la fois le magma et les roches encaissantes. Un vaste cratère se forme peu à peu, d'où des débris de tailles diverses sont projetés à des vitesses supersoniques. La colonne éruptive lourdement chargée de fragments tend à se composer de deux parties distinctes dont la forme peut évoquer celle d'un champignon à volve. Chargée en vapeur d'eau, une colonne s'élève verticalement à une hauteur d'un à deux kilomètre(s) en alimentant un panache dont les fines particules se déposent à des distances variables selon leur poids, leur taille et l'ardeur du vent. En retombant vite près du point de sortie, les particules moins fines se redéploient de façon radiale pour former une *déferlante basale*. Également entretenue par le souffle direct de l'explosion, la déferlante dépose les particules de façon chaotique en anneau ou en croissant autour du cratère. Des bombes *en chou-fleur* et la stratification désordonnée des débris déposés sont typiques de ces explosions.

Le dépôt irrégulier des produits d'une éruption phréatomagmatique à la pointe Taharaa (Tahiti).

La stratification régulière des fines cendres phréatiques de Bellecombe au piton de la Fournaise.

Dans le dernier type d'éruption hydromagmatique, les eaux souterraines ne rentrent pas directement en contact avec le magma. C'est en s'infiltrant dans un milieu déjà chaud qu'elles se vaporisent violemment et qu'elles fragmentent les roches environnantes en pièces de tailles variées. Alors que des blocs de plusieurs tonnes ont de très courts envols, les particules les plus fines, les *cendres*, sont projetées au loin sur des aires qui peuvent être très vastes. Les produits de ces éruptions *phréatiques* se distinguent aisément car ils ne comportent que des débris de roches anciennes, sans aucune trace de nouvelle lave. Lors de la crise de la Soufrière de Guadeloupe en 1976, c'est la très faible proportion de magma nouveau dans les produits d'explosion qui permit de conclure que l'éruption ne prit pas un tour phréatomagmatique. Une éruption phréatique peut néanmoins être d'une violence remarquable, comme celle qui accompagna il y a 4 700 ans la création de la caldeira actuelle du piton de la Fournaise.

Les stratovolcans

L'archétype du stratovolcan : le mont Fuji (estampe des Trente-six vues du mont Fuji de Katsushika Hokusai, 1760-1845).

Les stratovolcans, tel le mont Fuji, au Japon, représentent dans l'imaginaire collectif l'archétype même du volcan. Ils ne le doivent pas à des torrents de laves jaillissant fréquemment de leurs flancs, mais à des pentes uniformément croissantes jusqu'à leur sommet. À l'image de la montagne Pelée ou de la Soufrière de

Les aspérités d'un dôme actif : la Soufrière de Guadeloupe.

Guadeloupe, les stratovolcans n'ont cependant pas tous des pentes régulières menant à un vaste cratère. Les aiguilles et aspérités qui ornent leur sommet témoignent en réalité de modes de croissance parfois rudes. Par rapport aux volcans boucliers, les stratovolcans s'édifient en effet avec des magmas plus visqueux qui donnent lieu à des alternances de dynamismes explosifs et effusifs. Les dépôts pyroclastiques représentent ainsi une partie essentielle du volcan alors que les coulées de laves sont courtes et limitées au voisinage des points de sortie.

Cette importance des dépôts pyroclastiques distingue clairement un « stratovolcan » d'un volcan bouclier en fin de vie. Quand une différenciation magmatique fait évoluer les magmas vers des trachytes ou des phonolites, l'activité devient principalement explosive au cours des derniers stades d'activité. De telles laves ne sont toutefois émises qu'en faible quantité. Elles ne représentent qu'un mince nappage irrégulier sur un édifice qui reste essentiellement basaltique. Qualifier de stratovolcan le piton des Neiges, à La Réunion, ou nombre de volcans polynésiens serait donc un abus de langage.

Bien que sa construction puisse débuter par d'importantes éruptions basaltiques, un stratovolcan se distingue par la grande variété des produits émis au cours de vies longues de centaines de milliers ou de millions d'années. Des basaltes aux phonolites et rhyolites, toute la gamme des laves peut être représentée. La forme irrégulière de l'édifice résulte ainsi de la diversité des styles éruptifs qui s'ensuit. Du côté effusif, il n'est guère nécessaire de revenir longuement sur des épanchements de laves qui sont régis par les facteurs décrits dans les sections précédentes ; il suffit de noter que, toutes choses égales par ailleurs, les coulées des laves les plus visqueuses sont non seulement plus courtes, et plus épaisses, mais ont tendance à se transformer d'elles-mêmes en brèches lors de leur progression. De même, les traits saillants des éruptions hydromagmatiques déjà décrits n'ont pas besoin d'être mentionnés à nouveau. C'est vers les manifestations intrinsèquement explosives qu'il faut ici se pencher.

Dômes et nuées

Un magma très visqueux ne s'écoule pas vraiment. Même après avoir atteint l'air libre, des andésites, trachy-andésites, phonolites ou rhyolites continuent leur lente remontée pour édifier des dômes. Cette activité *extrusive* fut observée pour la première fois à la montagne Pelée en 1902-1903. Un dôme peut être haut de plusieurs centaines de mètres, son diamètre atteindre à la base plus d'un kilomètre. La température de la lave est assez basse, de l'ordre de 900 °C. La croissance est généralement accompagnée de fréquents écroulements de parties instables. En surface, le dôme est hérissé de petites aiguilles créées par la poussée de la lave à travers des fissures perçant la carapace solide qui se forme. Ses parois parfois abruptes se dressent au milieu

Trois instantanés du début, du maximum de développement et de l'effondrement de la nuée ardente du 9 février 1930 à la montagne Pelée (Perret, 1935).

Des dépôts de nuées ardentes de la montagne Pelée (1902), reposant sur le pavage brisé de l'ancienne habitation Périnelle à Saint-Pierre.

d'un talus d'éboulis qui est alimenté par un incessant émiettement superficiel. Quand la carapace devient bien résistante, la poussée peut se concentrer en quelques points et donner naissance à de hautes aiguilles émergeant de l'édifice comme d'une filière. Mais, victimes d'écroulements rapides, de telles aiguilles ne connaissent le plus souvent qu'une brève existence.

Si la lave n'est pas visqueuse à l'excès, le dôme peut s'affaisser un peu en un dôme-coulée aux pentes plus ou moins molles. Dans une même région phonolitique coexistent ainsi tous les intermédiaires entre les dômes au profil droit et ceux dont la silhouette évoque plutôt une immense goutte étalée. Dégagés par l'érosion de leur gangue de produits mal consolidés, les dômes montrent parfois, par la prismation de leur lave, le mouvement d'extrusion du magma et l'affaissement relatif de celui-ci après sa percée à l'air libre. Il arrive enfin que des dômes composites soient édifiés par la croissance successive ou simultanée de deux ou plusieurs appareils.

Comme toujours, les gaz sont dissous dans la lave d'où ils cherchent à s'échapper. La violence de l'explosion qu'ils déclenchent dans des laves visqueuses est à la mesure de la force qu'ils doivent exercer pour s'en extraire. L'effort est d'autant plus important que la lave devient encore plus visqueuse à mesure que son eau se dégage. Avec les débris de roches incandescents produits lors de leur violente détente, les gaz forment des aérosols chauds aux effets dévastateurs, des *nuées ardentes*. Les particules les plus fines montent vers le ciel sous forme d'immenses volutes. À défaut de s'élever, les fragments plus massifs bénéficient d'une portance remarquable de la part des gaz très chauds. Ils dévalent les flancs du volcan de manière turbulente à des vitesses pouvant dépasser 100 m/s, ce qui leur permet même de remonter des pentes. Les nuées les plus violentes sont qualifiées de *péléennes*. De plus faibles nuées, plus fréquentes, sont dues à des explosions moins violentes, voire à de simples effondrements de parties de dôme. On les appelle nuées ardentes *d'avalanche* ou de *type Mérapi*, du nom d'un volcan indonésien.

Qu'ils soient de type péléen ou d'avalanche, les dépôts de nuées ont un même air de famille. Ils sont avant tout mal consolidés, constitués de cendres et de blocs de taille variée qui proviennent de la fragmentation du dôme. Les dépôts de nuées ardentes péléennes sont en général peu épais et de granulométrie fine. Ils présentent des traces de dépôts caractéristiques d'écoulements dilués comme des stratifications entrecroisées ou en lames fines. Le mode d'écoulement et l'épaisseur de la nuée conduit par ailleurs ces dépôts à napper tout un secteur du volcan et à apparaître aussi bien dans les fonds de vallées que sur les reliefs. Les dépôts de nuées ardentes d'avalanches sont plus épais et de granulométrie plus grossière, pouvant contenir des blocs de plusieurs mètres cubes ; on les retrouve principalement dans les vallées.

Les ponces pliniennes

Une grande ponce (10 cm) des îles Kerguelen (monts Ross), de composition trachytique, et ses chapelets de vésicules.

Des manifestations plus violentes que la formation de dômes et de nuées se produisant quand le dégazage explosif survient avant que la lave ne parvienne à la surface. Ce style éruptif *plinien* est celui de la grande éruption phonolitique du Vésuve de l'an 79. Il doit son nom à Pline le Jeune qui en fit la première description. Ses traits essentiels sont un débit de magma élevé et continu ainsi qu'une durée assez longue pour que le volume total de laves émises se compte souvent en kilomètres cubes. C'est avec ces éruptions dont la violence défie la mesure que le comble du paroxysme volcanique est atteint et que d'immenses caldeiras sont créées. Éruptions pliniennes et péléennes peuvent en fait alterner irrégulièrement sur un même volcan, comme la montagne Pelée. Ce n'est pas la composition de la lave qui est en cause, mais la manière dont le magma se dégaze au cours de sa remontée.

Un magma très visqueux prend un aspect de mousse quand apparaissent en son sein des bulles de gaz qui ont du mal à s'extraire. Or cette mousse magmatique devient instable quand la teneur en bulles atteint 70 % environ, généralement dans le dernier kilomètre de la remontée. Elle se fragmente alors en produisant un jet continu de gaz qui entraîne avec lui, à des vitesses supersoniques, des cendres et des fragments de lave bulleuse. Une colonne éruptive de type plinien est ainsi formée de gaz et de fragments de magma qui s'élèvent quasiment à la même vitesse.

Une éruption vulcanienne à la Soufrière Hills (Montserrat, Antilles).

Sa température élevée lui confère une faible densité, et donc une grande force ascensionnelle. Cette force est encore accrue par l'air incorporé dans la colonne auquel les fragments de lave cèdent une partie de leur chaleur de sorte que la hauteur de la colonne peut atteindre des dizaines de kilomètres. La colonne se refroidit néanmoins en s'élevant. À une certaine hauteur, la force ascensionnelle devient négligeable. La colonne s'étale alors en un panache horizontal à partir duquel retombent des pyroclastes très bulleux, des *ponces*.

Des reliques d'explosion dans une ignimbrite des îles Kerguelen (péninsule Rallier du Baty) vue au microscope : débris de lave et de ponces ; fragments anguleux de cristaux (ici, au centre, de sanidine, moulé par les autres débris). Lame mince, échelle : 5x3 mm.

Des épaisseurs de ponces allant de plusieurs mètres à plusieurs dizaines de mètres peuvent recouvrir les flancs du volcan. Lorsque la colonne éruptive est trop dense, elle s'écroule assez vite sur elle-même. Cendres et ponces s'écoulent comme un fluide qui se canalise rapidement dans les vallées radiales de l'édifice et parcourt jusqu'à des dizaines de kilomètres à des vitesses de plusieurs dizaines de mètres par seconde. Lorsqu'elles parviennent peu chaudes au sol, les ponces forment des dépôts meubles. Si cendres et ponces sont en revanche encore assez chaudes, elles se compactent et se soudent entre elles pour former des laves massives, d'épaisseur variable, qui peuvent se prismer. En leur sein, les restes compactés de ponces se reconnaissent comme des inclusions, de taille pouvant atteindre une dizaine de centimètres, en forme de flamme de chandelle, d'où leur nom (italien) de *fiammes*. Qu'ils soient encore meubles ou consolidés en lave massive, de composition andésitique, trachytique ou rhyolitique, ces dépôts sont des *ignimbrites*.

Moins fortes que les éruptions pliniennes, les explosions de type *vulcanien* leur sont apparentées. Elles s'en distinguent par de plus faibles quantités de magma qui vont de quelques centièmes à quelques dixièmes de kilomètres cubes. Les explosions sont trop brèves pour entretenir la colonne éruptive. Celle-ci atteint des altitudes de quelques kilomètres seulement, mais peut se reformer plusieurs fois au cours d'une même éruption. L'extension des produits émis est moindre, tout comme l'épaisseur des dépôts. Enfin, les stades initiaux de l'éruption sont parfois marqués par une proportion élevée de matériaux anciens remobilisés, indiquant sans doute le débouchage d'anciens conduits.

Les prémices de la ruine

Cendres, ponces et dépôts meubles qui recouvrent les pentes d'un volcan sont évidemment les produits volcaniques les plus vulnérables tant qu'un ciment naturel ne les a pas consolidés. Ils sont en particulier emportés

Sur le flanc est de la Soufrière Hills de Montserrat, la marque des effondrements de flanc qui ont transformé la petite vallée de la rivière Tar (Tar River) en vaste excavation. Au loin, le delta formé en mer par l'accumulation des débris descendus des pentes du volcan (photo prise en 1996, juste un an après le début de l'éruption).

aisément quand surviennent de fortes pluies ou quand la fonte de neiges couvrant les parties hautes du volcan est causée par une nouvelle éruption. Des eaux boueuses gagnent les vallons, puis se rassemblent dans les vallées. L'eau transporte toute seule roches et débris, mais la boue est encore plus efficace car sa densité élevée facilite le déplacement de gros rocs sur de longues distances. Et tous les débris charriés accroissent naturellement un pouvoir de destruction qui peut devenir considérable dans les zones habitées. En 1902, les toutes premières victimes de la montagne Pelée furent l'œuvre de tels torrents de boue, appelés *lahars*, nom qui leur est donné en Indonésie où ils sont particulièrement fréquents.

Quand la pente devient trop faible, l'eau abandonne finalement sa charge. Petits et gros débris se retrouvent déposés à peu près en même temps. Les produits des coulées de boue ne sont donc pas triés. Ils se distinguent spécialement mal de ceux de nuées quand la coulée a remobilisé d'anciens dépôts de nuées. De ce point de vue, même une situation dans les creux du relief ou en fond de vallée n'est pas un indice sûr de leur mode de dépôt. En somme, les coulées de boue ne font pas réellement disparaître les produits volcaniques : elles les transfèrent des parties hautes vers les parties basses d'un volcan.

Cette même œuvre de transport est accomplie plus rapidement, et à une toute autre échelle, par les effondrements de flanc qui affectent indifféremment boucliers et stratovolcans. En s'ébranlant, une masse rocheuse se disloque et crée une énorme avalanche. Sur des distances variables, des roches de tous calibres sont transportées : poussières, pierres, rochers et même des pans entiers de montagne, les *mégablocs* dont la taille est couramment de plusieurs dizaines de mètres, quoiqu'elle puisse atteindre le kilomètre. Quand les versants sont assez raides, la vitesse de l'avalanche se compte par centaines de kilomètres à l'heure. À terre, les débris sont alors susceptibles de remonter des pentes d'une centaine de mètres de hauteur et d'aller ravager une autre vallée. En mer, ce sont des tsunamis qui déferlent sur les côtes jusqu'à des distances parfois importantes. Lors de l'éruption de 1883 du Krakatau, en Indonésie, des vagues initialement hautes de 37 m firent encore des victimes à 800 km de distance.

Brutaux ou progressifs, les effondrements sont à la mesure de la taille des volcans : à Hawaii, les plus volumineux ont atteint 5 000 km^3 en affectant non seulement les parties aériennes de l'édifice, mais aussi ses versants sous-marins. De ces accidents, il reste de grandes lèvres en forme de fer à cheval remontant sur les flancs des volcans. Quand le temps a oblitéré ces cicatrices, les mégablocs abandonnés en terrain allochtone constituent le plus vif témoignage d'un effondrement. À terre se trouvent aussi les vastes domaines où les produits d'effondrement se sont déposés et ont formé des brèches. En mer, ce sont des bombements de sédiments situés directement face aux zones concernées qui témoignent d'anciens effondrements.

Si la gravité est bien sûr le moteur de tout effondrement, elle a besoin d'aide pour provoquer l'instabilité qui fera basculer des flancs entiers de montagnes. En 1980, c'est une importante arrivée de magma au sein du mont Saint Helens, dans la chaîne des Cascades, aux États-Unis, qui déstabilisa le flanc nord de ce volcan andésitique. Ce fut la première fois qu'on réalisa l'importance du phénomène dont on retrouva ensuite les traces un peu partout dans le monde, à La Réunion comme aux Antilles ou en Polynésie. Surtout si leur altitude dépasse 3 000 m, les volcans sont particulièrement vulnérables quand ils se sont édifiés avec des roches mal consolidées ou altérées par des circulations hydrothermales. Des éruptions à caractère explosif assez marqué peuvent alors donner le branle aux zones fragilisées.

Si les effondrements de flancs n'ont pas été découverts plus tôt, c'est que leurs dépôts ne se distinguent pas de manière évidente de ceux de nuées. Les débris les plus gros parcourent les distances les plus courtes ; les mégablocs s'arrêtent vite, au contraire des particules les plus fines qui peuvent se déposer en fond de vallée au bout de quelques dizaines de kilomètres. Mais, à petite échelle, ce sont les mêmes éléments qui se retrouvent, avec des fragments de forme anguleuse, plus finement broyés dans les parties les plus basses. Des éléments originaux sont toutefois les nouvelles brèches qui recimentent des fragments d'anciennes brèches emportés par l'avalanche de débris.

IV. LA FUITE DU TEMPS

L'extinction des feux

La vie d'un volcan bouclier ou d'un stratovolcan ne s'achève pas brutalement. À mesure que la source de magma se tarit, les éruptions s'espacent et tendent à impliquer de plus faibles volumes de laves. L'effet est particulièrement net quand les derniers stades d'activité mettent en jeu des laves différenciées. Malgré les plus faibles quantités de produits émises, la violence des éruptions peut néanmoins rester élevée en raison de la forte viscosité des magmas. Un espacement graduel des éruptions peut toutefois rendre difficile de savoir si un volcan est réellement éteint ou non. La question se pose en particulier pour le piton des Neiges, à La Réunion. La dernière éruption identifiée de ce volcan ne date en effet que de 12 000 ans, alors que ses périodes d'inactivité semblent avoir duré quelques dizaines de milliers d'années dans le passé.

Des fumerolles aux îles Kerguelen (péninsule Rallier du Baty).

Selon leur taille, les chambres magmatiques mettent des dizaines ou des centaines de milliers d'années pour exhaler leur chaleur et expulser les gaz qu'elles renferment encore en leur sein. Une cristallisation complète sous forme de roches grenues a lieu lors de ce lent refroidissement. Les magmas basaltiques, trachytiques et phonolitiques forment ainsi respectivement des gabbros, des syénites et des syénites néphéliniques.

Ces restes de chambres magmatiques peuvent ensuite être mis au jour si l'érosion déblaie les roches sus-jacentes.

C'est toutefois par le biais d'émanations fluides que la présence en profondeur d'un corps magmatique chaud ou tiède est trahie de la façon la plus évidente. Les vapeurs sulfureuses qui donnent parfois lieu à précipitation de soufre natif et d'autres sublimés ont une origine magmatique. Tout comme le gaz carbonique des fumerolles et des mofettes (fumerolles de température inférieure à 100 °C), ces vapeurs continuent à être relâchées après les derniers stades d'activité.

Une source thermale et ses dépôts sulfurés (cirque de Cilaos, La Réunion).

L'eau des fumerolles et les sources thermales ont en revanche pour origine des eaux de pluies qui s'infiltrent et s'échauffent en s'approchant d'un corps magmatique. Leur pouvoir corrosif vis-à-vis des roches augmente à mesure que leur température croît et qu'est dissous le gaz carbonique remontant des profondeurs, qu'il soit ou non d'origine volcanique. Au cours de leur descente, elles se chargent en éléments minéraux qu'elles précipitent ensuite en refroidissant lors de leur remontée vers la surface. La température à laquelle elles émergent dépend de leur vitesse de remontée, qui est elle-même plus grande lorsque le

Pyroxènes vert sombre, peu altérables, et olivines de chambre magmatique altérées et rougies par des fluides hydrothermaux au piton Chisny (La Réunion, cristaux de 5 mm).

De délicats cristaux de soufre formés en haut du Grand Brûlé (piton de la Fournaise, La Réunion).

cheminement est facilité par la présence de nombreuses failles. Ainsi, la possibilité d'exploiter l'énergie géothermique en Guadeloupe est due à l'existence d'une fracturation intense du sous-sol dans la région de Bouillante. Mais les eaux thermales peuvent colmater ces voies de circulation par leurs propres dépôts minéraux. La chaleur évacuée par les chambres magmatiques peine alors à gagner la surface. C'est le cas au Grand Brûlé, à La Réunion, où la température du sous-sol croît avec la profondeur mais paradoxalement guère plus vite que dans des régions vierges de volcans !

La sape de l'érosion

La vie d'un massif volcanique semble brève à l'échelle des temps géologiques. Les millions d'années qu'elle couvre laissent néanmoins à l'érosion amplement le temps d'accomplir son œuvre de démolition. Dès le début de l'activité, l'érosion agit avec une grande constance à toutes les échelles. En associant actions chimique, biologique et mécanique, elle désagrège roches et montagnes et en évacue les débris de toutes tailles dans les vallées ou directement à la mer. À ce grand travail contribue en fait l'activité volcanique elle-même par le biais de violentes explosions ou de grands effondrements de flancs. Et ces

Sols caillouteux et éboulis dans la vallée des Orgues (monts Ross, îles Kerguelen), où les prismes de trachyte (gros de 1,5 m et haut de 100 m) sont disjoints par le gel.

Les cailloutis produits par l'érosion glaciaire dans la péninsule Aubert de la Rüe (îles Kerguelen). À l'arrière-plan, un dôme de phonolite érodé.

effondrements peuvent être grandement facilités par le travail de sape des fluides hydrothermaux quand ceux-ci ont imprégné et altéré les soubassements du volcan. Par des teintes ocre, rouges ou vertes, cette altération laisse souvent une marque visible dans les mégablocs, les vastes blocs rocheux qui sont transportés à distance sans se rompre lors d'un effondrement.

L'action mécanique prédomine sous des climats frais et venteux comme ceux des terres Australes. Les alternances de gel et de dégel font éclater les roches, dont les fractures sont imbibées d'eau, et conduisent à la formation de grands éboulis. À petite échelle, ces alternances induisent aussi des mouvements de *solifluxion,* ou glissements du sol sur les pentes, qui ont également assuré le transport des débris d'érosion des appareils volcaniques. Aux îles Kerguelen prédominent ainsi des sols caillouteux qui sont au mieux couverts d'une maigre végétation. Mais la morphologie est surtout le produit du rabotage minutieux exercé par des glaciers dont l'extension fut considérablement plus grande dans le passé. Ses traits les plus caractéristiques sont les grandes vallées en auge qui descendent des hauteurs jusqu'à la mer. En période interglaciaire, l'érosion agit toutefois avec une certaine lenteur. C'est ce qui permet par exemple aux Kerguelen d'avoir gardé de beaux restes de plateaux basaltiques vieux de 25 à 30 Ma.

L'érosion est beaucoup plus rapide sous des climats chauds et humides. En combinant ses divers modes d'action, elle peut faire table rase de grands volcans en une dizaine de millions d'années seulement. Qu'elles soient massives ou scoriacées, les laves sont rapidement colonisées par des lichens qui créent de premiers terreaux organiques en attaquant les surfaces minérales grâce à des substances acides. Mousses et fougères suivent ensuite en tirant à leur tour profit de températures élevées et de précipitations abondantes. La manière dont les coulées vieilles de quelques dizaines d'années seulement se fondent dans le décor du Grand Brûlé, à La Réunion, atteste la vigueur de cette action biologique à de faibles altitudes. Comme aux Antilles et en Polynésie, une végétation luxuriante et des sols épais ne laissent habituellement voir les roches que dans les escarpements des reliefs.

Même en l'absence de végétation, les basaltes font l'objet d'une attaque superficielle caractéristique, dite « en taches de soleil ». Les premiers stades de l'altération chimique se manifestent en fait par la formation de patines, des films de calcaire ou d'oxydes métalliques (fer, manganèse) qui se forment en surface et confèrent aux laves des couleurs grisâtres ou brunes. Comme aucune lave, même massive, n'est totalement imperméable, l'eau s'infiltre et effectue aussi son travail de sape de l'intérieur. Sous les tropiques, trouver des laves fraîches à l'affleurement sur les flancs des volcans est souvent une gageure ! La progression de l'altération est aisément suivie dans les coulées de basalte ou d'andésite où les fentes de retrait et la segmentation horizontale représentent des points d'attaque exploités par l'eau : une altération en *pelures d'oignon* divise les prismes en boules de lave, dont la taille décroît avec le temps et qui sont séparées par des produits d'altération (oxydes de fer, argiles). Mais c'est bien entendu pour les particules les plus fines que les vitesses de corrosion sont les plus rapides. Alors que des millénaires sont requis pour que des coulées massives donnent des sols cultivables, la décomposition de cendres peut procurer en quelques années des sols d'une très grande fertilité.

Une andésite prismée s'altérant en boules au Lorrain (Martinique). À droite, la base d'un tronc d'arbre.

Entre des coussins de basalte, la palagonite jaune formée par altération de verres en Martinique.

Le ravinement crée par l'érosion en milieu tropical : le fond du cirque de Mafate au-dessus de Marla, au pied du Maïdo ; au loin, le Grand Bénare.

La vitesse d'altération dépend en outre de la composition chimique des produits volcaniques. Elle est faible pour les rhyolites où la présence d'une matrice vitreuse riche en silice, peu altérable, rend difficile l'attaque des minéraux par des eaux d'infiltration. Elle est en revanche importante pour les basaltes et les andésites en raison d'une forte altérabilité de leurs minéraux. Les verres basaltiques et andésitiques ont une réactivité chimique particulièrement forte. Au contact d'eaux de lacs ou de mer, ils se transforment en des mélanges complexes de minéraux apparentés aux argiles et zéolites. La transformation affecte aussi bien les verres interstitiels des coussins de laves que les verres plus massifs produits par les éruptions de type surtseyen. Ces produits prennent une belle teinte jaune et peuvent acquérir une assez grande dureté. Dans le cas des compositions basaltiques, ils furent décrits pour la première fois à Palagonia, en Sicile, en 1845, d'où le nom de *palagonite* qui leur a été donné.

L'altération est, par ailleurs, moins rapide sur les hauteurs des volcans, mais l'action mécanique des pluies, voire des cyclones, y est plus forte. Ravinement, glissements de terrain et effondrements de falaises s'exercent alors sans guère de retenue. Des ravines s'amorcent, croissent et donnent, après des centaines de milliers d'années, les profondes vallées et les cirques qui ont évidé l'intérieur des grandes îles polynésiennes ou du massif du piton des Neiges à La Réunion. Les progrès de l'érosion sont évidents quand on passe des îles les plus jeunes aux plus anciennes dans l'archipel de la Société. De même, une comparaison avec l'île Maurice, où les volcans se sont éteints il y a 1 Ma environ, permet de se figurer dès aujourd'hui ce qui restera des reliefs de La Réunion dans quelques millions d'années.

La place prise dans ce tableau par les inversions de relief ne doit pas être oubliée. Une coulée s'épanchant dans un creux du relief sur un substratum friable ou plus altérable joue un rôle protecteur. Les attaques de l'érosion se portent alors sur la partie non recouverte du substratum qui, d'une position initialement dominante, se trouve progressivement surmontée par la coulée. De même, des coulées massives intercalées entre des niveaux beaucoup plus meubles de scories ou de brèches constituent des fronts de résistance qui donnent naissance à de grandes cascades, en Guadeloupe en particulier.

La vigueur de l'érosion dépend aussi de facteurs locaux. Sous les tropiques, elle est en général plus forte sur les versants *au vent* que sur les versants *sous le vent* des îles. Les alizés soufflant d'est en ouest, les précipitations sont beaucoup plus abondantes sur les versants orientaux dont les reliefs sont plus escarpés. Ce contraste est particulière-

Les grains verts d'olivine dans le sable sombre de la plage de Saint-Paul (La Réunion).

La Table (îles Kerguelen) : un lac de lave de trachy-phonolites en inversion de relief après le déblaiement des parois du cratère dont le grand axe était supérieur à 1 km.

ment clair à La Réunion : aux vallées profondes, qui découpent les versants orientaux, s'opposent les planèzes peu entaillées des versants occidentaux.

Quant aux plages, elles sont aussi un reflet du travail du temps sur le volcanisme. Dans les vieilles îles, des sables clairs de coquilles calcaires, de coraux et de madrépores se trouvent en abondance sur les pentes marines faibles où se sont installés les récifs coralliens. Sur les rivages pentus bordant les volcans récents prédominent des sables noirs produits par l'altération des laves basaltiques et andésitiques. Leur teinte sombre est due à des minéraux denses et riches en fer (olivines, pyroxènes, magnétite, ilménite). Les quantités limitées de ces sables ont heureusement empêché de les exploiter comme des gisements métallifères ! Les sables clairs d'origine non biologique se distinguent en revanche par leur rareté. On ne les trouve que lorsque sont présents des laves différenciées dont la lente altération libère des feldspaths.

Le travail des coraux

Dans l'immensité de l'océan Pacifique coexistent des îles hautes, aux reliefs volcaniques escarpés porteurs d'une végétation luxuriante, et des îles basses, de nature calcaire, qui s'élèvent de quelques mètres au-dessus de la mer et sont couvertes de cocotiers et de plantes buissonnantes. Quand il parcourut la région en 1835-1836 lors de l'expédition du *Beagle,* Charles Darwin (1809-1882) reconnut que ces deux types d'îles constituent

Des débris coralliens mêlés à des fragments de basalte dans la plage de Saint-Pierre (La Réunion).

en réalité les différents stades d'une longue évolution pendant lesquels les coraux jouent un rôle majeur. Cette série illustre spectaculairement le passage du temps et elle représente un des plus clairs exemples des interactions étroites existant entre vie et volcanisme.

On désigne sous le nom de coraux divers animaux minuscules apparentés aux méduses. Ils possèdent des squelettes calcaires dont l'accumulation conduit à l'édification de vastes récifs où se trouvent également mêlés des algues calcaires, des débris organiques et des précipitations de calcaire. Point important, les coraux ne prospèrent que dans les eaux chaudes et claires, les récifs s'interrompant en *passes* au débouché des grandes rivières. En parcourant les côtes de l'Australie, de la Nouvelle-Calédonie, de Tahiti ou des îles Cocos, Darwin remarqua que les récifs coralliens sont de trois types, ne différant que « *par la présence ou l'absence de terres proches* » et par leur position par rapport à ces terres. À des distances de 30 à 100 km des côtes des plus vastes terres se trouvent les grands *récifs barrières,* dont la longueur dépasse 2 000 km en Australie. À proximité du rivage, les îles hautes comme Tahiti sont encerclées, « *comme une image dans son cadre* », par de plus petites constructions, les *récifs frangeants.* Quant aux îles basses, comme celles de l'archipel des Tuamotu, elles ont la forme circulaire d'un *atoll* au centre duquel nulle terre n'émerge.

Darwin observa que les coraux ont pour particularité essentielle de ne vivre que sous de faibles profondeurs d'eau. La distance de récifs par rapport aux côtes reflète donc simplement les pentes des fonds sous-marins, faibles autour d'un continent comme l'Australie, mais fortes autour des îles volcaniques dispersées dans l'océan. Quant au passage progressif de récifs frangeants à des atolls qu'il observa dans le Pacifique, Darwin l'expliqua simplement : « *à mesure que l'île et le récif qui lui est lié s'enfoncent graduellement par l'action de causes souterraines*, assura-t-il, *les polypiers formateurs de récifs élèvent de nouveau leur masse jusqu'au niveau de la mer : mais il n'en est pas de même des terres émergées, dont chaque pouce est irrémédiablement perdu. À mesure que l'ensemble sombre graduellement, la mer gagne pied par pied sur le rivage, jusqu'à ce que le dernier pic le plus élevé soit finalement submergé.* »

Récif frangeant

Récif barrière

Atoll

Les différents types de récifs coralliens.

Darwin révélait ainsi l'appartenance à une même lignée des îles hautes les plus jeunes et des atolls les plus vieux. Érosion, temps et *subsidence*, cet enfoncement progressif des terres, étaient les trois facteurs qui gouvernaient l'évolution d'un terme à l'autre de la série. Darwin dévoilait en prime l'origine volcanique de toutes les îles océaniques. Seule la « *cause souterraine* » de la subsidence lui échappait. Mais sa théorie fut longtemps contestée. Il fallut attendre que des forages fussent effectués dans les années 1950 pour que la justesse de ses vues soit finalement établie. Dans le cadre de la tectonique globale, on connaît désormais la cause de la subsidence : en s'écartant du point chaud, la plaque portant le volcan se refroidit et s'enfonce à cause de la contraction thermique qu'elle subit.

Un tronc d'arbre non silicifié (Araucaria sp.) vieux de 40 000 ans dans des moraines de Kerguelen (rivière des Macaronis).

La mesure des âges

Pendant des siècles, seule l'ancienneté relative des roches a pu être établie. Un cône volcanique est nécessairement plus jeune que son substratum, un dyke plus récent que les roches qu'il recoupe. Les relations des coulées de laves, dômes, dykes ou dépôts pyroclastiques avec le milieu environnant conduisent ainsi à établir l'ordre dans lequel les différentes roches se sont mises en place. Ces méthodes sont un préalable à toute étude plus approfondie. Elles peuvent être affinées quand des formations sédimentaires sont présentes et que la présence de fossiles caractéristiques permet d'attribuer leur dépôt à une période donnée. Aux Antilles, ce même rôle a pu être joué dans les périodes très récentes par les poteries dont le style est caractéristique d'une époque.

Les datations par des sédiments sont les seules que l'on peut mettre en œuvre pour les roches dont l'état s'est modifié depuis leur formation, en particulier par altération en milieu aérien ou aqueux. Les laves épanchées sous la mer rentrent généralement dans cette catégorie. Bien que formant les fondements des îles océaniques et, donc l'essentiel de leur volume, elles peuvent rarement être datées en raison d'une altération intense par l'eau de mer ou par des circulations hydrothermales. En Martinique, par exemple, c'est grâce à de petits recouvrements par des calcaires marins que des âges Miocène inférieur et Oligocène supérieur (soit 30 Ma environ) ont pu être attribués à des laves sous-marines de la presqu'île de la Caravelle (morne Castagne), et que les débuts de l'activité volcanique de l'île ont été identifiés.

Mais il est bien sûr souhaitable de pouvoir passer de datations relatives à de véritables âges. La question est d'une importance particulière pour les volcans récents dont la morphologie seule ne permet pas de déterminer s'ils sont ou non encore actifs. Sans chronologie précise, une histoire n'est qu'un canevas se prêtant à des interprétations divergentes. De ce point de vue, la radioactivité est le phénomène intrinsèquement lié au temps qui est le plus utile. Ne dépendant ni de la température ni d'aucun autre paramètre, le taux de désintégration des éléments radioactifs présents dans les minéraux est en effet rigoureusement constant. La mesure d'un temps se ramène ainsi à celle de la variation d'abondance d'un élément qui s'est pour partie désintégré.

Des diverses méthodes employées, deux seulement sont mentionnées ici. La première permet de mesurer des âges allant jusqu'à 50 000 ans environ. Ces âges ne sont pas obtenus pour les roches volcaniques elles-mêmes, mais pour des débris végétaux qui ont été carbonisés lors de l'éruption ou enfouis dans des produits volcaniques. Ces débris comportent des traces de carbone de masse atomique 14 (noté ^{14}C), une forme (ou *isotope*) du carbone qui se désintègre pour moitié tous les 5 700 ans. Par action de rayons cosmiques sur l'azote, le ^{14}C est produit continûment en très faible quantité dans la haute atmosphère et se lie rapidement à l'oxygène de l'atmosphère pour former du gaz carbonique ($^{14}CO_2$). Par le biais de la photosynthèse, les plantes absorbent en même temps ce gaz et le gaz carbonique « normal » ($^{12}CO_2$), formé à partir du carbone de masse 12 qui n'est pas radioactif. À la mort du végétal, les échanges entre plantes et atmosphère cessent, de sorte que la quantité de ^{14}C présente dans les tissus végétaux commence à décroître. L'âge du débris végétal – et donc celui de l'éruption – est alors déduit du rapport des abondances entre ^{14}C et ^{12}C, un rapport qui décroît exponentiellement avec le temps.

La seconde méthode exploite la radioactivité du potassium. Élément familier, le potassium possède un isotope qui se désintègre pour moitié en argon (un gaz), et ce tous les 1,8 milliard d'années. La quantité d'argon produite au sein même d'une roche est proportionnelle au temps et à sa teneur en potassium qui est facilement mesurée. Les plus jeunes âges déterminés de la sorte sont de 20 000 ans ; les plus anciens pourraient être de plusieurs milliards d'années ! Ils peuvent toutefois être faussés par divers facteurs comme l'altération ou, dans le cas des éruptions explosives, par la présence de fragments parfois infimes de roches plus anciennes dans les laves qu'on cherche à dater. Mais de nouvelles méthodes beaucoup plus fines ont récemment été mises au point. En réduisant à quelques milligrammes la taille des échantillons à analyser, elles permettent de limiter ces problèmes. En datant des laves vieilles de 1 Ma avec une incertitude inférieure à 10 000 ans, ces méthodes ont dans certains cas bouleversé la chronologie volcanique. En Martinique, elles ont par exemple conduit à la conclusion que le massif des pitons du Carbet s'était édifié entre 1 et 0,3 Ma et non entre 2 et 0,8 Ma comme on le pensait jusqu'alors.

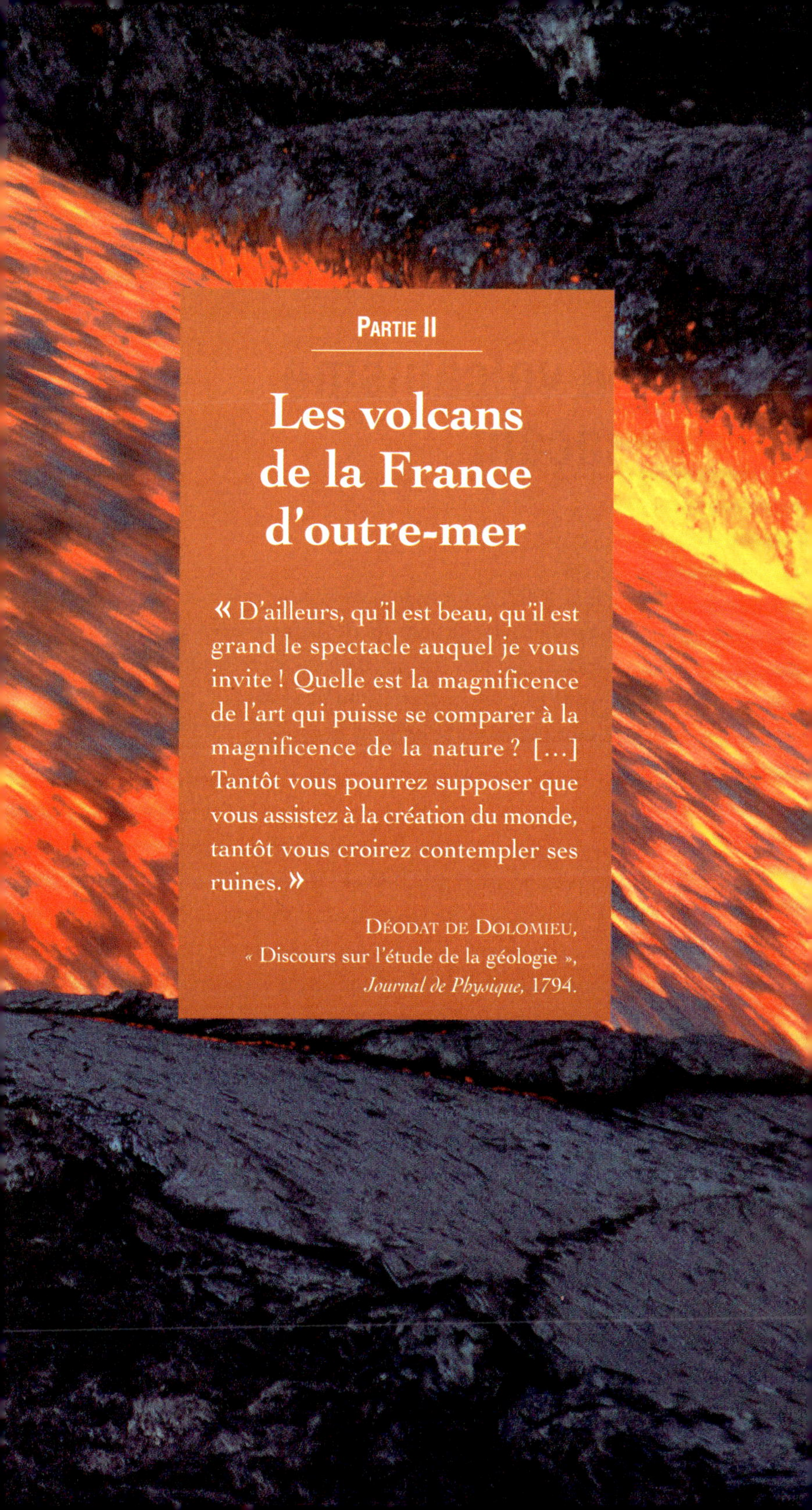

PARTIE II

Les volcans de la France d'outre-mer

« D'ailleurs, qu'il est beau, qu'il est grand le spectacle auquel je vous invite ! Quelle est la magnificence de l'art qui puisse se comparer à la magnificence de la nature ? […] Tantôt vous pourrez supposer que vous assistez à la création du monde, tantôt vous croirez contempler ses ruines. »

DÉODAT DE DOLOMIEU,
« Discours sur l'étude de la géologie »,
Journal de Physique, 1794.

I. Les Antilles

1. Un volcanisme menaçant

Sous le signe de la Pelée

Le jeudi 8 mai 1902, la foule se presse pour des messes matinales à l'église du Fort et à la cathédrale de Saint-Pierre, en Martinique. C'est l'Ascension. La ferveur populaire a toutefois un second motif. Une inquiétude récente, mais déjà tenace s'est fait jour. Des soubresauts de la montagne Pelée en sont la cause.

Il y a maintenant treize ans que des fumerolles à l'odeur d'œuf pourri sont émises au faîte de la montagne. Ce fut une curiosité, un but d'excursion apprécié des Pierrotins pendant toutes ces années. Mais la situation vient soudainement de prendre un tour nouveau. Le 22 avril, un séisme a été ressenti au Prêcheur, à 9 km au nord de Saint-Pierre, précédant d'autres secousses et de premières explosions au sommet du volcan. Les uns après les autres, quatre câbles télégraphiques reliant la Martinique à d'autres îles des Petites Antilles se sont ensuite rompus. Fait plus inquiétant, des pluies de cendres ont atteint Saint-Pierre pour la première fois dans la nuit du 2 au 3 mai. Les premières victimes n'ont pas tardé. Le 5, une rhumerie et les 23 personnes qui y travaillaient ont été emportées au nord de la ville par un torrent de boue descendu du haut de la montagne.

Le lendemain, le cratère a commencé à rougeoyer. Les derniers doutes se sont évanouis. Le volcan s'est bel et bien réveillé. Saint-Pierre risque-t-il de subir le sort de Pompéi ? La crainte est très largement partagée en ville. Dans la nuit même du 7 au 8 mai, les phénomènes ont redoublé d'intensité. « *On distinguait trois sortes de*

La baie de Saint-Pierre avant la catastrophe.

bruits bien distincts, rapporta un directeur de rhumerie, *des détonations intermittentes, comme des coups de canon, les grondements sourds et continus de la cheminée du volcan, et un bruit constant d'orage. Pendant toute la nuit des gerbes de feu sortirent du cratère, au pied du morne Lacroix. Il y avait des étincelles. Il y avait des jets de feu qui duraient plus d'une minute. Ils montaient haut, droit, avec des épanouissements en gerbe, en éventail, en bouquets de fusées.* » Pendant cette nuit, le village du Prêcheur a été anéanti par une nouvelle coulée de boue ; quatre cents personnes viennent de disparaître. Mais cela, personne ne le sait encore, à commencer par les fidèles rassemblés à Saint-Pierre pour les cérémonies de l'Ascension.

Au pied du volcan, c'est l'affluence dans la baie de Saint-Pierre. Quelques dizaines de navires font relâche. À bord du cargo anglais *Roddam,* la chaudière n'est pas éteinte, la vapeur est encore sous pression. Le navire n'est amarré que depuis une heure à l'une des bouées de la rade. Il vient de mouiller à 300 m du rivage après cette nuit de grande tempête où, selon une lettre expédiée le matin même par un habitant de Saint-Pierre, « *un orage volcanique avec ses lueurs blafardes d'un bleu indécis* » s'est mêlé à « *un orage atmosphérique, avec ses éclairs* ». Un temps radieux est revenu, mais la Pelée fume toujours. Le capitaine Edward W. Freeman est sur le pont du *Roddam,* devisant avec l'agent de ses armateurs. C'est alors que survient la catastrophe.

« *Une masse brûlante projetée par le volcan heurta mon vapeur,* rapportera Freeman. *Le choc fut si terrible qu'il manqua de renverser le navire, en dépit de sa taille. En entendant l'effrayante explosion qui avait précédé ce choc porté sur nous, et voyant ce qui ressemblait à un grand mur de flammes s'approchant de nous rapidement à partir du volcan, nous tous à bord cherchâmes où que possible à nous mettre à l'abri de la grêle terrible qui commença alors à tomber autour de nous. Je courus moi-même dans la salle des cartes, mais les braises brûlantes se trouvaient portées si prestement vers nous qu'elles s'insinuèrent par la porte, me suffoquant presque et me brûlant très grièvement. Je parvins à atteindre le pont où je rassemblai quelques survivants et leur ordonnai de filer les câbles. Pendant que cela était exécuté, je bondis sur la passerelle, et dès que nous fûmes libres je commandai aux mécaniciens de faire marche arrière toute. Les second et troisième mécaniciens ainsi que le chauffeur n'avaient pas été blessés. Ils tinrent bravement leur rôle en ces moments terrifiants, mais l'averse était si terrible sur le pont que les hommes ne pouvaient y travailler. Le gouvernail se trouva bloqué par la masse de débris qui était tombée sur le bateau et en obstruait toutes les parties. Après avoir dû marcher quelque temps en arrière, je commandai d'aller vers l'avant, et continuai jusqu'à ce que le gouvernail eût été dégagé des cendres et de la poussière qui semblaient tout bloquer.* »

Il faudra en réalité quelques heures au *Roddam* pour gagner le grand large. Dans l'après-midi, le navire entre lentement dans le port de Castries, la capitale de Sainte-Lucie, à une centaine de kilomètres au sud de Saint-Pierre. Il est devenu « *une sorte d'épave fantomatique, grisâtre, couverte de cendres. Ses agrès, ses voiles, ses bâches pendaient en loques calcinées.* » À bord gisent des cadavres carbonisés tandis que d'autres hommes sont à l'agonie ; sur un total de 46 marins, 20 seulement survivront. À son arrivée, le capitaine Freeman n'est pas le moins gravement brûlé. Il déclare sobrement : « *Nous venons des portes de l'enfer. Vous pouvez télégraphier au monde qu'il n'y a plus une âme vivante à Saint-Pierre.* »

Mais le monde connaît déjà la nouvelle. À 8 h 02, les communications entre Saint-Pierre et Fort-de-France ont été subitement coupées. De loin, le déferlement de l'immense nuage de cendres sur la ville n'a échappé à personne, à Fort-de-France en particulier où les autorités ont été alertées aussitôt. Parti à 7 heures de Fort-de-France, le vapeur *Rubis* a dû faire demi-tour bien avant d'arriver en

L'aiguille de la montagne Pelée dominant les ruines de Saint-Pierre en mars 1903 (Lacroix, 1904).

vue d'une ville en train d'être anéantie. Reparti à 10 heures, il a ensuite pu s'en approcher, à défaut d'y mouiller. « *La ville elle-même n'est plus qu'un immense brasier brûlant du Fort au Mouillage* » consigne un témoin, qui l'observe à distance avec des jumelles, et poursuit : « *je fouille en vain la côte en essayant d'y découvrir quelques êtres vivants. Mais non, il n'y a plus rien, des masses noirâtres étendues dans toutes les directions.* »

Entre-temps revenu à Fort-de-France, le *Rubis* peut enfin accoster à Saint-Pierre vers 16 heures. Une délégation officielle, composée du procureur de la République, d'officiers, de soldats, de marins et de deux prêtres, en débarque avec la mission de pénétrer en ville. Elle découvre aussitôt un tableau infernal : la « perle des Petites Antilles » n'est plus que dévastation. La délégation juge que « *ce serait folie d'approcher l'immense rideau de flammes où achèvent de se consumer les quartiers Nord* ». Et, avec retard, ses membres réalisent que les « *masses noirâtres* » qu'ils enjambaient dans la fumée étaient des cadavres... L'émotion est indicible. Les marins pleurent, les prêtres récitent à haute voix les prières des morts. « *Blancs, octavons, quarterons, hybrides, mulâtres, chabins, câpres, nègres* », ils étaient tous « *noirs, scalpés, épilés, défigurés, sans nez, sans lèvres, nus* » résumera bien plus tard le romancier Raphaël Tardon.

D'après les meilleures estimations faites ultérieurement, de 26 000 à 28 000 personnes ont péri. Aucun décompte des victimes n'est toutefois effectué dans les jours suivants ; les cadavres sont incinérés à mesure qu'on les découvre. Le 20 mai, un second nuage de cendres complétera les destructions du premier dans une ville restée déserte. Quatre autres suivront encore jusqu'en août 1902, période après laquelle l'activité volcanique décroîtra pour cesser complètement en juillet 1905. En balayant une zone plus vaste, le plus violent de ces nuages tuera mille personnes de plus au Morne-Rouge le 30 août 1902. Dans les temps historiques, rarement éruption avait été aussi meurtrière. Arrivé entre-temps de Paris pour étudier la situation à la demande du gouvernement, le géologue Alfred Lacroix ne put prévoir le second drame du Morne-Rouge. Il laissa néanmoins les premières descriptions précises d'un mode d'éruption jusqu'alors largement inconnu. Celles-ci furent complétées par les travaux d'autres géologues qui, tels Angelo Heilprin (1853-1907) et ses collègues d'une mission américaine, vinrent rapidement étudier ces nouveaux phénomènes. De la catastrophe, la science des volcans ne manqua pas de tirer parti…

Une nature impitoyable ?

Eaux turquoise, plages de sable blanc, palmiers et cocotiers, ti-punch et cuisine créole… Loin des images de dépliants touristiques, les Antilles présentent parfois un autre visage, celui d'îles subissant une nature qui s'abandonne à une violence extrême. Chaque année, les ouragans menacent quand ils ne frappent pas, comme Hugo le fit durement en 1995. Les grands tremblements de terre se sont faits rares depuis plus d'un siècle, comme pour faire oublier qu'ils détruisirent Fort-de-France en 1839 et Pointe-à-Pitre en 1843. Et les volcans, bien sûr, rappellent sporadiquement que les Antilles n'existeraient pas sans leurs éruptions. En dehors de leurs brèves périodes éruptives, ils gardent cependant les traits trompeurs des grands édifices éteints du Massif central. La montagne Pelée, a noté J. Corzani, « *dans une dérision suprême, et malgré quelques nuages qu'on souhaiterait être des fumerolles, a repris l'apparence d'un mont d'Auvergne, bienveillant fournisseur d'eau minérale.* »

Un dôme en gestation à la Soufrière Hills de Montserrat, la chute de blocs rocheux incandescents simulant des coulées de lave.

Mais les victimes de Saint-Pierre ne sont pas oubliées. Elles ne peuvent l'être quand 35 000 personnes vivent encore sur les flancs de la montagne Pelée. Lorsque survint en 1976 la crise de la Soufrière de Guadeloupe, les évacuations furent d'abord spontanées, puis décidées par les pouvoirs publics pour prévenir une éventuelle catastrophe. Pendant cinq mois, 70 000 personnes furent déplacées de l'île de Basse Terre vers celle de Grande Terre. La solidarité des premiers jours avec les réfugiés eut du mal à perdurer. On appela ces derniers les « magmas », et trouva parfois drôle de signaler leur approche par des odeurs de soufre ! Si l'éruption ne fit pas de victimes, les incidences sociales et économiques de ce déplacement de populations se font encore sentir. *Nou asi on fay volkanik, é yonn sé jou-la on mòso a la Gwadloup ké disparèt*, « *on est sur une faille volcanique*, dit-on en créole, *et un de ces jours un morceau de la Guadeloupe disparaîtra* »...

Par chance, les volcans des Petites Antilles ne se déchaînent pas souvent. Depuis Christophe Colomb et les débuts de la colonisation européenne au début du XVIIe siècle, la majorité d'entre eux n'ont même pas connu d'éruption. Leur activité se fait discrète dans les longues périodes qui séparent leurs crises. Elle se réduit à des fumerolles et à des émanations sulfureuses qui ont fait donner le nom de *Soufrière* aux volcans actifs de Guadeloupe, Dominique, Saint-Vincent et Montserrat. Le volcan le plus actif à l'heure actuelle est le Kick'em Jenny (« Botte leur les fesses, Jenny » !), au nord de Grenade. C'est un mont dont le sommet est situé 180 m sous l'eau. Depuis sa première manifestation observée en 1939, il a connu onze éruptions, la dernière en 1990.

Plus spectaculaire a été le réveil de la Soufrière Hills à Montserrat, au nord de la Guadeloupe, un volcan qui était inactif depuis 2300 ans. Les dernières crises sismiques de 1897-1898, 1933-1936 et 1966-1967 n'avaient débouché sur aucune éruption. Après trois années de tremblements de terre soutenus, des explosions ont commencé à se produire en juillet 1995, causées par une vaporisation brutale de la nappe phréatique. Cette activité ressembla tout d'abord à celle qui avait animé la Soufrière de Guadeloupe en 1976. Quatre mois plus tard, la nature de l'activité changea. L'arrivée de magma en surface se traduisit par la formation d'un dôme et l'émission d'innombrables nuées ardentes. Le 25 juin 1997, l'éruption fit 19 victimes avant de détruire en août Plymouth, la principale ville de Montserrat, et d'obliger la plus grande partie des 12000 habitants à fuir leur terre pour d'autres îles des Petites Antilles, voire de plus lointaines destinations. En 2007, l'éruption se poursuivait encore. Nul retour n'était donc envisageable.

Aujourd'hui, la Soufrière Hills de Montserrat. Demain, à nouveau la montagne Pelée ou la Soufrière de Guadeloupe ? La question n'est pas de savoir si ces volcans connaîtront de nouvelles éruptions, mais plutôt de déterminer le moment de leur réveil et la façon dont ils se manifesteront. Peut-être dans très longtemps, et pas violemment. La prévision à long terme reste toutefois impossible. Continue à l'échelle des temps géologiques, l'activité volcanique des Petites Antilles ne semble s'interrompre qu'à l'échelle des courtes générations humaines.

Les grands traits du volcanisme

La vingtaine d'îles des Petites Antilles n'est que la partie émergée d'un arc long de 850 km qui s'étend des côtes du Venezuela jusqu'à

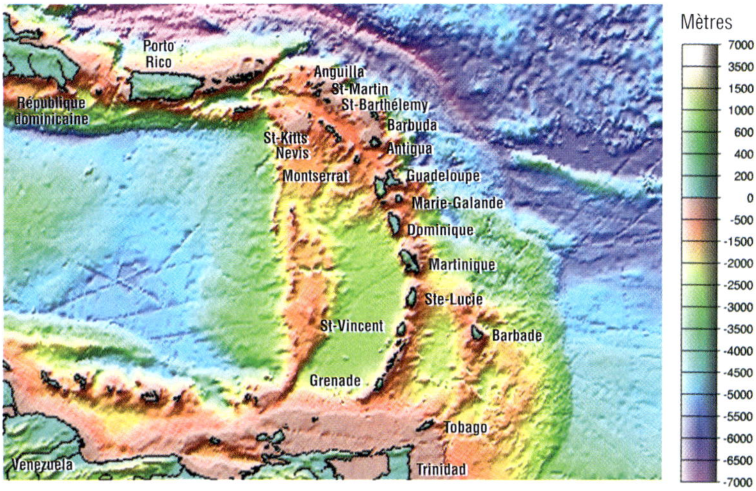

Les fonds océaniques autour des Antilles (Smith et Sandwell, 1997).

Porto Rico. Dans sa partie nord, cet arc se dédouble en deux branches d'âges très différents. Dans la branche orientale, un soubassement volcanique, vieux de 30 à 50 Ma, est recouvert de roches sédimentaires qui ont fait donner aux îles le nom d'*Antilles calcaires*. Les îles les plus jeunes et le volcanisme actif sont confinés dans la branche occidentale. Les deux ailes de papillon de la Guadeloupe, où s'amorce la bifurcation, représentent ainsi les deux facettes de cette histoire, la vieille table aplanie de Grande Terre à l'est (*arc ancien*) contrastant avec les jeunes sommets de Basse Terre à l'ouest (*arc récent*).

Dans sa partie sud, l'arc délimite une fosse profonde de 3000 m, le bassin de Grenade. Les fonds marins se trouvent ainsi plus pentus du côté occidental (20°) que du côté oriental (5°) des îles. Comme l'illustre particulièrement bien la Martinique, cette dissymétrie a pour conséquence importante de rendre vulnérable aux effondrements les flancs ouest des volcans. Il s'ensuit un cercle vicieux : la décompression due à un glissement tend à déplacer les centres éruptifs du côté où celui-ci s'est produit, à déporter du côté ouest, instable, le centre de gravité du volcan, et donc de rendre encore plus aisés de nouveaux effondrements…

Comme tous les arcs volcaniques, les Petites Antilles sont de nature essentiellement andésitique. La composition des laves peut toutefois varier sensiblement d'une île à l'autre, ou d'un volcan à l'autre dans une même île. En moyenne, les andésites sont par exemple 4 à 5 % moins riches en silice à la Soufrière de Guadeloupe qu'à la montagne Pelée. Bien que de telles différences puissent sembler mineures, elles ont induit des différences de viscosité notables entre laves dont les conséquences se lisent dans les paysages : la montagne Pelée est, par exemple, vierge de cours d'eau dans sa partie haute parce que ses laves plus visqueuses ont donné naissance à des dépôts pyroclastiques très perméables, alors que les hauts flancs de la Soufrière abondent en cascades car des laves plus fluides ont donné lieu à des coulées massives qui font obstacle aux eaux d'infiltration.

Par ailleurs, la vitesse de convergence de la plaque des Caraïbes avec la plaque nord-américaine, qui plonge sous elle, est faible : elle est de 2 cm/an environ, soit une des plus petites au monde. Il s'ensuit que la sismicité est globalement modérée bien que, tel celui qui détruisit Pointe-à-Pitre en 1843, des tremblements de terre puissent être très violents. L'autre conséquence de ces lents déplacements de plaques est que les Petites Antilles sont caractérisées par des taux de production de magma peu élevés. Typiquement, leurs grands appareils ont des périodes d'activité de 200 à 400 ka et des volumes de 50 à 100 km^3 (masses effondrées en mer comprises, qui représentent par exemple 70 % des 55 km^3 encore en place de la montagne Pelée). Les rapports entre volumes et les durées d'activité de ces volcans indiquent donc des débits de magma dépassant à peine 800 m^3 par jour. Comme une éruption n'implique guère moins de 0,1 km^3 de lave, l'intervalle moyen entre deux éruptions *magmatiques* est au moins de 300 ans pour les volcans les plus actifs. De tels intervalles peuvent toutefois être meublés de fréquentes éruptions phréatiques. Or, si ces dernières sont en principe moins dangereuses, elles comportent un risque de déclencher des effondrements de flancs meurtriers analogues à ceux, nombreux, dont on a retrouvé la trace dans le passé.

2. Martinique

Localisation : entre 14°23' - 14°52' N et 61°14' - 60°52' O
Superficie : 1 080 km^2
Population : 399 000 (2006)
Point culminant : montagne Pelée (1 397 m)
Situation : à 130 km au S de la Guadeloupe, 800 km au NE de Caracas, 1400 km au NO de Cayenne, 3100 km au SE de New York, 6900 km au SO de Paris

Avec une superficie de 1 080 km^2, la Martinique est la plus vaste île des Petites Antilles. Située au centre de l'archipel, elle a commencé à s'édifier il y a plus de 30 Ma. En dépit de son irrégularité, l'activité volcanique n'a jamais cessé depuis lors. Elle a été entrecoupée de périodes de sédimentation plus ou moins longues, liée à des variations du niveau apparent des mers, qui ont conduit à des alternances complexes de dépôts volcaniques et de sédiments calcaires. Et ce volcanisme s'est déplacé avec le temps, d'une manière qui a pu être reconstituée assez précisément.

Les premières manifestations sont évidemment sous-marines. Elles sont contemporaines de celles de l'arc « ancien » de la partie nord de l'archipel. Des coulées de laves massives et des tufs sont mis en place au sud-est, dans la région de Sainte-Anne et du Vauclin, et à l'est, autour de l'actuelle presqu'île de la Caravelle. Quand l'arc « récent » commence à s'édifier au nord de l'archipel, vers 22 Ma, l'activité reprend en Martinique dans la région de Sainte-Anne ; elle est d'abord sous-marine, puis aérienne. La chaîne sous-marine du Vauclin-Pitault s'édifie ensuite en cinq épisodes principaux qui se succèdent entre 19 et 10 Ma.

Le volcanisme migre alors vers l'ouest, dans la presqu'île des Trois-Îlets. Après divers épisodes mineurs, l'édification du volcan bouclier du morne Jacob commence vers 5,5 Ma dans le nord de l'île avec des laves initialement basaltiques, puis andésitiques, et se termine vers 1,5 Ma. Suivent la formation du stratovolcan des pitons du Carbet, entre 1 et 0,3 Ma, puis une reprise d'activité dans la presqu'île des Trois-Îlets, donnant en particulier naissance au rocher du Diamant et au morne Larcher, avant que n'apparaisse le petit stratovolcan du mont Conil entre 0,4 et 0,2 Ma. Enfin, le grand stratovolcan de la montagne Pelée s'édifie avec des laves andésitiques qui couvrent un assez large intervalle de composition, les teneurs en silice variant de 53 à 64 %.

Bien entendu, érosion, explosions et effondrements se sont conjugués pour oblitérer largement l'histoire des appareils plus anciens. C'est pourquoi la majorité des sites décrits illustreront l'histoire volcanique récente de l'île, et donc les manifestations de son unique volcan

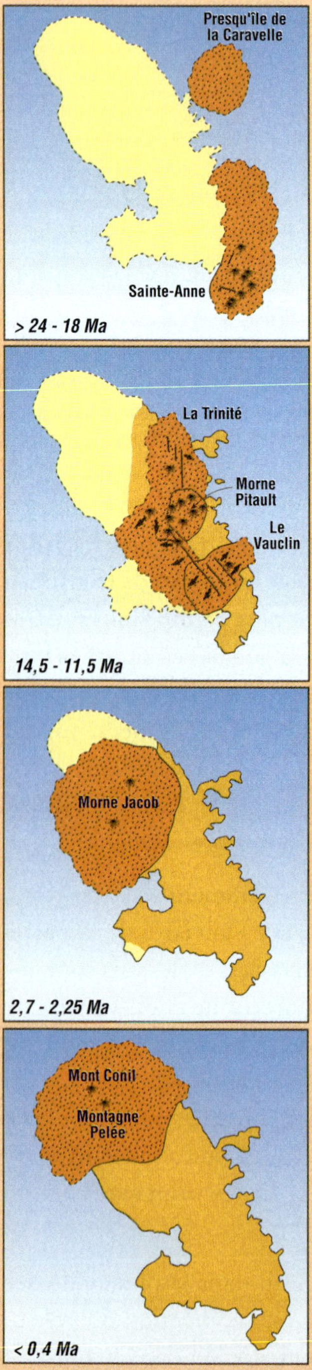

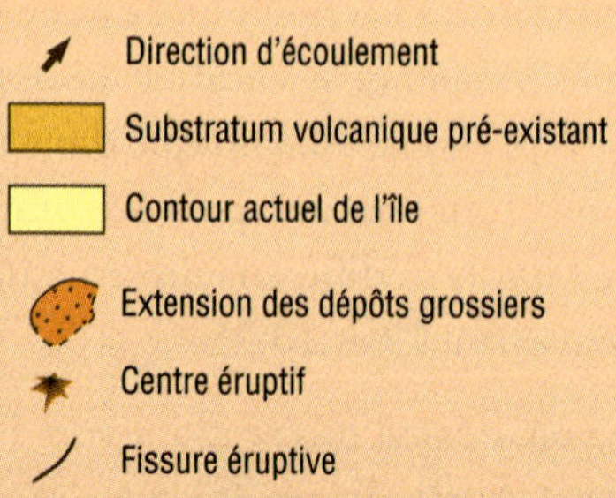

Les grandes étapes de l'édification de la Martinique (d'après les schémas d'Andreieff et coll., 1988).

actif. Principale attraction du parc naturel régional de la Martinique, la Pelée revêt également une grande importance pour l'histoire de la volcanologie. C'est en effet lors de sa grande éruption de 1902 que la croissance d'un dôme et l'émission de nuées ardentes furent décrites pour la première fois, par le géologue Alfred Lacroix qui avait été appelé comme expert aussitôt après la catastrophe de Saint-Pierre.

Ce tableau serait incomplet s'il ne faisait pas aussi une juste place à la succession d'effondrements de flanc qui ont affecté les appareils martiniquais. Leur existence fut postulée d'après les cicatrices visibles à terre sur les pitons du Carbet et la montagne Pelée. Leurs dépôts ont ensuite été identifiés au fond de la mer par des campagnes océanographiques. À la montagne Pelée, des volumes de 20, 13 et 2 km^3 ont ainsi glissé à l'eau il y a respectivement 150, 25 et 9 ka. Ces effondrements soulignent le contraste entre la très lente édification et la destruction instantanée, mais partielle, d'un stratovolcan. Et il ne faut pas oublier que la chute soudaine en mer de tels volumes de roches a dû causer d'importants raz-de-marée à travers toutes les Antilles : les vagues qui déferlèrent purent être hautes d'une dizaine de mètres sur les côtes lointaines, et considérablement plus élevées près des sites d'effondrement. C'est une autre facette des risques volcaniques qu'il ne faut pas oublier...

DOCUMENTS

- Cartes géographiques IGN au 1/100 000 (Martinique) et au 1/25 000 : 4501MT (Fort-de-France – montagne Pelée), 4502MT (Le Lamentin – Presqu'île de la Caravelle) et 4503MT (Le Marin – Presqu'île des Trois-Îlets).
- Cartes géologiques BRGM : *Martinique,* D. Westercamp et P. Andreieff (Orléans, 1989, 1/50 000) ; *Montagne Pelée,* D. Westercamp et H. Traineau (Orléans, 1983, 1/20 000).
- *Balades à la Martinique*, J.-M. Renault, Vilo, Paris, 2001.
- *La Martinique... à pied*, topoguide FFPR, Paris, 2003.
- Itinéraires de randonnées figurant aussi sur les cartes IGN au 1/25 000.

Le volcanisme de la Martinique (d'après la carte BRGM de Westercamp et coll., 1989).

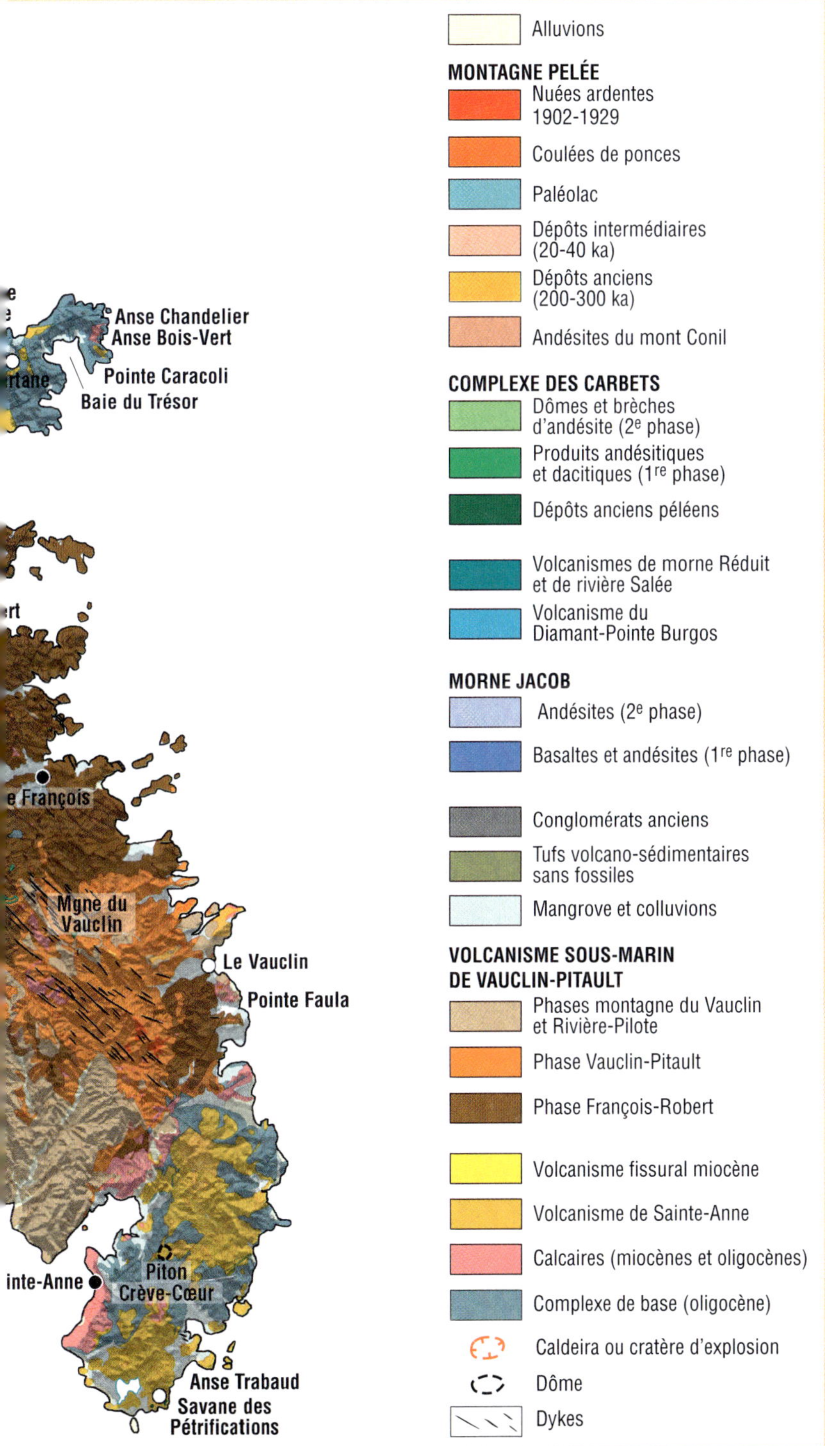
Anse Chandelier
Anse Bois-Vert
Pointe Caracoli
Baie du Trésor
e François
Mgne du Vauclin
Le Vauclin
Pointe Faula
Piton Crève-Cœur
inte-Anne
Anse Trabaud
Savane des Pétrifications
Alluvions
MONTAGNE PELÉE
Nuées ardentes 1902-1929
Coulées de ponces
Paléolac
Dépôts intermédiaires (20-40 ka)
Dépôts anciens (200-300 ka)
Andésites du mont Conil
COMPLEXE DES CARBETS
Dômes et brèches d'andésite (2e phase)
Produits andésitiques et dacitiques (1re phase)
Dépôts anciens péléens
Volcanismes de morne Réduit et de rivière Salée
Volcanisme du Diamant-Pointe Burgos
MORNE JACOB
Andésites (2e phase)
Basaltes et andésites (1re phase)
Conglomérats anciens
Tufs volcano-sédimentaires sans fossiles
Mangrove et colluvions
VOLCANISME SOUS-MARIN DE VAUCLIN-PITAULT
Phases montagne du Vauclin et Rivière-Pilote
Phase Vauclin-Pitault
Phase François-Robert
Volcanisme fissural miocène
Volcanisme de Sainte-Anne
Calcaires (miocènes et oligocènes)
Complexe de base (oligocène)
Caldeira ou cratère d'explosion
Dôme
Dykes

Anse Turin

Les traces de boulets de canon dans la petite falaise de l'anse Turin. Partie supérieure des dépôts pyroclastiques couverte par un filet de protection.

Plage et falaise de dépôts pyroclastiques (alt. 0 m) — « *L'expérience que j'ai faite à la Martinique est décisive,* confia **Paul Gauguin** (1848-1903) à son ami Charles Maurice. *Là seulement je me suis senti vraiment moi-même, et c'est dans ce que j'en ai rapporté qu'il faut me chercher si l'on veut savoir qui je suis, plus encore que dans mes œuvres de Bretagne.* » C'est en vivant pendant cinq mois dans une « case de nègre » située en bordure de l'**anse Turin** que Gauguin subit cette métamorphose. Le succès se dérobait devant lui à Paris. Abandonnant sa femme et ses cinq enfants, il partit chercher fortune à Panamá. Il n'en revint qu'avec des miasmes en 1887. Malade, Gauguin fit cette brève halte en Martinique avant de regagner la métropole, puis de repartir pour la Polynésie. Il mourut là-bas un an exactement après le drame de la Pelée*. À l'anse Turin, un émouvant petit **musée** dédié à la vie et l'œuvre du peintre présente des mosaïques faites avec des tessons de faïences et quelques objets tirés des décombres de Saint-Pierre. Gauguin ne sembla pas prêter grande attention à la **falaise** qui borde la belle plage de **sable noir**. Celle-ci est criblée de gros trous percés par des boulets de canon anglais quand, à l'occasion d'une attaque nocturne de leur ville, les Pierrotins leurrèrent l'ennemi : selon la tradition, ils éteignirent tous leurs feux et allèrent allumer des lanternes devant la falaise ! La route qui relie directement le Carbet à Saint-Pierre n'existe que depuis 1935, lorsqu'un tunnel fut percé dans le promontoire rocheux.

Géologie. Pour le néophyte, les falaises de l'anse Turin offrent une initiation aux **dépôts pyroclastiques** qui ont ici deux sources différentes. En partant de la base apparaît une succession de produits de coulées de boue de teinte sombre, de retombées ponceuses stratifiées, puis d'épais niveaux de ponces qui proviennent tous des **pitons du Carbet***. Près de la surface, se trouvent enfin des retombées ponceuses de la montagne Pelée*, qui se sont accumulées au moins 1 Ma après les plus anciens dépôts des pitons du Carbet qu'elles surmontent.

Situation. Sur la N 2, à 1 km au S de Saint-Pierre* ; *falaise* et *musée* Gauguin au S du court tunnel.

Bellefontaine

Débris d'avalanche (alt. 127 m) — De la sortie de Fort-de-France* jusqu'à Bellefontaine, la route de Saint-Pierre est creusée sur une quinzaine de kilomètres à travers des blocs rocheux de diverses tailles emballés dans une matrice d'apparence cendreuse ou sableuse. À l'intention de ceux qui penseraient que roche volcanique signifie lave ou scorie, les talus abrupts de cette route rappellent de façon insistante que les volcans produisent en masse bien d'autres types de dépôts. Le témoignage le plus spectaculaire en est la falaise haute d'une centaine de mètres qui surplombe la route juste au sud de Bellefontaine et a pour origine un des grands **effondrements de flanc** qui affectèrent les **pitons du Carbet***.

Géologie. Pour l'essentiel, le flanc O du premier volcan des Carbets a été emporté dans la mer des Antilles où près de 40 km^3 de débris ont ensuite été recouverts par des sédiments. Une partie de ces débris a cependant été retenue à terre, près du rivage, formant les brèches que la route de Fort-de-France à Saint-Pierre a entaillées sur des kilomètres et des kilomètres. C'est à Bellefontaine que se remarquent les vestiges les plus spectaculaires de ces effondrements : surplombant la route, des **mégablocs** représentent des pans entiers du volcan qui ont glissé sans se fragmenter. Ils sont constitués de brèches grossières provenant des dépôts de nuées ardentes émises lors de l'édification de dômes. Particulièrement au N de la falaise, certains mégablocs ont pris une teinte jaunâtre, ocre ou rougeâtre à la suite d'une altération par des fumerolles et des fluides hydrothermaux dans la zone centrale du volcan. Cette importante altération fragilisa l'édifice et causa probablement sa déstabilisation. D'après l'âge des laves qui leur sont antérieures et postérieures, les effondrements eurent lieu entre 770 et 337 ka. Ces épisodes étant souvent suivis d'une intense activité volcanique, ils pourraient remonter à moins de 400 ka.

Situation. Sur la N 2, à 19 km au NO de Fort-de-France, entre la centrale électrique et Bellefontaine.

Dépôts de nuées ardentes, mégablocs et altération hydrothermale à Bellefontaine.

Canal de Beauregard

En bordure d'un vaste effondrement de flanc, le canal de Beauregard.

Bordure d'effondrement de flanc (alt. 170-270 m) – Le tout petit canal de Beauregard est l'un des plus anciens ouvrages de la Martinique. Sa fonction était d'amener l'eau du bassin haut des **pitons du Carbet*** aux plantations de canne de la côte. Pour honorer ceux qui l'édifièrent dans les années 1760, il est également appelé canal des Esclaves. Des hauteurs du Carbet jusqu'aux environs de Fonds-Saint-Denis, son muret aval (étroit par endroits) sert aujourd'hui de sentier de randonnée sur une distance de 4 km. Il offre de belles vues sur la vallée du Carbet, le tout proche **Petit Piton** (524 m), au sud, et les pitons du Carbet au loin au sud-est. Les randonneurs n'y sont pas seuls ; de nombreux crabes d'eau douce leur tiennent compagnie, bien qu'ils tendent à plonger dans le canal quand on les dérange.

Géologie. La vue se tourne naturellement vers la vallée tout au long du chemin qui suit le canal de Beauregard. À l'exception de coulées d'andésites que l'on rencontre par endroits du côté opposé, la végétation ne laisse guère voir la nature volcanique de la montagne. La promenade a néanmoins un intérêt volcanologique certain. Le canal a en effet été édifié le long de la lèvre nord laissée par le grand **effondrement** qui jeta à la mer près de 40 km^3 du flanc des pitons du Carbet il y a peut-être 400 ka, et créa un versant actuellement escarpé de plus de 300 m. C'est en examinant sous incidence oblique la carte IGN 4501 MT que l'on reconnaît le mieux la forme en fer à cheval de cette lèvre : sa partie N est nette, sa partie S l'est moins.

Situation. Début du canal à 4 km au NO du Carbet, à 2 km sur la petite route partant à dr. au sommet de la côte sur la D 62 à la sortie du Carbet ; fin du canal près de Fonds Mascret, à 1 km au SO de Fonds-Saint-Denis (7 km, 3 heures A/R). Sentier glissant par temps humide et parfois fermé pour entretien après de fortes pluies ; à-pic ne dépassant pas vraiment une dizaine de mètres.

La Caravelle

Presqu'île – Étroite langue de terre s'avançant dans l'Atlantique, la presqu'île de la Caravelle a gardé son caractère sauvage et grandiose qui lui vaut aujourd'hui d'être une réserve naturelle. Ouverte sur le large, la côte orientale est découpée en de multiples anses battues par les vagues ; la végétation y est rabougrie, le soleil particulièrement violent. Au nord, la baie de La Trinité est boisée et inaccessible, au sud, la baie du Trésor est basse et jalonnée de mangroves. Plusieurs circuits balisés parcourent la presqu'île en présentant des panneaux explicatifs sur la flore, la faune et l'environnement géologique. C'est la grande boucle qu'il faut suivre (3 heures environ), en partant de préférence tôt le matin avec les protections adéquates contre la chaleur généreuse d'un soleil familier des lieux. Plutôt que de suivre le sens proposé, il est fortement conseillé d'emprunter la boucle en commençant par le phare avant d'aller à la station météo, puis à la pointe Caracoli, et de retourner par la baie du Trésor.

Le phare est bâti sur un promontoire que l'on gagne par un chemin assez raide partant à droite environ 2 km après le début du circuit. Il offre une très belle vue panoramique sur le nord de la Martinique (morne Jacob, montagne Pelée), l'ouest (pitons du Carbet) et le sud (montagne du

Coulées sombres d'andésite et tufs clairs hydromagmatiques à la Caravelle.

Des sédiments calcaires vieux de 30 Ma (Miocène inférieur et Oligocène supérieur) intercalés dans des coulées andésitiques à la Caravelle.

Vauclin) ; vers l'est, l'océan s'étend à perte de vue derrière les îlets proches. Le sentier zigzague ensuite d'une anse à l'autre, passant de terrains volcaniques à sédimentaires au sein d'une végétation rabougrie de savane et de fourrés. En chemin, d'autres belles vues sur l'Atlantique sont procurées par la pointe Caracoli, tandis qu'une baignade peut être prise à la petite plage du Trésor, entourée de palétuviers. Avant de traverser une dernière mangrove sur des claies, un belvédère permet de découvrir ce milieu particulier (panneaux explicatifs). Sur le chemin des ruines du château Dubuc, le sentier traverse une forêt de poiriers, gommiers rouges, raisiniers et bois ti-baume, un milieu apprécié de nombreuses espèces d'oiseaux (sucrier, colibri huppé, ortolan, pipiri et deux espèces endémiques de la Martinique, carouge et gorge blanche). Du château Dubuc (visite payante), l'on remonte enfin au point de départ.

Géologie. Le phare de la Caravelle est édifié au sommet d'une coulée d'andésite. Au pied de la station météo, la première anse expose une remarquable formation stratifiée appartenant au « complexe de base » de l'île, une succession de brèches à blocs d'andésite et de niveaux de cendres jaunâtres. L'ensemble pend d'une dizaine de degrés vers l'E et est recoupé par de nombreuses failles E-O et N-S qui abritent parfois en leur sein des jaspes rouges d'origine hydrothermale. Ces coulées et hyaloclastites sont les plus vieilles formations de l'île. Elles ont au moins 30 Ma et témoignent de l'existence d'un jalon méridional de l'arc « ancien ». Sur ce complexe de base repose une série calcaire datant du Miocène inférieur (environ 20 Ma). Leur contact, marqué par une petite discordance angulaire, est remarquablement exposé dans les falaises de l'anse Chandelier. Dans cette série sédimentaire alternent des niveaux jaunâtres lités et peu résistants à l'érosion (en creux dans les falaises) et des bancs massifs grisâtres mêlant récifs coralliens et algues encroûtantes (en ressauts bien marqués). Autour de l'anse Chandelier et

des criques suivantes, ces blocs de coraux prennent un aspect très spectaculaire. Une autre curiosité est la ligne de source « fossile » visible dans la petite anse située au S de l'anse Bois-Vert (panneau explicatif) : l'existence d'anciennes émergences est révélée par des concrétions calcaires à caractère de stalactites ; elles témoignent d'anciennes circulations d'eau souterraines de type karstique.
La montée à la pointe Caracoli s'effectue ensuite sur une coulée d'andésite sombre d'une remarquable fraîcheur ; au sommet, un belvédère laisse voir sa cheminée d'alimentation verticale qui montre une remarquable prismation « en gerbe » (panneau explicatif). Ces andésites reposant sur des calcaires du Miocène inférieur sont rapportées à la série dite de « Sainte-Anne » qui est largement présente dans la presqu'île du même nom. Leur âge d'environ 18 Ma les rattache à l'épisode le plus ancien de l'arc « récent ». Dans la falaise de la Pointe, se trouvent des projections volcaniques dont l'attribution au complexe de base ou à la série de Sainte-Anne est incertaine. De la pointe Caracoli, le retour vers la baie du Trésor s'effectue par un sentier pentu jusqu'à une anse fermée par une butte où l'on peut observer de beaux blocs de jaspes rouges.

Situation. Près de la D 2, à 20 km environ au NE de Fort-de-France, après le village de pêcheur de Tartane. *Parking* au départ des sentiers de randonnée après 1 km de piste (ne rien laisser dans les voitures).

Coffre à Mort

Le Coffre à Mort.

Mégablocs (alt. 153 m) – Pourchassés par des colons qui voulaient les réduire en esclavage, les derniers Indiens caraïbes se seraient réfugiés au sommet d'une falaise haute et abrupte située au nord de l'actuel Saint-Pierre*. D'après la légende, ils se seraient finalement précipités dans le vide après s'être crevé les yeux. C'est pourquoi cet escarpement bien visible de loin a pris les noms de « **Coffre à Mort** » ou de « **Tombeau des Caraïbes** ».

Géologie. Le Coffre à Mort représente un remarquable ensemble de **mégablocs,** de vastes pans du volcan descendus près de la mer lors d'un effondrement de flanc. Pour certains, ce monticule est constitué de laves visqueuses qui se seraient autofragmentées au cours de leur écoulement. Plus vraisemblablement, il est constitué de brèches de nuées ardentes, de granulométrie grossière, indurées et présentant un faux débit en prismes, qui seraient âgées de 80 ka et relèveraient alors probablement du premier stade d'édification de la montagne Pelée*.

Situation. Près de la D 10, à 5 km au NO de Saint-Pierre ; accès au pied du Coffre par le chemin situé juste au N de la carrière qui l'englobe et l'a, par chance, épargné (autorisation à demander à la *carrière* de Fond Canonville).

Le Diamant

Le rocher du Diamant, au loin, et la plage de Sainte-Anne à la lumière argentée du crépuscule.

Dôme dacitique (alt. 176 m) – Métamorphoser une haute aiguille volcanique en navire de guerre ? Ce haut fait fut accompli par les Anglais en 1804-1805 quand, pour renforcer le blocus de la Martinique, ils occupèrent et fortifièrent le **rocher du Diamant** sur la côte sud-ouest de l'île. Deux cents hommes prirent alors possession de ce qui fut officiellement considéré comme le *HMS Diamond Rock*. Nul vaisseau ne fut, bien sûr, jamais mieux amarré ; s'il résista aux plus violentes tempêtes, le rocher céda malgré tout aux Français après huit mois de siège. Il reste quelques vestiges de cette occupation, que l'on devine de la terre ferme ou découvre sur place après une traversée à la demande effectuée à partir du Diamant. Le rocher tient son nom d'arêtes qui délimitent des facettes évoquant celles de la pierre précieuse ; la silhouette de ce petit **dôme** se détache au loin de toute la côte sud de la Martinique. Ses eaux sont parmi les plus belles de l'île pour la plongée. Point de vue à partir d'un **belvédère** et de l'**anse Cafard,** où est honorée la mémoire des esclaves morts en 1830 dans le naufrage d'un navire négrier en ce lieu.

Géologie. Le rocher du Diamant est un petit dôme de **dacite**, une roche proche des andésites, mais comportant du quartz, qui a été dégagé de sa carapace de brèches par l'érosion. Il est riche en enclaves de basalte. Son âge doit être bien inférieur à 1 Ma. Il marque en tout cas la fin de l'activité volcanique dans la région. À sa base, un anneau de brèche grossièrement stratifiée pourrait représenter les restes d'une activité phréatomagmatique initiale. À 2 km de là, sur la terre ferme, se trouve le stratovolcan andésitique miniature du **morne Larcher** (477 m), qui est situé sur la même fissure éruptive et a donc le même âge que le rocher du Diamant. Une première phase effusive a produit des coulées d'andésite qui forment sur plus d'un kilomètre les falaises au S de la pointe du Diamant. Lors d'une seconde phase, des brèches d'origine phréatomagmatique ont édifié la plus grande partie du volcan ; celles-ci sont exploitées dans la petite carrière qui se trouve sur son flanc NE avant l'anse Cafard. Après épuisement de l'eau, l'activité est finalement redevenue effusive ; constitué d'une andésite rouge violacée très porphyrique, un **dôme** s'est édifié dans le **cratère d'explosion** et forme désormais le sommet du morne.

Situation. Au large de la D 37, à 4 km à l'O du Diamant. Belvédère : sur la D 37, 2 km après l'anse Cafard. Morne Larcher : juste au N de la pointe du Diamant, au SO du Diamant.

Fort-de-France

Musées et coulée de laves (alt. 10 m) — Capitale administrative de la Martinique depuis le XVIIe siècle, Fort-de-France resta longtemps à l'ombre de Saint-Pierre*. Protégée par un fort édifié à partir de 1674, la ville ne fut guère épargnée par les incendies, cyclones, épidémies, tremblements de terre et autres fléaux ; le séisme de 1839 fut particulièrement dévastateur. En ruinant sa rivale en 1902, la grande éruption de la Pelée* lui a cependant assuré une prééminence qui n'a plus jamais été discutée. Tandis que Saint-Pierre comptait 26 000 habitants au début du XXe siècle, pour 5 000 aujourd'hui, la population de Fort-de-France est passée de 15 000 à plus de 100 000 habitants dans cet intervalle. En se développant vers le nord, la ville est partie à l'assaut des contreforts des **pitons du Carbet***.
En pleine ville, trois sites retiennent l'attention. Édifié à partir de 1640 sur un promontoire au sud de la ville actuelle, le **fort Saint-Louis** est l'un des plus beaux exemples d'architecture militaire aux Antilles ; ses murs ont été bâtis avec des moellons d'andésite, alors que les pierres des chaînes d'angles ont été taillées dans des brèches brunes comportant des fragments de lave. Près de là, on peut découvrir aussi les divers outils (haches, mortiers, pilons, etc.) taillés dans des roches volcaniques qui figurent dans les riches collections précolombiennes du **musée** départemental d'archéologie et de préhistoire de la Martinique. Dans l'ancien hôpital militaire transformé en centre

Le fort Saint-Louis.

culturel, à l'aspect quelque peu désolé, la **galerie de géologie et de botanique** mériterait une visite. Elle a malheureusement été fermée (temporairement ?) à la suite d'un incendie. Elle présente un panorama clair et complet de la géologie des Antilles, et de leur volcanisme en particulier. Les principaux types de roches rencontrées sont également représentés ; on peut y voir aussi des troncs silicifiés provenant de la savane des Pétrifications*.

Géologie. À l'ouest de la ville, l'épaisse coulée d'andésite bien prismée de la pointe des Nègres est descendue des pitons du Carbet. D'âge mal connu, cette coulée représente une des plus anciennes manifestations effusives du massif. Elle s'épancha sur les débris d'effondrement de ce volcan (voir Bellefontaine) après un laps de temps suffisant pour que l'érosion modèle une nouvelle topographie. La coulée forme, par exemple, les falaises que longe la petite route littorale partant de la pointe des Nègres vers Fort-de-France. Sa prismation grossière et son débit fluidal sont bien visibles, en particulier dans le secteur de la pointe de la Vierge. Quant au contact entre débris et andésite, il peut être vu après la première épingle de la route allant de Balata au Morne-Rouge. Sur l'andésite reposent par ailleurs des ponces et des brèches de nuées ardentes comportant des éléments de dacite dans une matrice cendreuse grise.

Situation. *Fort Saint-Louis :* au S de la place de la Savane ; *galerie de géologie :* entrée face au 6, rue du vieux chemin, après le cimetière ; *musée départemental d'archéologie et de préhistoire* : 9, rue de la Liberté (fermé samedi après-midi et dimanche).

Le Lorrain

Plage de sable noir (alt. 0 m) — Sur le pourtour d'un massif volcanique, les plages de **sable noir** ne manquent pas au nord de la Martinique. À défaut de les mentionner toutes, distinguons la **plage du Lorrain.** C'est l'une des plus grandes. Elle offre à ce titre le loisir d'une longue promenade les pieds dans l'eau. Par temps favorable, les côtes de la Dominique se découvrent au loin.

Les sables sombres et clairs de la plage du Lorrain, juxtaposés pour les besoins de la photo (échelle 5 cm).

Géologie. Comme ailleurs aux Antilles, les minéraux formant les sables noirs sont principalement des olivines et des pyroxènes. Au Lorrain, ils ont été libérés par l'érosion des andésites du **morne Jacob,** puis apportés par la rivière de Grande Anse. Par endroits, les courants marins séparent les minéraux par ordre de densité et isolent de la sorte, en surface, une très mince couche de sable clair constitué principalement d'assez grands grains de plagioclases. Vers le milieu de la plage, noter aussi l'**altération en boules** des andésites dont on devine l'ancienne prismation ; leur aspect n'est cependant pas assez trompeur pour que ces boules puissent être confondues avec des laves en coussins (voir le Vauclin).

Situation. Sur la côte N de l'île, à 28 km au NE de Saint-Pierre.

Montagne Pelée

Le dôme de la montagne Pelée et, à droite, l'Aileron (1 107 m) vus du sud.

Stratovolcan (alt. 1397 m) – En arrivant à la Martinique en 1635, les premiers colons français trouvèrent un mont dépourvu de végétation; ils le baptisèrent montagne Pelée. Peu auparavant, une éruption en avait sans doute dévasté le sommet et le flanc ouest. Culminant à 1 397 m, ce **stratovolcan** n'est dépassé aux Antilles que par la Soufrière* de Guadeloupe. Il couvre une superficie de 120 km^2, soit le huitième de l'île, et dévoile un panorama qui s'étend des pitons du Carbet* à la baie de Fort-de-France*, d'un côté, et à la presqu'île de la Caravelle* de l'autre. Avec les 8 m de précipitations dont il bénéficie, le volcan a souvent la tête dans les nuages. Il ne faut donc pas reporter une ascension au lendemain quand son sommet se profile sous un ciel bien dégagé…

Depuis 1635, la montagne Pelée a connu trois éruptions. La première resta purement phréatique. « *L'éruption qui se*

Au sommet de la Pelée, le dôme de 1902 vu du nord, masquant celui de 1929; à gauche, la caldeira de l'Étang Sec.

manifesta le 22 janvier 1792 fut accompagnée d'une assez violente secousse de tremblement de terre, écrivit le minéralogiste Jean-Antoine Dupuget en rapportant les dires d'un témoin. *Bientôt une forte odeur de soufre se répandit jusqu'à l'habitation de la citoyenne Montaval, qui, avertie par-là de cet événement, eut le courage de se rendre sur le lieu. La terre était criblée de trous par lesquels l'éruption s'était faite. Les arbres avaient subi l'action du feu, dix-neuf manicous* [opossum de Virginie] *et plusieurs oiseaux, surpris dans le cercle de l'explosion, étaient restés morts sur place.* » Une nouvelle explosion se fit entendre trois mois plus tard. « *Les arbres, les fougères surtout,* rapporta Dupuget, *étaient abondamment saupoudrés de soufre; toutes les roches en étaient enduites. On distinguait de tous les côtés les soupiraux par où le soufre était sorti. La fumée qui s'en exhalait par bouffées annonçait la présence d'un feu souterrain. Une eau noirâtre sulfureuse et chaude au point de ne pouvoir presque pas y tenir la main, sortait d'un trou de deux pouces de diamètre, au bas d'une petite cascade.* »

En dépit de son caractère beaucoup plus violent, l'éruption de 1851 partagea cette nature phréatique. Si les premières explosions furent encore de ce type jusqu'aux premiers jours de mai 1902, l'éruption qui débuta ensuite prit une tout autre tournure. Le matin du 8 mai, la colonne de fumée qui émergeait du volcan depuis quelques jours changea de visage. Elle devint « *tout à fait blanche, quoiqu'épaisse et comme argentée,* selon les mots d'un témoin nommé Thierry, *avec des sillons couleur vieil argent qui faisaient ressortir davantage encore la blancheur et l'opacité du nuage. C'était comme un immense chou-fleur sortant du gouffre et s'élevant dans l'air.* » Puis, soudainement, « *un bruit formidable se fit entendre et, sur les côtés de la gerbe ou de la fusée dont je ne pouvais plus voir le centre qu'emplissait une fumée épaisse, je vis encore d'énormes rochers qui, suivant toujours la même direction, filaient sur Saint-Pierre avec une vitesse énorme, laissant derrière eux une sorte de traînée qui se profilait en noir sur la*

Du 19 mars au 29 avril 1903, la croissance de la grande aiguille dessinée par le capitaine Perney (Lacroix, 1904).

blancheur extérieure du nuage. » En deux à trois minutes, « *une quantité énorme de rochers incandescents* » partit ainsi « *comme la décharge d'un canon* » et raya de la carte la ville de Saint-Pierre*. L'explosion fut entendue à plus de 1 000 km ; des perturbations électromagnétiques furent détectées jusqu'au Canada, en Europe et en Chine.

Entre le 8 mai et le 30 août, cette nuée et les six autres qui la suivirent tuèrent 30 000 personnes environ. Hors famines, incendies et autres malheurs induits par une éruption, jamais, de toute l'histoire, un plus lourd tribut ne fut directement payé à un volcan. Des **nuées ardentes** étaient précisément décrites pour la première fois. En provenant d'un **dôme** en cours de formation, elles révélaient que l'action volcanique mêlait intimement œuvres de construction et de destruction. De mai à novembre 1902, le dôme s'éleva de 2 m par jour en moyenne. Une immense **aiguille** de lave commença ensuite à croître au sommet à une vitesse qui put atteindre 20 m par jour. Elle atteignit plus de 300 m de haut tandis que son volume dépassa celui de la plus

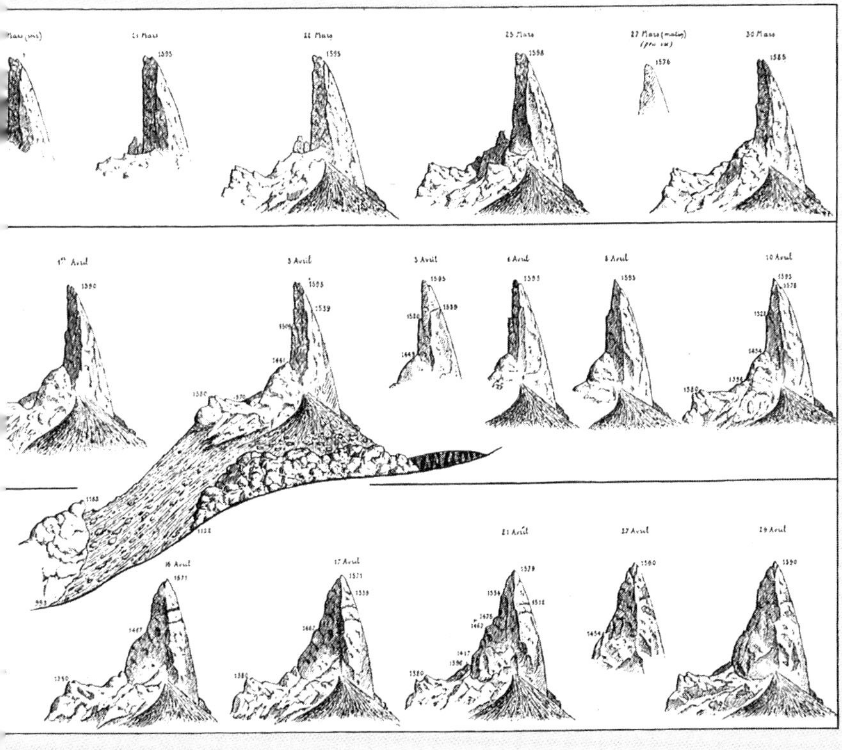

Le rempart de la caldeira de l'Étang Sec.

grande pyramide d'Égypte. Sans les écroulements répétés dont son faîte fut l'objet, elle aurait atteint une hauteur de 2 200 m ! Entre le 3 novembre 1902 et le 10 août 1903, ces écroulements partiels furent accompagnés de 58 nouvelles nuées ardentes. Jusqu'en 1905, le déclin de l'activité fut ensuite marqué par la croissance de plus petites aiguilles.

Une nouvelle éruption magmatique débuta en 1929 et ne s'acheva que trois ans plus tard. Annoncée par une intensification de l'activité fumerollienne, qui n'avait pas cessé depuis 1905, elle débuta en septembre par des explosions phréatiques. Deux mois plus tard, l'arrivée du magma à la surface fut accompagnée de nombreuses nuées ardentes, assez peu violentes, qui cessèrent en janvier 1930. La croissance du dôme se poursuivit toutefois jusqu'en 1932. L'éruption ne fit aucune victime : par précaution, la population avait été évacuée. Le sommet de la Pelée a gardé les traces de ces deux éruptions : le dôme de 1929 coexiste avec les restes de celui de 1902 à l'intérieur d'une caldeira aux rebords abrupts du côté nord. Depuis 1932, aucune marque d'une quelconque activité n'a été détectée. Le bilan d'une surveillance de tous les instants se résume donc à un fastidieux « rien à signaler ». Mais 35 000 personnes vivent de nos jours sur les flancs de la Pelée. L'impérieuse nécessité d'épier attentivement le volcan n'a donc rien perdu de son actualité.

Géologie. Le stratovolcan actuel est le fruit d'une activité qui commença vers 200 ka et s'est déroulée entre les volcans plus anciens du **mont Conil** (construit entre 400 et 200 ka), au N, et du morne Jacob et des pitons du Carbet*, au SE. En s'accumulant dans les espaces restés libres, les dépôts ont donc principalement développé les flancs NO et SO du volcan. Un examen plus fin conduit à distinguer deux grands épisodes dans cette édification. Le premier préside à la formation d'un vaste appareil à partir de points de sortie qui ne se déplacent guère ; alors que les **coulées d'andésite** sont rares, les **brèches** fortement indurées prédominent, sans doute produites par fragmentation de laves visqueuses lors de leur écoulement. Une longue période d'inactivité, et donc d'érosion, suit cette première phase dont le terme est marqué il y a 100 ka par un **effondrement de flanc** massif de près de 40 km^3 de roches ; seule la lèvre nord en est encore visible entre le Prêcheur, la Garanne, le piton Marcel et le sommet.

Le début de la seconde phase commence à une époque mal déterminée, il y a 50 ou 100 ka. L'activité est devenue fortement explosive et a sans doute pour origine le **morne de Macouba.** Elle comble les creux du relief et, surtout, conduit il y a 25 000 ans environ à l'effondrement d'un volume de 13 km^3 de roche ; les lèvres de cet effondrement courent jusqu'au sommet à partir de la Roxelane, à Saint-Pierre*, et depuis la pointe L'amarre et le Gros Morne. C'est dans la **caldeira** ainsi créée en partie haute que la Pelée commence à s'édifier.

De - 20 000 à - 13 500 ans, une période de repos précède une trentaine d'éruptions magmatiques, séparées en moyenne par des intervalles de 500 ans. Une dizaine d'entre elles sont de style plinien (à ponces) et s'intercalent entre une vingtaine d'éruptions de style péléen, le passage d'un type à l'autre semblant déterminé par des différences de dégazage du magma dans le haut de la cheminée d'alimentation. Limité à 1,6 km^3 de roches, un dernier effondrement se produit il y a 9 000 ans à l'intérieur de la cuvette ouverte par l'effondrement précédent et laisse les deux escarpements qui bordent les rivières Claire et Sèche. La **caldeira de l'Étang Sec** se forme lors de la dernière éruption plinienne, vers l'an 1350 de notre ère.

Les cicatrices des grands effondrements de flanc du volcan s'étant produits il y a 100 000 ans (A), 25 000 ans (B) et 9 000 ans (C). D'après Le Friant, 2001.

Des sources thermales émergeant au sud du sommet ont fait donner le nom de **rivière Chaude** au cours d'eau qui descend du volcan. Pour l'essentiel, ces eaux se réinfiltrent et émergent à nouveau en bordure de mer. Leur température peut atteindre 59 °C. Elles sont régulièrement analysées par l'observatoire du morne des Cadets* pour détecter d'éventuelles variations de température, de pH, ou de composition qui annonceraient un réveil du volcan. En descendant du volcan, la rivière Chaude traverse d'abord des dépôts de nuées ardentes de l'éruption de 1929-1932, puis des gorges profondes de plusieurs dizaines de mètres taillées dans un empilement de dépôts de nuées récentes et anciennes ainsi que dans des retombées ponceuses épaisses de plusieurs dizaines de mètres.

Situation. *Point de vue* sur la baie de Saint-Pierre et la montagne Pelée sur la N 2 juste après le tunnel de l'anse Turin*. *Dômes de 1902 et 1929*: ascension par trois voies possibles, la plus rapide, et « volcanologiquement » la plus intéressante, à partir du parking de l'Aileron, 4 km au N du Morne-Rouge* (8,5 km, 6 heures A/R, en faisant le tour de la caldeira). Autres accès par le sentier partant au SO du lieu-dit Martineaud, au bout de la route débutant à la Charmeuse, à 2 km au SE du Prêcheur, et par le sentier commençant au bout de la route qui part vers le S de Macouba, sur la côte N de l'île. *Engagement de guides :* se renseigner à la Maison des volcans du Morne-Rouge*. N. B. : Les « refuges » mentionnés sur les cartes n'en sont pas.

Les nuées ardentes

Haute de 4 000 m, la grande nuée du 16 décembre 1902 arrivant à la mer (Lacroix, 1904).

En 1902, Alfred Lacroix appela d'abord *nuages denses* les nuées de la montagne Pelée. De retour à Paris, il découvrit que cette manifestation éruptive avait eu lieu « *à San Jorge aux Açores, lors des éruptions de 1580 et 1808 et qu'elle avait été alors désignée sous le nom de nuées ardentes, par les habitants de cette île.* » En avril 1903, écrivit donc Lacroix, « *il m'a paru bon de reprendre ce vieux terme qui est très expressif; j'emploie le qualificatif* ardent *dans le sens de* brûlant *et non d'*incandescent, *ces nuées ne présentant de phénomènes d'incandescence que la nuit, au moment de leur départ du dôme.* »

Ayant « *assisté d'octobre 1902 à mars 1903 à la sortie d'un nombre assez considérable de nuées ardentes, présentant tous les intermédiaires entre des bouffées insignifiantes et les majestueuses manifestations* », Lacroix en brossa un portrait fidèle: « *La sortie d'une nuée ardente était ordinairement accompagnée*

Une nuée ardente d'avalanche le 25 janvier 1903 (Lacroix, 1904).

par un sourd grondement, dû à la production de l'ouverture provisoire, par laquelle devaient se faire l'émission et l'écroulement des matériaux solides arrachés ainsi à la carapace du dôme. Ce grondement était parfois très nettement perceptible à 10 kilomètres du cratère, au sud-ouest de celui-ci ; il était rarement isolé. La paroi solide ne cédait évidemment qu'après une série plus ou moins longue de poussées insuffisantes. [...]

Au moment de son apparition, la nuée avait l'aspect d'une masse compacte de petite dimension, mais immédiatement elle se gonflait, prenait la forme d'un bourgeon mamelonné en forme de choux-fleurs ou de cervelles, creusé de circonvolutions nombreuses, à sinuosités profondes, qui allaient sans cesse en grossissant. Quand elle se produisait en pleine lumière, sa couleur était d'un gris roux foncé ; elle était noire le soir, parfois incandescente la nuit. Elle était opaque, avec un aspect presque pierreux.

À peine sortie, la nuée se précipitait le long du talus du dôme et s'engageait dans la vallée de la rivière Blanche pour se diriger vers la mer ; son départ était si rapide qu'il nous a donné plusieurs fois l'illusion de la chute de l'aiguille, presque aussitôt, d'ailleurs, cachée par les vapeurs. La soudaineté de l'apparition, du départ et la rapidité de la marche de ces nuées font comprendre la signification d'une phrase qui se trouve dans tous les récits des grandes éruptions faits par les gens du pays : "La montagne s'ouvre, la montagne se fend de part en part". »

La tour de la Pelée (Angelo Heilprin, 1904)

« *Un peu avant deux heures, l'occasion que nous avions si impatiemment attendue sembla finalement arriver. Les nuages et les vapeurs s'évanouirent d'un côté, et la grande tour, sa couronne suspendue à une hauteur vertigineuse, commença à se dévoiler.*

Des touches s'ajoutèrent à d'autres – pourpres, brunes, et grises – jusqu'à ce qu'elle se tînt enfin de front, pratiquement découverte devant nous. Regardez ! Criai-je à mon compagnon, alors que mes mots me manquaient pour exprimer la magnificence de la vue qui se présentait. Le spectacle était d'une grandeur écrasante. Nous

La tour de la Pelée enveloppée de brumes (Heilprin, 1903).

La grande aiguille de la Pelée le 8 mars 1903, côté nord à gauche, sud à droite (Lacroix, 1904).

restâmes quelque moment, révérencieux et muets, à l'ombre de ce type de montagne des plus impressionnants. Monument dédié par la nature aux 30 000 morts reposant plus bas dans la ville réduite au silence, elle s'élevait, tel un énorme monolithe, 240 m au-dessus du sommet nouvellement édifié du volcan, et 1 700 m au-dessus du niveau des Caraïbes. [...]

Entourée de nuages de vapeur soufflant de sa base et du cône qui le supportait, avec des fumées bleues sulfurées qui se frayaient une voie sinueuse au milieu d'eux, elle représentait un spectacle d'une grandeur presque écrasante et un des effets les plus terrifiants qui pourrait difficilement être rencontré ailleurs. Aucune des grandes scènes de la nature que j'avais vues auparavant – le Matterhorn, les dômes de Yosemite, le colosse du Popocatépetl s'élevant au-dessus de l'épaulement du Iztaccihuatl, ou le Grand Canyon du Colorado – m'impressionnèrent autant que le fit la vue de la tour de la Pelée, du bord du cratère, l'après-midi du 13 juin [1903]. »

L'érection d'un dôme (Alfred Lacroix, 1904)

« *Le mécanisme de la production des* dômes, *que constituent surtout les roches peu fusibles (rhyolites, trachytes, andésites, phonolites) de tant de régions, était resté jusqu'à présent fort obscur, aucune observation directe n'ayant encore permis de suivre d'une façon complète les divers stades d'édification de ce genre de montagne volcanique. Nous savons maintenant, par un exemple topique, comment se produit un semblable dôme. Le magma fondu, en arrivant par une fissure jusqu'à la surface du sol, y forme un amas, vite entouré d'une carapace solide, qui protège contre un trop rapide refroidissement la partie centrale encore pâteuse. Cette carapace se fissure sous l'influence de la contraction due à sa solidification progressive et à la persistance de la poussée interne qui, par intermittence, fait baver par ses fentes une nouvelle quantité de matière fondue. Ainsi s'accroît en hauteur et en largeur un* amas rocheux continu, *hérissé d'aspérités, limité par des parois abruptes qui se dressent au milieu de talus d'éboulis, alimentés par un incessant émiettement superficiel; les matériaux de projection des paroxysmes ne jouent qu'un rôle infime et souvent presque nul dans la constitution d'un semblable dôme.*

*Le dôme ainsi construit n'est creusé d'aucune ouverture béante, permanente, d'aucun cratère, mais les explosions paroxysmales y déterminent des ouvertures provisoires, rapidement obturées. Quand la carapace est devenue assez résistante pour ne plus pouvoir se prêter à un accroissement dans tous les sens, l'action de la poussée peut se localiser en des points limités et donner lieu alors à l'*extrusion *de masses rocheuses* solides, *sortant comme d'une filière, et produisant une aiguille qui peut atteindre plusieurs centaines de mètres de hauteur, comme celle dont j'ai vu la naissance et dont, pendant plusieurs mois, j'ai suivi jour par jour l'évolution mouvementée. Au cours d'une même éruption, le point où se concentre la poussée peut se déplacer, fournissant ainsi des aiguilles successives, de forme, de dimension, de position variées, n'ayant souvent qu'une existence éphémère, car des écroulements continuels tendent sans relâche à les modifier ou à les détruire.* »

Morne des Cadets

L'observatoire volcanologique et sismologique de la Martinique.

Observatoire volcanologique et sismologique (alt. 510 m) — Précédé seulement par l'*Osservatorio Vesuviano* en 1841, l'**observatoire volcanologique** créé après l'éruption de mai 1902 fut le second au monde. Lacroix n'eut pas de mal à décider où l'établir : « *Je choisis comme principal poste d'observation*, écrivit-il, *un piton dépendant du morne des Cadets, situé au-dessus de la mairie du village abandonné de Fonds-Saint-Denis, sur une arête montagneuse venant finir au-dessus de la ville de Saint-Pierre.* » En toute sécurité, le site offre une vue superbe sur la **Pelée*** et le nord-ouest de la Martinique, et aussi sur les **pitons du Carbet***. Ironie de l'histoire, l'observatoire fut fermé deux ans avant que ne débute l'éruption de 1929-1932. Cette dernière conduisit à bâtir l'observatoire actuel. Son nouveau nom d'Observatoire volcanologique et sismologique de la Martinique rend mieux compte de la place importante qu'a toujours pris la sismologie dans ses activités.

Géologie. L'observatoire abrite un petit **musée** qui montre l'évolution dans le temps des méthodes de surveillance. La pièce de résistance en est un sismographe (de type Quervain-Picard), construit en 1936 et ayant fonctionné jusque dans les années 1970, dont le pendule d'une masse de vingt tonnes permettait de détecter les ondes sismiques de haute fréquence émises par des séismes proches. Depuis 1976 et la crise de la Soufrière, des mesures géochimiques, sismiques, magnétiques et tectoniques sont effectuées en continu par un réseau de stations dispersées dans le massif afin de pouvoir détecter tout signe prémonitoire d'un réveil de l'activité. Le long de l'escalier qui mène au bâtiment, des **panneaux** présentent le volcanisme et les éruptions récentes de la montagne Pelée*. L'observatoire dépendit jusqu'en 1947 du service météorologique. Il est depuis rattaché à l'Institut de physique du globe de Paris.

Situation. *Fonds-Saint-Denis* à 7 km à l'E de Saint-Pierre ; *accès à l'observatoire* par la D 12 (route à très fort dénivelé) à prendre vers l'O à l'entrée ouest de Fonds-Saint-Denis. *Musée*: visites sur RdV (se renseigner au syndicat d'initiatives de Fonds-Saint-Denis ou au Centre de découverte des sciences de la Terre de Saint-Pierre).

Le Morne-Rouge

Maison des volcans (alt. 460 m) – Situé entre la montagne Pelée* et le morne Jacob, le bourg de Morne-Rouge offre de beaux panoramas sur ces deux volcans. La vue est spécialement saisissante sur le flanc sud-est de la Pelée. Le volcan est en fait très proche – trop proche – du bourg, son sommet n'en étant distant que de 5 km. Épargné le 8 mai, Le Morne-Rouge fut partiellement anéanti le 30 août 1902 lors du second paroxysme de la grande éruption.

Une dizaine de mois après le nouveau désastre, le volcanologue Angelo Heilprin vint visiter un bourg abandonné dont l'église était encore entourée de cendres. «*Mon assistant grimpa dans le beffroi et sonna les cloches qui pendaient, indemnes, sur leurs pivots,* écrivit-il. *Ce fut une voix dans le désert, car personne n'était là pour l'entendre sauf nous-mêmes. Peut-être loin de là, du côté des collines où des cases apparaissaient, dispersées dans la verdure environnante, quelque oreille put en reconnaître les beaux tons harmonieux.*

Une nuée dévalant du sommet de la Pelée le 30 août 1902, 6 heures avant celle qui détruisit Le Morne-Rouge. « J'estimais à pas moins de 1 200-1 400 pieds [400-470 m] la hauteur de la colonne de vapeur, à partir du point où elle s'élevait de la montagne, et elle montait en général verticalement. Le bouillonnement furieux de cette masse tempétueuse, crissant contre les parois du cratère, produisait un grondement indescriptible et terrifiant – on pourrait dire repoussant – qui peut sans doute être rapproché du grondement de la houle à travers les cordages et les voiles d'une flotte de navires. Une vibration distincte du volcan était perceptible. Je ne me souviens d'aucun éclair électrique traversant la nuée. Des roches et des bombes explosives volaient dans toutes les directions. » (Heilprin, 1904)

Les bois ravissants qui, avant le 30 août, bordaient le plus long de la route entre Ajoupa-Bouillon et ici n'étaient plus que des troncs d'arbres en lambeaux, des spectres dans un paysage ruiné, avec leurs bras nus et leurs racines arrachées, comme s'ils mendiaient la lumière du jour qui les baignait désormais. Ici et là le regard tombait sur les frondaisons renaissantes des fougères arborescentes et sur des bouquets de bambou, sur des mélastomes et des balisiers; mais tout ceci ne donnait qu'un simple aperçu de ce qui existait auparavant. À des kilomètres aux alentours, le regard saisissait encore dans le paysage les images du désastre et de la ruine que cette terrible explosion de la fin août avait apportés. Les pentes de la montagne et la vallée avaient été balayées indifféremment et, même sur les hauteurs au-delà du Capot, la cicatrice des destructions restait pleinement visible. »

Depuis, le bourg a bien sûr été reconstruit. De nos jours, il compte une population légèrement plus élevée que celle de Saint-Pierre. Il a sa **Maison des volcans,** où documents d'époque, panneaux et photos expliquent le dynamisme et l'histoire de la Pelée. À l'intention des visiteurs, un des sismographes du réseau de surveillance de l'observatoire volcanologique y révèle en direct les petites secousses qui se produisent. Une intéressante vidéo sur l'éruption de 1902 complète la visite. De la sortie nord du Morne-Rouge, vue sur la Pelée avec, au premier plan, le dôme de 1929, et au second, tout petit, celui de 1902.

Géologie. De même que les habitants de Saint-Pierre furent victimes d'un type inconnu d'éruption, ceux du Morne-Rouge le furent d'une manifestation de la Pelée que personne n'avait imaginée, pas même Lacroix. Ce dernier constate en effet en juillet 1902 que « *le volcan est à l'heure actuelle dans une période d'activité décroissante* ». Le 4, Lacroix fait savoir au gouverneur qu'il ne voit pas « *d'inconvénients* » au retour des habitants dans les communes du Nord parce que les nuées qui avaient accompagné la croissance du dôme dans le cratère de l'Étang Sec avaient toutes dévalé vers Saint-Pierre en s'écoulant dans la vallée de la rivière Blanche. « *Après entente avec la mission scientifique française* », le gouverneur donne son accord à une réinstallation le 2 août. Mais une nouvelle explosion se produit quatre semaines plus tard alors que le dôme atteint une hauteur de plus de 300 m. Elle a un angle d'ouverture beaucoup plus grand que les précédentes, de sorte que les nuées gagnent Le Morne-Rouge et y font un nouveau millier de victimes. Pour partie, les hameaux de Morne Balai et de Morne Capot et les hauts de Basse-Pointe sont aussi dévastés.

Situation. Sur la N 2, à 8 km au NO de Saint-Pierre; *Maison des volcans* devant le stade, à 500 m à dr. en amont de l'église.

Pitons du Carbet

Dômes et nuées ardentes d'avalanche (alt. 1 197 m) — Une demi-douzaine de sommets dépassant un millier de mètres constituent le massif des pitons du Carbet, dont le nom

Les pitons du Carbet vus de l'observatoire du morne des Cadets : de gauche à droite, le piton Boucher (1 069 m), le morne Piquet (1 159 m) et le piton Lacroix (1 197 m). Au loin à droite, les crêtes du morne Chapeau-Nègre (915 m).

reprend celui des cases où résidaient les Indiens caraïbes. Le plus élevé est le **piton Lacroix*** (1 197 m), deuxième sommet de l'île après la montagne Pelée*. Le massif des pitons du Carbet, le plus vaste de Martinique, représenta très longtemps une véritable barrière. La route de la Trace, qui le contourne par l'est pour relier Fort-de-France* au Morne-Rouge* et à Ajoupa-Bouillon, ne fut achevée qu'en 1929. Les sentiers qui seuls le traversaient ou empruntaient ses crêtes sont de nos jours fréquentés par les randonneurs. Que les promenades soient courtes ou longues, elles présentent en général des dénivelés importants. Elles laissent découvrir la végétation tropicale et son étagement, ainsi que des panoramas de plus en plus vastes à mesure que l'altitude croît. La végétation est en réalité tellement généreuse qu'elle masque la physionomie volcanique des pitons ; ceux-ci sont tous des **dômes** d'andésite ou, plus fréquemment, de dacite que l'altération n'épargne pas non plus.

Géologie. Le volcan des pitons du Carbet est éteint depuis 0,8 Ma environ. Il s'édifia en deux grands épisodes. Le premier est assez mal connu car il se conclut, il y a peut-être 400 ka, par un énorme effondrement qui jeta à la mer près de 40 km^3 de son flanc ouest. Il en reste une lèvre en fer à cheval d'une dizaine de kilomètres de diamètre, dont la partie nord est longée par le **canal de Beauregard***. Il en reste aussi les débris andésitiques de toutes tailles qui ont été retenus sur la terre ferme et constituent par exemple la **falaise de Bellefontaine***. La grande coulée andésitique de la **pointe des Nègres,** à Fort-de-France*, figure parmi les produits des pitons centraux du Carbet qui n'ont pas été affectés par cet effondrement.

L'activité se poursuivit ensuite par croissance de nombreux **dômes** et **dômes-coulées,** tel le **piton Dumauzé** (1 112 m), à l'intérieur de la vaste cavité créée par l'effondrement. Les andésites et dacites de ces pitons présentent des cristaux, grands de quelques centimètres, d'amphibole, de quartz et aussi de biotite (de forme hexagonale) ; une altération marquée de la lave empêche toutefois de les observer facilement en place ; ces dacites peuvent cependant être observées sous forme de galets dans le lit de la rivière Alma, de part et d'autre du pont franchissant la route de la Trace. La croissance de ces dômes a été accompagnée d'éruptions à ponces, de caractère dacitique (bel affleurement par exemple dans la falaise nord de la plage de Madiana) et de nombreuses nuées ardentes d'avalanche dont les débris se sont accumulés dans les parties basses du relief. Ces nuées ont formé une brèche grossière dans laquelle il est facile de voir les grands cristaux de la dacite des pitons, de teinte gris clair. Ces brèches ont finalement été couvertes par les dépôts du grand effondrement de flanc.

Situation. À une dizaine de kilomètres à l'E du Carbet. *Ligne de crête des mornes Piquet, Lacroix** et *Tranchette* suivie par une trace allant de morne Modeste à Croix Mission, près de Montjoly (5 km, 5 heures aller). Pour bons randonneurs, de préférence avec un guide (passages de crêtes étroits à franchir encordé).

Piton Lacroix

Alfred Lacroix dans son laboratoire.

Dôme (alt. 1 197 m) — Sommet le plus élevé des pitons du Carbet*, le piton Lacroix portait depuis bien longtemps ce nom quand **Alfred Lacroix** fit deux séjours en Martinique pendant la grande éruption de la Pelée*. Cette homonymie sert ici de prétexte pour dresser le portrait d'un « *homme dont le meilleur de la vie a été consacré au volcanisme sous toutes ses formes* », comme l'intéressé se dépeignit lui-même. En 1902, Lacroix est depuis une petite dizaine d'années le très actif professeur de minéralogie du Muséum national d'histoire naturelle. Il porte déjà une longue barbe de missionnaire – du missionnaire, il a d'ailleurs l'ardeur inlassable qu'il gardera même dans ses vieux jours ! Ce spécialiste des roches volcaniques connaît déjà celles de la Martinique. C'est donc vers lui que se tournent l'Académie des sciences et le ministère des Colonies pour tenter de comprendre les origines du drame.

Arrivé à la Martinique le 23 juin 1902, Lacroix reste cinq semaines pour étudier l'éruption. Il est accompagné de deux aides et de sa femme, sa plus fidèle assistante. Celle-ci est la fille de son ancien maître Ferdinand Fouqué (1828-1904) qui l'avait conduit à oublier sa formation première de pharmacien au profit de la géologie. Après l'autre éruption meurtrière du 30 août 1902, Lacroix revient en octobre avec sa femme, pour six mois, et bénéficie d'une importante logistique assurée par la marine nationale. Parfois au mépris du danger, il observe et photographie les diverses manifestations du volcan pour les dépeindre dans de nombreuses communications à l'Académie des sciences. Il donne les premières descriptions et prend les premiers clichés des **nuées ardentes** qui accompagnent la croissance d'un dôme. Celles-ci caractérisent le **dynamisme péléen** qui prend place auprès des styles hawaiien, strombolien, vulcanien définis par l'abbé Giuseppe Mercalli (1850-1914). Mais Lacroix ne peut pas tout prévoir. Le parcours de la nuée du 30 août, par exemple, qui dévasta Le Morne-Rouge*.

Pour faire une grande synthèse de ses observations, Lacroix publie en 1904 son volumineux ouvrage *La montagne Pelée et ses éruptions*. « *J'ai rapporté une impression inoubliable,* écrit-il, *non seulement des phénomènes grandioses et passionnants auxquels j'ai assisté, mais encore des infortunes dont j'ai été le témoin, des spectacles tragiques de cette campagne de six mois, de ces longues chevauchées dans la ville détruite et sur cette montagne Pelée, naguère véritable Éden, aujourd'hui terre ravagée, couverte d'un gris linceul de cendres, qui n'évoque plus que des souvenirs de désolation et de mort !* »

Ce livre assurera cette année-là l'élection de Lacroix à l'Académie des sciences. « *Je suis entré à l'Institut sous l'irrésistible poussée d'un volcan* », reconnaîtra-t-il. Il est lui-même conscient que son livre marque une étape importante en volcanologie. « *De tous les phénomènes qui se sont produits au cours de l'éruption,* avance-t-il, *le plus important au point de vue de l'histoire du volcanisme, celui dont la portée théorique est la plus grande, a consisté dans l'édification d'un dôme d'andésite dans la caldeira de l'Étang Sec. Le mode de formation de ce genre de montagne, si souvent réalisé par les roches acides de tant de régions volcaniques, était fort obscur, aucune éruption n'ayant jusqu'alors permis d'en suivre les diverses phases.* »

Âgé de 41 ans, Lacroix ne faisait alors que clore une première phase de ses recherches. En volcanologie, il tournera ensuite son intérêt vers le Vésuve, puis vers le piton de la Fournaise (à La Réunion). Plus tard, il ajoutera à ses activités de chercheur et de professeur celles d'historien des sciences et d'administrateur, et enfin de secrétaire perpétuel de l'Académie des sciences, une fonction qu'il exercera jusqu'à son décès à l'âge de 85 ans.

Situation. Voir pitons du Carbet, p. 116.

Rivière Blanche

Dépôts de nuées ardentes (alt. 30 m) – Dès le début de la colonisation française, les curieuses propriétés des eaux de la rivière Blanche piquèrent en 1654 l'attention du dominicain Jean-Baptiste Du Tertre, l'auteur d'une des toutes premières descriptions des Antilles. « *Il faut que je dise ici un mot, en passant, d'une rivière de la Martinique qui est la première qui se trouve après la ravine sèche en tirant vers le Prêcheur,* rapporta Du Tertre. *Cette rivière est perpétuellement trouble, si sale et si limoneuse, que de sa seule vue, elle rassasie les plus altérés. La nécessité m'a contraint d'en boire plusieurs fois, et j'ai remarqué que son goût est fade, et qu'un seul verre de cette eau lâche le ventre et purge aussi bien le corps qu'une bonne médecine* » ! L'étymologie de la rivière Blanche a donc une transparence dont ne jouissaient pas ses eaux…

La grande éruption de 1902 fit ses premières victimes à son embouchure. Là, une **coulée de boue** libérée par la rupture du barrage de l'Étang Sec vint balayer le 5 mai 1902 une rhumerie connue sous le nom d'**usine Guérin** où travaillaient vingt-trois personnes. En trois vagues, la coulée déferla à des vitesses de 120 à 160 km/h, provoquant un petit raz-de-marée à Saint-Pierre*; la première vague était large de plus de 200 m et haute par endroits d'une cinquantaine de mètres. D'après un témoin, « *le vallon n'existait plus, comblé par une nappe de boue de 2 km de longueur sur 300 m de largeur et 20 m d'épaisseur qui avait gagné une trentaine de mètres sur la mer.* » Ni les fondations de l'usine ni les coulées de boue ne sont plus visibles car elles ont été recouvertes par les épais

La vallée de la rivière Blanche et l'emplacement de l'usine Guérin ensevelie sous des coulées de boue (coll. Pr Paul Coÿne © MEB, Mart. 0010).

Vu de la mer, le barrage formé par les dépôts de nuées ardentes à l'embouchure de la rivière Blanche le 5 janvier 1930 (Perret, 1935). La rivière Blanche n'existe plus. Le bombement des dépôts de nuées qui s'y sont accumulés indique son ancien lit.

produits de **nuées ardentes d'avalanche** déposés en 1902-1904 et 1929-1932. Seul un léger bombement de la route en indique l'emplacement près des grandes carrières situées juste au nord de Saint-Pierre, sur la route du Prêcheur. La Pelée* s'est en effet muée en intéressante ressource minérale. Ponces et autres dépôts sont actuellement exploités sous forme de ballasts et de sables pour enduits et bétons ; pouvant atteindre 600 tonnes par heure, la production induit un important trafic de camions, en Martinique, et de barges à destination d'autres îles antillaises.

Géologie. Il y a nuées et nuées. Les nuées ardentes *d'avalanche* des éruptions de 1902-1904 et de 1929-1932 différèrent des nuées qui détruisirent Saint-Pierre. Contrairement à ces dernières, qui furent émises de manière très explosive, les premières ne furent dues qu'à des instabilités du dôme en cours de croissance, parfois déclenchées par de petites explosions. Dans les deux cas, la nuée était faite de gaz, de cendres et de blocs rocheux. Faute d'avoir été fragmentés par un souffle explosif, les blocs transportés par les nuées d'avalanche tendent à être plus grands. Les débris de ces nuées se déposent de façon chaotique ou, rarement, d'une façon telle que les plus grands fragments surmontent les plus petits. La plupart des dépôts visibles dans la carrière datent de l'éruption de 1929-1932.

Saint-Pierre

Ruines et musées (alt. 10 m) — Fondée en 1635 par Pierre Belain, sieur d'Esnambuc, Saint-Pierre était au début du XXe siècle une cité prospère, le centre d'un important commerce lié aux 35 rhumeries des environs. Sa rade est

Les ruines du théâtre de Saint-Pierre.

excellente, rapporta Rochefort dès 1681, car « *elle est beaucoup plus assurée que celle des îles voisines, étant à demi entourée de montagnes assez hautes, pour la mettre à couvert des vents, et y tenir les vaisseaux en sûreté.* » Les navires venaient donc mouiller nombreux dans une baie dominée par la silhouette de la **montagne Pelée***. Magasins, bureaux, boutiques et maisons en pierre de taille s'alignaient au bord d'une grand-rue et d'un long quai ; sur ce quai, des carrioles tirées chacune par un cheval était qualifiées de « tramway » parce qu'elles roulaient sur des rails... Dans cette « *ville active, mouvementée, vivante* », selon l'ancien vice-recteur de l'île Louis Garaud, on pouvait toutefois être surpris par « *la pauvreté des devantures, l'absence de tout étalage, l'aspect négligé des denrées* » et, surtout, par la séparation des races. Parmi les 26 000 habitants recensés, beaucoup plus résidaient dans de modestes cases que dans de solides maisons de pierre possédant eau courante, électricité et téléphone.

Au prisme de la catastrophe de 1902, le « Petit Paris » des Antilles a été dépeint de bien des façons. Certes, n'y trouvait-on pas que des bonnes sœurs et des enfants de chœur. Mais, si les ethnies ne s'y mêlèrent peut-être intimement que dans l'atmosphère enfumée de commerces interlopes, présenter rétrospectivement Saint-Pierre comme la Sodome et Gomorrhe des Caraïbes semble quelque peu outré. Il reste que la destruction de la ville fit disparaître la société Blanche qui tenait le haut du pavé. Le traumatisme perdura. La grand-mère du poète et diplomate Saint-John Perse ne parlait que de 7 000 victimes ; « *Ah !* répondait-elle quand on s'en étonnait, *si vous comptez les gens de couleur* »...

Peuplée de 5 000 habitants seulement, Saint-Pierre est désormais une petite ville animée qui a gardé de poignants stigmates de son passé. Dispersées à travers la ville, les **ruines** confèrent au site une atmosphère et même des odeurs pompéiennes : maisons du port, théâtre, église du fort (un peu à l'écart, au nord de la Roxelane), cachot fameux où, enfermé après une rixe, Louis Sylbaris, dit Cyparis, survécut et ne fut découvert que trois jours plus tard, gravement brûlé et déshydraté. Le chaos de pierres de l'**église du Fort** et les chaises *de force* rouillées de la **maison coloniale de santé** figurent parmi les vestiges les plus émouvants. Mieux que toute description, les photos prises avant et après les nuées, ainsi que les objets divers récupérés dans les décombres de la ville dépeignent l'ampleur de la catastrophe. Deux petits musées les présentent et font comprendre ce qu'étaient la ville et la véritable nature du désastre qui s'abattit sur elle.

Le **Musée historique** de la ville de Saint-Pierre expose un ensemble complet de journaux, cartes postales, gravures et autres documents d'époque. De l'autre côté de la rue, le **Musée vulcanologique** Frank-Perret rassemble surtout des objets retrouvés dans les ruines de la ville après qu'ils eurent subi l'épreuve d'une chaleur intense : pistolet, machine à coudre et même grande cloche déformés, verreries ramollies, clous agglomérés, pâtes alimentaires carbonisées, etc. Ces vestiges soulignent l'importance des incendies qui détruisirent ce que les nuées avaient épargné. Volcanologue américain, Frank Perret (1867-1943) resta en Martinique

Des vestiges de vieux murs, le renouveau du port.

Quand la « vieille dame veut bien enlever son chapeau », elle se mire dans la façade du Centre de découverte des sciences de la Terre… Afin de résister à d'éventuels séismes, le bâtiment repose sur un fût et des piliers par l'intermédiaire d'appuis en élastomère fritté.

pour suivre la crise de 1929-1932. « *Seul sur cette terrasse qu'il s'était choisie comme observatoire, mal abrité dans un cabanon de planches disjointes, mal nourri, mal couché* », selon le curé de la Cathédrale, il restait « *de jour et de nuit, l'œil rivé au volcan pour en noter toutes les manifestations et en dégager les caractères* ». Jugeant l'éruption terminée, Perret conseilla de mettre fin à l'évacuation de Saint-Pierre. En gage de reconnaissance, la ville lui a dédié ce musée.

Construit en 2004 à l'initiative du conseil général de Martinique, le **Centre de découverte des sciences de la Terre** (CDST) est un autre lieu de mémoire de l'éruption de 1902. Au pied de la montagne Pelée, entre la mer des Caraïbes et des champs de canne, c'est aussi un espace de découverte et de vulgarisation scientifique sur les risques naturels. Dans ce bâtiment sobre et élégant de conception parasismique, deux salles sont affectées à des expositions temporaires. Les deux autres présentent des expositions permanentes, l'une sur le volcan « meurtrier » de la montagne Pelée, l'autre sur les autres grands risques naturels pertinents pour la Martinique, et plus particulièrement sur les séismes et les cyclones. Au rez-de-chaussée, sous le bâtiment principal, la Martinique est représentée par une mosaïque de 1 600 photographies aériennes en couleurs assemblées sur 36 m^2.

La visite du CDST serait incomplète sans une promenade dans le jardin « scientifique », un espace en plein air ouvert sur la Montagne où cyclones, éruptions ou inondations sont astucieusement évoqués sous une forme symbolique. Une station météorologique y figure aussi, ainsi qu'une reconstitution des dépôts produits par les éruptions historiques de la Pelée. Enfin, un espace multimédia d'une cinquantaine de places propose toutes les heures un film sur le volcanisme.

Un **panorama** sur Saint-Pierre se découvre du promontoire situé juste au nord du tunnel de l'anse Turin ou, mieux, de la Vierge des Marins au-dessus de la ville. Les deux longues falaises qui descendent du sommet de la Pelée* de part et d'autre de la ville sont les lèvres du grand effondrement de flanc qui précipita à la mer 13 km^3 de roches il y a 25 000 ans. Pour découvrir dans toute leur diversité les témoignages d'époque sur le drame de Saint-Pierre, consulter le livre de Chrétien et Brousse et celui d'Adélaïde-Merlande et Hervieu.

Géologie. Après quinze jours de crise, le gouverneur de la Martinique nomme enfin le 7 mai 1902 « *une commission chargée de constater l'importance et les progrès de l'éruption volcanique de la montagne Pelée* ». Elle est composée de « *MM. le lieutenant-colonel Gerbault, directeur de l'artillerie, président, Mirville, pharmacien major des troupes coloniales, Léonce, sous-ingénieur colonial des Ponts et Chaussées, Doses et Landes, professeurs de sciences naturelles* ». Dans la journée, M. Landes a conseillé aux habitants de fuir le fond des vallées pour gagner les hauteurs ; mais il a aussi émis l'avis que « *la montagne Pelée n'offre pas plus de danger pour les habitants de Saint-Pierre que le Vésuve pour ceux de Naples* ». Dans la soirée, la commission arrête sa position. « *Après examen des faits constatés successivement depuis le commencement de l'éruption* », elle conclut, entre autres points, « *que la position relative des cratères et des vallées débouchant sur la mer permet d'affirmer que la sécurité de Saint-Pierre reste entière* ». Le lendemain matin, la ville est anéantie en un instant par le souffle brûlant des nuées.

Saint-Pierre en ruine, dominée par la Pelée et sa grande aiguille (Heilprin, 1904).

En dépit de ce qui a souvent été écrit, les habitants de Saint-Pierre ne furent aucunement contraints de rester sur place, et surtout pas pour d'obscures raisons électorales. Auraient-ils d'ailleurs tous voulu fuir que les moyens de transport ne l'auraient pas permis, et que seuls les plus fortunés auraient pu trouver un lieu d'accueil à bonne distance. En l'absence de route côtière, les bateaux pour Fort-de-France étaient le seul mode réel de transport à l'époque ; alors que les vapeurs avaient été pleins dans les jours précédents, le dernier qui partit de Saint-Pierre le matin du 8 mai fut quasiment vide après avoir en fait débarqué en ville nombre de curieux désireux de contempler le volcan ! Parmi les victimes de l'éruption figurèrent en particulier le gouverneur de l'île et sa femme, qui s'étaient rendus sur place, et tous les membres de la commission scientifique à l'exception de M. Mirville, retenu à Fort-de-France. Ces disparitions ruinent toute théorie d'un complot de la part des autorités. Elles soulignent en réalité que Saint-Pierre fut avant tout victime d'un phénomène inimaginable, d'un fatalisme mêlé d'impuissance, et aussi du souvenir rassurant de l'éruption précédente de 1851 qui avait en fin de compte avorté après des débuts très semblables aux phénomènes observés dans la quinzaine précédant le drame.
Contrairement à une autre idée reçue, la ville ne fut pas ensevelie sous d'épais dépôts, et encore moins sous des laves. Les nuées ardentes étaient extrêmement diluées, mais turbulentes, ne contenant qu'une faible proportion de

matériaux volcaniques. La nuée du 8 mai ne déposa que quelques décimètres de débris au nord de la ville, et quelques centimètres au sud. Comme elle renversa le phare et une grande statue de la Vierge, Alfred Lacroix déduisit de la violence de ces impacts que la nuée avait progressé à une vitesse de 470 à 540 km/h. Cette estimation concorde avec les témoignages d'observateurs éloignés, selon lesquels les 7 km qui séparent le sommet de la Pelée de la ville de Saint-Pierre furent dévalés en 1 min environ. Quant à la température de la nuée, elle dut être de l'ordre de 900 °C au cratère, puis diminuer lors de son avancée. Tout en devenant hautement variables d'un point à l'autre, les températures ne dépassèrent pas 400 °C à Saint-Pierre.

Autoportrait de Frank Perret et sa longue-vue devant une nuée de l'éruption de 1929-1932 (Perret, 1935).

L'inhalation de cendres brûlantes semble avoir été la cause essentielle des décès qui survinrent en quelques minutes. En bordure des nuées ou à bord des bateaux, les brûlures ne furent pas toujours fatales immédiatement, bien que beaucoup de victimes périrent dans les jours ou les semaines suivantes. Comme lors du tremblement de terre de San Francisco, en 1906, les dégâts matériels furent principalement causés par les incendies qui suivirent la catastrophe. Des charpentes aux stocks de rhum, tout ce qui pouvait s'embraser brûla pendant trois jours. Seuls les objets n'ayant pas subi des températures supérieures à 400-500 °C purent alors être retrouvés dans les ruines. Quand une seconde nuée déferla le 20 mai, les bâtiments fragilisés par le feu ne purent guère lui opposer de résistance.

Situation. À 29 km au NO de Fort-de-France*. *Musées*: en haut de la rue Victor-Hugo, ouverts tlj. *Vierge des marins*: accès par petite route partant derrière le cimetière en direction de Fonds-Saint-Denis. *CDST*: suivre les panneaux à la sortie N de Saint-Pierre en direction du Prêcheur (entrée payante, 2 heures de visite, ouvert du mercredi au dimanche de 9 à 17 heures).

Savane des Pétrifications

Dykes et sills (alt. 20 m) — C'est pour ses **troncs d'arbre silicifiés,** et non pour son paysage désolé, que la savane des Pétrifications retenait l'attention. Elle a hélas été minutieusement pillée. Au pied du morne des Pétrifications, restent les racines d'un vieux volcan basaltique, des **dykes** larges d'un mètre environ et des **sills** qui dépassent à peine du sol en dessinant un intéressant réseau désordonné. Sur le sentier qui mène à la célèbre plage de l'anse Trabaud à partir de la Grande Anse des Salines, pourquoi ne pas tenter d'en distinguer les traces ?

Géologie. Entre deux plages de sable calcaire, la savane des Pétrifications représente le cœur d'un volcan qui s'était mis en place au sein de tufs et de

La savane des Pétrifications.

brèches andésitiques. Des bois se trouvaient enfouis en abondance dans ces tufs ; ils ont été silicifiés par l'intense activité hydrothermale induite par le volcan. Dykes et sills sont composés d'un basalte à cristaux d'olivine altérés. Ils ont alimenté les coulées épaisses qui coiffent le **morne des Pétrifications** et les autres reliefs situés au N de l'étang des Salines. La fin de l'activité volcanique dans la région fut marquée par la mise en place des deux petits **dômes dacitiques** situés à 400 m à l'O de l'anse Trabaud. Au N de la Savane, le point le plus élevé de la presqu'île de Sainte-Anne est un dôme andésitique, le **piton Crève-Cœur** (200 m).

Situation. À la pointe S de l'île, à 48 km au SE de Fort-de-France ; accès par le chemin (balises bleues/blanches) commençant au S de la Grande Anse des Salines.

Le Vauclin

Laves en coussins (alt. 0 m) — Derrière une barrière de récifs coralliens, le Vauclin possède une des grandes plages les plus fréquentées de la côte orientale. Loin du volcanisme récent du nord, cette plage a la vertu peu connue de révéler un épisode de l'histoire ancienne de la Martinique. En marchant dans l'eau, on y découvre en effet la coulée débitée en beaux **coussins** qui se trouve au sud de la plage de **pointe Faula.**

Géologie. Faut-il souligner qu'une île ne peut émerger des profondeurs de l'océan qu'après une longue période d'activité sous-marine ? Sans les soulèvements dus à l'activité tectonique, les produits de cette activité échapperaient, par définition, à des observations directes. Au Vauclin, ces mouvements ont sorti de l'eau des laves en coussins qui s'étaient épanchées il y a 10,3 (± 0,4) Ma. Ces laves sont ainsi des témoins bien concrets du dernier stade d'édification de la chaîne volcanique sous marine. Ce sont des basaltes, dont la présence témoigne du fait que ces laves ont été produites en abondance lors des stades anciens du volcanisme martiniquais.

Les coussins de basalte de la pointe Faula.

Situation. Au SE de l'île, à 36 km à l'E de Fort-de-France ; gagner l'extrémité S de la plage puis, dans la mer, longer le rivage sur une bonne centaine de mètres.

3. Guadeloupe

Localisation : entre 16°32' - 15°51' N et 61°47' - 61°10' O
Superficie : 1 438 km² (Basse Terre [848 km²] et Grande Terre) ; 15 km² (les Saintes)
Population : 390 000 (2006)
Point culminant : Soufrière (1 467 m)
Situation : à 130 km au N de la Martinique, 800 km au NE de Caracas, 1 600 km au NO de Cayenne, 3 000 km au SE de New York, 6 800 km au SO de Paris

En juillet 1976, une brève crise sismique fut détectée par les instruments de l'observatoire volcanologique de Saint-Claude. Quand de nouveaux séismes annonciateurs d'une éruption de la Soufrière de Guadeloupe eurent lieu à partir de novembre 1976, les autorités furent aussitôt averties. Bientôt, des rumeurs commencèrent à circuler autour de l'observatoire et de la préfecture. Au printemps l'inquiétude monta d'un cran quand les secousses se comptèrent par dizaines tous les jours, certaines étant ressenties dans toute l'île.

« *Antillais ou métropolitains, riches ou pauvres, tous ceux qui étaient en contact rapproché de la crise volcanique éprouvaient une même appréhension,* rapportera plus tard le sociologue Éric Lepointe. *Il y eut des fuites irraisonnées, de véritables abandons de postes camouflés sous divers prétextes, des départs en congés anticipés, des dépressions en chaîne.* » Plus marquée en ville qu'à la campagne, la nervosité gagna surtout les classes moyennes et les fonctionnaires, gendarmes (métropolitains) compris. À l'inverse, « *la population rurale restait plus calme et cachait mieux son appréhension derrière le traditionnel fatalisme antillais.* » C'est de la ville, encore, que resurgit le spectre de la catastrophe de la Pelée. À la différence de ce qui s'était produit lors de la précédente alerte, en 1956, les médias se trouvèrent cette fois au cœur du débat. Se mit alors en place un « *mécanisme d'amplification par aller-retour qui allait contribuer à aggraver les tensions tout au long de la crise : une information*

Basse-Terre, Saint-Claude et une explosion phréatique de la Soufrière le 27 juillet 1976.

locale était surdimensionnée par la presse nationale et revenait en boomerang affoler la Guadeloupe. En l'occurrence, cela n'était pas nécessaire. Dès le mois de mars, l'île tout entière pensait à la Pelée en regardant la Soufrière. »

Pourtant, la crise ne faisait que commencer. C'est en juillet qu'apparurent les signes manifestes d'une reprise d'activité : fracturation du dôme, émission de panaches de vapeur d'eau et de nuages de cendres, coulées de boues et même projection de blocs rocheux de plus d'une tonne. Le 8 juillet, des centaines de milliers de mètres cubes de roches transformées en poussière allèrent couvrir de poussière plusieurs dizaines de kilomètres carrés, à commencer par les communes de Saint-Claude et de Basse-Terre. Dans une ambiance tendue, les désaccords opposant les géologues appelés en consultation ne purent calmer trouble et confusion. Devant la menace, l'évacuation des 50000 habitants de Basse Terre fut décidée le 15 août par les autorités peu avant le paroxysme de 1000 séismes enregistrés le 18. Cette décision entérina en réalité un certain état de fait dans les zones les plus proches de la Soufrière qui avaient déjà été largement désertées par leurs habitants; les réfractaires n'en furent pas moins éloignés du danger par les forces de l'ordre. La controverse enfla cependant, animée par deux personnalités aux opinions tranchées. S'opposant aux avis rassurants du volcanologue Haroun Tazieff, le géochimiste Claude Allègre redoutait une évolution vers une phase magmatique synonyme de catastrophe. En fin de compte, l'éruption resta avant tout *phréatique*. De juillet 1976 à mars 1977, elle compta 19 épisodes au cours desquels très peu de magma nouveau fut émis; 10 millions de tonnes de vapeur d'eau, mêlée à d'autres gaz, furent au total relâchés en pulvérisant 1 million de mètres cubes de roches. Les manifestations du volcan s'étaient peu à peu faites plus discrètes; à partir de mars 1977 ne subsistèrent plus que les fumerolles habituelles. Sans être aucunement détruite, la ville de Basse-Terre n'en céda pas moins à Pointe-à-Pitre un peu plus de ses fonctions administratives, économiques et portuaires.

Rétrospectivement, le trait le plus étonnant de la controverse de 1976 est qu'elle se produisit dans un contexte où le volcanisme de la Soufrière n'était connu que de façon très rudimentaire. Tazieff se trouva avoir raison de penser que l'éruption ne prendrait pas un tour *magmatique*. Mais les études ultérieures ont révélé l'existence d'un danger jusqu'alors ignoré, celui d'un effondrement de flanc du volcan analogue aux six derniers événements de ce type qui ont affecté les territoires de Saint-Claude et de Basse-Terre avec une périodicité moyenne de 1300 ans. Or ce risque aurait pu à lui seul justifier une évacuation des populations concernées.

La Guadeloupe est en fait constituée de deux îles, séparées par l'étroit chenal de la rivière Salée, qui ont connu des histoires géologiques très différentes. Grande Terre, la plus petite des deux (556 km^2), est la plus vieille. Avec ses voisines Marie-Galante et La Désirade, elle appartient à l'arc « ancien » des Petites Antilles.

Ses volcans furent actifs il y a une trentaine de millions d'années. Il n'en reste que de rares vestiges, tels les tufs à fragments de lave argilisés de la butte située derrière l'hôtel de ville des Abymes. Ces appareils ont été arasés par l'érosion avant que leurs soubassements ne se retrouvent submergés par la mer. Là, ils ont servi de support à d'importants récifs coralliens que des mouvements tectoniques compliqués ont finalement tirés hors de l'océan.

Basse Terre, la plus grande des deux îles (848 km^2), est en revanche montagneuse. Avant l'arrivée des Européens, de nombreux torrents et cascades lui firent donner le nom d'« île aux belles eaux » (Caloucaera ou Karukera). Ses reliefs se sont formés au cours d'une demi-douzaine d'épisodes volcaniques qui se sont déplacés du nord vers le sud à une vitesse d'environ 20 kilomètres par million d'années. Un *complexe de base* se met d'abord rapidement en place il y a 2,7-2,6 Ma. Entre 1,8 et 1,1 Ma, un massif septentrional apparaît ensuite au cours d'un épisode qui se termine par l'extrusion des dômes des Mamelles. Entre 1 et 0,45 Ma, une *chaîne axiale* s'édifie au centre de l'île, en allant des pitons de Bouillante jusqu'au stratovolcan andésitique du Sans-Toucher, et voit ses flancs SO et SE subir de grands effondrements il y a 640 et 550 ka. Entre 0,6 et 0,25 Ma se forment les monts Caraïbes, tout au sud de Basse Terre, et la chaîne de Bouillante, seul massif décalé, vers l'ouest, par rapport à l'axe volcanique nord-sud. Il y a 200 ka, l'activité gagne enfin les massifs récents de la Grande Découverte et de la Soufrière, où elle se cantonne depuis lors.

Malgré son jeune âge, le volcanisme de Basse Terre tend toutefois à être difficilement déchiffrable en raison d'une altération intense. Les sites décrits dans ce chapitre sont donc les plus récents et concernent le sud de l'île uniquement. Ils recouvrent toutefois une assez large gamme de manifestations. Quant à l'intérieur de l'île, il est difficile d'accès ; la route est-ouest de Traversée n'a été ouverte qu'en 1967. La population est rassemblée près des côtes, laissant largement désert un vaste massif qui, avec une zone centrale de 17 300 hectares, constitue depuis 1989 le septième parc national français. Plus de 300 km de sentiers entretenus (des *traces*) parcourent ce havre luxuriant où prospèrent 300 espèces d'arbres,

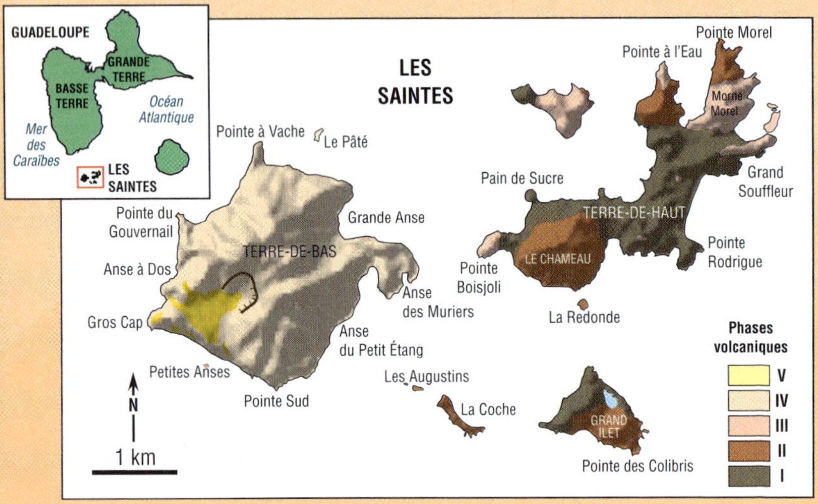

Le volcanisme des Saintes (d'après la carte BRGM de Jacques et Maury).

une centaine d'orchidées et des oiseaux de toutes les couleurs. Des guides professionnels, certains recommandés par le parc, peuvent être engagés pour les découvrir.

N. B. : noter la présence d'un trait d'union qui distingue la ville de Basse-Terre de l'île de Basse Terre. Le qualificatif « basse » indique ici la position de l'île par rapport aux alizés qui viennent de l'est ; l'acception est la même que dans Terre-de-Bas, aux Saintes, que les alizés atteignent après avoir passé Terre-de-Haut.

DOCUMENTS

- Cartes géographiques IGN au 1/100 000 (Guadeloupe) et au 1/25 000 : 4605 GT (Basse Terre, la Soufrière, les Saintes).
- Éditions BRGM : *Massif volcanique de la Soufrière*, G. Boudon, J. Dagain, M.-P. Semet et D. Westercamp, Orléans, 1987 ; *Carte géologique des Saintes à 1/20 000 et notice détaillée*, D. Jacques et R. C. Maury, Orléans, 1988.
- *28 randonnées en Basse Terre,* parc national de la Guadeloupe, 1994 (disponible sur place dans les offices de tourisme et les maisons du parc).
- *Balades à la Guadeloupe*, G. Berry et B. Pambour, Vilo, Paris, 2000.
- *Le Parc national de la Guadeloupe… à pied*, topoguide FFPR, Paris, 2003.
- Itinéraires de randonnées figurant aussi sur les cartes IGN à 1/25 000.

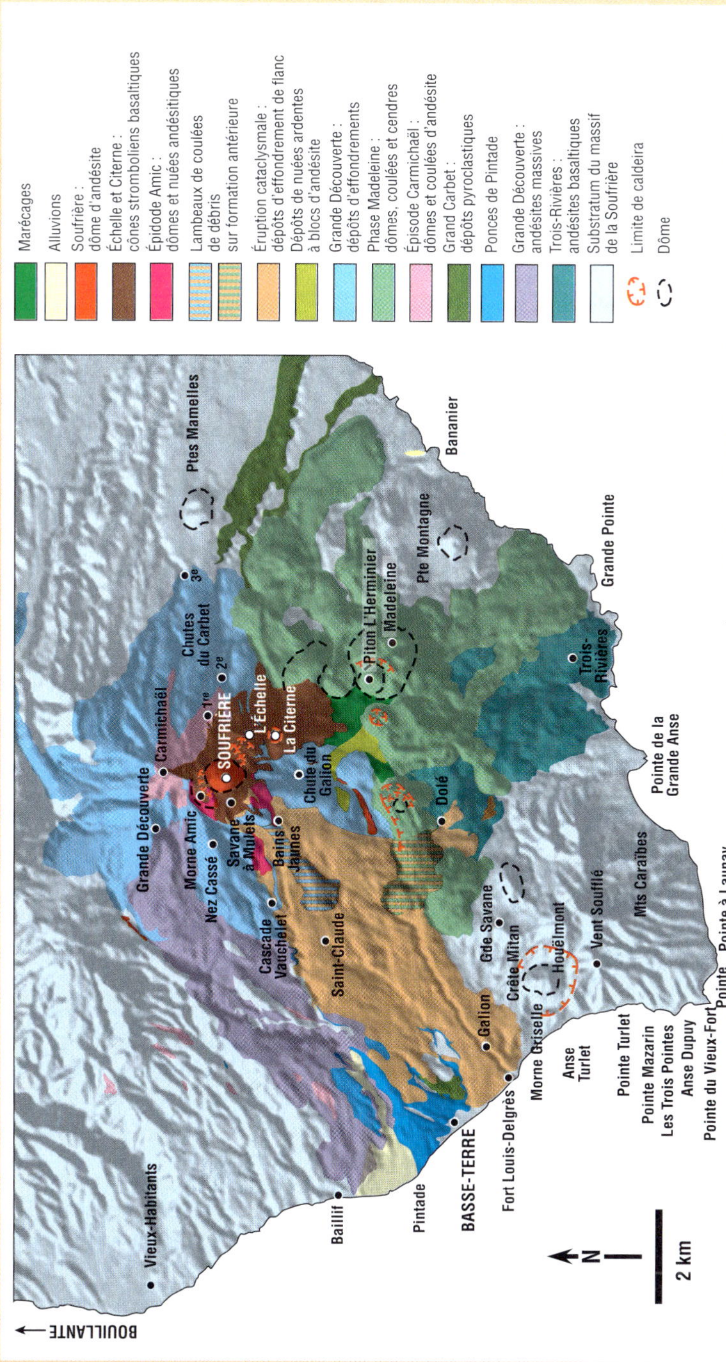

Le volcanisme du massif de la Soufrière (d'après la carte de Boudon et coll.).

Anse Turlet

Des dépôts phréatomagmatiques au bord de l'anse Turlet.

Bord de mer (alt. 46 m) – Au sud de Basse Terre, l'anse Turlet n'est pas une crique, mais le dernier bout de côte qui mène à la pointe du Vieux-Fort*, l'extrémité méridionale de l'île. Au cours d'une plaisante marche au bord du rivage, il n'est nul besoin d'être un volcanologue professionnel pour percevoir la nature chaotique des falaises rocheuses qui bordent la mer. En particulier, la présence de gros blocs clairs de calcaire dans des dépôts sombres ne passe pas inaperçue. Arrachés par de violentes **explosions,** ce sont des fragments de **récifs coralliens.** Ceux-ci attestent ainsi le fait que les monts **Caraïbes*** ont vu le jour en bordure de mer, à des profondeurs d'une centaine de mètres, sur les flancs de la chaîne axiale, cette crête volcanique nord-sud dont le **Sans-Toucher** est le dernier grand appareil.

Géologie. Au sud de Basse Terre, les falaises recoupent les dépôts d'innombrables **éruptions phréatomagmatiques** qui se produisirent à partir d'un cratère situé en bord de mer. Une grande carrière exploite des fragments sombres, légèrement bulleux, déposés en couches d'épaisseur variable par des panaches aériens. La hauteur cumulée de ces dépôts atteint 500 à 600 m et témoigne de la violence des explosions. Au sud de la carrière, les roches de teinte claire sont les produits les plus anciens du **volcan de Houëlmont***. Ce sont des brèches grossièrement stratifiées déposées principalement par des déferlantes basales lors d'éruptions qui se produisirent sur les flancs de la chaîne axiale. C'est ce qu'indique la coexistence de blocs de calcaires récifaux et d'abondants fragments de l'andésite (à grands cristaux de plagioclases) typique de cette chaîne, avec des bombes en chou-fleur et des fragments sombres d'une lave andésitique juvénile. Ces dépôts sont surmontés par des niveaux sombres et clairs, stratifiés de façon plus régulière, qui présentent pédagogiquement les caractéristiques des dépôts phréatomagmatiques : figures de dune et d'érosion, chenaux d'écoulement, etc., dont l'orientation permet d'établir que la position du centre éruptif était au Houëlmont*. Quelques coulées d'andésite se sont intercalées dans ces niveaux. L'une d'entre elles constitue la **pointe Mazarin** et le promontoire des **Trois-Pointes**.

Situation. Sur la D 6, entre la marina de rivière Sens, à la sortie sud de Basse-Terre, et la pointe du Vieux-Fort.

Bains jaunes

Source thermominérale (alt. 950 m) – Sur la route de la Soufrière, un grand bassin aux eaux tièdes s'offre opportunément aux baigneurs de passage. Ce sont les Bains jaunes, installés en 1887 pour prendre soin des soldats d'infanterie de marine. Après une ascension de volcan qui peut être fatigante, pourquoi ne pas s'y relaxer un instant ? N. B. : La Maison des volcans qui accueillait les visiteurs à hauteur des Bains est désormais fermée.

Géologie. Comme aux Bains jaunes, de nombreuses **sources thermominérales** émergent des flancs du massif de la Soufrière. Dans le cadre de la surveillance du volcan, les températures de plusieurs d'entre elles sont mesurées tous les quinze jours depuis 1978. Après l'éruption phréatique de 1976,

Les bains jaunes.

une diminution importante, de 70 à 20 °C, n'a été observée que pour une source située au N de l'Échelle. Passant de 26 à 30 °C au début des années 2000, la température des Bains jaunes a en fait légèrement augmenté pendant cette période.

Situation. Au bord de la D 11, à 10 km au NE de Basse-Terre et 4 km de Saint-Claude.

Basse-Terre

La façade d'andésite de la cathédrale Notre-Dame de Guadeloupe, édifiée en 1736 par les Capucins et agrandie de collatéraux au XIXe siècle.

Ville volcanique (alt 20 m) – La Guadeloupe a gardé Basse-Terre pour préfecture, bien que la ville ne se soit pas vraiment rétablie de la crise volcanique de 1976 qui induisit un déplacement de l'activité administrative et économique vers Pointe-à-Pitre. Avec Saint-Claude, Basse-Terre demeure bien sûr au premier rang des victimes potentielles de nouvelles éruptions de la Soufrière*. Des efforts sont néanmoins accomplis pour redonner un essor à une **ville « volcanique »** dont l'architecture est la plus riche de l'île. Son cachet, Basse-Terre le doit surtout à l'andésite qui a été employée pour y bâtir monuments et maisons. La lave a parfois été employée en pierre de taille, comme pour la **cathédrale Notre-Dame de Guadeloupe, l'église Notre-Dame-du-Mont-Carmel** et la **maison Chapp,** place de la mairie. Plus souvent, elle n'a été taillée que pour les ouvertures, corniches et chaînes d'angle, des crépis recouvrant des murs faits de tout-venant et de moellons d'andésite.

Géologie. Voir Fort Louis-Delgrès*.

Situation. Sur la côte SO de Basse Terre.

Bouillante

Géothermie (alt. 10 m) – La toponymie ne trompe pas à Bouillante. De passage en mars 1696, le père Jean-Baptiste Labat (1663-1738) rapporta en effet : « *Environ à trois cents pas à l'est de l'Église, on me fit remarquer que l'eau bouillonnait à cinq ou six pas dans la mer. J'entrai dans un petit canot qui se trouva là par hasard, pour voir si ce qu'on me disait était véritable, que cette eau était si chaude qu'on y pouvait faire cuire des œufs et du poisson. Je m'éloignai d'environ trois toises du bord du rivage, où il y avait environ quatre pieds d'eau, où les bouillons ne me paraissaient pas si fréquents que vers les bords, et je trouvai l'eau si chaude dans ces bouillons, que je n'y pus pas tenir la main. J'envoyai chercher des œufs que je fis cuire, en les tenant suspendus dans l'eau avec mon mouchoir.* » Descendu à terre, le père Labat nota que le sable n'était pas plus chaud près des bouillons qu'ailleurs. Il eut cependant la curiosité de poursuivre l'expérience : « *ayant creusé avec la main, je ne fus pas arrivé à la profondeur de cinq ou six pouces que je sentis une augmentation considérable de chaleur; plus je continuai de creuser et plus elle augmentait; de manière qu'à un pied de profondeur je ne pouvais presque plus y tenir la main. Je fis creuser avec une pelle encore un pied plus bas : je trouvai le sable brûlant qui fumait comme on voit fumer la terre qui couvre le bois dont on fait du charbon. La fumée sentait le soufre d'une manière insupportable.* »

Le long parcours de la vapeur dans les tuyauteries de la centrale de Bouillante.

À Bouillante se trouvent ainsi des **sources thermominérales** dont les effets peuvent encore être perçus en bordure de mer, par exemple sur la petite plage située à l'entrée sud du bourg. Le territoire de la commune en est assez riche pour qu'une **centrale géothermique** de « haute température », unique en territoire français, les exploite depuis 1998. La chaleur de la vapeur d'eau est captée par des forages pour produire de l'électricité en abaissant de 250 à 45 °C la température de la vapeur turbinée. Après une nouvelle série de forages, une seconde unité a porté, en 2004, la puissance maximum produite de 5 à 15 MW pour assurer 8 % de la production guadeloupéenne d'électricité. Une troisième unité de puissance 10 MW est envisagée. Comme pour la plupart des autres formes d'énergie « renouvelables », le coût de revient de l'électricité était plus élevé qu'avec une centrale thermique classique, une situation qui pourrait cependant ne pas perdurer. Juste au nord de Bouillante se trouve par ailleurs le volcan éteint de **Pointe-à-Sel** dont les dépôts s'observent en bordure de l'**anse à Sable.**

Géologie. Situées au NO du massif de la Soufrière, les sources de Bouillante témoignent de la présence d'un corps chaud, en profondeur, qui cède de la chaleur aux nappes phréatiques. La particularité de Bouillante n'est pas d'être située près d'un tel corps magmatique. Elle est d'avoir un sous-sol assez fracturé pour assurer la circulation rapide des eaux souterraines requise pour une exploitation commerciale. C'est vers 350 et 1 000 m de profondeur que les premier et second forages exploités atteignent des nappes dont la température est de 250 °C. D'après leur composition chimique, ces nappes constituent un seul gros réservoir qui est alimenté à parts égales par infiltration d'eaux de pluie et d'eau de mer.

Une précipitation de travertin siliceux induite par un jet de vapeur.

Au volcan de Pointe-à-Sel, l'alternance d'éruptions aériennes et sous-aquatiques est révélée par la succession des dépôts observés en bordure de l'**anse à Sable** : cendres fines comportant des fragments anguleux, lapilli ponceux, lahars ponceux renfermant des scories, cendres à lapilli accrétionnés, brèche de coulée, puis coulée de lave à gros cristaux de plagioclase (voir Westercamp et Tazieff pour une description plus complète). Les trois derniers types de dépôts s'observent au S de la plage, près de l'édicule qui fut construit au niveau de la source chaude du Bain du Curé. Celle-ci n'est cependant plus active.

Situation. Sur la N 2, à 24 km au N de Basse-Terre* ; *centrale géothermique* : bien visible à l'entrée S de Bouillante (pas de visite) ; *sources chaudes* : derrière la paillote située juste au N de la centrale géothermique et, au S de Bouillante, à hauteur de Thomas, approximativement à mi-chemin entre les pointes de l'Ermitage et du Quesy. *Anse à Sable* : à 3 km au N de Bouillante, accès par petite route juste au S de Pigeon.

Carbet, chutes du

Cascades (alt. 1005-390 m) — C'est lors de son deuxième voyage, en 1493, que **Christophe Colomb** découvrit les Petites Antilles. Selon Diego Alvarez Chanca, le médecin de sa flotte, la Guadeloupe attira d'abord l'attention des membres de l'expédition par de spectaculaires chutes d'eau. En bateau, écrivit Chanca, nous arrivâmes « *du côté d'une grande montagne qui semblait vouloir s'élever jusqu'au ciel, et au milieu de laquelle était un pic plus haut que tout le reste de la*

montagne, et duquel coulaient des sources d'eaux vives de divers côtés, surtout de celui par lequel nous étions venus. » Comment ne pas reconnaître dans ces propos une description des chutes du Carbet ? « *À la distance de trois lieues,* poursuivit Chanca, *ces sources ressemblaient à un jet d'eau qui se précipitait de si haut, qu'il semblait tomber du ciel, et qui paraissait aussi gros qu'un bœuf : on le voyait de si loin, qu'il y eut dans les vaisseaux plusieurs paris à son sujet ; les uns disaient que c'étaient des roches blanchies, et les autres que c'était de l'eau. Dès que nous arrivâmes plus près, on connut ce que c'était en réalité ; et c'était la chose la plus belle du monde à voir de quelle immense hauteur ce jet se précipitait et son énorme grosseur, malgré la petitesse du lieu d'où il sortait.* » De fait, les deux plus grandes chutes, de hauteur supérieure à 100 m, ont peu de rivales dans les Petites Antilles.

Les deux premières chutes du Carbet.

Les dépôts ferrugineux au pied de la première chute.

Géologie. La rivière du Carbet se forme à partir d'une multitude de petites sources situées au pied du **dôme de la Soufrière***. Ses chutes doivent leur existence à celle de coulées d'andésite, dures et épaisses, qui ont contribué à la première phase d'édification du massif. Faute d'avoir pu les entailler sérieusement dans la saignée qu'elle a faite sur le flanc E du volcan, la rivière du Carbet saute ces coulées en cascade. Des sources thermominérales se trouvent au-dessus de la première chute et près de la deuxième chute (à gauche de la petite cascade située 100 m à gauche de celle-ci) ; leur température de 46 °C n'a quasiment pas varié de 1978 à 2006. La troisième chute n'est haute que de 20 m, mais bénéficie d'un débit beaucoup plus élevé ; elle franchit une coulée vieille de 129 ka.

Situation. Sur les sentiers balisés (et désormais bien équipés d'escaliers) partant du parking situé sur la D 3 à 5 km à l'O de Capesterre-Belle-Eau ; *troisièmes chutes* (410-390 m, 2 heures A/R) ; *deuxièmes chutes* (711-601 m, 1 heure A/R) ; *premières chutes* (1 005-890 m, 3 heures A/R), aussi accessible à partir du col de l'Échelle, lors du tour de la Soufrière (90 minutes A/R).

La Citerne et l'Échelle

Cratère d'explosion (1 115 m) et volcan strombolien (1397 m) – Près du sommet du massif de la Soufrière, deux petits **volcans basaltiques** forment une curieuse paire. Le premier, **la Citerne,** doit son nom au fait de ne montrer qu'un **cratère d'explosion** profond de 110 m,

Le cratère de la Citerne.

parfaitement circulaire, dont l'abrupt versant sud domine au loin les **monts Caraïbes***. Toisant elle-même la Citerne du haut de ses 1 397 m, **l'Échelle** est un **cône strombolien** régulier qui est maintenant dépourvu de tout cratère. Comme leur proche voisine la Soufrière*, ces deux volcans ont le plus souvent la tête dans les nuages. Des éclaircies ménagent cependant de splendides vues sur le sud de Basse Terre et les monts Caraïbes. Dommage, toutefois, que le rebord méridional de la Citerne soit encombré d'une batterie d'émetteurs et de cabanes disgracieuses... Vus d'en haut, les dômes presque cylindriques de **Houëlmont*** et de la **Madeleine** semblent émerger spectaculairement des profondeurs du sous-sol. La Madeleine a une autre particularité: son point culminant, le **piton L'Herminier** (972 m), est un dôme distinct qui s'est mis en place en son sein.

Géologie. L'Échelle a moins de 3000 ans. Son flanc O a souffert de l'effondrement qui a précédé la croissance du dôme de la Soufrière, dont elle n'est séparée que par la ravine Matylis. Ses couches de scories grossièrement stratifiées affleurent le long de la route qui en fait le tour par le S. Noires à l'origine, les scories sont souvent devenues rougeâtres en raison d'une oxydation causée par des fumerolles. Les émanations gazeuses observées sitôt après le franchissement de la ravine Matylis relèvent de cet important champ fumerollien qui a altéré et hydrothermalisé le versant S du volcan. Ce champ est installé le long de la **faille de la Ty** dont on peut voir par beau temps le prolongement sur le flanc S de la Citerne. Cette faille se prolonge également jusqu'au dôme de la Soufrière, où elle a été particulièrement active lors de la dernière éruption phréatique : elle a alors créé la fracture dite du 30 août 1976.

La Citerne est un autre appareil strombolien d'âge semblable à celui de l'Échelle. Son activité s'est conclue par une petite phase phréatomagmatique. Le cratère d'explosion ainsi créé recoupe des niveaux de scories et une coulée de lave bien visible dans le rempart E. Grossièrement stratifiés et très altérés, les produits phréatomagmatiques sont apparents sur le bord N du cratère. Il peut paraître incongru que deux petits appareils basaltiques se soient tardivement installés en plein milieu d'un grand massif andésitique. Ceci illustre le fait que, dans un contexte d'arc, des magmas primaires remontent parfois trop vite à la surface pour que la différenciation en andésite puisse se produire.

Situation. *La Citerne*: par la route, à 1 km à l'O du parking de la Savane à Mulets sur la D 11 au NO de Basse-Terre (30 minutes A/R) ou, par la trace de l'Armistice, qui débute au parking des Bains jaunes* et passe par la chute du Galion (3 heures A/R). *L'Échelle :* accès par la trace partant de la Citerne (90 minutes A/R), celle qui longe la ravine Matylis (90 minutes A/R), ou celle qui parcourt le flanc NE de la Soufrière.

Dolé

Les bains de Dolé.

Bains (alt. 205 m) — Les Amérindiens prisaient déjà les **eaux de Dolé.** Les environs devinrent ensuite la propriété de l'ordre des Carmes, de sorte que les lieux prirent à la fin de l'Ancien Régime le nom de l'un de ses membres, le père Pierre Dolé. La série de bassins de la **vallée des Amours** permet encore de se baigner dans des eaux de température variable suivant les proportions d'eaux chaudes (venant de la rive gauche) et froides (de la rive droite). Ces eaux soignèrent un temps les rhumatismes. Elles sont maintenant vendues en bouteille sous la marque Capès dont le sigle est le symbole de l'eau prêté aux Amérindiens ; de 15 à 20 millions de cols sortent tous les ans de l'usine d'embouteillage située à l'est du bourg.

Situation. Sur la D 7, à 7 km à l'E de Basse-Terre.

Fort Louis-Delgrès

Les andésites au service de l'art militaire : le fort Louis-Delgrès, où furent commémorés en 2002 les 200 ans de la révolte.

Fort et dépôts d'avalanches de débris (alt. 70 m) – Entièrement bâti en **andésite,** le fort Louis-Delgrès est le plus beau spécimen d'architecture militaire en Guadeloupe. Il offre, en outre, de belles vues sur le **dôme de Houëlmont*** et les autres **monts Caraïbes***. Sa construction fut entreprise par Vauban pour défendre la Guadeloupe contre les Anglais. Bastions, poudrières, traverses de défilement, cachot et prison se déploient sur une série de terrasses bordées de murailles qui montent sur les bas flancs du massif de la Soufrière*. Après avoir changé de mains et de nom à diverses reprises, le fort est désormais consacré à de pacifiques expositions, concerts et autres activités culturelles. En mai 1802, l'épisode le plus tragique de sa longue histoire vit Louis Delgrès (1766-1802), un ancien esclave devenu colonel, y être assiégé, avec les trois cents insurgés dont il avait pris la tête, par les troupes du général Antoine Richepanse (1770-1802) envoyées de métropole. Refusant le rétablissement de l'esclavage décidé par Napoléon, huit ans seulement après son abolition, les rebelles ne s'échappèrent que pour s'immoler collectivement à Matouba, sur la commune de Saint-Claude*. Delgrès avait auparavant adressé « *à l'univers*

Une petite falaise retaillée dans les brèches d'effondrement par le Galion. À l'arrière-plan, le dôme de Houëlmont masquant en partie les monts Caraïbes.

entier, le dernier cri de l'innocence et du désespoir. » Du fort, avait-il proclamé, « *c'est dans les plus beaux jours d'un siècle à jamais célèbre par le triomphe de la lumière et de la philosophie, qu'une classe d'infortunés qu'on veut anéantir se voit obligée d'élever sa voix vers la postérité, pour lui faire connaître, lorsqu'elle aura disparu, son innocence et ses malheurs.* » La postérité a été longue à l'entendre, puisque le fort n'a pris le nom de Delgrès qu'en 1989…

Géologie. L'histoire géologique mouvementée de la Soufrière se lit directement sous le fort Louis-Delgrès. Du côté NE, les ravines creusées par le Galion révèlent que, au cours des huit derniers milliers d'années, les débris d'au moins six avalanches se sont empilés à la suite de **déstabilisations de flanc** survenues dans cette partie du massif (voir aussi Soufrière). À chaque fois, les volumes de matériaux emportés ont été limités à quelques dixièmes de kilomètres cubes, mais la plupart de ces avalanches ont atteint la mer et couvert au passage les territoires des communes de Saint-Claude* et de Basse-Terre* d'une épaisse couche de brèches jaunâtres à gros blocs. Ces brèches comportent aussi des **mégablocs** qui ont acquis une teinte blanc-rouge par altération hydrothermale. L'avalanche la plus récente a précédé la mise en place du dôme actuel vers l'an 1440 de notre ère. Après chaque avalanche, le Galion* a repris son travail de sape, recreusant son lit et formant des falaises qui atteignent par endroits une centaine de mètres de hauteur. De nos jours, la répétition de tels événements aurait évidemment des conséquences catastrophiques.

Situation. À l'entrée S de Basse-Terre, accès par la rue Lumumba ; ouvert tlj de 8 h 30 à 16 h 30 (ne rien laisser dans les véhicules). *Falaises du Galion :* observations de part et d'autre du pont du Galion, et en bordure de route jusqu'au fort.

Galion, grande chute du

La cascade du Galion.

Cascade (alt. 880 m) – La rivière du Galion doit son nom aux vaisseaux qui venaient s'approvisionner en eau à son embouchure. Dans sa partie haute, elle chute en **cascade** sur une quarantaine de mètres en se prolongeant par de petits bassins dans lesquels il est possible de se baigner. Sur le chemin de retour des sommets du massif de la Soufrière*, c'est un plaisir frais qui peut être apprécié.

Géologie. Près du rivage, la rivière du Galion a rapidement recreusé ses gorges à travers les dépôts meubles dus aux effondrements à répétition subis par le flanc ouest de la Soufrière. Dans leur descente près de la source, les eaux se frottent en revanche aux plus coriaces coulées d'andésites qui arment le volcan. Comme sur le versant E, aux chutes du Carbet*, il en résulte des cascades. La coulée de lave franchie à la grande chute du Galion est vieille de 80 ka environ.

Situation. À 10 km au NE de Basse-Terre ; accès par la trace de l'Armistice, qui débute au parking des Bains jaunes* sur la D 11 (4 km, 2 h 30 A/R).

Houëlmont

Dôme et observatoire volcanologique (alt. 428 m) – La Soufrière* fait l'objet d'une surveillance volcanologique depuis 1950. Le premier observatoire était situé sur les hauteurs de Saint-Claude ; trop menacé, il fut abandonné lors de la crise de 1976 pour être provisoirement installé dans un lieu jugé moins risqué en raison de murs très robustes, l'ancienne poudrière du fort Louis-Delgrès*. Le fort étant lui-même trop exposé, un nouvel **observatoire** occupe depuis 1993 le sommet du **dôme de Houëlmont.** De Basse-Terre, celui-ci se détache au premier plan sur la silhouette des autres monts Caraïbes. Le site est idéal, offrant tout à la fois une vue directe sur le volcan, une protection vis-à-vis d'éventuelles nuées ardentes ou effondrements de flancs et une facilité de télétransmission des mesures effectuées en continu par des capteurs géophysiques disposés dans tout le massif.

Géologie. Le Houëlmont est un dôme d'andésite presque cylindrique. Il s'est mis en place à la fin de l'édification des monts Caraïbes*, dans une caldeira dont les contours forment les reliefs environnants : morne Griselle à l'O, morne Cateau au S, crête Mitan à l'E. Son âge est sans doute proche de 500 ka. Activité sismique, magnétique ou tectonique, rien n'échappe aux capteurs de l'observatoire. La surveillance géochimique est également rigoureuse, s'exerçant sur les émanations fumerolliennes et les nombreuses sources thermominérales. Rattachés à l'Institut de physique du globe de Paris, une dizaine de chercheurs, ingénieurs et techniciens disposent ainsi d'un excellent outil pour sonder les états d'âme d'un géant au sommeil tourmenté. Leur rôle dépasse en fait le cadre de la seule Soufrière. Un suivi sismotectonique de la région est également effectué avec des capteurs installés en Dominique, à Antigua, Montserrat et Nevis et, bien sûr, dans les îles rattachées à la Guadeloupe.

Situation. À 5 km à l'E de Basse-Terre. Dès la sortie de la ville par la N 1, prendre à dr. la route de Saint-Charles ; après 400 m, suivre à dr. sur 3 km la route de l'Observatoire qui se termine en cul-de-sac. Pour groupes, *visites de l'observatoire* le vendredi après-midi sur RdV uniquement. *Boucle de randonnée* autour du Houëlmont à partir de la rivière Sens (sentier non balisé, 5 km, 2 heures).

Le dôme de Houëlmont, à gauche, entouré des remparts de sa caldeira.

Monts Caraïbes

Stratovolcan (alt. 687 m) – Nul besoin de prendre l'avion pour bénéficier d'une vue aérienne sur les monts Caraïbes ! Pour avoir une magnifique vue d'ensemble de ce **stratovolcan,** il suffit de gagner le massif de la Soufrière* et de s'arrêter par exemple un peu avant le parking de la Savane

Les monts Caraïbes vus du massif de la Soufrière. À droite, le dôme de Houëlmont et le petit point blanc de l'observatoire volcanologique.

à Mulets ou au bord sud du volcan de la Citerne. La ville de Basse-Terre* et surtout le fort Louis-Delgrès* offrent d'autres jolies vues sur ces monts, en particulier sur la remarquable pyramide du **dôme de Houëlmont*** qui se détache au premier plan. Constituant la pointe sud-est de Basse Terre, les monts Caraïbes culminent au **Vent Soufflé** (687 m). De là, la vue porte au sud sur les Saintes* et au nord sur la Soufrière. Les pentes trop raides des monts Caraïbes ont découragé toute occupation humaine. Au sommet du dôme de Houëlmont, seul l'observatoire volcanologique a récemment tiré parti de cette position escarpée pour surveiller à distance, mais en toute sécurité, l'activité de la Soufrière.

Géologie. L'édification des monts Caraïbes débuta il y a 550 ka en bord de mer, à l'extrémité sud d'une chaîne dont le Sans-Toucher représentait le volcan le plus méridional. Cette activité dura une centaine de milliers d'années et donna à Basse Terre sa forme actuelle en la faisant croître vers les Saintes. Deux centres éruptifs principaux ont été identifiés ; ils ont tout deux émis des produits andésitiques proches des basaltes. Le plus ancien est centré sur l'actuel dôme de Houëlmont*. Il a d'abord eu une activité phréatomagmatique dont les **falaises** qui encadrent la **pointe Turlet*** révèlent la violence. La fin de son activité a été marquée par l'émission de coulées de laves aux sommets, la création d'une caldeira, dont on devine encore le contour autour du dôme de Houëlmont, et la croissance de ce dôme andésitique au sein de la caldeira. Situé un peu plus au SE, dans la ravine Blondeau, le second centre éruptif a été caractérisé par des interactions moins fortes entre eau et magma. Des alternances de coulées de lave, de niveaux de scories et de retombées de ponces liées à des activités de type plinien à phréatoplinien en sont les produits les plus représentatifs.

Situation. Voir Houëlmont* et pointe Turlet*. Traversée des monts Caraïbes par deux traces aboutissant à Champfleury, à 3 km au SE de Gourbeyre : l'une, N-S, se dirige vers Vieux-Fort (GR G1, 5 km, 3 heures) ; l'autre, E-O, gagne la marina de la rivière Sens, à la sortie SE de Basse-Terre en suivant les lignes de crête du Vent Soufflé et de la caldeira du Houëlmont (7 km, 3 heures aller).

Pintade

Ponces (alt. 20 m) – La volcanologie ne mène pas qu'à de hautes cimes ou à des plages enchanteresses. Elle peut aussi conduire en des lieux où nul touriste ne s'aventure jamais, à juste titre. C'est le cas de la petite zone industrielle de Pintade où les observations géologiques doivent être faites entre deux ateliers. À l'ouest de la ville de Basse-Terre, cette zone occupe l'ancienne **carrière de Calbassier** dont les **ponces** furent exploitées pour les besoins des routes et de la construction. Ces ponces andésitiques témoignent d'une des éruptions les plus violentes de la Soufrière* : il y a 45 ka, environ, un volume de 2 à 3 km^3 de magma fut en effet émis lors d'une éruption plinienne.

Géologie. L'**éruption plinienne** des ponces de Pintade conclut la première phase de l'édification de la Soufrière. La vidange rapide de la chambre magmatique provoqua la formation d'une caldeira de 3 km de diamètre dont on ne reconnaît aujourd'hui que le rempart nord, qui constitue aujourd'hui une partie du cratère Carmichaël. Les ponces se sont dispersées dans diverses directions, mais elles se sont surtout accumulées vers l'O dans la région de Basse-Terre où leur épaisseur peut atteindre une vingtaine de mètres. À Pintade, elles se sont empilées en plusieurs niveaux de teinte rose à rouge, dont les limites ne sont pas toujours très nettes. À la base de la carrière, les ponces reposent sur des débris d'avalanche résultant d'une déstabilisation antérieure du volcan. Le paléosol qui sépare les deux types de dépôts est mince, mais il suggère qu'un temps assez long dut s'écouler entre les deux épisodes.

Situation. Près de la N 2, à 2 km au N de Basse-Terre.

Pointe du Vieux-Fort

Coulée d'andésite (alt. 33 m) – À l'extrémité sud-ouest de Basse Terre, la pointe du Vieux-Fort offre une des plus belles vues sur le **canal** et les **îles des Saintes***. Un phare, le plus méridional de la Guadeloupe, la signale de loin. Il est édifié sur une coulée de lave mouchetée de cristaux blancs qui s'érode en

La pointe du Vieux-Fort : les andésites surmontant les dépôts phréatomagmatiques. Au loin, la silhouette des Saintes.

prenant un curieux relief caverneux. Un peu plus loin, en contrebas des maisons, des iguanes se chauffent au soleil couchant sur des niveaux de scories. Au large, une brise soufflant avec constance fait du site un haut lieu de la planche à voile. Près de là, le petit port de pêche de l'**anse Dupuy** mérite un arrêt.

Géologie. La pointe du Vieux-Fort limite les zones d'influence des deux principaux centres éruptifs des monts Caraïbes*. Le niveau de base est constitué par des produits phréatomagmatiques provenant du Houëlmont*. Arrivée de la ravine Blondeau, la coulée d'andésite qui la surmonte est vieille de 470 ka. Ses cristaux blancs sont des **feldspaths** (plagioclases). Elle est surmontée par des produits pyroclastiques de même origine qui s'observent un peu à l'E dans la falaise de la **pointe Henriette.** Des retombées de ponces riches en fragments d'autres roches sont visibles sur le parking à l'O du phare. À 3 km au large de la pointe, se rencontre enfin un **volcan sous-marin** dont le sommet est à 280 m sous le niveau de la mer. D'âge compris entre 2,5 et 2 Ma, il est contemporain des volcans des Saintes*, au S, mais ne leur est probablement pas lié.

Situation. Sur la D 6, à 6 km au SE de Basse-Terre.

Les Saintes

Archipel (alt. 309 m) — Les baies bordées de roches volcaniques figurent parmi les plus belles qui soient. Au large de Basse Terre, celles qu'offrent les Saintes ne dérogent pas à la règle. Sur un intervalle de 10 km seulement, la grosse pyramide de Terre-de-Haut, les côtes déchiquetées de Terre-de-Bas et le cortège d'îlets de ces deux terres dévoilent des reliefs harmonieux qui font de l'archipel une des grandes étapes d'un séjour en Guadeloupe. Des pentes trop fortes et un manque de pluie rendirent les lieux impropres à la culture de la canne à sucre, et donc peu propices à l'esclavage. Longtemps, les Saintes n'eurent ainsi qu'une importance stratégique dont témoignèrent les deux importantes batailles navales qui y opposèrent Anglais et Français en 1666 et 1782. Successeur de divers

ouvrages, le **fort Napoléon** fut bâti de 1844 à 1867 et se trouva achevé trop tardivement pour être mis à l'épreuve du feu britannique. Derrière les belles fortifications en **andésite** des lieux, entourées d'un jardin tropical peuplé d'iguanes, l'ancienne caserne abrite désormais un intéressant **musée** consacré à l'histoire et au milieu naturel des Saintes (briques du bâtiment importées du Havre, pierres autres qu'andésites, de Guadeloupe). Devant le **dôme du Chameau,** point culminant de l'archipel (309 m), les prismes du **Pain de Sucre** sont le plus joli témoignage de l'origine volcanique de l'archipel et peut-être les premières laves prismées reconnues comme telles dans la région. Notant en 1796 que « *les produits volcaniques sont d'une grande variété* » aux Antilles, le minéralogiste Dupuget ajouta en effet : « *on voit dans le petit archipel des Saintes, entre la Guadeloupe et la Martinique, des espèces de colonnes basaltiques.* » Pour la plupart, les visiteurs passent une journée seulement à Terre-de-Haut. Mais ceux qui aiment un peu marcher, ou désirent avoir plus qu'un aperçu du volcanisme des Saintes, pousseront jusqu'à Terre-de-Bas et resteront au moins une nuit sur place.

Géologie. Les Saintes émergent d'une ride sous-marine reliant la Guadeloupe et la Dominique qui a été active entre 4,7 et 0,6 Ma. Sans montrer de grands changements de composition, les laves sont exclusivement andésitiques. Le dynamisme éruptif a en revanche varié. En raison de précipitations peu abondantes, l'altération n'a pas pu en oblitérer les traces.
La plus petite des deux principales îles, Terre-de-Haut (4,5 km²) est aussi la plus ancienne. Elle s'est essentiellement formée dans l'intervalle 3,6-2,4 Ma. Le

La grande baie de Terre-de-Haut, la pyramide du Chameau et, au loin, Terre-de-Bas (vue prise du fort Napoléon).

dynamisme fut initialement effusif ; le dôme du Chameau (3,47 ± 0,17 Ma) et la masse prismée du Pain de Sucre en témoignent. Il eut ensuite tendance à devenir explosif, comme l'attestent des brèches phréatomagmatiques qui sont recouvertes de dépôts de nuées ardentes au **morne Morel** et à la **pointe à l'Eau,** ou d'une coulée de lave à la **pointe Morel.**

Plus grande, Terre-de-Bas (9,4 km^2) est plus jeune : elle s'est édifiée entre 2 et 0,6 Ma. La phase terminale de cette activité a eu pour cadre la dépression située au-dessus de Petites Anses. Des nuées ardentes ont été émises de ce cratère ouvert vers le SE ; leurs dépôts sont visibles sur les côtes E et S de l'île. Les quatre niveaux de nuées apparents dans la falaise qui prolonge le **Gros Cap** ont des âges compris entre 1,3 (± 0,1) et 0,64 (± 0,10) Ma.

Toutes les phases d'activité volcanique aux Saintes ont eu une contrepartie en Guadeloupe. Les Saintes n'ont par contre connu aucune éruption depuis 0,6 Ma bien qu'elles soient situées dans l'axe Madeleine-Soufrière où s'est concentrée l'activité volcanique récente en Guadeloupe. Une manifestation curieuse fut cependant observée à proximité le 17 mars 1843, à mi-chemin entre Marie-Galante et la Guadeloupe. Pendant environ une demi-heure, selon M. Céloron de Blainville, « *une très forte colonne d'eau, d'une couleur noirâtre, jaillissait à une assez grande hauteur dans l'air en tourbillonnant. Elle s'élevait par jets, et, tout alentour, dans une distance assez étendue, la fumée ou plutôt la vapeur couvrait la mer.* » Et cet observateur conclut : « *je ne doute pas que ce phénomène ne soit dû à l'action d'un volcan sous-marin* », en attribuant à ce volcan le séisme ayant détruit Pointe-à-Pitre quelques mois plus tôt. Alors que la nature du phénomène décrit par Céloron de Blainville reste obscure, une telle causalité n'est plus de mise. Les mouvements tectoniques n'en continuent pas moins, comme l'illustre le séisme du 21 novembre 2004, de magnitude 6,3. Plus de 26 000 répliques ont suivi ce séisme jusqu'à la fin 2005, le plus important de magnitude 5,7 le 14 février.

Situation. À 12 km au large de Basse Terre. Accès à Terre-de-Haut par bateau à partir de Basse-Terre, Trois-Rivières et Pointe-à-Pitre ; accès à Terre-de-Bas à partir de Terre-de-Haut et de Basse-Terre ; location de scooters possible sur place. *Fort Napoléon :* visites le matin seulement. *Montée au Chameau* (panorama) en 90 minutes à partir du port de Terre-de-Haut.

La Soufrière, massif de

Stratovolcan (alt. 1467 m) — La Soufrière de Guadeloupe est le plus haut mont des Petites Antilles. Son faîte reçoit chaque année une bonne dizaine de mètres de pluie, soit en moyenne 30 mm par jour. Le voir se profiler sur un fond bleu azur est donc un spectacle inhabituel. De telles vues de cartes postales s'offrent généralement au début du printemps, quand les alizés sont les plus forts et chassent des nuages qui aiment s'accrocher aux flancs du volcan. Mais des précipitations abondantes ne donnent pas nécessairement lieu à des averses. Souvent, leurs effets s'apparentent à ceux d'un brumisateur géant. Dans un brouillard

Le massif de la Grande Découverte – Soufrière, vu du sommet du Houëlmont. De gauche à droite, l'escarpement du dôme de Nez Cassé (1 281 m), se prolongeant jusqu'au cratère Carmichaël par le « cratère » Amic, la crête du morne Amic (1 343 m), la Soufrière, le creux de la ravine Matylis, l'Échelle et le sommet faussement plan de la Citerne. Masquant le replat de la Savane à Mulets, au pied de la Soufrière, le piton Tarade (1 142 m) est un mégabloc descendu lors de l'effondrement de flanc qui créa le cratère Amic vers 1150 av. J.-C.

nimbé des senteurs sulfureuses de fumerolles, l'ascension des reliefs fantomatiques de la Soufrière évoque alors l'atmosphère étrange d'un voyage vers les bouches d'un enfer qui serait situé quelque part au sein des nuages, et non dans les tréfonds brûlants de la Terre.

Quelles qu'en soient les conditions, une montée conduit à faire connaissance avec un volcan menaçant tout le sud de Basse Terre. C'est un **stratovolcan,** couronné par un **dôme** qui a gardé toutes les marques d'une extrusion difficile : échancrures, fractures, aiguilles, protubérances, et même un gouffre qui bée à son sommet encore fumant. Ce dôme est le dernier avatar d'une longue histoire dont les hauts faits se sont déroulés un peu plus au nord, au **cratère Carmichaël** et à la **Grande Découverte.** La Soufrière est ainsi un point de départ pour aller en examiner les vestiges. Alternativement, elle est une étape d'un circuit vers les jeunes appareils de la Citerne* et de l'Échelle*. En bref, il y a plus à voir à la Soufrière que la Soufrière elle-même.

Entre la mer et le sommet du volcan, **Saint-Claude** bénéficie d'un climat plus frais que Basse-Terre*. Du point de vue du risque volcanique, cette proximité de la Soufrière n'a évidemment pas que des avantages… Tout près du bourg, la **cascade Vauchelet** (549 m) n'est pas la plus spectaculaire du massif. Néanmoins, elle illustre joliment la façon dont un torrent saute une coulée qu'il entaille avec peine. Et, de toutes les chutes du massif, elle est par surcroît la plus commode d'accès.

L'ascension du père Labat

En mars 1696, le père Jean-Baptiste Labat monta au sommet de la Soufrière. Au terme du séjour de douze ans qu'il accomplit aux Antilles, ce dominicain publia à Paris le livre le plus complet de l'époque sur ces îles, leur faune, leur flore et leurs habitants. Témoignant des centres d'intérêt et des connaissances de son temps, il ne mentionna nulle part le mot volcan dans tout livre, même dans sa description du sommet de la Soufrière :

« *Comme le temps s'était purgé par la grande pluie qui était tombée pendant la nuit, l'air se trouva très clair et sans aucun nuage. À mesure que nous montions nous découvrions de nouveaux objets. Nous voyions la Dominique, les Saintes, la grande Terre et Marie Galante, comme si nous avions été dessus. Lorsque nous fûmes plus haut, nous vîmes fort à clair la Martinique, Montserrat, Nieves* [Nevis] *et les autres isles voisines. Je ne crois pas qu'il y ait un plus beau point de vue au monde, mais il est situé dans un endroit incommode, et trop proche d'un voisin dangereux.*

Une émergence de fumerolles au sommet de la Soufrière. Au loin, les Saintes.

Quand nous eûmes marché environ trois heures et demie en tournant autour de la montagne, et montant toujours, nous nous trouvâmes dans des pierres brûlées, et dans des lieux où il y avait près d'un demi-pied de cendres blanchâtres qui sentaient très fort le soufre. Plus nous montions, plus la cendre augmentait. Enfin nous

Des dépôts de soufre à la sortie d'une petite bouche de la Soufrière.

nous trouvâmes sur la hauteur. C'est une vaste plate-forme inégale, couverte de monceaux de pierres brûlées de toutes sortes de grosseurs. La terre fumait en bien des endroits, et surtout dans ceux où il y avait des fentes et des crevasses, où nous ne jugeâmes pas à propos de nous aller promener; mais nous prîmes à côté pour gagner le pied d'une élévation qui peut avoir dix à douze toises de hauteur, et quatre fois autant de circonférence.
C'est un amas de grosses pierres blanches et calcinées, on l'appelle le piton de la Soufrière. Comme il n'y avait ni cendre ni fumée, nous y montâmes sans crainte, et nous vîmes au-dessous de nous du côté de l'est la bouche de la Soufrière. C'est un trou ovale qui me parut de dix-huit à vingt toises de large dans son plus grand diamètre. Ses bords étaient couverts de grosses pierres mêlées de cendres et de morceaux de soufre. Quand à sa profondeur, nous n'en pûmes pas juger; parce que nous n'en étions pas assez proches, et il n'y aurait pas eu de prudence à s'approcher davantage; d'ailleurs il en sortait de temps en temps des tourbillons d'une fumée noire, épaisse, sulfurée, mêlée d'étincelles de feu, qui ne laissait pas de nous incommoder quand le vent portait du côté où nous étions.

Il y a une autre bouche beaucoup plus petite que la première, qui paraît comme une voûte ruinée. Il en sortait aussi une grosse fumée et beaucoup d'étincelles. Tous les environs de ces deux bouches étaient pleins de fentes et de crevasses qui rendaient beaucoup de fumée.
Ce qui marque que toute cette montagne est creuse et comme une grande cave pleine de feu et de soufre qui se consume peu à peu, et qui à la fin fait affaisser la voûte, et y cause des crevasses et de nouvelles ouvertures. »

Une patine de sulfures sur un fragment d'andésite (taille de 5 cm).

Géologie. Depuis les débuts de la colonisation française de l'île, la Soufrière n'a eu qu'une activité sporadique de nature exclusivement phréatique. Avant la crise de 1976-1977, les éruptions les plus importantes eurent lieu en 1797-1798, 1837-1838 et 1956. Cette dernière fut sans doute induite par l'arrivée d'environ 0,5 km^3 d'un magma comportant plus de 50 % de cristaux. En restant bloquée vers 3 km de profondeur, cette injection représenta 0,1 % du volume du dôme et ne causa donc pas de gonflement important du massif.

Largement méconnus jusqu'alors, les dangers dus au volcan ont été mieux identifiés grâce aux études suscitées par la nouvelle éruption phréatique de 1976 et l'évacuation qui s'ensuivit. Ces travaux ont conduit à reconstituer de manière plus précise l'histoire de tout le massif, et non celle de la seule Soufrière qui est très courte. Le dôme est en effet encore dans sa petite enfance. Il s'est mis en place tout juste un demi-siècle avant le passage de Christophe Colomb quand, vers 1440, la dernière éruption magmatique identifiée a conclu une séquence complexe qui marquait un déplacement de l'activité volcanique vers le sud. La Soufrière n'est donc pas un appareil indépendant, mais le dernier avatar d'un grand stratovolcan; par simplicité, celui-ci sera appelé Soufrière et non Grande Découverte – Soufrière, nom sous lequel il est désormais connu dans la littérature géologique. Ses laves couvrent une large gamme de composition, allant des basaltes aux rhyolites. La très grande majorité d'entre elles sont cependant des andésites, dont beaucoup sont proches de la limite avec les basaltes.

Comme tout stratovolcan, la Soufrière a connu une longue croissance. Sa prime jeunesse est mal connue. Tout juste sait-on qu'elle débuta il y a 200 ka environ. Elle voit de solides coulées d'andésite armer un édifice qui se constitue par ailleurs d'épais dépôts de pyroclastes provenant de tous les types répertoriés de nuées et d'avalanches. Les hautes chutes qui font pour partie l'attrait touristique du massif doivent leur existence à ces coulées. Cette première phase se

Le dôme de la Soufrière et les petits panaches de fumerolles. Au bord de la mer, la ville de Basse-Terre. À l'arrière-plan, à gauche, les monts Caraïbes.

Les reliefs du massif de la Soufrière vus de l'est sous un fort angle d'incidence.

termine par le grand épisode plinien des ponces de Pintade*, qui provoque il y a près de 45 ka la formation de la **caldeira de la Grande Découverte.**
Commence alors une seconde phase. L'activité se concentre à l'intérieur de la caldeira où s'édifie le cône du Carmichaël. Comme précédemment alternent, jusque vers - 18 000 ans, coulées de laves et émission de pyroclastes qui s'écoulent surtout sur le flanc E du volcan. Surviennent ensuite deux grands **effondrements** suivis d'explosions dirigées, soufflant leurs débris sur de vastes aires. À la différence des précédents, ces épisodes de destruction sont assez récents pour être bien identifiables grâce à leurs dépôts et aux lèvres des effondrements qui sont apparentes dans la zone sommitale. Le premier effondrement est celui du cratère Carmichaël qui s'est ouvert vers l'ouest il y a 11 500 ans et forme la ligne de crête de la Grande Découverte et du morne du Col ; sa lèvre a la forme d'un fer à cheval grand de 1,3 km environ ; aucune activité magmatique ne s'est depuis produite en son sein. La seconde lèvre est celle du **« cratère » Amic** qui forme un escarpement allant du Nez Cassé à la Grande Savane ; large de 1,5 km environ, elle s'ouvre vers le sud en étant le résultat d'une suite d'avalanches de débris. Mettant en jeu des volumes de roche inférieurs à 0,5 km^3, ces avalanches parvinrent néanmoins à atteindre la mer, 10 km plus bas, et à ensevelir la région de Saint-Claude* et Basse-Terre* sous des dépôts épais par endroits de 100 m.
C'est à l'intérieur de cette dépression formée il y a 3 100 ans que se sont succédé plusieurs dômes. Celui de la Soufrière date d'une éruption qui débuta vers l'an 1440 de notre ère par un effondrement et une avalanche de débris. Une activité subplinienne suivit, provoquant des retombées de scories près du sommet et des nuées canalisées par les vallées du Galion et de la rivière Noire. C'est donc au cours de l'étape finale qu'un dôme s'édifia. Depuis, la Soufrière a connu

plusieurs éruptions phréatiques qui ont contribué à son abondante fracturation. Réactivée depuis 1998, une importante **activité fumerollienne** affecte les environs du sommet. Les émanations ont des températures proches de 100 °C. Elles comportent non seulement de l'hydrogène sulfuré, à l'odeur d'œuf pourri, mais aussi de l'acide chlorhydrique et parfois une quantité importante de soufre natif. Leur pH peut être très acide, avec des valeurs inférieures à 1,5. Les bouches les plus importantes sont le cratère sud, la fracture Napoléon et le **gouffre Tarissan,** une cavité créée par l'élargissement d'une fissure. Quant aux diverses fractures qui découpent les flancs du dôme, les plus anciennes honorent la mémoire de grands pionniers de la volcanologie à la fin du XVIIIe siècle : le Genevois Horace-Bénédict de **Saussure** (1740-1799), le Dauphinois Déodat de Gratet de **Dolomieu** (1750-1801), le Provençal Barthélémy **Faujas de Saint-Fond** (1741-1819) et l'abbé italien Scipione **Breislak** (1748-1826).

Situation. *Cascade Vachelet*: à 40 minutes A/R par le sentier partant de la gendarmerie de morne Houël, sur la D 11 en direction de la Soufrière, à 7 km au N de Basse-Terre. *Soufrière*: accès habituel à partir du parking de la Savane à Mulets, au bout de la D 11, à 11 km au NE de Basse-Terre. Si le parking est inaccessible en raison d'éboulements, partir des Bains jaunes et compter une heure de marche en plus A/R. Boucle faisant le tour du volcan avec montée au sommet par le Chemin des Dames et le col de l'Échelle (4 km, 3 heures) ; autre accès par la trace Victor-Hugues à partir de Matouba, au bout de la N 3 au N de Saint-Claude (3-4 heures aller sur GR G1 qui se dirige ensuite vers le Sans-Toucher, le piton de Bouillante et les Mamelles). Partir si possible tôt le matin et être bien équipé par tout temps. Ne pas s'exposer aux panaches acides des fumerolles qui peuvent causer irritations et brûlures des yeux, de la peau et des voies respiratoires, et ne pénétrer en aucun cas dans les zones interdites. *Engagement de guides :* se renseigner aux offices de tourisme de Basse-Terre et de Saint-Claude.

Trois-Rivières

Roches gravées (alt. 50 m) — Aux IVe ou Ve siècles de notre ère, des centaines d'inscriptions furent gravées par les Indiens arawaks dans un chaos de grands blocs de lave à Trois-Rivières. Ces **pétroglyphes** présentent des aspects anthropomorphiques rudimentaires. Leur sens reste cependant mystérieux. Les cuvettes taillées dans un de ces blocs n'ont en revanche rien d'énigmatique : elles servaient au polissage de haches. Les principaux pétroglyphes sont désormais protégés des dégradations dans un **parc archéologique.** La visite en est rendue plaisante par un sentier serpentant en montagnes russes autour des rochers, et par un arboretum d'un hectare où coexistent

Une pierre à trois pointes (musée de Fort-de-France).

Un pétroglyphe énigmatique de Trois-Rivières.

caféier, cacaoyer, avocatier, calebassier, goyavier et autres arbres et arbustes tropicaux dont les noms seuls font déjà rêver.

Les Arawaks taillèrent aussi de petites pointes triangulaires, tout d'abord dans des coquillages, puis dans des laves. Certains ont voulu y voir une figuration des volcans. La tradition semble avoir disparu vers 650, mais se perpétua dans les Grandes Antilles où, en 1493, un moine espagnol s'en fit expliquer le sens. Ces pierres étaient des talismans : loin d'évoquer des volcans, leurs trois pointes visaient à faire tomber la pluie, à favoriser la croissance des plantes, et à faciliter l'accouchement des femmes. Les Arawaks furent bien sûr témoins d'éruptions volcaniques. Certains de leurs villages se trouvèrent même enfouis sous les cendres, en Martinique par exemple. Mais aucun terme de leur vocabulaire ne paraît avoir été propre aux volcans ou à des manifestations éruptives.

Géologie. Le chaos rocheux de Trois-Rivières s'est formé dans des coulées massives d'andésite provenant le dôme de la Madeleine. D'âge mal connu (compris en 14 et 150 ka), cet ensemble couvre une grande partie de la commune de Trois-Rivières.

Situation. À 13 km à l'E de Basse-Terre*, suivre (panneau) la petite route qui descend vers la mer à partir de l'église de Trois-Rivières. *Parc archéologique* des roches gravées ouvert tlj de 8 h 30 à 17 h.

II. La Réunion

Localisation : entre 20°53' - 21°18' S et 55°13' - 55°50' E
Superficie : 2 512 km^2
Population : 784 000 (2006)
Point culminant : piton des Neiges (3 070 m)
Situation : à 200 km au SE de Maurice, 700 km à l'E de Madagascar, 3 900 km au NE du cap de Bonne-Espérance, 4 000 km au SO de l'Inde, 9 400 km au SE de Paris

1. La démesure d'une petite île

Au hasard du scorbut

Bonaparte avait de la suite dans les idées. Deux ans après avoir dépêché cent cinquante savants en Égypte, c'est vers la Nouvelle-Hollande (l'Australie) qu'il a tourné une curiosité intéressée. Le 27 vendémiaire an IX (19 octobre 1800), les deux corvettes le *Géographe* et le *Naturaliste* appareillent du Havre. Parmi l'équipage figure un contingent de savants représentant toutes les branches de la science ; ses vingt-quatre membres ont été choisis par l'Institut mais appointés par le Premier consul lui-même. À la tête de l'expédition se trouve Nicolas Baudin (1750-1803), un marin et naturaliste confirmé qui est auréolé du succès de longs voyages entrepris pour l'empereur d'Autriche, puis pour le Directoire.

Cependant, l'atmosphère n'est pas sereine à bord des corvettes. Cette fois, Baudin n'est pas l'homme de la situation. Il n'a besoin, croit-il, que de « *ramasseurs* » de curiosités naturelles, et non de ces « *savants inutiles dont l'Institut avait surchargé l'expédition* » et qui se plient mal à la discipline traditionnelle de la marine. De leur côté, les savants apprécient peu l'attitude de leur commandant. Et ils regrettent en

Le Géographe et le Naturaliste quittant le Havre le 19 octobre 1800.

outre un réel manque de livres scientifiques à bord : sans pouvoir consulter les ouvrages de référence, comment pourront-ils faire la part de la nouveauté dans leurs propres observations ?

Après une escale aux Canaries, Baudin longe les côtes d'Afrique au lieu de filer droit vers sa destination. Alternant plats et tempêtes, la navigation est éprouvante. Elle est surtout beaucoup trop lente. Les vivres menacent de s'épuiser, mais non les conflits entre le commandant et ses jeunes savants. Les corvettes n'atteignent l'île de France (Maurice) qu'en près de cinq mois. Alors que son équipage a souffert du scorbut, Baudin s'apprête à reprendre le large sans avoir correctement réapprovisionné ses navires. C'en est trop pour Jean-Baptiste Bory de Saint-Vincent (1778-1846), le très jeune *zoologiste en chef* du groupe. Bory avait été parmi les premiers à se heurter à Baudin. Sérieusement malade, inquiet de voir que les médicaments de l'expédition ont été descendus à terre, il décide au dernier moment de ne pas rembarquer pour tirer profit de l'hospitalité des colons et tenter d'autres aventures.

Bory est entreprenant. Il se fait vite affecter à l'état-major du gouverneur de l'île de France. C'est dans ce cadre qu'il est chargé deux mois plus tard d'une mission à la ci-devant île Bourbon (depuis peu baptisée *La Réunion* pour commémorer l'entente des Marseillais et des gardes nationaux lors de la journée du 10 août 1792 au cours de laquelle la déchéance de Louis XVI a été prononcée). Notre naturaliste n'y séjournera que quatre mois, mais s'y révélera un observateur perspicace de la faune et de la flore de l'île et aussi, chose moins courante pour l'époque, de sa géologie. Revenu à Paris, Bory tirera de ses notes l'essence d'un long *Voyage dans les quatre principales îles des mers d'Afrique* qui sera publié dès 1803. Complété par un recueil de 58 planches de sa main, son gros livre décrira principalement La Réunion dont il brossera un tableau précieux à l'aube du XIXe siècle. À commencer par Napoléon, le public cultivé de l'époque sera conquis. Certes, ce jeune homme de 23 ans n'avait pas été le premier à s'intéresser à l'histoire naturelle de La Réunion, mais nul avant lui ne l'avait fait d'une telle façon encyclopédique.

Depuis les premiers temps de la colonisation, au milieu du XVIIe siècle, guère d'années ne s'étaient en réalité passées sans que le piton de la Fournaise ne se manifeste. Les récits de voyageurs soulignaient les hauts faits d'un « *volcan, un des plus terribles peut être qu'on voie sur la Terre* » comme l'avait présenté en 1751 Pierre André O'Héguerty (parfois nommé d'Héquerty), un ancien commandant de l'île. « *Il a déjà calciné plus de huit lieues de largeur de terrain sur douze à quinze de longueur qu'on nomme le grand et le petit pays brûlé,* avait poursuivi O'Héguerty, *il fait des irruptions fréquentes. En 1733, il en sortit une si prodigieuse quantité de matières enflammées qu'elles formèrent une espèce de rivière de feu, qui coula pendant plusieurs heures jusqu'à la mer et forma un lit beaucoup plus large que la Seine.* »

Arrivé à La Réunion, Bory voit sa curiosité piquée par ce volcan actif auquel il va consacrer de longues randonnées. Preuve du manque d'intérêt certain qui avait jusqu'alors régné, la toponymie de ce massif restait largement à établir ; Bory prend le soin d'y remédier. Il parcourt aussi les pentes du piton des Neiges et ses trois grands cirques. Alexis Bert (1764-1823), un officier d'artillerie qu'un naufrage avait jeté là en 1791, avait déjà compris que l'île entière, et non seulement le piton de la Fournaise, était le produit du feu. À son tour, Bory ne peut aucunement se méprendre. La Réunion, résumera-t-il, est « *toute volcanique et remplie de prismes de basalte, la plupart du temps interposés entre des scories, des pouzzolanes et d'autres matières que les plus incrédules sont obligés de reconnaître pour les produits du feu.* » En enfonçant le clou, Bory affirmera donc tout naturellement : « *l'île de La Réunion, dis-je, est un grand laboratoire volcanique où tout a été liquide.* » Et cette conclusion est d'autant plus précieuse

Bory de Saint-Vincent vécut avec entrain une période mouvementée de l'histoire. Lacroix brossa de lui un portrait attachant : « Officier plein de bravoure, voyageur intrépide, fin naturaliste, écrivain scientifique d'une inépuisable fécondité, homme politique et patriote ardent, journaliste et polémiste à la plume mordante, il a exploré dans sa jeunesse les îles Canaries, La Réunion et l'île de France ; la Grèce dans son âge mûr, puis dans sa vieillesse l'Algérie, au soir de la conquête. Il a parcouru l'Europe, sous les aigles de Napoléon, de Varsovie à Séville, il y a erré plus tard comme exilé. Il a rempli de nombreux volumes de ses descriptions de voyages et de ses écrits consacrés aux sujets les plus divers de l'histoire naturelle. » *Mais ce passionné de voyage, ce collectionneur impénitent de plantes, cet officier quelque peu bohème vécut pendant longtemps* « une existence errante, et souvent mal assurée ; durant les meilleures années de sa vie, il eut pour champ d'études les champs de bataille de la Grande Armée. » *Et, conclut Lacroix,* « ce ne fut pas une des moindres originalités de ce vieux grognard des armées de l'Empire, botaniste, qui pendant si longtemps figura parmi les zoologistes de l'Académie [des sciences], de laisser comme son œuvre la plus durable… la description d'un volcan. »

que Bory la tire d'une des toutes premières études de terrain consacrées à un volcan perdu dans des mers lointaines, loin de l'Etna ou du Vésuve qui avaient jusqu'alors monopolisé l'attention.

Le laboratoire d'un point chaud

Avec ses voisines les îles Maurice et Rodrigues, La Réunion forme l'archipel des Mascareignes. À 700 km à l'est de Madagascar, elle représente l'infime partie émergée d'un énorme appareil édifié par deux grands volcans, l'ancien piton des Neiges et le jeune piton de la Fournaise. De forme ovale (70 par 50 km) et culminant à plus de 3 000 m au-dessus des flots, l'île s'évase en profondeur pour atteindre un diamètre de 240 km environ sous 4 200 m d'eau. La

Réunion ne dévoile donc que 3 % environ du volume de son édifice. Avec sa hauteur totale de plus de 7 000 m, le volcan double réunionnais n'est en réalité surpassé en taille que par le Mauna Loa (4 170 m) à Hawaii, qui domine de près de 9 000 m les fonds du Pacifique.

Idée véritablement nouvelle, Bory perçut que La Réunion était un « laboratoire », un cas d'espèce particulièrement favorable pour l'étude du volcanisme en général. Certes, la volcanologie en était à l'époque à ses premiers pas de sorte que les explications que Bory donna lui-même de l'origine de l'île n'ont plus qu'un intérêt historique. Il faudra toutefois attendre le XXe siècle pour que l'on commence à bien appréhender l'histoire des deux volcans réunionnais et le cadre dans lequel elle s'est déroulée.

Le volcanologue Alfred Lacroix – le grand observateur de la montagne Pelée, que l'on retrouve ici –, confirmera par exemple l'intuition de Bory en reconnaissant à La Réunion la spécificité des basaltes des îles océaniques : par « océanite », il désigne en 1933 ces laves sombres, comportant de grands cristaux d'olivine, qui abondent également dans bien d'autres îles, à Hawaii et en Polynésie française en particulier. Accompagné d'un colon, de vingt-deux porteurs et de son inséparable femme, Lacroix avait déjà passé une semaine sur le piton de la Fournaise en 1911, remontant les coulées et traversant le volcan d'est en ouest. Il reviendra à plusieurs reprises dans l'île avant de lui consacrer en 1936 un nouveau livre. Pour épier les métamorphoses d'un cratère agité, il se montra en outre pionnier de la photographie aérienne. Et il fit aussi œuvre d'historien en exhumant des récits de voyageurs et d'observateurs, qui, tels celui d'O'Héguerty, étaient tombés dans l'oubli.

Quand un volcan signe par une coulée de lave son ouvrage du mois, voire de la journée, l'histoire qu'il écrit ne peut être que compliquée. À La Réunion, celle-ci a été d'autant plus tourmentée que les forces d'édification et de destruction se sont constamment affrontées avec une ardeur inusitée. Fruit de cette lutte, des ravines encaissées bordées de *remparts* vertigineux dissèquent les deux volcans de l'île en mettant à jour des pans entiers de leur passé. Mais ce sont surtout les progrès de la volcanologie, des datations plus précises et l'avènement de la tectonique des plaques qui ont conduit à mieux

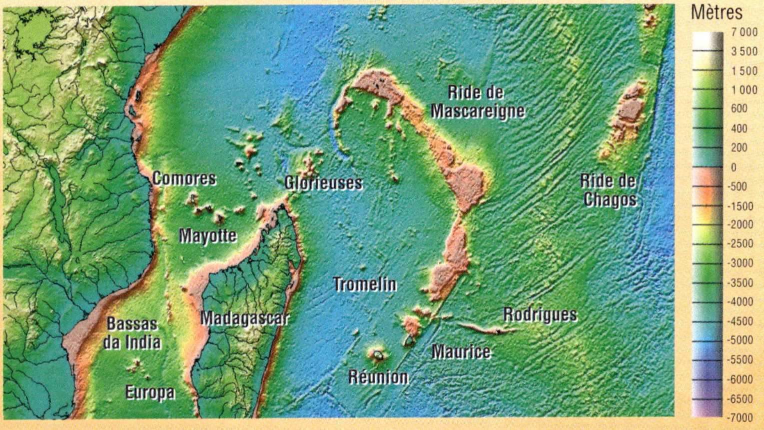

Les fonds océaniques autour de La Réunion (Smith et Sandwell, 1997).

comprendre les étapes de l'édification de La Réunion. C'est ainsi que quatre grandes phases ont été distinguées. Seules les grandes lignes en seront cependant décrites plus bas car de tels schémas et leur chronologie sont constamment repris pour tenir compte de nouvelles observations, datations et interprétations.

Selon une idée couramment admise, La Réunion est le dernier avatar d'une histoire qui débuta il y a 65 Ma. Un gigantesque panache provenant des profondeurs du manteau terrestre produisit alors les basaltes qui constituent les hauts-fonds des Seychelles et ont formé les immenses coulées des *trapps* du Deccan, à l'ouest de l'Inde. Ce panache induisit, en outre, la création d'une nouvelle dorsale qui sépara ces deux régions l'une de l'autre. Le mouvement des plaques tectoniques aurait ensuite causé un déplacement apparent, vers le sud-ouest, du point d'émergence de ce panache dont la position est elle-même fixe. C'est ainsi que des effusions basaltiques auraient peu à peu édifié, au fond de l'océan Indien, la longue chaîne de montagnes des Chagos-Laccadives, au sud de l'Inde, puis l'axe NE-SO du plateau des Mascareignes, et enfin Maurice et La Réunion.

Un volcan vif, l'autre mort ?

Personne ne sait précisément quand apparurent au fond de l'océan Indien les premières laves qui constituèrent le fondement de La

Réunion. Ce fut peut-être il y a 5, voire 7 Ma. Contrairement à ce qui a souvent été écrit, aucun basalte mis en place sous l'eau ne peut être observé dans l'île. Tout juste sait-on que, épanchement après épanchement, ces laves édifièrent lentement un appareil qui émergea de l'océan il y a peut-être 3 Ma. Les plus anciennes coulées aériennes datables dans le massif du piton des Neiges, à la pointe du Gouffre (route du Littoral), n'accusent toutefois que 2,1 Ma.

Après cette sortie des eaux, l'activité du piton des Neiges peut être découpée en plusieurs périodes. Plutôt que de suivre l'un ou l'autre des schémas pétrologiques qui ont été proposés à cet effet, il est ici plus simple de s'arrêter à des aspects très généraux. De ce point de vue, une première phase dura de la naissance de l'île jusqu'à il y a 450 ka. Sur des épaisseurs se comptant en milliers de mètres s'empilèrent alors des coulées de basaltes plus ou moins riches en olivine qui ont conféré au piton des Neiges son statut de volcan bouclier. En affleurant, en particulier aux bords des routes dans les cirques, ces coulées laissent voir leur armature complexe de dykes et de sills. L'activité fut alors comparable à celle du piton de la Fournaise aujourd'hui : les coulées s'épanchaient irrégulièrement, à un endroit puis à un autre, mais l'activité était globalement continue de sorte que le travail de l'érosion ne put empêcher le volcan de croître jusqu'à une hauteur d'au moins 3 000 m.

Cette phase de « bouclier d'océanites » se termina il y a 350 ka environ ; dans le secteur du Dimitile, l'activité s'arrêta carrément il y a 400 ka sans reprendre par la suite. Ces changements furent sans doute liés à un déplacement de l'activité volcanique vers le massif de la Fournaise qui avait entre-temps eu lieu. Au piton des Neiges, une différenciation

Les olivines vertes, grandes de quelques centimètres, font la spécificité des océanites.

La cascade Niagara, au sud de Sainte-Suzanne : des laves du piton de la Fournaise vieilles de 30 000 à 40 000 ans.

magmatique produisit alors une autre sorte de laves, les *roches pintades*, des basaltes (hawaiites) comportant de grands cristaux blancs de feldspaths. Mais cette phase de « bouclier tardif » ne dura que 130 ka. Bien qu'elle nappât le massif de grandes planèzes, elle amorça le déclin du vieux volcan.

La période allant de 220 à 180 ka n'a ensuite laissé aucune trace, peut-être parce que le piton des Neiges fut peu actif. L'érosion semble avoir eu le champ libre ; le creusement des cirques put commencer sans que les ravines et les vallées ne soient plus comblées tôt ou tard par de nouveaux épanchements. Le réveil fut en tout cas d'une grande violence et fit commencer au piton des Neiges, dans ses vieux jours, une nouvelle vie de stratovolcan. La différenciation magmatique amorcée au sein de chambres magmatiques s'était en effet poursuivie pour produire des laves de trachy-andésites, et même de trachytes. Entre 180 et 160 ka, ces laves considérablement plus visqueuses que les basaltes donnèrent lieu à une activité sporadique, mais très fortement explosive. Des volumes considérables de ponces, cendres et de produits pyroclastiques

Les profondeurs du bouclier mis au jour : la crête de la Marianne et son sommet, le Cimendef ; derrière, la crête des Calumets ; et, au loin, le Grand Bénare.

furent émis et vinrent former d'épais dépôts dans les creux du relief. On les voit de nos jours dans les vallées de la rivière du Mât, au nord, ou dans celle de la rivière Saint-Étienne au sud. On en trouve aussi les traces dans les sédiments autour de l'île. Comme lors des phases précédentes, une ou plusieurs caldeiras se formèrent sans doute mais il n'en reste aucun vestige.

Au cours de ce stade de stratovolcan, l'activité volcanique a été cantonnée vers l'actuel sommet du massif. Les dernières grandes coulées de laves différenciées ont alors comblé le quatrième cirque de l'île, celui de Bébour, tandis que se poursuivait une activité explosive. Les éruptions se sont enfin espacées avant de s'interrompre. Pendant longtemps, on a cru que le piton des Neiges était complètement éteint. Grâce à des datations plus exhaustives, l'âge de ses dernières éruptions n'a cependant pas cessé de rajeunir : les produits pyroclastiques les plus récents n'ont que 12 000 ans. Bien que peu abondants, ils ne garantissent pas complètement une extinction définitive de ce vieux volcan.

Bien entendu, un fait important s'était produit quand le piton de la Fournaise avait surgi une trentaine de kilomètres plus loin vers le sud-est. L'événement date d'il y a plus de 530 ka, peut-être même de 1 Ma selon certains. Jusqu'à une période très récente, les deux volcans se sont ainsi donné la réplique, enfouissant sous leurs produits les restes d'au moins deux appareils plus modestes dont les traces n'ont été détectées que récemment. Au cours des derniers 12 000 ans, le piton de la Fournaise est seul resté actif. Sur place, on l'appelle depuis toujours *le volcan,* simplement. Entrant en éruption tous les huit à dix mois en moyenne, il est un des producteurs de lave les plus assidus de la planète. Pour les deux cents ans de la période historique, son débit moyen de magma a été de 0,3 m^3/s. Avec un tel débit, il aurait fallu 3,1 Ma pour produire les 29 000 km^3 du volume actuel de l'île. Si les origines de l'île remontent à 5 Ma, l'activité aurait été près de deux fois plus intense au cours des derniers siècles que dans le passé.

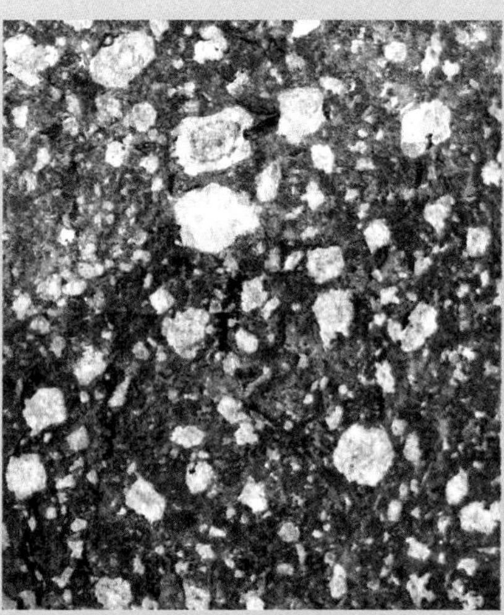

Une roche pintade du piton des Neiges (taille des plus grands feldspaths : 1,5 cm).

Le résumé d'une longue histoire

Comme les grands édifices hawaiiens ou l'Etna en Sicile, les pitons des Neiges et de la Fournaise sont des volcans boucliers typiques, quoique le premier ait tardivement tourné au stratovolcan. Ces très vastes édifices sont trapus, avec de faibles pentes comprises entre 5 et 18 degrés. Ils sont essentiellement constitués de laves basaltiques émises par le biais d'une activité de type hawaiien prédominante. Le magma jaillit en fontaine et descend les flancs du volcan. Très fluide aux points d'émission, la lave devient plus visqueuse à mesure qu'elle refroidit. Selon une viscosité plus ou moins faible et des températures plus ou moins élevées, les laves lisses, drapées ou cordées font place aux laves rugueuses en « gratons ».

Ainsi que l'attestent les fontaines de lave, cette grande fluidité initiale permet à la vapeur d'eau et autres gaz dissous dans le magma de s'échapper aisément. Les éruptions purement « magmatiques » ont ainsi un caractère faiblement explosif. En retombant près des points de sortie, les gerbes aériennes de laves édifient de petits cônes où coexistent des produits de toutes tailles, allant des cendres aux bombes en passant par les lapilli. Le contraste avec le volcanisme andésitique explosif des Antilles représente une illustration spectaculaire de l'influence de la physique des laves sur la vie et la morphologie des volcans.

Le tableau n'est toutefois pas aussi simple que le suggère cette description. Particulièrement dans l'est de l'île, les précipitations sont très abondantes. En s'infiltrant à travers des roches très perméables, les eaux alimentent des nappes phréatiques avant de sourdre dans les vallées. Quand une de ces nappes se trouve sur le chemin du magma remontant vers la surface, de violentes éruptions phréatiques ou phréatomagmatiques peuvent survenir; dans le massif de la Fournaise, le cratère Commerson en est un témoin récent. En s'accumulant et s'intercalant au milieu des coulées de lave, les pyroclastes résultant de ces explosions contribuent également à l'édification du volcan.

Comme celle de tout volcan bouclier, la croissance du piton de la Fournaise a été ponctuée d'accidents grandioses. Au risque de « *surprendre ceux qui n'ont connu des volcans que dans des livres* », Bory conjectura précocement que le Grand Brûlé était le produit d'un grand effondrement. Il se demanda en outre si le volcan n'avait pas « *éprouvé, avant cette catastrophe dont nous ne connaissons pas l'époque, une catastrophe plus grande encore* ». Celle que Bory évoquait s'est en fait produite il y a 4700 ans seulement quand une grande déstabilisation du flanc est du massif s'est conjuguée à une explosion cataclysmique survenue près du sommet pour créer la caldeira de l'Enclos Fouqué. Depuis, les pentes orientales du piton de la Fournaise se présentent comme un immense déversoir en forme de fer à cheval. Deux autres grands effondrements s'étaient auparavant produits il y a 60 et 150 ka. Plus de 500 km^3 de déblais se sont ainsi accumulés sur les fonds marins face au Grand Brûlé. Le piton des Neiges

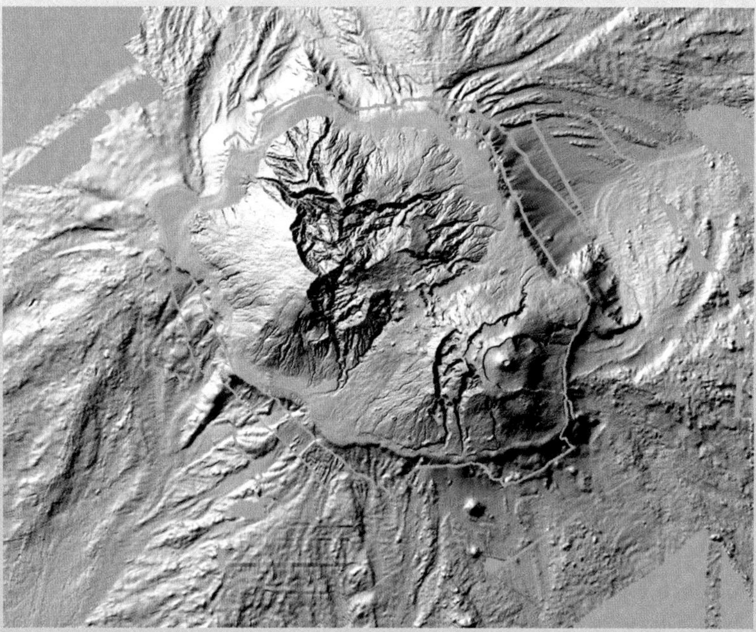

Les fonds marins et les dépôts d'effondrements de flancs autour de La Réunion (J.-F. Oehler, P. Labazuy et J.-F. Lénat, 2005). Les zones non sondées sont d'un gris uniforme.

a quant à lui subi au moins une douzaine d'événements de ce type. Ses flancs n'en ont gardé que des cicatrices très estompées qui semblent coïncider avec les contours des cirques. Tout autour de l'île, les fonds marins ont en revanche conservé une trace évidente de ces glissements sous forme de longues traînées de déblais.

Une sape obstinée

L'eau est l'ennemie irréductible de tout relief. À La Réunion, son œuvre la plus spectaculaire est la création des trois grands cirques de Cilaos, Mafate et Salazie. Disposés en feuille de trèfle autour du piton des Neiges, ils doivent sans doute le début de leur creusement à des fractures grâce auxquelles l'érosion a pu s'attaquer à des roches déjà fragilisées. De ce point de vue, les alizés sont des agents très actifs. Après avoir parcouru plus de 6000 km au-dessus de l'océan, ils déversent généreusement sur l'île l'eau qu'ils ont accumulée tout au long de leur trajet, larguant par exemple plus de 6 m de pluie chaque année sur la Côte au Vent. Quand ils passent, les cyclones doublent ou triplent la mise, pouvant lâcher 35 mm d'eau par heure pendant une semaine entière.

Accompagnées de vents très violents, ces *avalasses* se font un jeu de déclencher éboulements et glissements de terrain et d'emporter au loin les matières instables. Les ravines se creusent, les torrents gonflent et se chargent de débris rocheux, tandis que, l'espace d'une crue, des rivières miniatures prennent des allures de grands fleuves. Exutoire du cirque de Salazie, la rivière du Mât vit en 1980, lors du cyclone Hyacinthe, son débit passer de 8 à 2500 m^3/s, un flot plus élevé que celui de la Seine à Paris lors de sa crue historique de 1910 ! À l'occasion, la rivière des Galets peut quant à elle occuper tout son lit, large de plus d'un kilomètre à son embouchure qui est pourtant située à moins de 20 km de sa source dans le cirque de Mafate. De ce point de vue, rien n'est plus instructif qu'un examen des cartes IGN au 1/25000 pour se figurer comment les grandes ravines, qui finiront par faire table rase des reliefs de l'île, s'amorcent, s'élargissent et reculent peu à peu vers l'intérieur...

Ces effets sont renforcés par des températures moyennes de 24 à 25 °C près du niveau de la mer et par la déforestation qui a privé les sols de toute protection. Dans des conditions de chaleur humide, les laves s'altèrent rapidement en argiles qui imperméabilisent les sols et favorisent le ruissellement. En altitude, les alternances hivernales de gel et de dégel amorcent le travail de sape en fragmentant les roches. Il s'ensuit que l'érosion évacue près de 3000 tonnes de matière par kilomètre carré annuellement et rogne ainsi l'île à des vitesses de 0,5 à 3,5 mm/an. Celles-ci se trouvent des dizaines de fois plus fortes qu'en métropole où elles sont de l'ordre de 0,02 mm/an seulement. C'est ainsi que des reliefs de plusieurs milliers de mètres se trouvent arasés en quelques millions d'années, et c'est pourquoi, bien que d'âges comparables, l'île Maurice a quasiment perdu ses volcans alors que le Cantal a gardé de beaux restes des siens.

La fréquence des éboulements de grande ampleur est de même spécialement élevée. Le 6 mai 1965, la rivière des Remparts (sur le flanc ouest du piton de la Fournaise) se trouva par exemple barrée par une levée de 30 millions de mètres cubes, haute de 50 à 100 m,

L'îlet des Orangers, au-dessus de la rivière des Galets, dans le cirque de Mafate.

constituée de matériaux de taille très variable, de simples bouts d'argile à des gros blocs de 8 m ; venait alors de s'effondrer un pan de la falaise bordant son affluent le Bras de Mahavel, long d'un kilomètre, haut de 800 m et profond de 200 à 400 m.

À La Réunion, il n'est donc nul besoin d'invoquer des durées immenses pour rendre compte de gorges profondes et de grands cirques : en quelques dizaines ou centaines de milliers d'années, l'érosion a créé ces reliefs qui font de cette île, en dépit de sa petite taille, l'une des plus spectaculaires au monde. Cette importance de l'érosion est consacrée par des termes propres. Les *remparts* sont des falaises dont la hauteur peut atteindre un millier de mètres, dont les ruptures de pente en partie haute délimitent des *cassés*. Deux cassés qui se rencontrent forment un *nez coupé*. Les *îlets* sont de petits plateaux, perchés au milieu d'un chaos de ravines, qui représentent les vestiges d'anciens fonds de cirque. Un cours d'eau important se jetant dans la mer est une *rivière*, un affluent encaissé un *bras*, et, sauf exception, un oued une *ravine*. Un *serré* est une étroite langue de terre bordée par des vallées profondes, tandis que le mot *plaine* désigne non seulement une plaine alluviale, mais aussi un plateau. Enfin, bien que le terme ait été importé du Cantal, il ne faut pas oublier

À l'entrée du cirque de Mafate, les laves massives et les niveaux scoriacés alternant sur 1 400 m de hauteur au-dessus de la rivière des Galets.

Lors d'une grande éruption du piton de la Fournaise, le long parcours des laves à partir de leur sortie, au centre de cônes d'éclaboussures, jusqu'à la partie basse du volcan.

dans ce court inventaire les grandes *planèzes* délimitées par les vallées descendant des cirques et des flancs des deux massifs de l'île.

Un concentré de volcanisme

S'il revenait de nos jours, Bory de Saint-Vincent ne reconnaîtrait pas une côte désormais urbanisée. Il n'aurait cependant guère besoin de retoucher ses tableaux des montagnes de l'île. Pour comprendre celles-ci, remarqua-t-il, il faut se promener « *dans le fond des vallées et des ravines, sur les cimes les plus menaçantes et sur les plateaux élevés qu'elles dominent* », et bien « *remarquer mille bizarreries de la nature, et les déchirements qu'elle a éprouvés* ». Une telle démarche n'a rien perdu de son actualité. Les impressions de Bory rapportées çà et là l'illustreront dans les pages qui suivent. L'accent sera également mis sur la beauté de paysages qui mêlent souvent la mer, au loin, aux reliefs acérés de montagnes proches, et varient, du lever du jour au crépuscule, en suivant les nuances changeantes de la lumière. Au préalable, quelques points d'intérêt pratique doivent toutefois être soulignés.

Une simple arête rocheuse isole les cirques de Cilaos et de Salazie de sorte que la ville de Cilaos n'est éloignée d'Hell-Bourg que d'une dizaine de kilomètres à vol d'oiseau. Près de quatre

La brume nappant un cône scoriacé rouge sur le flanc nord de la Fournaise.

heures de route les séparent néanmoins ! En dehors des grandes voies qui font le tour de l'île, les déplacements sont lents, surtout par des routes de montagne étroites, tourmentées et souvent empruntées par de gros camions. L'ordre alphabétique employé pour classer les sites des autres îles décrites dans ce guide a donc dû être abandonné pour La Réunion. Pour des raisons de commodité, les sites ont été regroupés en petites régions au sein desquelles la durée des trajets reste raisonnable.

Une cascade peut bien sûr ressembler à une autre, de même que les divers points de vue sur les cirques présenteront pour certains un petit air de famille. Il n'est donc nul besoin de visiter tous les sites décrits dans ce guide pour appréhender la diversité des reliefs et des paysages de l'île. Dans le cadre de séjours souvent courts, il vaut mieux parcourir à loisir la montagne, goûter tranquillement la grandeur des lieux et profiter d'une riche végétation qui s'étage sur les pentes. Même en l'absence d'éruption, une visite au piton de la Fournaise reste naturellement un grand moment d'un séjour à La Réunion. Le sommet du volcan est certes une priorité indiscutable, mais malheureux seraient ceux qui ne passeraient pas au moins une seconde journée à découvrir d'autres aspects du massif de la Fournaise, et quelque temps à admirer les impressionnants paysages d'au moins un des cirques de son voisin, le piton des Neiges !

La Réunion mérite bien ses surnoms d'*île intense* et de *paradis du marcheur*. En fonction de conditions météorologiques changeantes, et de prévisions forcément à très court terme, il faut saisir la première occasion pour de longues randonnées et garder pour le lendemain les projets moins ambitieux. Qu'il fasse beau ou non, toute marche vers le sommet des volcans est un parcours de haute montagne pour lequel s'imposent de très bonnes chaussures, des vêtements chauds et imperméables, des crèmes solaires et beaucoup d'eau. Il faut aussi savoir qu'une affluence règne souvent les week-ends au départ des sentiers, car les Réunionnais sont les premiers à profiter des splendeurs de leur île... Si les possibilités d'hébergement ne manquent pas au cours de longues balades, même dans le cirque de Mafate qui n'est accessible qu'à pied, celles-ci peuvent être rapidement saturées. Quoique les sentiers soient pour la plupart bien balisés, il est nécessaire de se munir des cartes IGN pertinentes, des topoguides de GR ou de l'un des excellents ouvrages mentionnés ci-après. Décrire dans le détail des itinéraires de randonnée sort en effet du cadre de ce guide.

Encore plus qu'ailleurs, à La Réunion il est recommandé de partir très tôt. Le ciel se couvre en général sur les hauteurs en milieu de journée, même si la lumière sait être contrariante et jette parfois ses plus beaux feux en fin d'après-midi. Un vieux conseil, enfin : ne pas s'éloigner des sentiers balisés en cas de brouillard, surtout au piton de la Fournaise ; des accidents se produisent encore régulièrement. Bory de Saint-Vincent avait lui même averti du danger : « *Par quelque route que l'on tente le voyage du Volcan*, écrivit-il, *c'est toujours une entreprise pénible et périlleuse. Le jour, on est incommodé par une chaleur accablante ; la nuit, par un froid aigu. On peut se trouver à une telle distance de tous lieux habités, qu'il n'y ait pas de secours à en espérer en cas d'accident. Il est d'ailleurs aisé de s'égarer dans des sentiers à peine marqués, ou dans les scories sur lesquelles le pied ne laisse pas de trace, surtout quand des brumes épaisses et qui peuvent durer plusieurs semaines, viennent à envelopper le voyageur de tous côtés*. »

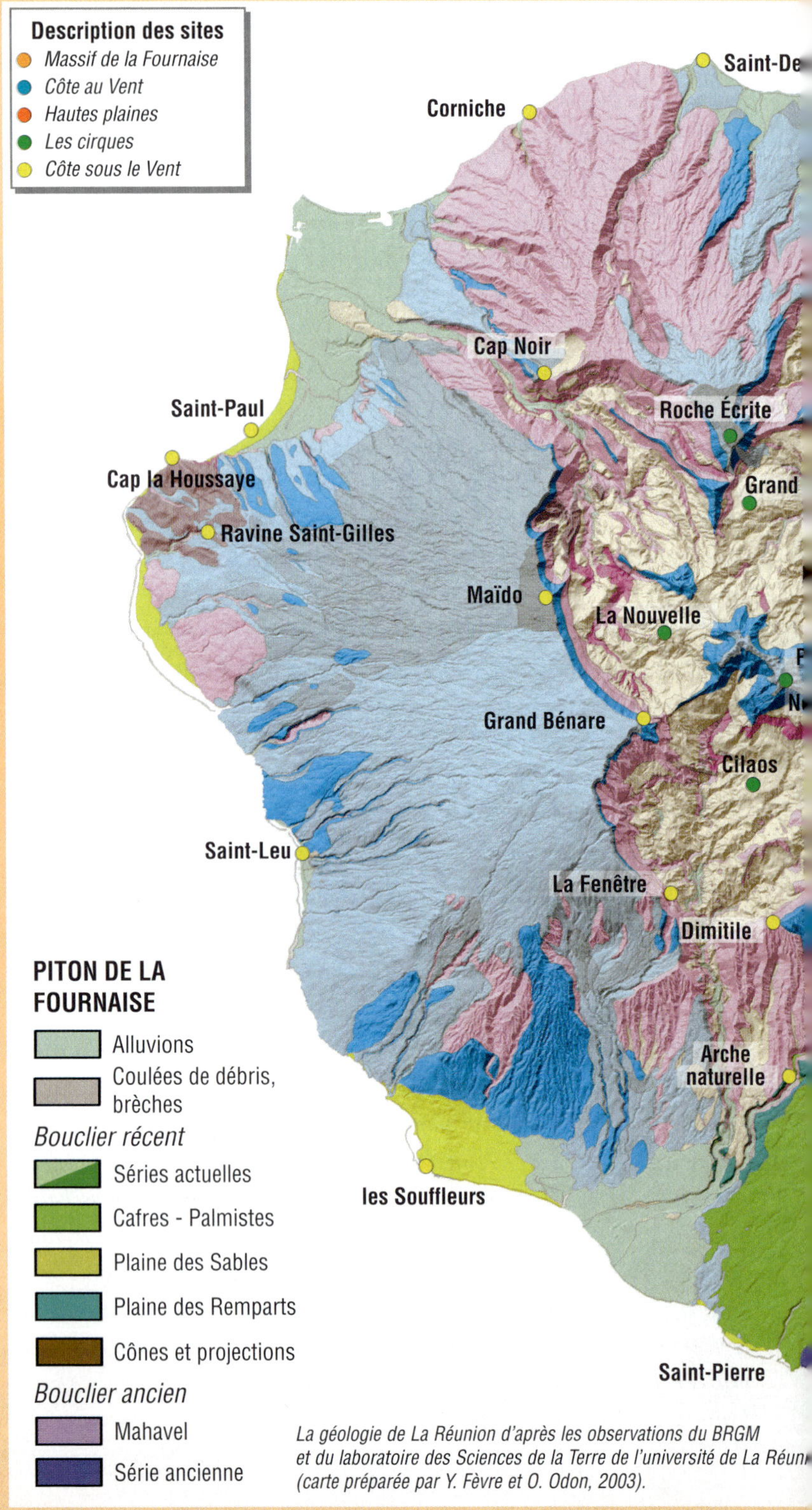

La géologie de La Réunion d'après les observations du BRGM et du laboratoire des Sciences de la Terre de l'université de La Réuni… (carte préparée par Y. Fèvre et O. Odon, 2003).

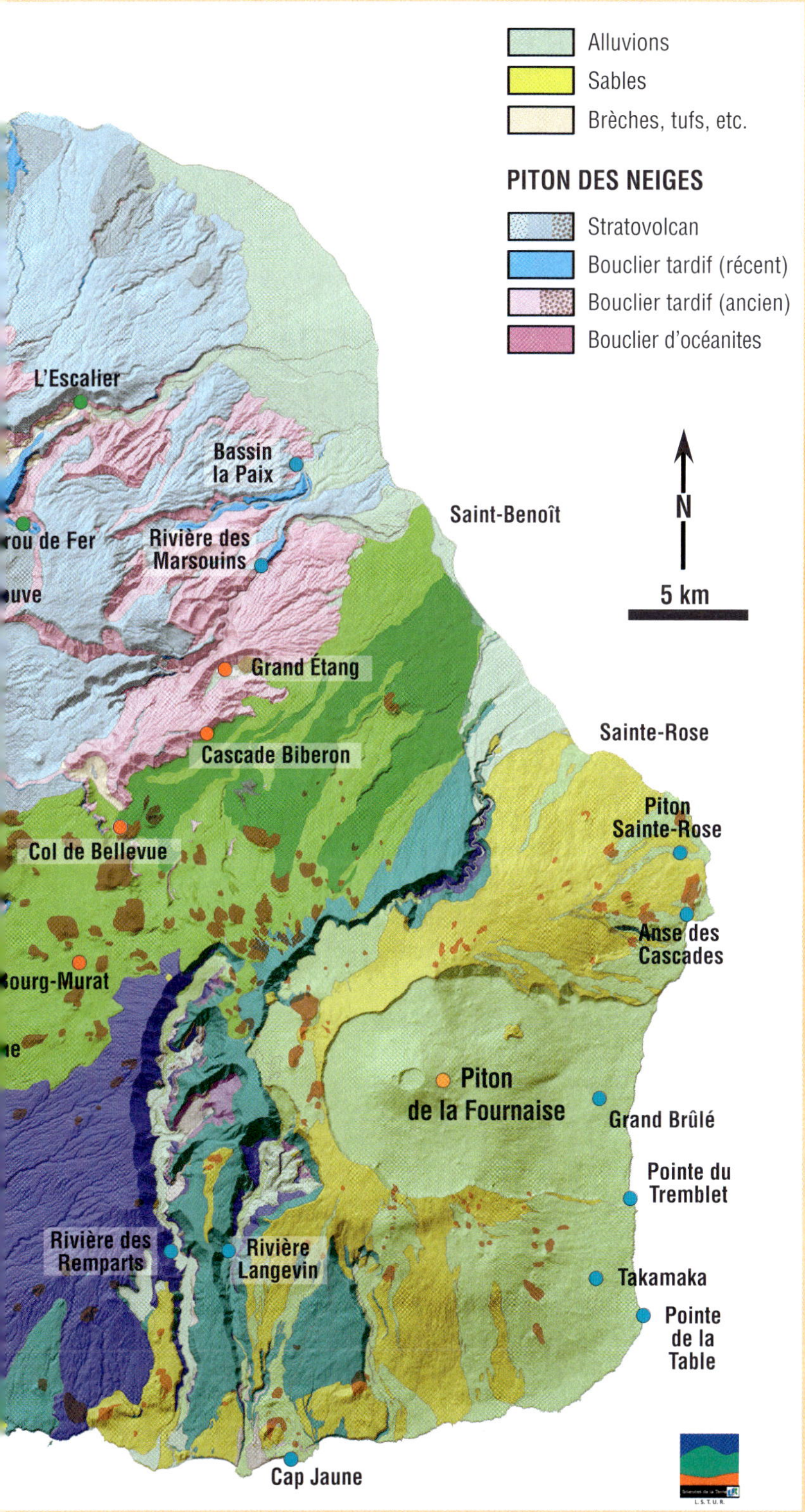

Alluvions
Sables
Brèches, tufs, etc.
PITON DES NEIGES
Stratovolcan
Bouclier tardif (récent)
Bouclier tardif (ancien)
Bouclier d'océanites
N
5 km
L'Escalier
Bassin
la Paix
Saint-Benoît
rou de Fer
Rivière des
Marsouins
uve
Grand Étang
Sainte-Rose
Cascade Biberon
Piton
Sainte-Rose
Col de Bellevue
Anse des
Cascades
ourg-Murat
Piton
de la Fournaise
Grand Brûlé
Pointe du
Tremblet
Rivière des
Remparts
Rivière
Langevin
Takamaka
Pointe
de la
Table
Cap Jaune
L.S.T.U.R.

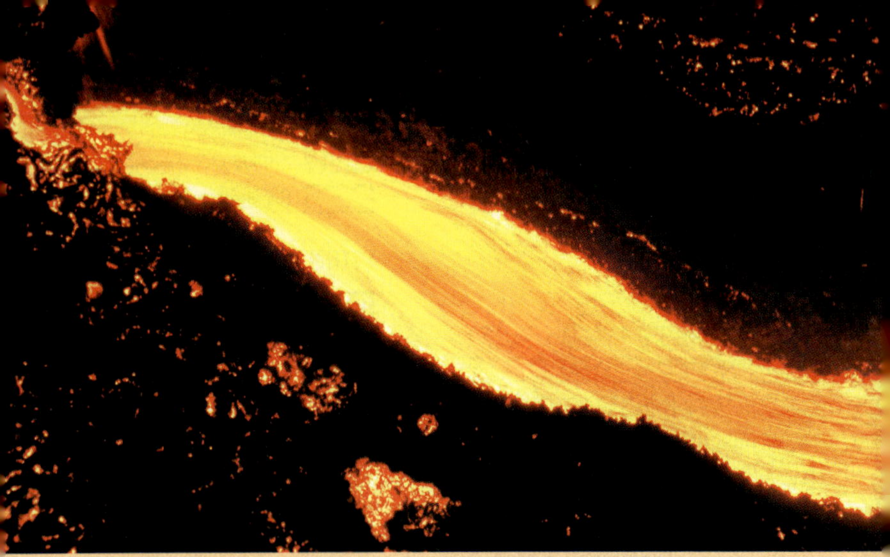

Un torrent de feu : la très grande fluidité des laves du piton de la Fournaise.

N. B. : les sites de La Réunion ne sont pas classés par ordre alphabétique mais regroupés en petites régions au sein desquelles la durée des trajets reste raisonnable compte tenu du relief.

DOCUMENTS

- Cartes géographiques IGN au 1/100 000 (La Réunion) et 1/25 000 : 4402 RT (Saint-Denis, cirques de Mafate et de Salazie), 4403 RT (Saint-Benoît, Saint-André), 4405 RT (Saint-Pierre, cirque de Cilaos) et 4406 RT (piton de la Fournaise). N. B. : leurs numéros sont indiqués entre crochets en tête des rubriques *situation*.
- Éditions BRGM à Orléans : *La Réunion*, P. Bussière, 1967 ; *Carte géologique structurale du département de La Réunion,* G. Billard, 1975 ; *Coulées historiques du piton de la Fournaise*, L. Stieljes, 1986 ; *Carte géologique de La Réunion,* P. Bachèlery, P. Nehlig, P. Mairine, O. Odon et coll., 2006.
- Guides de randonnées : *Le massif de la Fournaise, 10 sentiers de randonnée de découverte du volcan actif de la Fournaise*, Office national des forêts, 1994 ; *Les plus beaux paysages de La Réunion en 80 randonnées*, L. Reynaud, Orphie, 1998 ; *Flore pratique des forêts de montagne de La Réunion*, Azalées éditions, Sainte-Marie, 1998 ; *Itinéraires réunionnais, guide de la randonnée à La Réunion*, Office national des forêts, 2000 ; *Le Guide du piton de la Fournaise, Découvertes et randonnées*, F. Martel-Asselin, B. Grollier, L. Reynaud et J.-L. Allègre, J.-L. Allègre éditeur, Saint-Gilles-les-Bains, 2002.

N. B. : des guides accompagnateurs de moyenne montagne peuvent être engagés à la journée. Il est par ailleurs facile de se faire déposer en un point par taxi ou petit car pour ne pas avoir à effectuer de boucle de randonnée (renseignements dans les syndicats d'initiative, au comité du tourisme de La Réunion ou à la Maison de la montagne, tous deux à Saint-Denis).

2. Le massif de la Fournaise

Sur le territoire français, le piton de la Fournaise n'a nul rival à sa mesure ; ailleurs dans le monde, il n'en a guère non plus. Bien d'autres volcans semblent plus hauts ou plus massifs, mais il en est peu qui soient aussi régulièrement actifs, offrent des vues plus spectaculaires et dévoilent des facettes aussi diverses du volcanisme basaltique. Entre les hautes murailles créées par d'immenses effondrements, c'est une patiente fabrique de montagne que l'on parcourt sur ses pentes. Malgré les attaques des intempéries et de la végétation, on en reconnaît partout les grandes œuvres : laves cordées, drapées, en tripes ou en gratons, sans compter bombes, cendres et pyroclastes divers.

Gravir les 2600 m du volcan à partir de la côte reste toutefois une excursion très éprouvante. Avec l'achèvement de la route menant au pas de Bellecombe, la montée au sommet n'est devenue aisée qu'en 1968 ; c'était auparavant une excursion de trois jours avec guides et porteurs chargés chacun de 50 à 80 kg ! En chemin, cette route procure de vastes vues sur le piton des Neiges et la plaine des Cafres. Elle dessert en outre bien d'autres sites qu'il serait regrettable de manquer, tels le désert de la plaine des Sables et ses grands appareils stromboliens, ou le profond gouffre du cratère Commerson.

Les coulées de lave descendant les pentes hors de l'Enclos représentent le risque le plus manifeste imposé par le piton de la Fournaise. Elles sont toutefois rares, ne s'étant produites que huit fois en plus de trois siècles d'occupation de l'île. Au nombre d'une douzaine, les éruptions de type phréatique ou phréatomagmatique ont été plus fréquentes. À plusieurs reprises, des cendres sont retombées sur les villes et villages voisins du volcan, voire jusqu'à Saint-Denis. En 1860, par exemple, un roulement sourd se fit entendre, « *partout comparable à celui que ferait une charrette chargée d'objets en fer* » rapporta

La procession des touristes vers les cratères un jour d'éruption en 2005.

Joseph-François Hugoulin, un pharmacien de la marine alors en poste à La Réunion. Une trépidation « *assez violente pour produire l'agitation des meubles et des ustensiles* » fut perçue, tandis qu'une « *épaisse colonne de fumée grisâtre* » s'élançait du sommet du volcan. Finalement, conclut Hugoulin, « *le sol était partout jonché de cendres, les plantes en ont entièrement été couvertes, et cette pluie a été générale depuis l'extrémité sud de la commune de St Philippe jusqu'à quelques kilomètres de la ville de St Benoît.* »

Sur une zone débordant très largement des environs immédiats du volcan, une autre menace vient des *cheveux de Pélé* dont on doit sans doute la première description à Bory. Brillant au soleil, ces fibres de verre très minces s'observent couramment au sol en période d'éruption, seulement, car leur fragilité les fait disparaître rapidement. Les cheveux de Pélé sont parfois produits en quantité importante. En raison de leur forte prise au vent, ils peuvent être dispersés à bonne distance du volcan et rendre impropres à la consommation l'herbe des prairies et les plantes cultivées. En 1860, la zone affectée couvrit 600 km^2. En 1890-1891, les cheveux de Pélé gagnèrent la rivière de l'Est. En 1938-1939, ils atteignirent Saint-Benoît, la plaine des Palmistes, Saint-Pierre et même Saint-Leu, et en 2003 Saint-Joseph.

À la lueur rouge d'une éruption.

Avec un peu de chance, il est possible de se trouver sur l'île quand une éruption survient. L'accès au volcan fait alors l'objet de dispositions spéciales en raison des risques inhérents à toute approche de laves en fusion. L'escalier du pas de Bellecombe est fermé par décision préfectorale dès qu'une éruption débute, le temps que les risques soient évalués et que, si besoin, de nouveaux chemins soient balisés par l'Office national des forêts. Pendant plusieurs jours au moins, il est alors frustrant d'être relégué à distance de l'action et de ne pas pouvoir assister aux phases initiales de l'éruption qui sont souvent les plus spectaculaires. Après réouverture de l'Enclos Fouqué, la gendarmerie veille à ce qu'on ne s'écarte pas des itinéraires indiqués. Le nouveau parcours peut être plus éprouvant que les sentiers habituels. Un pantalon solide et de bons gants deviennent indispensables afin, par exemple, de parer aux conséquences de chutes éventuelles sur les gratons.

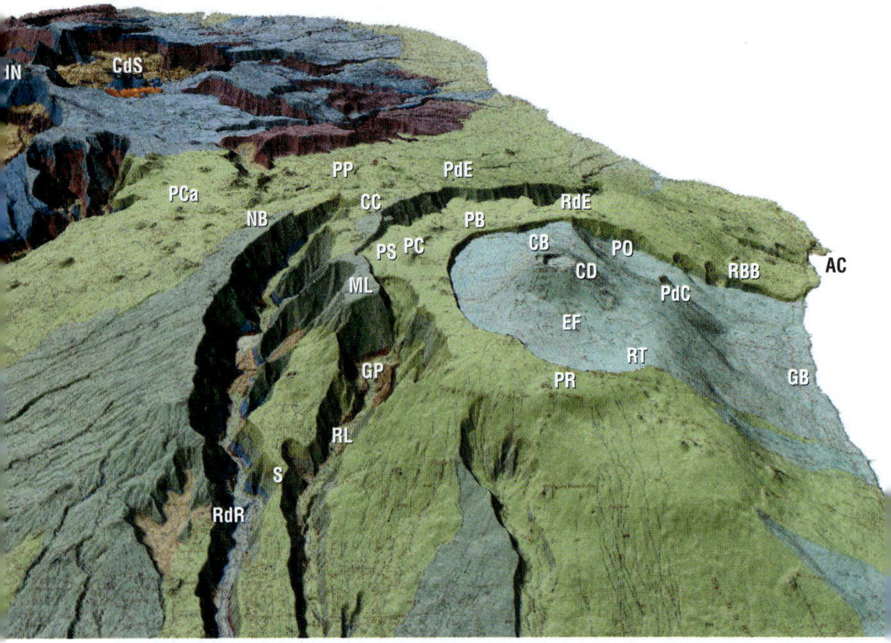

Le piton de la Fournaise : AC : anse des Cascades ; CB : cratère Bory ; CC : cratère Commerson ; CD : cratère Dolomieu ; CdC : cirque de Cilaos ; CdS : cirque de Salazie ; EF : Enclos Fouqué ; GB : Grand Brûlé ; GP : Grand Pays ; ML : morne Langevin ; NB : Nez de Bœuf ; PB : pas de Bellecombe ; PC : piton Chisny ; PCa : plaine des Cafres ; PdC : piton de Crac ; PdE : piton de l'Eau ; PdN : piton des Neiges ; PO : plaine des Osmondes ; PP : plaine des Palmistes ; PR : puys Ramond ; PS : plaine des Sables ; PT : pointe du Tremblet ; RBB : rempart du Bois Blanc ; RdE : rivière de l'Est ; RdR : rivière des Remparts ; RL : rivière Langevin ; RT : rempart du Tremblet ; S : le Serré.

Quand une éruption ne fait que menacer, l'accès au volcan reste autorisé mais des avis de vigilance sont affichés. Une attention particulière est toutefois recommandée car il est arrivé qu'une éruption débute quasiment sous les pas de randonneurs ! Dans cette situation, il peut être conseillé d'éviter le sentier de la Soufrière et de n'emprunter que celui du cratère Bory. Quelles que soient les circonstances, une grande prudence est de mise vers le sommet du volcan. À tout moment, le temps peut changer sans prévenir et punir les imprudents qui s'écarteraient des sentiers balisés. Surplombant souvent les nuages, la partie haute du volcan peut toutefois faire déroger à la règle suivant laquelle il faut partir tôt en randonnée. Dans l'Enclos Fouqué et la plaine des Sables, les lumières de fin d'après-midi révèlent alors des reliefs subtils et des palettes de teintes d'une grande délicatesse…

Cratère Commerson

Cratère d'explosion (alt. 2223 m) — Si les portes de l'enfer se trouvaient à La Réunion, nul doute qu'il faudrait les chercher au cratère Commerson ! Planté devant le majestueux panorama formé par le piton des Neiges et la plaine des Cafres ce trou sombre à l'aspect désolé, voire sinistre, est profond de 120 à 256 m et large de moins de 200. Ses bords sont tellement abrupts qu'il vaut mieux venir en milieu de journée, quand le Soleil est au zénith, pour bien discerner la végétation qui tapisse son fond pentu. Latéralement, il communique avec la **rivière des Remparts** par une ouverture bien visible à partir de la pente Zézé, un peu plus bas sur la route du volcan. De part et d'autre de ce trou, l'empilement de laves semble avoir été poinçonné par de violentes explosions, celles qui ont justement taillé à l'emporte-pièce le cratère Commerson. Le belvédère situé au bord même du gouffre en donne une vue imprenable. Ce cratère commémore le nom d'un compagnon de Bougainville, le médecin botaniste **Philibert Commerson** (1727-1773) qui le décrivit en 1771. Une visite de dix-neuf jours au volcan lui fit alors admirer comment la nature avait établi à Bourbon « *ses fourneaux et ses laboratoires pyrotechniques* »...

Le cratère Commerson et les anciens empilements de laves qu'il a percés à l'emporte-pièce. La fissure éruptive se devine sur la gauche.

Géologie. « *Les parois du cratère et celles de la rivière qui y sont adossées,* nota Bory de Saint-Vincent, *sont composées de couches inégales de laves basaltiques, divisées en prismes perpendiculaires qui sont de la plus grande régularité.* » Et notre naturaliste ajouta fort justement : « *D'après la disposition des lieux, on est autorisé à croire que le cratère Commerson est le résultat d'une explosion qui se fit jour à travers le sol basaltique* ». Celle-ci se produisit en effet en l'an 125 (± 74) de notre ère et laissa un cratère qui représente le vestige le plus évident d'une **éruption phréatomagmatique** dans le massif. Le cratère a la particularité d'avoir une forme oblongue, et non conique. Il est entouré d'une bordure, haute de 1 à 15 m seulement, faite de projections soudées (grises) ou meubles (rouges) surmontant des lapilli. Entre ces deux niveaux se trouvent des formations cendreuses et des blocs qui témoignent d'un épisode phréatique durant l'éruption. Sur les parois même du cratère se remarque en outre un placage irrégulier de lave indiquant un bref remplissage par le magma.

Le cratère s'intègre dans une fissure de direction 145° N, toute proche de la vallée de la rivière des Remparts, le long de laquelle se trouve plus bas le vaste entonnoir ouvert vers l'extérieur du **Trou Fanfaron**, puis une bouche d'émission de lave située en bas de la vallée. L'éruption débuta de manière effusive le long de cette fissure, sur le plateau seulement, puis prit un tour plus explosif quand la fissure gagna la vallée de la rivière des Remparts. Par un effet de trompe à eau, l'eau des nappes phréatiques fut aspirée dans ce milieu chaud où elle induisit les explosions phréatomagmatiques qui ont créé le cratère Commerson et le Trou Fanfaron. À la suite d'une augmentation de son débit, la lave remplit ensuite partiellement les deux cratères avant d'être évacuée par la fissure. Mais c'est par son point le plus bas que l'essentiel de la lave fut en fin de compte émis, après dégazage dans la partie haute du système. L'important volume de magma mis en jeu lors de cette éruption est attesté par les 22 km qu'a parcouru la coulée dans le lit de la rivière des Remparts avant d'atteindre la mer. C'est la plus longue coulée de l'île encore bien observable.

Situation [4406 RT]. En bordure de la RF 5, à 14 km à l'E de Bourg-Murat.

Morne Langevin

Promontoire (alt. 2380 m) – Formant saillie à l'extrémité sud de la plaine des Remparts, le morne Langevin est prétexte à une des plus reposantes randonnées du massif. Un sentier quasiment plat y conduit, en surplombant, à l'est, la **plaine des Sables*** et les cascades figées de laves tapissant, à son extrémité est, l'amphithéâtre qui marque le début de la descente vers la vallée où coule 1 000 m plus bas la rivière Langevin ; à l'arrière-plan se profilent des **cônes stromboliens** plus ou moins grands, tels le piton Rouge (2 368 m) et le piton Hubert (2 337 m), et surtout l'imposante masse des hauteurs du volcan. En chemin, les grandes **planèzes** du piton des Neiges se découvrent à

Vu de Saint-Joseph, le morne Langevin, extrémité sud des empilements de lave de la plaine des Remparts aujourd'hui en relief inversé.

l'ouest. Du morne lui-même, la vue porte au sud sur le **Grand Pays** dans les ravines duquel, plus de 1 500 m en contrebas, la **rivière Langevin** rassemble ses eaux ; en toile de fond, se trouvent quelques îlets et la mer. En bref, c'est un remarquable concentré de vues panoramiques que procure une promenade au morne Langevin, en un minimum de temps et sans aucun risque de courbatures !

Géologie. Le morne Langevin se fait lui-même très discret tout au long de la promenade. La raison est que ce morne n'est pas un ancien point de sortie de lave, mais l'extrémité un peu saillante des dernières **grandes coulées** qui ont constitué la plaine des Remparts. Elles le firent à une époque comprise entre 150 et 40 ka pendant laquelle débuta la construction du bouclier récent. Ces laves provenaient de points de sortie situés entre l'actuelle plaine des Sables et le pas de Bellecombe. Dans le lit des ravines peuvent être échantillonnés des cristaux d'olivine et, parfois, de pyroxènes libérés par l'altération de cendres de Bellecombe.

Situation [4406 RT]. Au bout du sentier qui débute au pas des Sables, à 17 km de Bourg-Murat sur la RF 5 juste avant la descente dans la plaine des Sables (90 minutes A/R ; dénivelé : 100 m).

Nez de Bœuf

Belvédère (alt. 2136 m) — Pour qui ne connaît pas encore les cirques réunionnais, le Nez de Bœuf fait découvrir les à-pics véritablement vertigineux de l'île (table d'orientation). Premier arrêt obligé sur le chemin du volcan, ce

Les très hautes falaises de la rivière des Remparts, du Nez de Bœuf à la mer.

site dévoile les falaises hautes de 900 m que la **rivière des Remparts** a créées sur des kilomètres en taillant son lit à travers les empilements de laves du piton de la Fournaise. Cette saignée profonde faite dans les flancs du volcan se découvre peu après un virage qui fait disparaître les dernières vues sur le **piton des Neiges***, au nord.

Tournée vers le sud, la vallée descend vers Saint-Joseph, 22 km plus loin. C'est au tiers de son parcours que se produisit en 1965 le grand **effondrement du Bras de Mahavel,** au cours duquel des blocs allèrent buter 5 km plus loin en aval sur la rive droite de la rivière des Remparts. Le danger créé jusqu'à Saint-Joseph par le lac de barrage ainsi formé n'a été vraiment éliminé qu'en 1976, quand un lit a été recréé par l'armée… Le souvenir de cet accident est conservé par une cicatrice encore bien visible dans la falaise et par les importants dépôts abandonnés au confluent des deux vallées que l'on distingue du Nez de Bœuf. Ces dépôts mal consolidés peuvent être facilement remaniés. En 1989, les eaux du cyclone Firinga en redéposèrent par exemple une partie dans la vallée de la rivière des Remparts.

Géologie. Pour accomplir sa besogne, la rivière des Remparts s'est aidée d'une muraille déjà créée, celle de la première **caldeira** du piton de la Fournaise, dont la position n'est cependant pas très bien connue. Cet effondrement date de 290 ka environ, comme l'indique l'âge de laves qui ont été entaillées par la rivière des Remparts près de Notre-Dame-de-la-Paix, dans les hauts de la plaine des Cafres. La création de la caldeira barra le chemin du versant occidental aux coulées de laves du piton de la Fournaise qui s'y étaient auparavant empilées par centaines pendant une période remontant à 530 ka. Une rivière put ainsi se creuser. Il y a plus de 220 ka, une **coulée de boue** vint barrer sa vallée à hauteur de l'actuel village de Roche Plate. Ces dépôts furent ensuite recouverts par des laves qui constituèrent en particulier la plaine des Remparts, entre 110 et 65 ka, avant de venir s'accumuler dans la vallée. Il y a 65 ka, la création de la caldeira des Sables isola à son tour la partie O de la plaine des Remparts. À l'exception de quelques épanchements périphériques, comme ceux du cratère Commerson*, rien n'est venu, depuis, contrarier l'action d'une érosion qui sculpte des vallées grandioses.

À 200 m à l'O du Nez de Bœuf figurent par ailleurs les deux grands cratères des **Trous Blancs** d'où s'épanchèrent deux coulées il y a 6 000 ans environ. Formant une courte langue, l'une s'épancha vers Bois Court alors que l'autre s'étala uniformément sur les pentes du massif pour gagner Saint-Pierre en passant par Bourg-Murat et Le Tampon.

Situation [4406 RT]. Sur la RF 5, à 8 km de Bourg-Murat.

Piton Chisny

Volcan strombolien (alt. 2 439 m) — C'est par une fin d'après-midi ensoleillée qu'il faut gravir le piton Chisny et parcourir sa longue arête. La palette de teintes grises, bistres, ocres ou rouges de ses flancs se découvre alors dans toute sa richesse. Du côté du volcan, les **cratères Aubert de la Rüe** (2 352 m), également connus sous le nom de **Gueules Rouges,** montrent leurs bouches béantes. Vers le sud, la vue peut porter jusqu'aux puys Ramond* et à Saint-Joseph. Vers l'ouest, ce sont les sommets du piton des Neiges* qui se dévoilent, le plus souvent au-dessus d'un océan de nuages.

De la route, le piton Chisny se présente comme une haute et paisible sentinelle campée à la sortie de la **plaine des Sables***. Du côté est, il révèle toutefois une personnalité plus inquiétante. Avec ses acolytes les cratères Aubert de la Rüe, il a constitué une bien lugubre association : à perte de vue s'offre au regard un **chaos** de roches fracturées, tordues ou déchiquetées. Dans tout le massif, il n'est guère d'endroit où des laves aient autant été torturées à leur point de sortie ! Bory nota lui-même à ce sujet : « *Si quelques*

La longue crête du piton Chisny, vue du nord, inhabituellement saupoudrée de neige (août 2003). À l'arrière-plan, un immense chaos de coulées.

voyageurs visitent les mêmes lieux, je leur conseille d'éviter ce courant [cette coulée] *qui est affreux, hérissé, fort large et plein de crevasses* »... Et, avec des épanchements qui ont gagné la mer il y a tout juste mille ans, le piton Chisny montre qu'un événement lourd de conséquences pour les habitants de Grand Galet, et aussi de Langevin, ne peut pas être exclu.

Le piton fut nommé par Bory en l'honneur de l'ingénieur Chisny qui dressa au XVIIIe siècle la première carte convenable des côtes de Bourbon. Volcanologue, naturaliste et écrivain, Edgar Aubert de la Rüe (1901-1992) fut quant à lui l'un des géologues les plus aventureux de son siècle. Son portrait est brossé dans le chapitre sur l'archipel des Kerguelen auquel il consacra sa thèse, avant d'aller explorer la Polynésie, entre autres...

Géologie. Dominant de 140 m la plaine des Sables, le piton Chisny est un **édifice strombolien** typique. Selon l'âge de bois carbonisés par ses produits, il s'édifia en l'an 970 de notre ère. Dans les flancs de ce contemporain d'Hugues Capet se mêlent scories consolidées ou soudées, bombes et laves massives ou bulleuses. De petits **tunnels de lave**, hauts de 1,5 m, peuvent aussi être suivis sur une dizaine de mètres dans les coulées descendant vers la plaine des Sables et la rivière Langevin. Au cours de sa remontée rapide, le basalte a emporté et fragmenté des **cristaux d'olivine** qui s'étaient agglomérés dans de vieilles chambres magmatiques. Ces grains sont mêlés aux produits de la plaine des Sables, les plus gros se trouvant sur les flancs mêmes du piton. Les scories consolidées forment une carapace qui, par le jeu de l'érosion, se retrouve parfois en surplomb comme dans les autres appareils de la plaine des Sables. Les véritables points de sortie des coulées furent toutefois situés à l'emplacement des cratères Aubert de la Rüe. Quant aux variations de teintes des produits du piton, elles sont le fait d'oxydations locales dues à des fumerolles en fin d'éruption. Celles-ci ont même oxydé les agrégats d'olivine et de pyroxènes.

Trois phases d'ampleur décroissante ont été distinguées. Le piton Chisny s'est édifié lors de la première au cours de laquelle des blocs de 60 à 80 cm de taille ont été projetés du côté O du cône. Les fontaines de lave furent alors si puissantes que les scories ont dû se souder dès leur retombée au sol. Mais le principal vestige de cette phase est la très importante coulée qui s'épancha au S et à l'O de la plaine des Sables, puis dévala les pentes très raides menant au Grand Pays, avant de tapisser le fond de la vallée de la rivière Langevin jusqu'à la mer, 18 km plus loin, et d'édifier le promontoire de la pointe de Langevin. La seconde phase fut marquée par des basaltes plus visqueux et plus riches en cristaux. Les laves s'écoulèrent à la fois vers le S, en recouvrant celles de la première phase, et vers le N pour cascader dans la rivière de l'Est au pied du plateau des Basaltes. Au cours du dernier épisode, marqué par de plus faibles quantités de lave, les cratères Aubert de la Rüe apparurent enfin au point de sortie. Ces « cratères » sont en réalité des **cônelets** au profil abrupt, hauts de 50 m seulement, formés de scories soudées. Les fontaines durent être moins hautes car les laves ne sont plus couvertes de scories.

Les laves du piton Chisny ont une composition très proche de celle du liquide primaire qui alimente l'ensemble du massif. Provenant de chambres profondes, le magma est remonté rapidement vers la surface. Il était donc riche en gaz qui donnèrent naissance à de hautes fontaines. Ces traits ont conféré à l'éruption du piton Chisny une importance particulière. Par extension, on emploie ainsi l'expression « de type Chisny » pour décrire ailleurs les épisodes caractérisés par un magma primaire et un dynamisme violent.

Situation [4406 RT]. À partir du parking situé du côté E de la plaine des Sables, suivre sur 500 m au moins le GR R2 vers le S avant de se diriger vers les cratères Aubert de la Rüe et le piton Chisny ; ne pas tenter de « couper » en raison d'un terrain difficile ; prendre garde aux profondes cavités des cratères Aubert de la Rüe. Option préférable : se garer sur la route forestière entre le Demi-Piton et le piton Chisny, d'où la montée jusqu'au sommet est la moins raide.

Piton de l'Eau

Lac de cratère (alt. 1 887 m) – Sur les flancs du piton de la Fournaise, le piton de l'Eau semble un banal petit **cône strombolien** comme il y en a tant tout autour du volcan. Il se distingue toutefois par le délicieux petit **étang,** bordé d'un liseré blanc d'arums pendant le printemps austral, qui occupe son cratère. À proximité de

L'étang du piton de l'Eau et sa bordure printanière d'arums.

l'univers aride des sommets, c'est un havre inattendu de vie et de fraîcheur. Loin de la violence qui présida à leur formation, et qui imprègne encore non loin de là le site du cratère Commerson*, ces lieux ne respirent plus que calme et tranquillité. La piste qui descend vers le piton procure une vue lointaine sur la côte nord-ouest de l'île, 2 000 m plus bas. Dans sa partie basse, elle longe des prairies où sonnent les cloches de vaches salers et limousines.

Géologie. Le piton de l'Eau est un des nombreux appareils stromboliens situés au N du rempart de la rivière de l'Est. Son étang permanent a pour particularité d'être le seul de La Réunion à être installé dans un cratère. Il ne donne naissance à nul ruisseau car les apports d'eau de pluie sont compensés par l'évaporation. Un fond argileux imperméable a été créé ici par altération de cendres, dites de Bellecombe, qui sont venues se déposer dans le cratère il y a 4 700 ans. La particularité de cette imperméabilisation est donc d'avoir une origine externe. L'âge du piton de l'Eau n'est pas connu. On peut néanmoins dire qu'il est plus ancien que celui de ces cendres. Assez primitives, les laves ont une origine profonde qui a conféré un dynamisme plus violent à l'éruption du piton de l'Eau qu'à celles des appareils situés à l'intérieur de l'Enclos Fouqué.

Situation [4406 RT]. Près de la RF du piton de l'Eau, qui joint la RF 5 au SE du piton Textor à 12 km de Bourg-Murat*. Départ de la RF 5 (4 heures A/R) ou, 5 km plus loin, de la barrière située sur la RF du piton de l'Eau (2 heures A/R). Dénivelé de 200 m dans les deux cas.

Piton de la Fournaise

Volcan bouclier (alt. 2632 m) – Pièce de résistance incontestable de ce chapitre, la partie haute du piton de la Fournaise est dépeinte dans les pages suivantes en trois rubriques afin d'en faciliter la découverte. Pour d'évidentes raisons géographiques, la partie basse du volcan, du côté de l'océan, est en revanche décrite dans la section consacrée à la Côte au Vent tandis que ses contreforts occidentaux le sont dans celui des hautes plaines.

Le volcan : un enfer bien gardé

Bory de Saint-Vincent éprouva quelque peine à rassembler une escorte quand il entreprit de gravir le sommet du volcan. Vous trouverez, lui opposa-t-on, « *des fractures qu'on ne peut franchir, des cendres profondes et mobiles, dans lesquelles on risque de disparaître, enfin, peut-être, la mort dans quelque courant embrasé, échappé des flancs de la montagne.* » Pas un chasseur n'en était encore revenu, lui fut-il affirmé, alors que ses domestiques, « *découragés par tout ce que les esclaves du canton leur racontaient, témoignaient la plus grande terreur* ». L'un des domestiques

Le volcan et son nappage irrégulier de coulées de lave vus des airs : les cratères, l'Enclos Fouqué, le Grand Brûlé, la plaine des Osmondes et la protubérance du piton de Crac.

objecta même « *que le volcan était le patrimoine du diable; que c'était la bouche de l'enfer; qu'il était d'autant plus dangereux pour nous d'y monter, que les blancs n'en revenaient plus, les démons les réduisant en esclavage, les employant à creuser la montagne, à diriger les courants de laves, et à attiser le feu sous les ordres de commandeurs noirs; enfin que ceux-ci ne leur épargnaient pas plus les coups de fouet, qu'on ne les épargne aux esclaves dans le reste de l'île.* » Bory crut d'abord que ces réflexions n'étaient que traits d'esprit. Mais le même récit lui fut conté par d'autres Nègres, certains assurant même « *avoir vu de loin des troupeaux de blancs, la pioche à la main, obéir aux ordres du démon, que leur transmettaient des cafres armés de verges* » !

Une étonnante collection de murailles : les cratères Dolomieu et Bory, puis les remparts de Bellecombe et des Sables. À l'arrière-plan, la dépression de la plaine des Cafres, la longue crête du Grand Bénare et le piton des Neiges. État des cratères avant l'effondrement du Dolomieu en avril 2007.

L'effroi suscité par le volcan était justifié. Peu de monts sont en vérité aussi affreux, au sens propre du terme. Sur ses flancs règnent avant tout désolation et danger. Par l'intérieur, les murailles vertigineuses de la rivière des Remparts, de la rivière de l'Est et enfin de l'Enclos Fouqué, représentent autant d'obstacles formidables. Des esprits naïfs pouvaient les prendre comme des barrières s'opposant aux pensionnaires de l'enfer qu'il était naturel de situer en la fournaise… À partir de la côte, comme le fit Bory une première fois, l'ascension était également éprouvante, en raison surtout d'un manque de points d'eau. Mais notre naturaliste n'eut pas à regretter ses efforts. S'il ne fut pas le premier à gagner le sommet du volcan, il eut la chance, lors de sa première montée, de voir jaillir « *deux gerbes contiguës de matières ignées, dont les vagues tumultueuses, lancées à plus de vingt toises d'élévation* » s'entrechoquaient, brillaient « *d'une lumière sanglante* », et émettaient un bruit continu qui remplissait « *l'âme d'épouvante et d'admiration.* »

Cet immense « *abîme elliptique* » au fond duquel se déroulait l'éruption fut nommé en l'honneur de Déodat de Gratet de Dolomieu, un grand pionnier de la volcanologie qui venait de disparaître précocement. Sans fausse modestie, Bory accepta la proposition faite par son compagnon Jouvancourt de donner son nom à un autre cratère, alors profond de 200 m et étendu sur 200 m par 260 m. Il appela lui-même piton de Jouvancourt une pointe de rempart au nord de la plaine des Osmondes. Bory laissa ainsi la première description précise du volcan et en nomma les principaux reliefs. Lors d'une seconde ascension, Bory eut surtout le privilège d'observer un lac de lave qui remplissait le cratère Dolomieu. En son centre, *« s'élevaient en dôme et retombaient sur eux-mêmes, des flots de laves liquides et en incandescence, tandis que toute la surface de la chaudière était un peu ternie par une couche de scorie fort mince. »*

Le lac s'est depuis longtemps évanoui. Les cratères ont connu une histoire ponctuée de multiples rebondissements au gré d'éruptions qui se sont déroulées en leur sein ou qui y ont débuté avant de poursuivre leur cours plus bas sur les flancs du volcan. Dans cette longue suite de péripéties, l'épisode tumultueux le plus récent a eu lieu en avril 2007 quand, peu après avoir été finalement comblé, le cratère Dolomieu s'est effondré l'espace d'une longue journée. Un profond gouffre s'est alors recréé au milieu des sombres panaches de poussière d'une éruption phréatique. De là vont jaillir de nouvelles laves qui devraient d'abord s'accumuler en lac, faute de place et de pentes pour s'épancher en coulées, puis peu à peu remplir le nouveau gouffre et en consolider les parois.

Des manifestations moins paisibles que de grands épanchements de laves sont aussi possibles. Dans le passé, des éruptions phréatiques ou phréatomagmatiques ont été observées en 1766, 1791, 1802, 1812, 1860, 1961 et 1986. L'éruption phréatomagmatique de 1791 fut en réalité l'une

Le cratère Dolomieu en pleine activité, tel que le représenta Bory de Saint-Vincent.

Patine d'oxydation, irrisations, dépôts soufrés et sulfatés à la surface des laves du piton de la Fournaise.

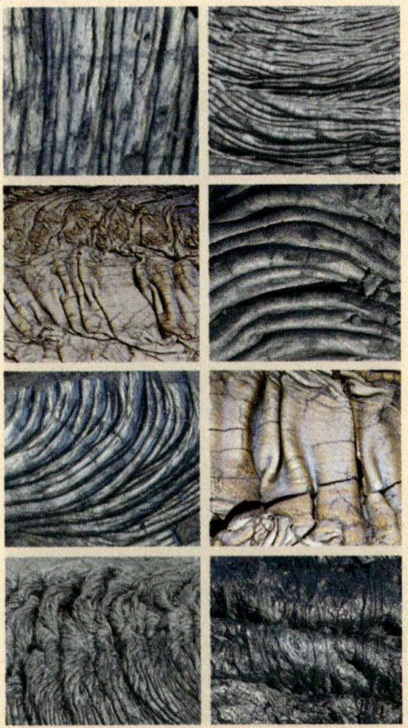

Cordes, plis et tresses : les formes étranges prises par des laves du piton de la Fournaise.

des toutes premières au monde à être décrite. « *Dans la matinée du 14 juillet on vit, de plusieurs quartiers, vers l'endroit de la Fournaise, une fumée monstrueuse, épaisse, et aussi noire que la montagne,* rapporta alors l'artilleur Alexis Bert. *Elle était remarquable, dans son milieu, par des places plus blanches ; elle avait d'abord formé une grosse colonne verticale qui s'est ensuite rabattue sur les côtés, de manière que le tout formait un arc cherchant à appuyer ses deux extrémités sur la terre, et soutenu dans son milieu par la colonne verticale ; au Bois Blanc, on vit le soleil fort rouge, le ciel était obscurci par une fumée épaisse, on y entendit dans cette même matinée, une explosion de la Fournaise, imitant un fort coup de canon.* » C'est pourquoi, ajouta Bert, cette éruption jeta des habitants de l'île « *dans la plus grande consternation* ». Et comme ceux-ci « *n'avaient rien vu de pareil depuis leur séjour dans la colonie* », ils craignirent une catastrophe analogue à celle qui ruina Pompéi…

Le piton de la Fournaise est en réalité un volcan actif mais fantasque. Depuis le début de la colonisation en 1640, il s'est manifesté tous les dix mois en moyenne. Il lui est aussi arrivé de rester silencieux pendant six ans ou, comme en 1985, de connaître cinq éruptions en une seule année. La durée d'une éruption est également très irrégulière, variant de quelques heures à plus de 6 mois. Il est cependant deux fois plus fréquent qu'une éruption ne dure qu'un jour ou deux (25 % des cas) que plus de deux mois et demi (12 %). Une autre irrégularité préside aux intervalles séparant deux éruptions : entre 1931 et 1986, 25 % d'entre eux furent inférieurs à 2 mois alors que 30 % furent plus longs qu'une année. Le volume total de magma émis varie d'un facteur 3 000, de 40 000 à 130 millions de mètres cubes, avec un débit journalier qui peut atteindre 2 millions de mètres cubes. Ce débit tend à être le plus faible pour les éruptions les plus longues. La plupart des coulées sont courtes. Dix-sept d'entre elles seulement ont atteint la mer entre les années 1640 et 2005, la plus longue après un parcours de 9 km. Les superficies couvertes par la lave sont donc assez réduites, ne dépassant pas quelques centaines d'hectares.

Géologie. D'intéressantes relations existent entre fréquence, durée et importance des éruptions. Les intervalles de repos les plus longs suivent des périodes où les éruptions ont été anormalement fréquentes, alors que le volume de lave émis tend à être plus important quand l'éruption a été précédée par une longue période de repos. De telles corrélations s'accordent avec l'hypothèse que le magma s'accumule dans des chambres magmatiques relativement superficielles, profondes de 1 à 5 km, parfois de 10 km, d'où il est émis. La capacité des chambres serait de l'ordre de 30 millions de mètres cubes seulement, de sorte qu'une partie du magma proviendrait directement de réservoirs plus profonds lors des plus grandes éruptions.

L'ascension de magma en profondeur induit en général un gonflement du sommet du piton de la Fournaise de quelques décimètres. Ne pouvant se déformer de manière élastique, l'énorme masse de basalte tend à se fracturer à partir des chambres. Apparaissent alors des fissures dont la largeur va de 20 cm à 2 m (typiquement 50 cm), par lesquelles le magma achève sa montée. Ces fissures éruptives sont disposées en rayons et en anneaux par rapport au sommet du

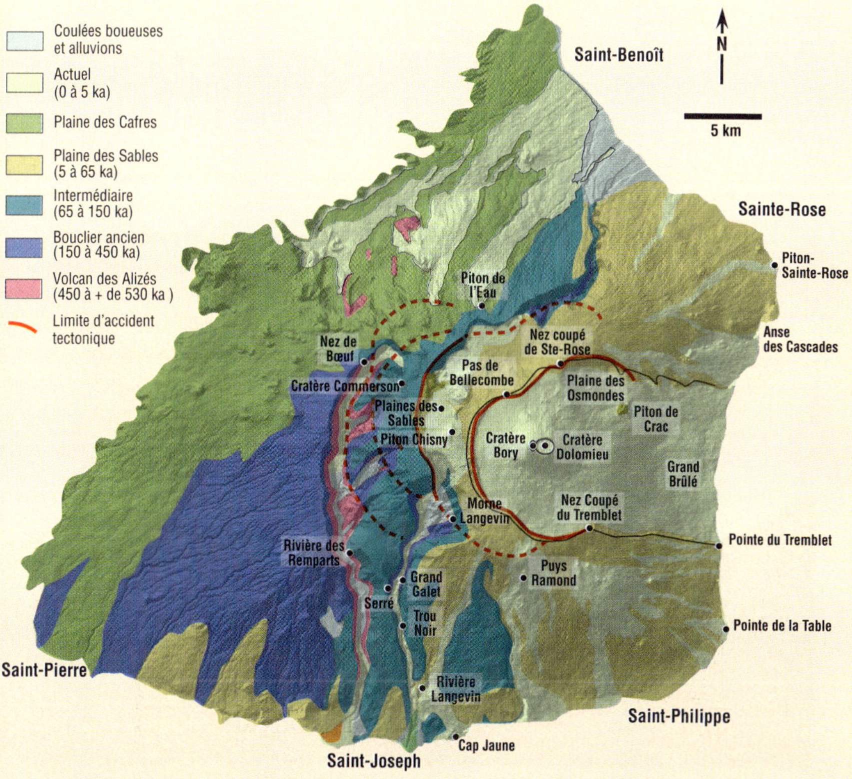

Le massif de la Fournaise. Noter les coulées de lave assez récentes dans des régions aujourd'hui habitées et l'emboîtement des caldeiras successives et leurs relations avec les laves des différentes périodes (P. Bachèlery et P. Mairine).

volcan. Elles se concentrent le long d'un arc assez large allant de Saint-Philippe à Sainte-Rose en passant par le sommet du volcan, une zone de faiblesse résultant des forces d'extension liées à l'immémorial mouvement de glissement du flanc oriental vers la mer. Comme l'ont montré des mesures GPS, les éruptions conduisent à déformer peu à peu l'édifice, le bord du cratère Dolomieu s'étant par exemple déplacé de 2 m vers l'est entre 1995 et 2005. La forme oblongue d'orientation E-O du sommet du volcan, pourrait résulter du fait que les injections de magma allongent la zone sommitale dans cette direction.

Quand elles se produisent dans ou à proximité du cratère Dolomieu ou encore en haut du flanc est du volcan, les éruptions prennent place à l'aplomb des conduits d'alimentation. Ces éruptions dépassent rarement trois semaines, mais elles se poursuivent souvent plus bas après une courte pause. Chaque phase débute par l'ouverture d'une fissure qui se segmente parfois en tronçons un peu décalés les uns par rapport aux autres. Témoignage d'un dégazage puissant, un magma très fluide jaillit en grandes fontaines sur tout ou partie seulement de leur longueur et n'élève que de petits tas de scories ou des murets de laves. L'activité tend ensuite à se stabiliser, souvent au point le plus bas de la fissure éruptive où se forme un cône d'éclaboussures haut de 50 m au plus.

La manière dont le magma progresse en profondeur le long de l'arc Sainte-Rose – Saint-Philippe est illustrée par l'éruption hors Enclos de 1986. Le 19 mars, une fissure s'ouvrit vers 1 750 m d'altitude, à 600 m environ du Nez Coupé du Tremblet; elle libéra en quelques heures 0,5 million de mètres cubes de lave avant de se tarir. Dans la nuit, une seconde fissure apparut 800 m plus bas hors Enclos, au-dessus du piton de Takamaka* ; le gros des laves de l'éruption en sortit et forma deux langues distinctes dont l'une gagna la mer. Une troisième fissure se forma ensuite le 23 mars près du rivage, dans le prolongement de la seconde. La lave qui s'en écoula jusqu'au 30 mars était complètement dégazée car c'est par la seconde fissure que les gaz continuèrent à s'échapper, seuls, sans lave. Enfin, l'éruption se termina abruptement le 30 mars quand un effondrement créa un cratère-puits profond de 80 m au sein du cratère Dolomieu et qu'une éruption phréatique s'ensuivit. Quant aux manifestations phréatomagmatiques, elles semblent débuter par des éruptions « normales », latérales ou terminales. C'est par les perturbations exercées sur le système phréatique que la vidange de chambres superficielles provoquerait ensuite des arrivées brutales d'eau dans les conduits magmatiques. Les explosions seraient alors dues à l'ébullition de l'eau et à la violente détente de la vapeur ainsi formée.

Un monde de laves : l'Enclos Fouqué et le sommet du volcan. La disposition des coulées récentes (brunes) illustre l'existence d'une zone de faiblesse par où les laves remontent préférentiellement vers la surface.

Pas de Bellecombe et Enclos Fouqué

Le **rempart de Bellecombe** est la dernière muraille du piton de la Fournaise. Il honore le gouverneur de l'île de 1767 à 1773, qui ne prit pourtant pas le risque de le franchir pour descendre dans l'Enclos. (Bellecombe n'était cependant pas un couard, puisqu'il s'illustra ensuite vaillamment en défendant Pondichéry…) Du côté nord du rempart, le **pas de Bellecombe** (2 353 m) est le terme de la route menant au volcan (table d'orientation). De là se dévoile l'immense cône de lave qui s'élève au milieu de l'**Enclos Fouqué** et constitue l'actuel sommet du piton de la Fournaise.

Délimité par une muraille haute de 200 m environ, l'Enclos est une plate-forme circulaire d'une dizaine de kilomètres de diamètre qui représente sans doute la dernière caldeira du volcan. Au loin, du côté de l'océan, il a perdu ses murailles et donne sur des **Grandes Pentes** au nom évocateur. L'Enclos semble ainsi se perdre à l'infini, ou se fondre avec le ciel, du moins quand les nuages ne s'accrochent pas à hauteur de la forte rupture de pente qui conduit au Grand Brûlé*. Il commémore le nom du géologue Ferdinand Fouqué (1828-1904), dont la fille, elle-même passionnée de géologie, épousa le volcanologue Alfred Lacroix.

Témoignage de l'activité du volcan, la moitié de l'Enclos a été couverte de nouvelles laves au cours des trente dernières années, les plus récentes tranchant par leur teinte sombre. À la manière de pièces de patchwork, les coulées de près de 250 éruptions ont peu à peu renouvelé son sol au cours des temps historiques. C'est le royaume des **laves cordées** ; revêtues d'une patine grise, celles-ci le tapissent de leurs élégantes arabesques et de leurs entrelacs délicats. Une maigre végétation, principalement constituée de branles (*Philippia*), n'a réussi à s'implanter qu'à proximité du pas de Bellecombe, à la surface des coulées les plus anciennes. Bien que revêtu de laves massives, le fond de l'Enclos est très perméable, de sorte que les abondantes pluies entretiennent la végétation uniquement là où l'altération a eu le temps de créer un embryon de sol. Cette grande perméabilité des laves conduit les précipitations à s'infiltrer dans les profondeurs de l'édifice en n'émergeant sous forme de source que sous la mer

La Fournaise, volcan artistique ? Quelques scènes d'éruptions. (N. B. : les zigzags sont l'œuvre des trépidations du sol transmises au trépied de l'appareil photo…).

Le Formica Leo et ses chemins de ronde.

ou, à côté, dans la vallée de la rivière de l'Est. Il faut les températures plus clémentes qui règnent à basse altitude pour que de vrais sols se constituent et que des eaux ruissellent et alimentent de profondes rivières à l'extérieur du Grand Brûlé.

L'Enclos semble avoir été visité pour la première fois en 1760 par un habitant du pays nommé Donnelet. Depuis, un accident naturel dans le rempart au pas de Bellecombe a permis la création d'un escalier commode, seule voie d'accès du côté des terres. Se dirigeant vers le sommet du piton, le chemin balisé qui en part passe par le **Formica Leo** (*Fourmi lion*, 2218 m), une pustule accrochée à l'épiderme du grand volcan près du rebord de l'Enclos qui prend des airs de fourmilière les jours d'affluence. Bien que récent, son âge n'est pas connu, la date 1753 indiquée sur place étant celle de sa première description. Cet appareil de teinte grise et bistre paraît surbaissé ; la netteté de ses contours indique que des laves émises ultérieurement l'ont déjà largement recouvert avant qu'elles ne l'enfouissent un jour pour de bon. Ses lapilli sont rougeâtres (oxydées) au centre et noirâtres (réduites) à la périphérie.

À mi-chemin vers les cratères se trouve ensuite une petite grotte édifiée par des laves, la **chapelle de Rosemont** (2260 m), nommée en l'honneur d'un habitant de l'île, Jean-Joseph Patu de Rosemont (1766-1818). Selon Bert et Bory, ses parois intérieures présentaient « *une des plus belles productions des feux souterrains* ». Elles étaient tapissées de « *stalactites longues d'un demi-pied ou plus, verticales, parallèles, très serrées, brillantes, imitant tantôt le bronze, tantôt le cuivre rouge poli, quelquefois même l'albâtre.* » Le vandalisme de certains visiteurs n'a malheureusement épargné pas une seule de ces étonnantes baguettes de lave. En contrebas, deux petites dépressions circulaires sont les cratères d'une

La chapelle de Rosemont et ses stalactites (Bory de Saint-Vincent).

ancienne fissure éruptive d'orientation NO-SE; la manière dont elles ont été remplies par des laves descendues des environs du cratère Bory est bien visible. La chapelle de Rosemont est un monticule de scories situé au sommet de ce volcan dont il ne reste que la couronne sommitale. Un peu plus loin, le sentier se divise en deux branches qui gagnent soit le **cratère Bory,** soit le rebord nord-est du **cratère Dolomieu.**

Géologie. La création d'une **caldeira** marque en principe le terme d'une période d'activité. D'après l'âge des dernières coulées du pas de Bellecombe et celui des retombées de cendres observées sur le massif, celle de l'Enclos Fouqué s'est formée il y a 4700 ans. La fracture a mis au jour un grand dyke qui est bien visible le long du premier tournant de la descente.

Dans le massif de la Fournaise, ont aussi été reconnus les restes de deux autres caldeiras de taille comparable à celle de l'Enclos Fouqué. L'ensemble de ces trois caldeiras a conduit à distinguer quatre grandes phases dans la vie du volcan. Toutes ont produit des laves basaltiques peu ou pas différenciées. La première phase se serait conclue par la création d'une caldeira, dont la partie haute de la rivière des Remparts marquerait l'emplacement; comme l'indiquent les âges des laves observées de bas en haut au Nez de Bœuf*, cette phase s'est étalée de 530 à 290 ka. La deuxième phase a suivi de 290 à 65 ka et se serait achevée plus à l'E par la formation d'une seconde caldeira, dont les parties hautes de la rivière de l'Est et du rempart des Sables seraient des fragments. Dans les deux cas, ces falaises perpendiculaires aux lignes de pentes du volcan ont été prises comme amorces par l'érosion pour creuser des vallées qui descendent les pentes jusqu'à la mer.

La troisième période aurait été beaucoup plus courte, ayant duré de 65 à 4,7 ka; sa fin a été marquée par l'effondrement qui a créé l'Enclos Fouqué à l'époque où se sont épanchées les dernières laves du pas de Bellecombe. En s'empilant depuis dans cette dernière caldeira, les coulées de lave en ont réduit de beaucoup la profondeur. Quant à l'ouverture de l'Enclos sur la mer, elle constitue le témoignage le plus tangible des derniers effondrements, limités aux Grandes Pentes, du flanc E du volcan. Les points où les murailles de la caldeira se raccordent aux remparts (d'effondrement) de Bois Blanc, au N, et du Tremblet, au S, sont marqués par l'existence de deux *nez coupés* bien apparents.

La durée apparemment de plus en plus courte de ces quatre phases pourrait cependant n'être qu'illusoire et refléter simplement le fait que les périodes les plus anciennes n'ont pas gardé de vestiges de tous les événements majeurs. Il y a 150 ka, le déplacement du centre éruptif de la plaine des Sables (bouclier ancien) vers le sommet

Sur le cassé des Grandes Pentes, un cône presque lunaire laissé par l'éruption de janvier 2002. À l'arrière-plan, des cônes d'éclaboussures de sa fissure éruptive qui est couverte au second plan par une coulée plus récente.

actuel du volcan (bouclier récent) aurait ainsi pu être causé par un autre effondrement dont les reliefs n'ont conservé nulle trace. Un tel schéma simple est toutefois contesté par certains ; la création des remparts pourrait par exemple être l'œuvre de seuls effondrements de flanc. Il n'en reste pas moins que les caldeiras successives ont toutes dû avoir un diamètre compris entre 4 et 10 km.
Quelle qu'en soit la cause, la création du rempart de Bellecombe il y a 4700 ans est intimement liée à d'énormes explosions. La création d'une caldeira d'effondrement ou bien de vastes glissements vers la mer du flanc E du volcan ont causé à la fois une subite baisse de pression et la rupture des niveaux imperméables qui séparaient les nappes phréatiques des zones chaudes sous-jacentes. La réalité des explosions qui s'ensuivirent est démontrée par les **cendres de Bellecombe.** Sous forme de dépôts **cendreux,** argileux gris-beige clair, celles-ci se voient partout autour de l'Enclos Fouqué (voir puys Ramond) et en divers endroits à distance du volcan. Elles sont constituées de débris d'anciennes laves et englobent par endroits des fragments de gabbros de vieilles chambres magmatiques, révélant ainsi la nature phréatique de l'éruption qui les a produites.

Les cratères Dolomieu et Bory

Parcourir plus de 10 000 km pour découvrir la Fournaise et rechigner devant les deux ou trois heures de marche prises par un tour entier du sommet n'aurait guère de sens, car la partie haute du massif est la plus spectaculaire. Par temps dégagé, elle offre d'immenses perspectives. En raison de sa taille relativement petite et de l'activité intense qui y règne, elle est aussi la plus changeante. Une longue série d'éruptions conduit, par exemple, à remplir de lave un cratère avant qu'effondrements et explosions n'en créent un nouveau.
Un tel événement s'est produit en avril 2007 quand le **cratère Dolomieu** a reformé un gouffre profond de 300 m. Avec les vestiges du **cratère Bory** (2 632 m) qu'il engloutira peut-être un jour en son sein, le cratère Dolomieu définit un vaste ovale large de 750 m et long de 1,4 km. Il faudra en faire le tour complet dès que l'on pourra à nouveau accéder à la partie haute du volcan. Au moment où paraît ce guide, les conditions d'accès à ce sentier n'ont toutefois pas encore été arrêtées. Mais il faudra se tenir à l'écart des bords du cratère car ses parois sont non seulement abruptes, mais aussi très instables.
Vers l'est, le sentier descend sur le flanc externe du cratère Dolomieu qui n'a pas de

Au pied des parois du cratère Dolomieu, une fissure éruptive en trois tronçons à la source des premières coulées de l'éruption de septembre 1999.

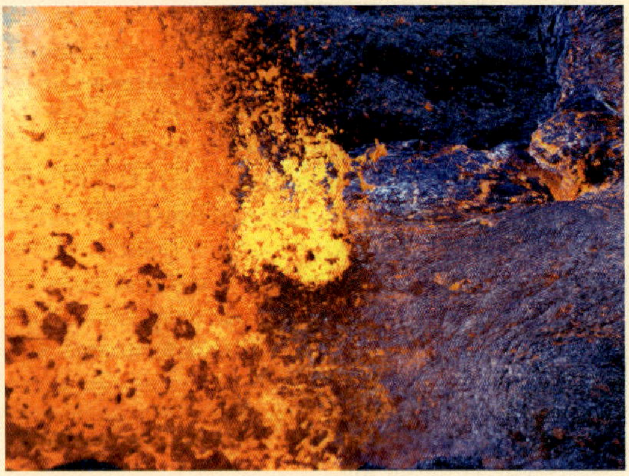

Une vraie fournaise dans le cratère Dolomieu : un torrent de lave prenant sa source dans l'égueulement d'un cône d'éclaboussures où bouillonne le magma.

limites franches avec les pentes menant jusqu'au Grand Brûlé et à la mer. Au nord et au sud, se présentent de beaux surplombs sur les nombreux points de sortie, cônes adventifs et appareils plus modestes. Les cônes sont particulièrement nombreux du côté sud de l'Enclos Fouqué ; tels les **puys Ramond*** (2 108 m), ils débordent même hors Enclos, de l'autre côté du rempart. Près du cratère Bory, la vue porte par temps favorable sur les lointains sommets du massif du **piton des Neiges***. Au passage, le chemin longe diverses stations de surveillance du volcan. Alimentées électriquement par des panneaux solaires, celles-ci sont constituées de stations GPS, de sismomètres, inclinomètres et autres instruments dont les mesures sont transmises par radio, en temps réel, à l'observatoire volcanologique de Bourg-Murat*.

Pour la plupart, les points de sortie récents de lave sont disséminés à travers tout l'Enclos, voire dans le Grand Brûlé, à des altitudes supérieures à 1 000 m. Leurs marques distinctives se font plus fréquentes près des cratères où la diversité des figures adoptées par les laves lors de leur refroidissement se manifeste de la manière la plus spectaculaire. De teinte allant du gris à l'ocre, à la surface vitrifiée, rugueuse ou même scoriacée, la lave s'est figée en prenant les formes les plus variées ; au sein des coulées figurent de petits tubes ou chenaux d'écoulement, parfois sectionnés, ou de plus grands canaux aux toits effondrés. Soulignée par des crevasses qui suivent les pentes, la nature fissurale des points de sortie se révèle en bien des endroits. Ailleurs, l'existence d'un dynamisme légèrement explosif est trahie par les fines alvéoles que présentent les bombes et les scories, les plus fraîches possédant encore de vifs reflets bleus ou or. Sur les pentes, des coulées en gratons récentes tranchent enfin sur les plus anciens sols burinés du volcan en révélant ainsi clairement l'emplacement de leurs points de sortie.

Géologie. Selon les dessins faits par Bory sur la base de croquis antérieurs, le faîte de la Fournaise changea notablement d'apparence entre 1760

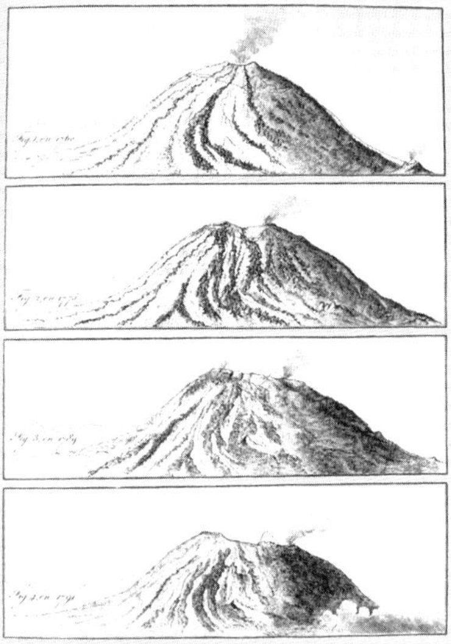

« Les montagnes volcaniques sont sujettes à des changements prodigieux, et souvent très prompts » : quatre états du piton de la Fournaise à la fin du XVIIIe siècle (Bory de Saint-Vincent).

et 1801 quand il prit une forme de cône tronqué. Un seul cratère, appelé Brûlant, fut initialement décrit et renommé en l'honneur de Bory. Un léger déplacement de l'activité vers l'E conduisit vers 1766 à la création d'un autre cratère qui fut non seulement vite comblé, mais remplacé par un petit dôme, le « mamelon central », lequel ne connut à son tour qu'une existence éphémère puisqu'il disparut vers 1820. Entre-temps, en 1791, un premier cratère Dolomieu s'était ouvert un peu plus à l'E lors de l'éruption phréatomagmatique décrite par Alexis Bert. C'est en son sein, ou dans son voisinage, que l'activité fut jusqu'en 1911 la plus intense.

De 1791 à 2007, la taille et la profondeur du cratère Dolomieu n'ont pas cessé de varier. Les moments les plus forts de cette histoire furent la formation de lacs de lave en 1801 (observé par Bory), en 1844 (débordant même pour produire des coulées qui descendirent jusqu'à la mer) et en 1851 ; cette année-là, la création d'une dépression à l'emplacement de l'ancien mamelon central (tardivement nommée Enclos Vélain en l'honneur du géographe et géologue Charles Vélain [1845-1925], qui s'arrêta à La Réunion sur le chemin de l'île Saint-Paul) ; ainsi que les comblements successifs du cratère Dolomieu en 1844, 1859, 1911 et 2006.

Le cratère comblé en 2006 datait de 1927. Au début des années 1930, sa grande profondeur le distinguait de l'Enclos Vélain. En 1934, la paroi qui les délimitait s'ffondra. En 1953, ce fut au tour de la muraille qui sépare le cratère Bory de s'écrouler partiellement. Après une longue série d'éruptions, un autre événement marquant se produisit en 1986 quand un cratère-puits, profond de 80 m et large de 150 m, apparut lors d'une éruption phréatique qui eut lieu à proximité de la bordure SE du cratère. Protégées d'un refroidissement rapide par leur carapace superficielle,des laves émises quatre mois plus tôt, qui étaient demeurées liquides, se mirent à cascader dans le nouveau puits. Ce dernier fut rapidement comblé, mais pendant des années son emplacement resta indiqué tôt le matin par des panaches de vapeur émis au contact des laves encore tièdes. Jusqu'en 2007, de nombreuses éruptions ont fini d'enfouir, sous leurs dépôts, les vestiges des trois cratères précédents, dont seules de menues irrégularités de bords et de plancher perpétuait le souvenir.

Situation [4406 RT]. *Pas de Bellecombe :* au bout de la RF 5, à 30 km à l'E de Bourg-Murat, dans la plaine des Cafres. Tour complet des cratères à partir du pas de Bellecombe : de 4 à 6 heures A/R (dénivelé : 800 m). N. B. : une consigne impérative ! en cas d'égarement dans le brouillard, toujours remonter pour retrouver les balises du chemin de ronde des cratères ; surtout ne pas descendre, manière assurée de se perdre pour de bon dans un terrain immense, dangereux et couvert d'une végétation impénétrable à basse altitude. Accès interdit au cratère jusqu'à nouvel ordre car risque d'effondrements.

Le mamelon central (Bory de Saint-Vincent).

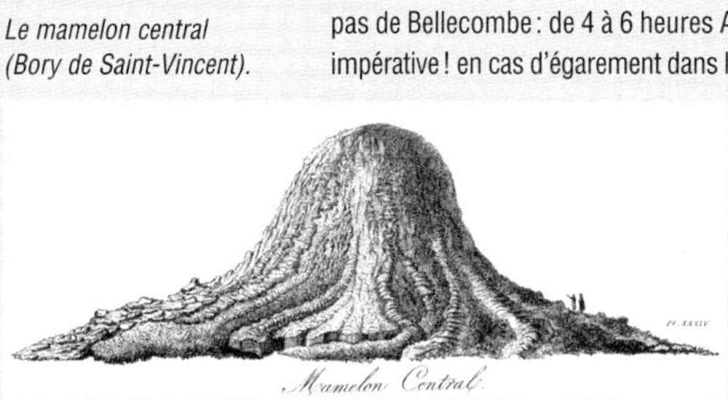

1911-2007 : un siècle de métamorphoses au sommet

Les cratères Bory et Dolomieu ont longtemps évoqué un paysage contradictoire de fin du monde et de Terre primitive encore vierge de vie. Dans un cadre purement minéral, faire le tour du sommet valait presque une marche sur la Lune. Alors que défilaient au loin les bouches sombres et muettes de petits cônes éteints, les lapilli crissaient sous les pas, des scories au lustre métallique accrochaient le regard, et des laves se montraient sous des teintes étranges et des formes énigmatiques.

La poésie des lieux a bien sûr changé en avril 2007 quand ce site spectaculairement lugubre s'est mué

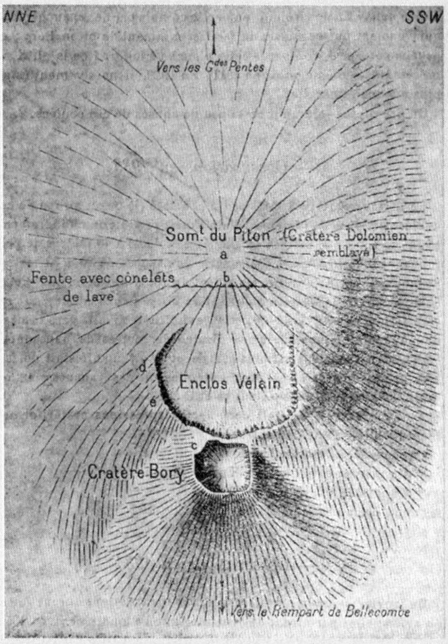

1911 : le cratère Bory et l'Enclos Vélain, le cratère Dolomieu venant d'être comblé (dessin d'Alfred Lacroix, 1938).

1937 : rejoignant l'Enclos Vélain, le cratère Dolomieu retrouvé. Ce cliché, publié par A. Lacroix (1938), fait partie de la toute première série de photos aériennes du piton de la Fournaise jamais réalisée.

1950 : le cratère Dolomieu, en cours de remplissage, au contact de l'Enclos Vélain (plus petit).

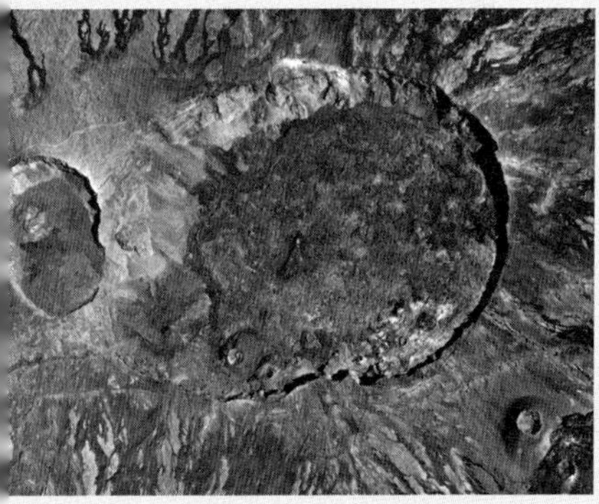

1989 : l'Enclos Vélain, largement effondré, vient se confondre avec le cratère Dolomieu, l'ensemble restant isolé du flanc oriental par une falaise.

en une profonde cuvette vaste de 60 millions de mètres cubes. C'est une austérité certaine que vont respirer, pour un temps, les éboulis des pentes sud et est de ce gouffre tout comme les parois quasiment verticales de ses faces nord et nord-ouest. Peu à peu, le cratère se comblera cependant et le cycle des métamorphoses recommencera. Mais, bien sûr, l'enchaînement des épisodes observés entre 1911 et 2007 n'aura aucune raison de se répéter !

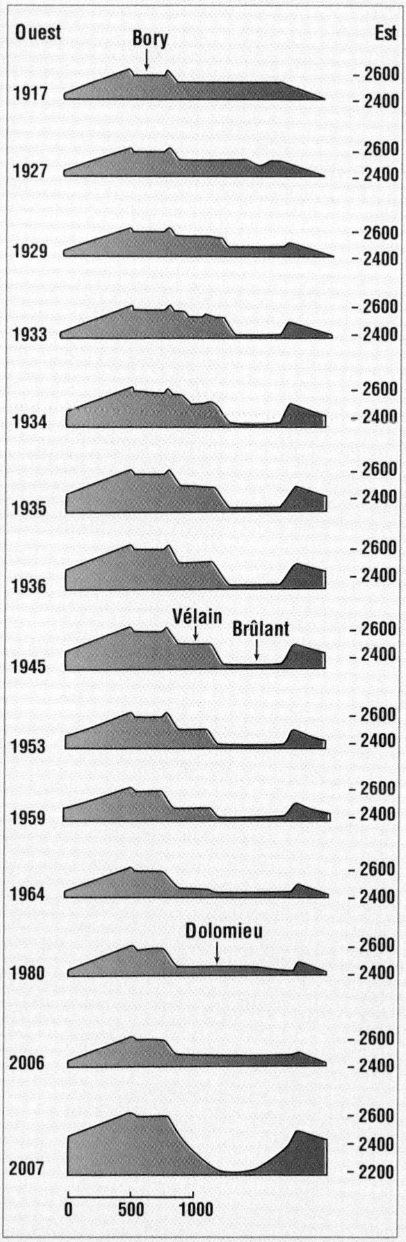

Les petites étapes d'une grande évolution : le profil des cratères au sommet du piton de la Fournaise représentés entre 1911 et 2007 (d'après un schéma de Bachèlery, 1981 – à droite, les altitudes en mètres).

31 octobre 2006 : au-dessous du cratère Bory, à gauche, le cratère Dolomieu comblé et débordant désormais du côté oriental. Pour la plupart, les points de sortie marqués par des cônes d'éclaboussures sont situés à la périphérie du cratère, car les fractures qui créèrent ce dernier représentent des zones de faiblesse propices à la remontée du magma. Du côté du cratère Bory, la nouvelle fracture, qui a joué lors de l'effondrement d'avril 2007, est déjà bien visible.

11 avril 2007 : le nouveau cratère Dolomieu, jeune de cinq jours, menace déjà d'engloutir son vieux voisin Bory, en haut à droite. Le volume effondré est d'environ 60 millions de mètres cubes.

Des éruptions dans un vaste cratère

Comme sur les flancs d'un volcan, c'est par l'ouverture de fissures que débute une éruption de style hawaiien au sein d'un grand cratère. Des cônes d'éclaboussures s'édifient ensuite de la même façon.

La différence est que l'absence de pentes importantes conduit les laves à s'épancher à la fois lentement et de façon chaotique en avançant souvent dans des tunnels ou dans les espaces laissés vacants par des coulées antérieures. Cartographier ces épanchements

Les grands adieux à la scène de l'ancien cratère Dolomieu : une fissure éruptive et des laves nappant le fond du cratère en février 2007.

En février 2007, les derniers cônes d'éclaboussure se formant dans un cratère Dolomieu déjà plein.

L'avancée contrariée des laves au fond du cratère.

Faute de grands espaces, les laves peuvent s'accumuler sur des dizaines de mètres quand l'éruption est importante. Leur refroidissement complet prend alors des mois, voire des années. Le cas extrême est celui d'un lac de lave qui ne peut manquer d'apparaître quand un cratère au fond étroit vient de se former.

peut ainsi être un exercice délicat qui n'est pas exempt de danger. Quand on marche sur ces laves, nota déjà Bory, « *elles se brisent aisément sous les pas, et en tombant on est exposé à se casser les jambes.* » C'est pourquoi l'accès aux cratères était déjà interdit avant avril 2007.

Sous un millefeuille de coulées anciennes, le rougeoiement d'une lave progressant lentement à l'abri des regards.

5 avril 2007 : le soleil du matin sur le cratère Dolomieu dont l'effondrement commencera dans la soirée. Les volutes de vapeur d'eau témoignent du refroidissement encore incomplet d'épaisses coulées de lave qui en tapissent presque tout le fond.

Un effondrement annoncé

Le sommet est par définition la partie la plus active d'un volcan. Si les laves s'y accumulent, en dépit de l'altitude plus élevée qu'elles doivent atteindre pour voir le jour, c'est qu'elles bénéficient de voies d'accès plus faciles. Elles le font grâce à la fracturation intense qui prévaut à l'aplomb des chambres magmatiques d'où elles proviennent. Sous un grand cratère se trouve en fait une pile de décombres mal consolidée, haute de plusieurs kilomètres, sans cesse remaniée d'un côté, mais partiellement réarmée par des sills et des dykes de l'autre.

Le 6 avril 2007, le dernier chamboulement dont cette pile a fait l'objet a été évident quand une colonne de roches de section elliptique (750 x 1 000 m) s'est enfoncée de 300 m environ. Se trouvait ainsi en partie comblé l'espace laissé vacant par la purge, à basse altitude, de chambres magmatiques situées près du niveau de la mer.

Cet effondrement n'a pas été une surprise pour les géophysiciens de l'observatoire volcanologique. Alors que le seul trémor est habituellement observé, des séismes typiques d'effondrements se produisaient pendant les éruptions depuis le début des années 2000. Autour des cratères, les fractures ne cachaient pas leur jeu, comme l'illustra une soufrière apparue au cours de l'éruption de 1964-65 à la bordure nord du cratère Dolomieu. Son ouverture passa de quelques mètres, dans les années 1980, à plusieurs dizaines de mètres au début des années 2000, en s'évasant sous le sol pour atteindre un diamètre d'une bonne trentaine de mètres à une profondeur de 200 m. Faute d'observations antérieures, la lenteur avec

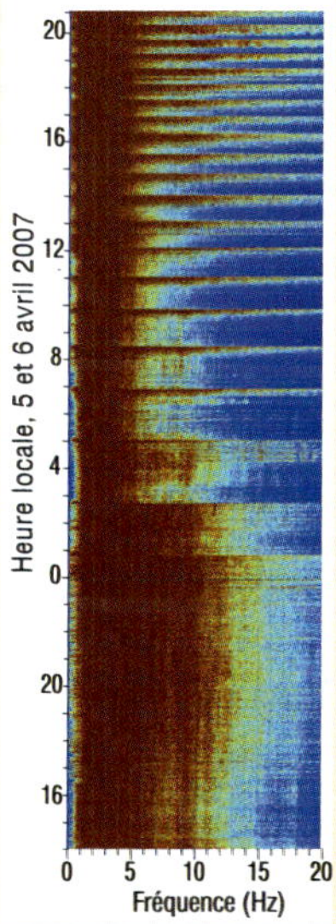

Les deux sources de l'activité sismique distinguées dans un sismogramme de la nuit du 5 au 6 avril : le trémor (entre 0 et 10 Hz), dû au flux ascendant du magma, auquel se superposent (entre 0 et 20 Hz), à partir de 1 h du matin, les séismes causés par des explosions phréatiques à un rythme qui croît initialement avant de se stabiliser.

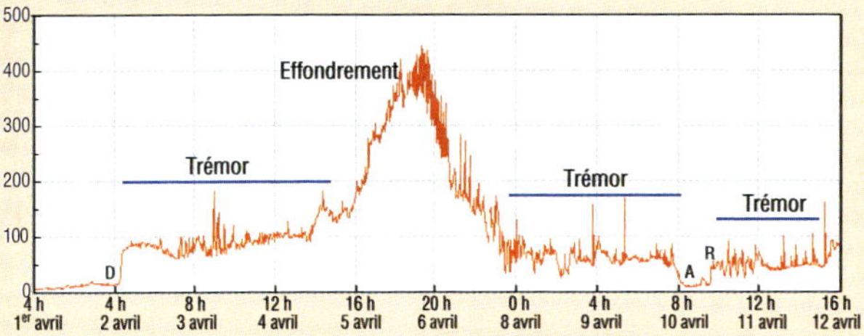

Le début (D), l'arrêt (A) et la reprise (R) de la grande éruption d'avril 2007 vus d'après l'amplitude moyenne des trépidations du sol détectées par un sismomètre installé près du piton de Takamaka. S'ajoutant au trémor, qui signale le flux continu de magma vers la surface, une forte activité sismique annonçant l'imminence, puis la survenue, de l'effondrement du Dolomieu se manifeste les 5 et 6 avril. En retour, cette activité cause un renforcement du trémor pendant la durée de l'effondrement.

L'un des immenses panaches sombres de poussière émis hors du cratère Dolomieu le 6 avril 2007 lors des explosions phréatiques. À la manière d'un immense geyser, le volcan a expulsé ses panaches à des intervalles fixés par la durée de sa recharge en eau.

L'anatomie de la bouche d'un volcan : les strates de lave du cratère Dolomieu mises au jour au-dessous du cratère Bory. Les coulées nouvellement dégagées sont revêtues d'une patine blanche de sulfates et d'autres sels déposés par les fluides hydrothermaux. À droite, la soufrière et ses fractures qui sont sur le point de céder.

laquelle le gouffre s'est formé a été plus inattendue. Sous l'effet des premiers effondrements, des explosions phréatiques ont commencé à se produire quand des eaux souterraines se sont trouvées en contact avec un milieu très chaud. Les effondrements

La soufrière et ses dépôts sulfurés jaunes ou orange, juste avant (à gauche) et après (à droite) l'effondrement, le 17 avril, de la paroi d'une trentaine de mètres qui la séparait du Dolomieu.

se sont poursuivis en retour, induisant de nouvelles explosions plus rapprochées qui finirent par survenir tous les quarts d'heure environ en projetant à chaque fois de petits blocs rocheux et, hors du cratère, un panache de poussière sombre. Grâce aux mesures sismiques qui firent l'objet d'une attention particulière, l'effondrement put être suivi en temps réel et les dispositions adéquates aussitôt prises par les autorités. Dans la suite de l'éruption, un second trait original fut l'augmentation du débit de lave observé après de nouveaux effondrements importants, comme si le magma s'était chaque fois trouvé comprimé en profondeur.

2007 : l'éruption du siècle ?

Quand démarra l'éruption d'avril 2007, rien ne présageait qu'elle aurait l'honneur de mettre à bas le cratère Dolomieu. Ses débuts furent même hésitants. Le 30 mars, une fissure éruptive s'ouvrit à 23 h vers 1 900 m d'altitude au sud-est des cratères, pour se tarir après seulement 9 heures d'activité.
Le grand spectacle ne commença que le 2 avril, à 10 h, quand une seconde fissure apparut vers 600 m d'altitude près du rempart du Tremblet. Depuis 1947, nul point de sortie aussi bas n'était apparu dans le Grand Brûlé. Avec la surcharge de lave que portait le cratère Dolomieu, ce fait joua sans doute un rôle dans la survenue de l'effondrement. Une vidange plus complète de chambre magmatique devenait possible.

Les hautes fontaines de lave projetées par la fissure éruptive ouverte le 2 avril en contrebas du rempart du Tremblet.

L'étalement et les anastomoses des coulées courant le long du rempart du Tremblet, de leur émergence à 600 m d'altitude vers la mer, 4 km plus bas.

Sous l'effet d'un débit énorme qui atteignit 100 m^3/s, des fontaines de lave jaillirent en s'élevant au-dessus du rempart, pourtant haut de 150 m à cet endroit. Des cheveux de Pélé furent émis en abondance, tout comme du chlore et du SO_2. En réagissant avec la vapeur d'eau, ces gaz formèrent des acides chlorhydrique et sulfurique, qui provoquèrent des pluies acides (de pH 2). Le front de coulée descendit lentement couper la RN 2 sur plus de 1 km de long, de la pointe du Tremblet* jusqu'au sentier botanique, et atteignit ensuite l'océan. Une fois les torrents établis dans leurs lits, les laves dévalèrent les pentes à des vitesses qui purent dépasser par endroits 60 km/h.

Un spectacle très couru : le grand saut des coulées dans la mer près de la pointe du Tremblet.

Plus de 30 millions de mètres cubes de lave

La frontière abrupte entre l'océan et les eaux chauffées et chargées de particules sous l'action des torrents de lave qui se déversent dans l'océan. Sur le flanc du volcan, un petit panache de fumée indique la position de la fissure éruptive.

s'accumulèrent sur la terre ferme et probablement autant dans l'océan. Ces masses considérables eurent des effets jamais observés auparavant sur une côte pourtant familière de laves incandescentes. Les eaux devinrent inhabituellement troubles et chargées de particules, leur température s'éleva par endroits jusqu'à 70 °C et, surtout, des poissons morts surgirent de grandes profondeurs sans que les causes de leur trépas puissent être établies aussitôt. Fait encore plus étonnant, parmi les 250 espèces représentées figuraient des espèces inconnues en ces lieux, voire carrément nouvelles !

Cette éruption s'arrêta le 10 avril à 14 h. Ce n'était qu'une feinte. Elle redémarra au même endroit après quelques heures de pause. Quand de nouveaux effondrements se produisaient dans le cratère, le débit du magma s'élevait pendant quelques heures. Le 13 avril, par exemple, les fontaines de lave retrouvèrent une très grande hauteur après un séisme de magnitude 3,5. Des séismes, dont le foyer se trouvait à des profondeurs de 5 km, furent aussi observés rapidement, indiquant que l'alimentation en magma reprenait. Le piton de la Fournaise ne s'apprêtait donc pas à respecter une longue période de repos. Mais connaîtra-t-il avant la fin du siècle d'autres éruptions éclipsant celle de 2007 ? Des événements plus tumultueux ne sont peut-être pas souhaitables rapidement…

Une victime collatérale de l'éruption : une murène proprement cuite à point dans un original court-bouillon océanique.

En haut de la paroi du nouveau cratère Dolomieu, de petites résurgences des laves émises fin 2006 ou en février 2007 et qui ne s'étaient pas encore solidifiées.

L'éruption d'avril 2007 vue de l'espace : les longues ondulations du panache de vapeur produit par les laves se jetant dans l'océan.

Plaine des Osmondes

Laves cordées (800-1 500 m) – Croyant y reconnaître ces grandes fougères, Bory nomma plaine des Osmondes la vaste étendue qui, au-delà de l'Enclos Fouqué, descend du volcan vers le nord-ouest du **Grand Brûlé.** Large de 2,5 km et longue de 4 km, cette plaine est limitée au nord par le rempart des Osmondes, une muraille haute de 400 à 450 m qui prolonge en amont le rempart de Bois Blanc, à l'ouest par le versant abrupt descendant de l'Enclos Fouqué et au sud par l'étrange **piton de Crac** (1 368 m). Par temps favorable, une vue d'ensemble en est obtenue du haut du Nez Coupé de Sainte-Rose ; longeant le rempart de Bellecombe, le chemin est non seulement facile mais il bénéficie d'un ombrage inhabituel dans la partie haute du volcan.
Entre 1 500 et 800 m d'altitude, la plaine des Osmondes a des pentes relativement douces qui assurent une transition entre le désert minéral du sommet et la végétation

Loin au-dessus de l'océan, la dépression de la plaine des Osmondes entre le rempart de Bois Blanc, au fond, et la protubérance du piton de Crac.

tropicale des parties basses. Elle est d'accès malaisé, mais se prête à de magnifiques randonnées qui peuvent être d'une difficulté extrême. C'est le domaine des laves cordées, certaines, parmi les plus récentes, prenant à la lumière du Soleil de splendides couleurs argentées. Les cônes fichés dans le rempart et les coulées de laves qui dévalent ses pentes désolées donnent aux lieux le caractère dantesque d'un monde en perdition ; même le sol semble donner de la gîte, comme le soulignent les humbles plants de palmistes dont on peut se demander s'ils poussent verticalement…

Géologie. La morphologie de la plaine des Osmondes ressemble à celle des grandes vallées qui jalonnent le pourtour du massif. Les deux grands lobes formés par le **Trou Caron** et le **Trou de Sable** au sommet du rempart de Bois Blanc attestent par ailleurs l'importance de l'érosion dans la partie supérieure du Grand Brûlé. Plus bas, un forage effectué en bord de mer a révélé que les alluvions forment une couche inhabituellement épaisse de plus de 285 m. Ces faits peuvent suggérer que la plaine des Osmondes est une vallée creusée par l'érosion, qui n'a pu être comblée pendant les derniers millénaires en raison de son isolement des zones actives consécutif à la création de l'Enclos Fouqué. Près du **piton de Jouvancourt** (1 046 m) se trouvait un autre piton que Lacroix décrivit au S du Trou Caron. Ce piton s'est depuis estompé, enfoui sous des coulées récentes, et ne se manifeste plus que par des pentes raides. Quant à l'importante déclivité du rempart des Osmondes, elle favorise d'importants glissements et éboulements. Comme ceux qui affectèrent la partie O du rempart lors de l'éruption hors Enclos de septembre 1998, de tels effondrements sont souvent déclenchés par le gonflement et les tremblements de terre liés aux éruptions. Quant au piton de Crac, ce n'est pas un volcan mais un vestige d'un relief antérieur qui aurait été déplacé par un glissement au cours duquel il aurait basculé.

Situation [4406 RT]. *Nez Coupé de Sainte-Rose:* sentier partant du pas de Bellecombe (4 h 15 A/R, dénivelé : 200 m). Itinéraires non balisés à partir de l'ancien emplacement de la Vierge au Parasol, au bord de la N 2 à 7,5 km au S du piton Sainte-Rose* (environ 10 heures A/R ; dénivelé : 1 100 m) et à partir du pas de Bellecombe, via le fond de l'Enclos et le pied du Nez Coupé de Sainte-Rose (environ 10 heures A/R ; dénivelé : 1 100 m). Attention ! Itinéraires épuisants et dangereux ; ne jamais partir seul ; gants indispensables.

Plaine des Sables

Étendue désertique (alt. 2260 m) — Dernier espace traversé avant d'approcher le sommet du volcan, la plaine des Sables est bordée d'un côté par le rempart du même nom et de l'autre par celui de Bellecombe. Rares y sont les brins d'herbe qui retiennent le regard ; c'est pourquoi elle échappe difficilement au qualificatif de *lunaire*. Ses sols scoriacés comptent parmi les plus perméables de l'île ; même le bien sobre branle peine à trouver de l'eau pour s'implanter. Sur cette table d'une extrême planéité, qui penche légèrement vers l'ouest, ne se détachent que des blocs de lave et les silhouettes d'appareils stromboliens isolés. Les plus massifs sont le **piton Chisny*** et, plus au nord, le **Demi-Piton** (2 395 m), dont la forme justifie le nom, puis le **piton Haüy** (2 407 m). Souvent appelé piton du Cirque, ce cône fut nommé par Bory en l'honneur de l'abbé René Just Haüy (1743-1822), l'un des fondateurs de la cristallographie.

La plaine des Sables, fermée à l'est par le piton Chisny.

Les torrents de lave figés au cours de leur descente de la plaine des Sables vers le Grand Pays.

Par beau temps, la lumière rouge du Soleil couchant s'accorde merveilleusement aux teintes chaudes des cendres et des scories de cette plaine étrange. Au retour d'une promenade harassante au sommet du volcan, la fatigue ne devrait pas conduire à la traverser à la hâte. De la plaine, une courte marche conduit à des cascades d'un type inhabituel puisqu'elles ont été formées par des laves au cours de leur descente vers la mer. Partant du piton Chisny, celles-ci ont dévalé des pentes atteignant 70° à la bordure sud de la plaine des Sables. En se solidifiant, elles ont pris des formes étranges en moulant des falaises taillées dans des basaltes grossièrement prismés; on les contemple en commençant quelque peu la longue descente vers Grand Galet. En chemin, les lapilli font place à un chaos de gratons d'où émergent çà et là, des laves cordées, des chenaux effondrés, des parois de tunnels redressées ou de grandes plaques basculées. La bordure sud de la plaine des Sables fait ainsi découvrir un paysage étrange de ruines qui évoque un immense chantier de démolition.

Géologie. En surface, la plaine des Sables est couverte par de petites projections scoriacées provenant du piton Chisny et des autres appareils stromboliens voisins. Ses diverses nuances de teinte lui sont données par l'oxydation due à des fumerolles qui a fait virer par endroits au rouge la teinte initialement grise des scories. D'orientation N-S, la plaine a pour principal trait d'être délimitée par les deux derniers remparts du volcan. Celui de Bellecombe, à l'E, n'a pas 5 000 ans. Au N, le **rempart des Sables** date de 65 ka, au S de 40 ka seulement; s'il est moins haut que celui de Bellecombe, c'est parce que la dépression qu'il limite a été largement comblée par des épanchements ultérieurs. Le principal centre éruptif s'est longtemps trouvé à l'emplacement de la plaine des Sables, comme l'indiquent la présence de roches denses en profondeur et le fait qu'un ensemble de dykes anciens y converge. Depuis 150 ka environ, l'activité a migré sous le sommet actuel du volcan. Au N, le **rempart de la rivière de l'Est** donne une meilleure idée de ce que pouvait être la hauteur initiale de la muraille.

Un nuancier de teintes dans la plaine des Sables et sur les pentes du piton Chisny.

À la jonction des deux remparts, le minuscule **plateau des Basaltes** est formé d'épaisses coulées de laves. La plus vieille, à la base, accuse 61 (± 5) ka et est donc un peu postérieure à la création du rempart des Sables. Le plateau formant désormais un promontoire au-dessus de la plaine des Sables, il s'ensuit que les effondrements ont continué après le premier grand accident. Quant à la vigueur de l'érosion qui ronge la plaine des Sables, elle est particulièrement nette au S où la vallée de la rivière Langevin se creuse rapidement.

Situation [4406 RT]. Sur la RF 5, à 17 km de Bourg-Murat et 2,5 km du pas de Bellecombe. Table d'orientation au pas des Sables, en haut du rempart éponyme. *Cascades*: accès par le GR traversant la plaine des Sables en direction de Basse Vallée (2 heures A/R ; 5 h 30 pour la descente complète jusqu'à Grand Galet).

Puys Ramond

Volcans stromboliens (alt. 2 108 m) — De nombreux petits appareils stromboliens sont dispersés sur les hauteurs du volcan. Parmi eux, les puys Ramond semblent tenir un curieux conclave juste au sud du rempart du Tremblet. Nouveau-nés ou à moitié érodés, ces cônes de tailles diverses tiennent à la fois de la pouponnière et de l'hospice de volcans. « *On ne peut se faire d'idée de la prodigieuse variété que représentent les formes et la taille de ces bouches à feu, qui n'ont pas dû s'éteindre depuis bien longtemps* », souligna Bory de Saint-Vincent qui leur donna le nom du géologue et homme politique Louis Ramond de Carbonnières (1755-1827). Arrivés au pied de leurs cratères, ajouta-t-il, « *nous retrouvâmes, dans les traces de la volcanisation, la plus hideuse fraîcheur. Les substances qui composent ses soupiraux ne supportent pas un lichen, et tout leur système a une couleur de bistre si extraordinaire, que cette teinte, jointe à la régularité de la plupart des pitons, leur donne un aspect très étrange.* » Une marche au milieu de ces puys aux cratères parfois profonds procure en effet une impression des plus curieuses. Longeant de près ou à distance le rempart de Bellecombe, un chemin facile y mène à partir de la plaine des Sables. Il offre la plus belle vue d'ensemble sur l'Enclos Fouqué et son rempart, ainsi que sur le sommet du volcan. Se détachent ainsi les silhouettes parfois rouges de nombreux cônes adventifs et les longues coulées sombres qui se sont récemment épanchées.

Géologie. Hauts de 50 m au plus, les **cônes scoriacés** des puys Ramond sont alignés selon un axe N-S qui correspond à une zone de faiblesse majeure du volcan d'orientation 10° N. Les laves ont été émises il y a moins de 4700 ans parce que les puys ne sont pas recouverts par les cendres de Bellecombe. Bien que leurs coulées soient colonisées par de premiers végétaux, ils sont sans doute encore plus jeunes. L'un d'entre eux, situé à l'extrémité S de l'alignement, a vu le jour en l'an 1375 (± 75) selon des bois carbonisés par ses laves. Longues et épaisses, les coulées des puys Ramond sont parvenues jusqu'à la mer près de **Basse Vallée** et rappellent que, tout comme les environs du Grand Brûlé, cette partie de la côte n'est aucunement à l'abri d'éventuelles fantaisies du volcan.
Les puys Ramond donnent le prétexte à une promenade qui complète idéalement celle du tour des cratères. Le rôle d'un dégazage plus ou moins important du magma au point de sortie se lit par exemple au départ des coulées qui descendent dans l'Enclos Fouqué. Si le magma émergeant est déjà largement dégazé, la coulée part d'une fissure qui ne donne lieu à aucun relief marqué. Dans le cas contraire, un cône d'éclaboussures se trouve à son départ.
Surplombant l'Enclos Fouqué au niveau du piton Hubert, une petite ravine offre enfin un bon aperçu de trois épisodes particulièrement violents de l'histoire récente du massif. Sur plus de 3 m d'épaisseur figurent trois niveaux distincts des **cendres grises de Bellecombe** déposées il y a 4700 ans par des déferlantes basales dues aux explosions qui créèrent l'Enclos Fouqué et démolirent le sommet du volcan (voir p. 197, le pas de Bellecombe). Dans les niveaux supérieurs de ces cendres figurent des fragments de gabbro, souvent très altérés par des fluides hydrothermaux. Ce sont des morceaux de **chambre magmatique** qui ont été arrachés en profondeur par ces explosions.

Situation [4406 RT]. Par une variante du GR R2 qui débute au parking situé à hauteur du Demi-Piton dans la plaine des Sables (4 heures A/R ; dénivelé : 200 m).

Les puys Ramond.

3. La Côte au Vent, de Bras-Panon à Saint-Joseph

« *Toute l'île de La Réunion a été volcanisée* », souligna Bory de Saint-Vincent, c'est une vérité qui « *frappe les Créoles les moins instruits, et ils vous disent : le volcan a passé par ici ; c'est un brûlé, pour désigner un endroit créé ou bouleversé par des feux souterrains.* » Entre les grands remparts du Tremblet et de Bois Blanc, sur la côte est de l'île, le Grand Brûlé est le plus éminent d'entre eux. C'est le principal exutoire des laves qui descendent du volcan et terminent de temps à autre leur course dans l'océan. Cette partie de la côte est donc largement vierge d'habitations ; elle représente un havre resté un peu hors du temps où la nature seule déploie ses forces.

Selon des idées communes à l'époque, on aurait pu penser au début du XIXe siècle que les abondantes pluies déversées par les alizés sur la Côte au Vent étaient l'œuvre d'une providence désireuse de soulager les plaies causées par le feu. Le paysage du Grand Brûlé était en tout cas peu goûté. « *Les bords de cette baie portent l'empreinte de la volcanisation la plus affreuse et la plus récente*, se plaignit Bory *; des fragments de roches, hérissés, caverneux, noirs, entassés sans ordre, forment de petites jetées qui brisent la vague et protègent des criques où des pirogues sont un peu garanties. Le désordre de ces immenses blocs de lave fatigue l'esprit ; on ne peut se rendre raison de leur bizarrerie* ».

Le regard porté sur Grand Brûlé allait bientôt changer. De ce point de vue en avance sur Bory, l'officier Alexis Bert avait déjà fait part en 1791 d'une autre sensibilité en notant la variété des coulées émises par le volcan. « *Aux sentiments d'horreur dont on est saisi dans ces lieux lugubres*, reconnut-il, *se mêlent cependant je ne sais quelles idées de grandeur, quand on voit de grandes nappes, de plusieurs lieues de longueur, et quelquefois de près d'une de large, les unes sorties du flanc de la montagne, les autres, versées du sommet, les unes suspendues dans leur course, les autres prolongées jusque dans la mer.* »

De nos jours, le sentiment de Bert prédomine bien entendu. Même sombres et froids, les torrents de lave figés sur les flancs du volcan atti-

En haut du Grand Brûlé, les langues de lave issues d'une longue fissure éruptive lors de l'éruption de janvier 2004.

rent les visiteurs et inspirent leur respect. L'excitation est bien sûr à son comble quand les laves incandescentes dévalent les pentes pour se jeter dans l'eau au milieu de grandes volutes de vapeur. La foule accourt alors en ces hauts lieux de l'île et fixe par la photo le spectacle de l'immémorial combat du feu et de l'eau, de la conquête de la mer par la terre. Mais les laves peuvent aussi émerger ou s'épancher en dehors du Grand Brûlé, comme l'illustrent les cônes stromboliens qui ont surgi jusqu'au rivage même au sud, au-dessus de Saint-Philippe, et au nord, dans les hauts de Sainte-Rose. En menaçant directement personnes et biens, de telles éruptions « hors Enclos » rappellent que l'activité volcanique, aussi paisible paraît-elle, reste synonyme de risque dans les contrées habitées.

Le Grand Brûlé ne représente toutefois qu'une faible partie de la Côte au Vent. Que l'on vienne du nord ou du sud, bien d'autres aspects du massif de la Fournaise peuvent être découverts en chemin. Pour des raisons pratiques évidentes, ces anses, caps, cascades, coulées, pitons ou ravines profondes sont aussi décrits dans ce chapitre.

Au passage, il est impossible de ne pas dire un mot de la célèbre Vierge au Parasol qui tient une place importante dans le folklore

Les 24 hectares gagnés sur l'océan à la pointe de la Table lors de l'éruption de 1986.

réunionnais. Son histoire débuta en 1896, quand de riches propriétaires terriens achetèrent à Saint-Denis une statue de Notre-Dame de Lourdes afin de protéger des humeurs du volcan la vanille qu'ils exploitaient dans l'Enclos. Et ce fut pour mettre leur protectrice à l'abri du soleil et de pluies généreuses qu'on la munit d'un parapluie, localement appelé parasol. Bien qu'elle eût été frôlée par une coulée dès 1897, la Vierge monta une garde efficace à l'entrée est de l'Enclos jusqu'en 1961, date à laquelle elle fut carrément ensevelie sous la lave. Une seconde statue prit donc la relève, celle qu'une dizaine de milliers de fidèles viennent encore honorer le 15 août chaque année. Quand la Vierge se vit à nouveau dangereusement menacée le 26 février 2005, les gendarmes vinrent aussitôt à son secours et la déposèrent à côté de l'église Notre-Dame-des-Laves, à Piton-Sainte-Rose, avant qu'elle ne retrouve un jour sa place d'origine, dos au volcan.

La Vierge au Parasol.

Anse des Cascades

Port (alt. 0 m) – L'anse des Cascades est délimitée d'un côté par une grève de galets noirs et de l'autre par une falaise où l'eau jaillit en chutes, petites ou grandes. C'est un lieu apprécié de farniente et de pique-nique. On y descend par une jolie route serpentant au milieu des palmiers. Tôt le matin ou en fin d'après midi, des pêcheurs intrépides y mettent leurs embarcations à l'eau. Dans un secteur où l'océan se révèle bien peu commode, c'est l'un des rares endroits où il est possible de pratiquer cet exercice en dehors d'un port aménagé, le plus proche étant celui de la toute récente marine de Sainte-Rose à 9 km de là. De l'anse part un sentier gagnant la ravine Bellevue (6 km). Le chemin débute plaisamment sur des galets de basalte mouchetés de petits points blancs, des fragments de **calcaires récifaux** rejetés sur la grève, et se poursuit en serpentant sur la falaise qui domine l'océan. À proximité, la route partant de la maison forestière de Bois Blanc procure une belle vue sur les magnifiques jardins aménagés en contrebas par l'Office national des forêts.

Géologie. L'anse des Cascades est située dans une ancienne zone de hautes falaises rocheuses. Formant originellement une baie très ouverte, elle a pris son aspect actuel après que des laves du **Gros Piton** eurent formé au N la pointe des Cascades. Freinés par cet obstacle, les courants côtiers ont été ralentis de sorte que les particules qu'ils transportaient se sont déposées pour former l'anse. À ces dépôts fins sont mêlés des blocs de taille variable éboulés depuis les falaises. La présence de **cascades** est inattendue. Elle résulte sans doute du fait que les coulées se sont ici épanchées dans une légère dépression tapissée de cendres qui ont créé

La grève bien sombre de l'anse des Cascades ; en toile de fond, le Grand Brûlé.

un niveau imperméable. Les eaux de pluie infiltrées en amont ruissellent à l'interface entre ces deux formations. Elles sourdent en pleine falaise où cette interface est mise au jour. Les plus grandes cascades émergent un peu en arrière de l'anse.

Situation [4406 RT]. À 4,5 km de la sortie de l'Enclos Fouqué par le rempart de Bois Blanc et à 1,5 km au S de Piton-Sainte-Rose.

Bassins La Mer et La Paix

Cascades et orgues basaltiques (alt. 68 m et 122 m) – Près de Saint-Benoît, les bassins La Mer et La Paix agrémentent le cours inférieur de la **rivière des Roches.** À 2 km l'un de l'autre, ils mettent tous deux en scène des cascades sautant des orgues basaltiques qui figurent parmi les plus belles de l'île. Celles du **bassin La Paix** sont les plus impressionnantes. On les gagne par des marches un peu raides. Le **bassin La Mer** mérite presque son nom : il est beaucoup plus grand. S'il présente des prismes de basalte moins réguliers, sous forme de gerbes, il a deux cascades et bénéficie, en outre, d'un cadre plus sauvage. Baignade possible, mais très vivifiante dans les deux bassins.

Géologie. À hauteur des deux bassins, la vallée de la rivière des Roches donne l'occasion, rare à La Réunion, d'observer une coulée de vallée et la pris-

Le basalte, élégamment cambré dans les orgues du bassin La Paix.

mation qui se développe quand les laves se solidifient sur une grande hauteur. Au contact du sol apparaît une **prismation** régulière, perpendiculaire à la surface de refroidissement. Au contact de l'air, la prismation est en revanche chaotique et donne une **fausse colonnade** dont la limite avec les orgues est abrupte, comme on le voit particulièrement bien en aval du bassin La Paix. Dans ce bassin, les gerbes situées à droite de la cascade sont dues au fait que le refroidissement s'est produit d'un côté au contact du fond et, de l'autre, à celui du bord de l'ancienne vallée. Dans la partie haute de la gerbe, la prismation ne débute pas directement au contact du substrat, à cause d'un refroidissement trop rapide. Par ailleurs, les orgues sont toujours le point faible d'une coulée en raison des interstices qui les séparent. Le grand abri-sous-roche situé à gauche de la cascade du bassin La Paix illustre ainsi comment l'érosion les a d'abord fait disparaître avant de ronger désormais la fausse colonnade.
Des observations analogues sont faites au bassin La Mer. Tous ces traits indiquent clairement que la coulée entaillée par la rivière des Roches est récente et qu'elle s'est épanchée dans une vallée qui avait à peu près son profil actuel. Dans son cours supérieur, la rivière des Roches témoigne d'un peu moins de fantaisie que celle des Marsouins. Son cirque entaillé dans les laves récentes du plateau Mazerin et ses gorges sont encore plus grands ; cependant nul sentier n'y conduit encore.

Situation [4403 RT]. *Bassin La Paix*: à 9 km au S de Saint-Benoît, accès à partir du parking situé au bout du chemin La Paix, à 3 km au S de Beauvallon (10 minutes A/R). *Bassin La Mer*: à partir de ce parking, suivre le sentier remontant la rivière des Roches en rive dr. ; après la balustrade bordant le sentier en un point, prendre dans le sous-bois à dr. et, 80 m plus loin, tourner à nouveau à dr. pour descendre les marches ; en bas des marches, aller plutôt à g. (1 h A/R).

Cap Jaune

Souffleurs et volcan surtseyen (alt. 30 m) — En bordure d'une côte sud fortement urbanisée se trouve un havre inattendu, où la nature paraît telle qu'aux premiers jours. Les 780 000 habitants de l'île n'existent plus. Ne restent que l'océan, des embruns, des basaltes d'un noir perçant et une herbe rase. Deux **cascades** sautant des coulées de laves bien régulières agrémentent le départ de la promenade. De violents **souffleurs** se succèdent ensuite le long du sentier qui suit le rivage. Ils dissuadent toute végétation de s'installer sur les vastes terre-pleins qu'ils mettent à nu en donnant au basalte des formes d'altération fantasmagoriques. La promenade peut être faite en boucle, la route ramenant au point de départ, mais il vaut mieux prolonger la marche au bord du rivage jusqu'à la petite **crique** du cap Jaune, située juste au-dessous du **piton Vincendo** (142 m). Là, la falaise change abruptement. Le basalte noir fait place

La fine stratification des tufs phréatomagmatiques du cap Jaune.

à une roche couleur de miel. Ce sont des **tufs** produits par le **piton Vincedo** au début de son éruption. Un sentier (délicat à emprunter) descendant vers le fond de la crique, sur son versant est, permet de mieux les voir.

Géologie. Les tufs du cap Jaune sont de type surtseyen. Ils représentent ainsi les vestiges d'un style éruptif qui tînt un rôle important à La Réunion quand les premières laves émergèrent de l'océan il y a quelques millions d'années. Ils ont été produits par un appareil qui s'est mis en place un peu au-dessous du niveau de la mer et a ensuite constitué le piton Vincendo dont les basaltes sont venus les surmonter. Comme l'indique leur pendage, ces tufs ont une épaisseur maximum au plus profond de la crique. Ces fragments de verre basaltique sont bien consolidés et transformés en **palagonite** ; c'est en entaillant ces tufs, moins résistants que le basalte, que la crique s'est formée. Bien que le piton Vincendo ne soit pas couvert par les cendres de Bellecombe, l'âge de ces produits est sans doute assez récent.

Situation [4406 RT]. À 4 km à l'E de Saint-Joseph ; départ du sentier au bout de la route menant de Vincendo à la « marine » (40 minutes A/R) ; autre accès, moins intéressant, par le sentier continuant le chemin Terre Rouge qui part de la RN 2 au N du piton Vincendo.

Grand Brûlé

Champ de laves (alt. 0-1 600 m) – La plus ancienne description connue du Grand Brûlé fut laissée en 1665 par François Martin, gouverneur de Pondichéry, après son passage à Bourbon. « *À* [l'est] *de l'île il y a un terrain* *que l'on nomme le "pays brûlé"*, écrivit-il, *les personnes qui ont fait le tour de l'île rapportent que ce canton est tout stérile, sans arbres ni plantes* ». Et des Français lui assurèrent « *avoir vu des flammes sortir de temps à autre des montagnes qui sont de ces côtés-là, apparemment suivant que la matière abonde ou qu'elle est plus disposée à prendre feu et à s'élever en haut* ».

Les limites de ce « canton stérile » ne sont pas arbitraires, mais clairement marquées par le **rempart de Bois Blanc,** au nord, et celui du **Tremblet,** au sud. En altitude, ces deux falaises prolongent vers les parties basses du volcan le rempart de l'Enclos Fouqué à partir de deux *nez coupés*. Hautes de quelques centaines de mètres en altitude, elles viennent mourir près de la mer de sorte que la route côtière les franchit assez discrètement en les prenant en enfilade. Le modeste escarpement que suit la RN 2 pour descendre dans le Grand Brûlé ne donne donc pas la vraie mesure de ces remparts !

Avec les cratères, le Grand Brûlé est évidemment la partie la plus changeante de l'île. La borne Hubert-Delisle, qui délimite les territoires de Saint-Philippe et de Sainte-Rose, se détachait dans un désert minéral lors de sa pose en 1854. Quand elle a été ensevelie sous des laves en juillet 2001, elle était perdue au milieu des arbres... En bordure de route, la forêt est inextricable. Grands nattes, bois de rempart, goyaviers et filaos y prospèrent, avec des vitesses de croissance très inégales. De très hauts filaos n'ont pas dix ans d'âge alors que quelques grands nattes approcheraient cinq siècles !

Depuis l'an 1998, l'importante activité du piton de la Fournaise a redonné un visage âpre au Grand Brûlé. En

Un spectacle inhabituel : le sommet du volcan, couvert d'un nuage, visible de la partie basse du Grand Brûlé. En sombre, la coulée de 2001 ; à droite, le rempart de Bois Blanc ; au centre, la saillie du piton de Crac.

anéantissant toute végétation, les nouvelles coulées ont dégagé la vue à la fois vers la mer et vers le sommet du volcan. Elles laissent ainsi voir le long parcours qu'elles accomplissent sur les pentes. Quand on arrive par le nord, l'épanchement d'avril 2007, haut de 10 m et large de 1,2 km, se montre sous un jour particulièrement saisissant des deux côtés de la route. Ayant également toutes touché ou traversé cette route, les coulées de 2002, 1998, 2005 (2e langue), 2004 et 2001 (deux langues, dont l'une recouverte en 2004) se succèdent ensuite avec leurs vastes champs de **laves cordées** ou en **gratons.** À l'autre extrémité du Grand Brûlé, se trouve enfin la coulée de 1976. Pour appréhender réellement l'échelle du volcan, rien ne vaut une petite randonnée sur l'une de ces coulées, vers les hauteurs ou vers la mer. Une remarque faite en 1794, dans un contexte alpin, par Dolomieu semblera alors pertinente : « *Toutes les masses que vous considérez sont si grandes que vous serez continuellement trompé sur les distances, et l'objet que vous croirez atteindre en une heure exigera souvent tout un jour de marche* »…

La route nationale coupée par la coulée de juin 2001.

Au passage, il convient aussi d'examiner la manière dont la lave se déforme en s'écoulant avant de se figer. Quand des arbres sont couchés sur des laves cordées récentes, il est en outre possible de trouver les trous laissés par les troncs ou l'empreinte en creux de leurs branches. (Mais si un grand hasard amène à passer près d'un trou profond, il ne faut pas s'en approcher : la cavité révélant la présence d'un tunnel est prête à s'agrandir sous le poids du curieux !)

Géologie. Bien qu'ils prolongent vers l'E l'enceinte de l'Enclos Fouqué, les remparts de Bois Blanc et du Tremblet ne sont pas les falaises d'une caldeira. Ils représentent les lèvres d'**effondrements** qui ont jeté à la mer de vastes pans du volcan. Partant des deux nez coupés de l'Enclos Fouqué, le dernier s'est produit il y a 4700 ans. Le sol a depuis été recouvert par nombre de coulées. Face au Grand Brûlé, des fonds marins inhabituellement élevés constituent la signature indubitable de tels glissements. Couvrant en mer une aire large de 6 à 8 km et longue de 18 km environ, ces anomalies de relief représentent un total de 600 km^3, soit un volume dix fois plus grand que celui de l'actuelle dépression du Grand Brûlé. On doit en conclure que c'est la production de lave de 50 ka qui a échoué sur les fonds sous-marins.

Les vestiges d'un ancien volcan ont par ailleurs été identifiés sous le Grand Brûlé grâce à un forage effectué en 1985 jusqu'à 3 km de profondeur dans le cadre d'une **prospection géothermique**. La première surprise a été d'observer des augmentations de température avec la profondeur de 4,8 °C par 100 m seulement, soit une valeur à peine 50 % plus élevée que la moyenne à la surface de la Terre ! Les alentours de ce volcan très actif sont donc étrangement tièdes, sans doute parce que des minéralisations hydrothermales ont constitué une barrière imperméable empêchant les eaux chaudes de circuler en profondeur ; le potentiel géothermique est donc inexistant.

La deuxième surprise a été la découverte d'un complexe de roches (gabbro, péridotites) formées par cristallisation au sein d'anciennes **chambres magmatiques** à plus de 1 000 m de profondeur. Des anomalies du champ de pesanteur indiquent que ces roches denses sont présentes jusqu'à 5 ou 6 km sous le niveau de la mer. L'existence d'un volcan antérieur au piton de la Fournaise, appelé le **volcan des Alizés,** a ainsi pu être établie. Sa **chambre magmatique** superficielle aurait une forme elliptique de direction N-S, longue de 20 km et large de 3 km. Il peut alors sembler curieux que ce soit du côté E, où il était adossé à cet ancien appareil, que le piton de la Fournaise ait été affecté par des effondrements de flanc. Une raison est que ce flanc aurait été fragilisé en profondeur par des circulations de fluides hydrothermaux émanant du volcan des Alizés.

Un autre fait inattendu découvert lors du forage est la présence de laves épanchées en milieu aérien à des profondeurs importantes sous la mer : on les trouve ainsi de - 890 à - 620 m puis, alternant avec des coulées mises en place dans

Un tunnel de lave dans la coulée de l'éruption de 2004.

la mer, entre - 560 et - 440 m. La subsidence continue de l'île ne rend pas compte de ces faits qui semblent plutôt devoir être dus à de lents glissements vers la mer de l'ensemble du flanc E du volcan au cours du temps. Malheureusement, ces laves ne donnent aucun renseignement sur la chronologie ancienne du volcan car elles n'ont pas pu être datées à cause d'une altération due à l'hydrothermalisme.

Situation [4406 RT]. Sur la RN 2 ; rempart de Bois Blanc : à 6 km au S de piton Sainte-Rose ; rempart du Tremblet : à 10 km au N de Saint-Philippe.

Piton-Sainte-Rose

L'église Notre-Dame à l'épreuve des laves en 1977.

Coulées de lave (alt. 54 m) – Piton-Sainte-Rose n'est pas une montagne, mais un « quartier » de la commune la plus pluvieuse de l'île. Au nord du Grand Brûlé, des cultures de canne à sucre s'y étendent jusqu'à 500 m d'altitude en venant s'appuyer sur les cônes stromboliens du **piton Moka** (479 m) ou du **piton de Balmann** (535 m). Des restes de coulées récentes animent ce paysage luxuriant, sous forme de larges traits sombres et rectilignes. Dans le village, la petite église **Notre-Dame-des-Laves** doit à la fois son nouveau nom et sa célébrité aux laves de l'éruption de 1977 qui vinrent buter contre elle, mirent le feu à son porche, et la contournèrent pour poursuivre leur course jusqu'à la mer à la **pointe Lacroix.** Émise hors Enclos par une fissure située à 1 100 m d'altitude, la coulée dévala 7 km de pentes, détruisit des champs de canne et quelques maisons, et agrandit surtout la commune d'une vingtaine d'hectares à 7 km au nord du rempart de Bois Blanc. C'était la première fois qu'une coulée désertait le Grand Brûlé depuis l'an 1800. Peut-être à cause de la vitesse à laquelle la végétation efface la trace des coulées, ce danger avait été oublié malgré les descriptions qui en avaient été faites au XVIIIe siècle. C'est donc en 1977 que la nécessité d'évacuer la population du secteur fit ressentir le besoin d'un observatoire volcanologique ; il fut établi en 1980 à Bourg-Murat*.

Géologie. Au-dessus de la route, face à l'église, la rapidité avec laquelle la végétation reprend ses droits est évidente, à basse altitude, sur la Côte au Vent : déjà colonisée par les mousses et les fougères, la coulée de 1977 est à peine reconnaissable dans le paysage. Cette coulée était loin d'être une nouveauté à Piton-Sainte-Rose. Les abords du village sont marqués par la présence de nombreux cônes stromboliens qui se sont établis jusqu'au bord même de la mer. Certains sont modestes, tels le **piton Bellevue** (123 m), juste au N du village, et le **Gros Piton** (179 m) à 2 km au S. D'autres sont grands, tel le piton de Balmann, un peu à l'O de Piton-Sainte-Rose, qui a émis jusqu'à la mer d'assez longues coulées et offre un beau point de vue vers le N. Un sentier mène à son sommet à partir de la « route des radiers » menant de Piton-Sainte-Rose à la rivière de l'Est en franchissant les lits de nombreux torrents dans lesquels les laves sombres sont mises à nu. Cette activité périphérique a lieu par le biais de fissures qui ont été produites par des magmas dont la richesse en gaz indique une origine assez profonde.

L'éruption du printemps 1977 différa beaucoup de ces éruptions de « type Chisny ». Son importance tient au fait qu'elle fut la première à être précisément observée hors Enclos. Depuis, le terme « **éruption de type 1977** » sert à désigner toutes les éruptions, comme celles de 1708, 1774, 1776, 1800, 1986 et 1998, s'étant produites dans des zones de remontée de magma.

Après quatre mois d'inactivité du volcan, l'éruption de 1977 commença le 24 mars sur le flanc SE du cratère Dolomieu le long d'une fissure orientée S-SE. Le 5 avril, une nouvelle fissure apparut à 1 900 m d'altitude sur les flancs NNE du Dolomieu, au pied du Nez Coupé de Sainte Rose, soit à la limite amont du Cassé des pentes de la plaine des Osmondes. Dans la nuit du 6 au 7 avril, cette fissure se prolongea hors Enclos. Une première langue de lave prit la direction de Bois Blanc, tandis qu'une seconde, issue d'une fissure ouverte le 9 avril à 700 m d'altitude, traversa Piton-Sainte-Rose avant de se jeter dans la mer. Trente millions de mètres cubes de magma furent émis en douze jours. Sur les 10 km de fissures, c'est surtout le long de la petite partie située dans l'Enclos que le magma se dégaza par le biais de fontaines de lave qui laissèrent des cônes d'éclaboussures. Comme lors des précédentes éruptions, ces phénomènes restèrent très

La grande planèze et la côte orientale de l'île : Piton-Sainte-Rose, la trace grise de la coulée de 1977 et de son débouché en mer et, au fond, le sommet du piton de la Fournaise.

sporadiques hors Enclos où l'on ne retrouve quasiment pas de trace de cônes scoriacés. De toutes les éruptions historiques, celle de 1977 a par ailleurs la particularité d'avoir été la seule à produire des océanites hors Enclos.
Un peu au S de Piton-Sainte-Rose, le village de Bois Blanc s'est pour partie édifié sur les coulées du **piton Nelson** (626 m). Ce volcan strombolien est très récent puisqu'il se forma en dehors de l'Enclos Fouqué en l'an 1640 (± 35). Ses laves sont du type Chisny, caractérisant une remontée rapide d'un magma primitif à partir d'un réservoir profond. Leur présence près de Bois Blanc indique ainsi que le risque d'événements de ce type hors Enclos n'est pas négligeable. Bordée de deux ravines, la coulée émise a en fait modifié le réseau hydrographique comme l'indique la fourche des ruisseaux à hauteur du piton Nelson.

Situation [4406 RT]. *Piton-Sainte-Rose* sur la RN 2, à 5 km au S de Sainte-Rose ; pointe Lacroix et sommet du Gros Piton accessibles par sentier. *Piton de Ballman :* au bord de la D 57, à 4 km à l'O de Piton-Sainte-Rose. Laves cordées du *piton Nelson :* par sentier forestier à prendre au niveau de l'îlet Leroux, sur la N 2, juste avant la descente vers l'Enclos en venant de Bois Blanc.

Pointe de la Table

Les virages relevés d'un torrent de lave près de la pointe de la Table.

Cap basaltique (alt. 0-10 m) – Tandis que le massif du piton des Neiges est peu à peu démantelé par l'érosion, l'activité du piton de la Fournaise fait lentement croître la superficie de l'île. L'augmentation due aux dernières éruptions est la plus manifeste à la pointe de la Table. En ce lieu, un des épanchements hors Enclos de 1986 a créé deux plates-formes étroites, mais vastes de 24 hectares en contrebas de l'ancienne falaise. Le travail à grand spectacle de la lave ne dura que cinq jours. Il en reste d'intéressants vestiges, les **torrents de lave figés** se terminant par de petites **cascades** dans la mer, dont la taille contraste avec l'étendue des plates-formes qui ont vu le jour. Certes, l'eau vient toujours à bout du feu. L'océan n'en recule pas moins à chaque fois, et prend donc sa revanche par une sape incessante de la terre nouvellement créée.
À partir du **puits Arabe,** une promenade très plaisante en bord de mer fait découvrir les principaux aspects de l'éruption et les deux plates-formes distinctes créées de part et d'autre de la pointe de la Table (panneaux explicatifs au point de départ). Elle traverse un bois de filaos et de vacoas

La solitude d'un jeune filao sur la nouvelle grève de la pointe de la Table.

où, après quelques minutes de marche vers le nord, un petit escalier permet de descendre à la seconde plate-forme. Chose rare à La Réunion, une falaise côtière peut ainsi être observée à partir du rivage. De là, la vue porte au nord sur le Grand Brûlé, le piton de Crac, le rempart de Bois Blanc, le Gros Piton et la pointe des Cascades. Quant à la nouvelle grève, sa pente est curieusement dirigée vers la terre : c'est bien sûr l'œuvre de l'océan qui repousse devant lui les blocs de basalte de toutes tailles.

Géologie. Avant d'arriver à la pointe de la Table, les laves n'ont guère eu le loisir de lambiner sur les pentes du volcan : elles provenaient d'une fissure toute proche située près de l'**îlet aux Palmistes**, plus de 5 km au S du rempart du Tremblet (voir Takamaka). Cette fissure resta « sèche » sur sa plus grande longueur. Elle est restée ouverte le long du sentier qui remonte la coulée cordée de 1776 pour aller du point de sortie des laves de 1977 à la RN 2. En raison d'un dégazage poussé du magma, les laves s'écoulèrent sans donner lieu à des projections de scories. Rien de particulier ne distingue donc ce point de sortie, sauf d'être évidemment le lieu le plus élevé où se voient les coulées de 1977. Le débit rapide d'une lave très chaude est souligné par l'espèce de **« voie rapide »** au profil en V qui figure au centre de la coulée, les blocs qui l'encadrent indiquant quelle fut la largeur initiale de l'épanchement. On voit aussi comment les panneaux de lave se sont fracturés en refroidissant et comment les cordes et autres figures prises en surface par la lave sont déjà attaqués par l'érosion. Au début du sentier du puits Arabe, remarquer la **prismation** de la lave bulleuse datant de 1776 et noter comment elle représente une zone de faiblesse que l'érosion exploite pour faire basculer dans la mer des pans entiers de falaise.

Situation [4406 RT]. Accès direct à partir de la RN 2 à 4 km au N de Saint-Philippe et 26 km au S de Sainte-Rose, soit par la RF 3 (suivie à pied) ou par un sentier (plus amusant, mais plus escarpé et bordé de profondes fissures) longeant la coulée de 1776 (30 minutes A/R). *Promenade du puits Arabe :* boucle balisée de 90 minutes.

Pointe du Tremblet

La rencontre tumultueuse des laves et de l'océan à la pointe du Tremblet lors de l'éruption d'avril 2007. Entre la côte et leur point de sortie, à l'arrière-plan, les coulées ont couvert une superficie de 4 km² environ. Dans les environs, la végétation a été partiellement brûlée par les dépôts d'un « sable » volcanique produit par la fragmentation du magma au contact de l'eau avant d'être emporté par les vents.

Cap de lave (alt. 10 m) – Face au rempart du même nom, la pointe du Tremblet marque la limite sud du Grand Brûlé. Au milieu d'une côte inhospitalière, elle abrita jadis un port de fortune entre de minuscules jetées basaltiques. Après l'avoir gagnée par une route serpentant à travers une luxuriante forêt primaire, on pouvait y faire une promenade longeant la mer au-dessus de grands prismes de basalte. La grande éruption d'avril 2007, qui vit le cratère Dolomieu s'effondrer, a fait table rase de ce site sauvage. Une nouvelle plate-forme large de 1 km et vaste de plusieurs dizaines d'hectares s'est créée en dépit de fortes pentes sous-marines. Les flots de lave provenaient d'un point de sortie situé près du rempart à 600 m d'altitude. Bien qu'elle soit vulnérable aux attaques de l'océan, cette plate-forme illustre à merveille le lent accroissement de l'île produit par le travail du volcan.

Géologie. Avant la reprise de ce type d'activité en 1977, le cap du Tremblet fut, en 1774 et 1800, le terme des deux dernières coulées qui s'épanchèrent hors Enclos. Leur âge assez récent était attesté par les cordes qu'elles avaient gardées en surface. C'est sous les gratons d'un puissant épanchement d'océanites que ces coulées ont été enfouies en 2007.

Situation [4406 RT]. Près de la RN 2, à 10 km au N de Saint-Philippe et 22 km au S de Sainte-Rose. Pointe proche du terme d'une des plus belles mais des plus éprouvantes randonnées du volcan (8 heures, 2 290 m de dénivelé, dont 1 400 m à travers la forêt à partir du Nez Coupé du Tremblet).

Rivière Langevin

Cascades (alt. 280 m et 500 m) – La vallée de la rivière Langevin s'élève par paliers. Aux restaurants, nombreux près de Langevin, succèdent cressonnières, puis petites plantations de bananes et d'ananas. Un peu plus haut, deux cascades sont des buts de promenade appréciés. À 5 minutes de la route, la **cascade du Trou Noir** (280 m) possède une grande vasque aux eaux limpides où il fait bon se baigner. Plus haut, l'eau jaillit de tous côtés sur le vaste front de la **cascade de Grand Galet** (500 m). Curieusement, le haut du front reste cependant sec. L'eau ne provient donc pas de l'amont, mais sourd de résurgences situées au milieu de l'empilement un peu chaotique de laves recoupé dans le creux de la vallée. Au-dessus de la cascade, Grand Galet est le point de départ d'une très longue randonnée vers cap Blanc et la plaine des Sables.

Les lignes d'émergence des sources à la cascade de Grand Galet.

Géologie. La cascade de Grand Galet révèle les différences de perméabilité existant entre les coulées d'un empilement, ici mêlées à des alluvions anciennes. De nature irrégulière, la **ligne de résurgence** est soulignée par une forte densité de végétation liée à la présence d'un niveau peu perméable (alluvions anciennes et coulées épaisses). Le débit de la rivière est donc essentiellement entretenu par ces sources. Les eaux d'infiltration semblent avoir pour origine un étroit bassin-versant qui englobe la partie S de la plaine des Sables. Leur débit important, mis en évidence par les cascades de Grande Galet et du Trou Noir, suggère qu'elles proviennent en réalité d'une aire plus vaste que celle de ce bassin-versant géographique. Elles sont captées plus bas par EDF.

Plus modeste que sa voisine des remparts, la rivière Langevin n'en a pas moins fait des entailles profondes dans les empilements de coulées émises dans la plaine des Sables par le piton Chisny* il y a 1 000 ans. Que des intervalles de temps importants aient pu séparer des coulées successives est indiqué par l'existence de **sols fossilisés** identifiables à leur teinte rougeâtre. Dès le début du sentier qui part de Grand Galet vers la chapelle de cap Blanc, l'érosion torrentielle signe son action par les blocs d'un mètre de taille qu'elle arrache des versants et abandonne dans le cours de la rivière lors des crues cycloniques. Vers Grand Pays, le chemin devient très escarpé. Le sentier passe alors sur des coulées boueuses plus ou moins anciennes avant de serpenter sur les basaltes du Chisny jusqu'à sa rencontre avec la route du volcan.

Situation [4406 RT]. *Cascade de la Grande Ravine :* à 10 km au N du pont de la rivière Langevin et 32 km à l'E de Saint-Pierre. *Chapelle de cap Blanc :* à 3 heures A/R de Grand Galet.

Rivière des Marsouins

Cascades (alt. 796 m) – Sur le flanc est du piton des Neiges, la rivière des Marsouins s'individualise au cœur du plateau de Bébour et s'enfonce très vite, à 1 300 m d'altitude, dans un cirque profond. Elle saute ensuite d'une

Entaillant le plateau de la forêt de Bébour, les cascades du bras Cabot (visibles du belvédère de Takamaka) et le cirque de la rivière des Marsouins (à droite).

spectaculaire cascade à une autre au fond de **gorges** abruptes avant de se jeter dans la mer à Saint-Benoît. Par temps favorable, un beau point de vue sur ces chutes se présente à partir du **Cassé de Tamanaka***, au-dessus du bras Cabot. Du belvédère situé près de la centrale hydroélectrique, un autre panorama intéressant se dévoile sur les gorges du **bras Cabot** et de la rivière des Marsouins, ainsi que sur les cascades qui dévalent sur 1 000 m de hauteur les pentes descendant de l'îlet Patience. De très abondantes précipitations ont de fait conféré à ce secteur une grande importance économique. Trois barrages et deux usines y ont été construits. Avec les autres centrales hydroélectriques existantes, ces installations produisent 30 % de l'électricité réunionnaise.

Géologie. La rivière des Marsouins et celle des Roches, au N, sont séparées dans leur partie basse par le massif du **Grand Battoir.** Celui-ci est un reste des plus anciennes coulées du piton des Neiges. La rivière des Marsouins a quant à elle taillé son cirque dans l'empilement de coulées le plus récent du piton des Neiges, celui qui a comblé l'ancien cirque de Bébour dans une période s'étalant de 200 à 20 ka. Ces coulées de Bébour se prolongent jusqu'à la mer en un long pédoncule qui a ainsi fossilisé l'ancien exutoire de ce cirque. En creusant sa vallée profonde à travers ce pédoncule, la rivière des Marsouins a recréé cet exutoire. Comme sous le Grand Brûlé*, une anomalie du champ de pesanteur a été observée sous le massif de Takamaka*. Bien que des forages n'aient pas été effectués, la présence de roches denses en profondeur suggère l'existence d'une ancienne **chambre magmatique** de grande taille, et donc d'un ancien **volcan de Takamaka** au N du piton de la Fournaise.

Situation [4406 RT]. Sentiers partant de la centrale hydroélectrique, au bout de la D 53 qui débute entre Bras-Panon et Saint-Benoît jusqu'au premier barrage (1 h 45 A/R, 345 m de dénivelé), ou jusqu'au plateau de Bébour (6 heures A/R). À partir de ce plateau la randonnée peut être effectuée dans l'autre sens : départ de la plate-forme des Hirondelles, sur la RF 2 qui mène au plateau de Bébour à partir de la plaine des Palmistes.

Rivière des Remparts

Vallée alluviale (alt. 0-1 750 m) – Trois grandes vallées découpent le massif de la Fournaise. La rivière de l'Est se trouvant au nord, le fait que les deux rivières situées au sud portent les noms de Langevin et des Remparts permet heureusement de limiter la confusion… Contrairement à sa proche voisine, la rivière des Remparts n'a pas une grande vocation touristique. La méchante piste qui la longe se contente d'acheminer vers la côte des granulats de carrière et d'assurer la desserte du hameau particulièrement exposé de **Roche Plate** (voir Nez de Bœuf*). Plutôt que de la remonter inutilement, il vaut mieux profiter des vues spectaculaires auxquelles elle donne lieu d'en haut, du Nez de Bœuf ou du **Serré** (au-dessus de Saint-Joseph, après le hameau Jean Petit).

Le grand arrachement de Mahavel, facilité par la différence de pendage entre coulées basaltiques anciennes, tournées vers la plaine des Sables, et plus récentes, tournées vers le sommet actuel du volcan.

Géologie. Géologiquement, la rivière des Remparts est intéressante à cause du jeu complexe de creusement et de comblement auquel elle se livre depuis des temps immémoriaux. De nos jours, la trace la plus évidente en est l'alternance de zones où les eaux se perdent (comblement) et réapparaissent (creusement) entre Roche Plate et le cours inférieur de la rivière. L'évacuation des **éboulis de Mahavel** (voir Nez de Bœuf) contribue à ce jeu. L'origine de la rivière des Remparts n'est pas encore bien comprise bien qu'elle mêle certainement la tectonique au volcanisme et à l'érosion. Il fait en revanche peu de doute que le cours de la rivière a varié au cours du temps. Des coulées boueuses sont en effet intercalées dans les remparts entre les laves du bouclier ancien et d'autres beaucoup plus récentes. Leur cartographie indique que le lit de la rivière fut plus étroit dans le passé qu'actuellement dans sa partie amont, mais bien plus large dans sa partie aval. Un important lobe concave existait en particulier en rive gauche, à hauteur de Grand Coude, empiétant sur plus d'un tiers de l'emplacement actuel de la rivière Langevin. Les hameaux de Grand Coude et de Jean Petit reposent en effet sur des niveaux supérieurs de remplissage de l'ancienne vallée par des coulées de boue, des éboulis, des alluvions et des coulées anciennes. D'après les âges de ces coulées intercalées, le comblement aurait débuté il y a 105 ka et se serait terminé 40 ka plus tard.

Situation [4406 RT]. *Le Serré:* après le hameau Jean Petit, à 13 km au N de Saint-Joseph.

Takamaka

Coulées de lave (alt. 0-1 044 m) – Dans la commune de Saint-Philippe, au sud du piton de la Fournaise, les forces de la nature se manifestent avec une impétuosité inhabituelle. L'océan brise ses énormes vagues sur des falaises inaccessibles, la forêt semble étouffante, et le volcan menace, comme l'a rappelé en 1986 la première éruption à s'être produite au sud de l'Enclos Fouqué depuis l'an 1800. Aujourd'hui encore la trace de cette éruption est bien visible dans le paysage. Sur les 4 km de son parcours, la **coulée de Takamaka** offre un superbe aperçu de la manière dont une lave est colonisée par les lichens, mousses et fougères. Partant de la RN 2, le sentier remonte un étrange chemin tortueux jusqu'au point de sortie de la lave, situé un peu au-dessus du **piton de Takamaka** (989 m) ; il continue ensuite jusqu'au bivouac du Tremblet (alt. 1 230 m) et redescend enfin vers la RN 2 en longeant à distance la coulée des **Citrons Galets,** deuxième branche de l'éruption de 1986. N. B. : ne pas confondre la coulée et le piton de Takamaka, au sud-est de l'île, avec les cascades et le volcan du même nom, au nord-ouest.

Géologie. Le 18 mars 1986, une crise sismique se produit à 17 h à l'aplomb du sommet du piton de la Fournaise. À 2 h le lendemain matin, un trémor annonce l'ouverture d'une **fissure** longue de 200 m, orientée 145° N, entre 1 750 et 1 720 m d'altitude dans l'Enclos, sur le flanc SE du Dolomieu, à environ 600 m du pied du Nez Coupé du Tremblet. En fin de matinée, un demi-million de mètres cubes de laves a été émis quand l'éruption s'interrompt en ce point. Hors Enclos, elle reprend dans la soirée par une nouvelle fissure longue de 700 m, orientée 140° N et située entre 870 et 1 070 m d'altitude. Contrairement aux autres éruptions hors Enclos de la période historique, cette nouvelle phase donne lieu à des fontaines de laves et à des **explosions** de type phréatomagmatique produisant des bombes et des cendres noires. De cette fissure s'écoulent deux torrents de lave qui contournent le piton Takamaka situé plus en aval. Au N, la coulée emprunte la ravine Citrons Galets, traverse la route nationale le 20 mars à 17 h, et se jette dans la mer à 21 h. Au sud, la seconde coulée gagne la ravine Takamaka, coupe à 15 h la nationale sur 40 m de large, détruit huit maisons, mais s'arrête finalement à 200 m de l'océan. Dans le prolongement de la fissure du piton Takamaka, une autre fissure de 800 m est apparue à une altitude de 30 m. Un magma fortement dégazé s'épanche à partir de 13 h le 23 mars et édifie peu à peu la nouvelle **pointe de la Table.** Le 30 mars, c'est dans le Dolomieu que la formation d'un cratère-puits profond d'une centaine de mètres marque la fin de l'éruption. Cette diversité de points d'émission illustre ainsi l'existence d'un vaste réseau de fractures souterraines par lequel la lave se fraye un chemin vers la surface.

Une colonisation active : mousses, lichens et fougères sur la coulée de Takamaka.

Situation [4406 RT]. Départ de la randonnée (6 h 30 A/R) au parking situé sur la N 2 à 6 km au N de Saint-Philippe.

4. Les hautes plaines des Cafres et des Palmistes

De l'herbe verte et des vaches au milieu d'un essaim de cônes stromboliens : sans les silhouettes majestueuses des pitons des Neiges et de la Fournaise qui les dominent, les plaines des Cafres et des Palmistes prendraient de petits airs de chaîne des Puys transportée sous les tropiques. Ces deux *plaines* sont en réalité de vastes plateaux suspendus, la plaine des Cafres succédant au sud à celle des Palmistes. À des hauteurs comprises entre 1 100 et 1 600 m, elles marquent une limite franche entre le massif ancien du piton des Neiges, à l'ouest, et le domaine récent du piton de la Fournaise à l'est.

De direction NE-SO, ces deux hauts plateaux permettent la seule traversée facile de La Réunion, mais ils peuvent être autre chose que de simples voies de passage, d'une côte à l'autre, ou vers le sommet du piton de la Fournaise. À Bourg-Murat*, la plaine des Cafres est ainsi le siège d'une très intéressante *Maison du volcan*. Cependant leur particularité est de présenter le plus bel ensemble d'appareils stromboliens de l'île. Surtout de la route montant à la Fournaise, de jolies vues d'ensemble se dégagent sur les nombreux cônes qui y sont disséminés.

Dès 1791, l'officier Alexis Bert n'eut aucune peine à percevoir la nature volcanique de la plaine des Cafres. « *On y voit partout une multitude de pitons coniques*, rapporta Bert, *quelquefois tronqués, disposés sans ordre et qui ont 50, 100, 300 pieds de hauteur, et quelquefois plus. Les laves scorifiées rouges des uns, les pouzzolanes différemment colorées des autres, le sommet aplati, quelquefois enfoncé de plusieurs, démontrent évidemment que ce sont autant de monuments de cratères, élevés par les feux souterrains.* » Et Bert ajouta avec perspicacité : « *Je suis fondé à croire tous ces environs comme très propres à y élever des troupeaux et y faire prospérer les productions des pays les plus froids.* »

Sur le chemin du volcan : les volcans stromboliens des hauts de la plaine des Cafres et, au loin, le piton des Neiges.

Ces cônes illustrent le rôle que les éruptions stromboliennes ont tenu dans l'édification du massif de la Fournaise. De taille très variable, ils définissent une assez large bande d'orientation 120° N qui relie les sommets des deux grands volcans. Aux extrémités opposées de cette bande figurent par exemple deux grands appareils, le piton Bleu (1 925 m), sur les flancs du piton des Neiges, et le piton Haüy (2 407 m), au nord de la plaine des Sables. Cette disposition et un bombement de la topographie trahissent l'existence d'un axe le long duquel le magma remonte préférentiellement des profondeurs. C'est une fracturation intense du sous-sol, elle-même probablement due au glissement du flanc est du volcan vers la mer, qui faciliterait cette remontée. Les cônes stromboliens aujourd'hui visibles relèvent cependant d'une période plus récente qui a suivi le creusement de la rivière des Remparts. Leurs coulées sont encore peu entaillées par l'érosion ; elles paraissent donc napper les versants des deux hautes plaines.

Bien que les plus anciennes laves aient 290 ka, et qu'une période de repos de 150 ka se soit intercalée, cette activité est loin d'être un

Un des grands cônes stromboliens de la plaine des Cafres : le piton Hyacinthe, au coucher du Soleil un soir d'hiver, vu de l'observatoire volcanologique de Bourg-Murat.

souvenir du passé. Elle pourrait même reprendre un jour, comme l'indiquent des événements assez récents. Un des plus importants eut pour cadre les Trous Blancs (1 957 m). Des laves qui gagnèrent la mer à Saint-Pierre furent émises de ce très grand cratère, situé à 200 m à l'ouest du Nez de Bœuf*. Bien qu'elles soient couvertes par les cendres de Bellecombe*, émises il y a 4 700 ans, leur jeunesse est attestée par leur aspect très frais. Quant à l'éruption la plus récente connue, elle ne date que de l'an 1475 (± 75 ans). Un volume de laves de moins de 40 000 m^3 fut alors émis à partir d'un cône haut de 10 m seulement, le Petit Cratère (2 345 m) qui surplombe le rempart des Sables à 6 km environ de la plaine des Palmistes.

Biberon

Cascade (alt. 1006 m) — Toute proche du Premier Village, la cascade Biberon ne doit susciter aucune interprétation controuvée : elle perpétue tout simplement le nom d'un de ses anciens propriétaires. Les 300 m de son filet d'eau révèlent de loin le but qu'elle poursuit inexorablement : scier la montagne en deux... Plongeant dans une belle **vasque** aux eaux brunes, la cascade met au jour un empilement très régulier de **coulées de basalte** qui représentent ici 160 ka de travail du piton des Neiges. Une marche amusante mène à ce havre où règne une végétation luxuriante. Les courageux braveront les eaux bien froides du bassin...

Géologie. Les laves de la cascade Biberon ont des âges qui vont de 561 (± 10) ka en bas, à 400 (± 8) ka en haut. La **prismation** qu'elles esquissent leur fait faire de petits ressauts. Elles appartiennent principalement au bouclier d'océanites du piton des Neiges. Très localement, à son sommet, la cascade entaille des laves du bouclier tardif qui nappent en amont le fond de la ravine. La cascade dévale le versant S de l'**îlet Patience**, un grand promontoire situé au SE de l'ancien cirque de Bébour* qui induit un rétrécissement de la rivière des Marsouins, l'exutoire de ce cirque. Cet escarpement extrêmement abrupt a une origine incertaine. En raison de sa forme polylobée, analogue à celle des versants des grandes vallées de l'île, il pourrait avoir été créé par l'érosion ; du côté S, le versant opposé manquerait alors curieusement. C'est pourquoi on ne peut exclure que cet escarpement soit le produit d'un effondrement tectonique ou d'un grand glissement de flanc.

Les plus basses coulées de basalte de la cascade Biberon.

Situation [4403 RT]. Dans la commune La-Plaine-des-Palmistes, emprunter la rue Étiennette, entre les arrêts de car *cascade Biberon* et *Villeneuve Alexi* et continuer jusqu'au petit parking. Prendre le sentier et le poursuivre à dr. de la rue du Père Couppy, face à la rue des Nénuphars ; remonter un peu la ravine Sèche avant de la traverser. Chaussures de randonnée recommandées : gués et passages boueux à franchir (1 h A/R).

Bourg-Murat

Une combinaison de volcanologue de Maurice Krafft exposée à la Maison du volcan.

Maison du volcan et observatoire volcanologique (alt. 1610 m) — La seule route menant au piton de la Fournaise a été achevée en 1968. Elle débute dans la plaine des Cafres à Bourg-Murat. Sur le chemin du sommet du volcan, Bourg-Murat était donc le lieu de l'île le plus propice où édifier une **Maison du volcan** à l'intention d'un public curieux. Créée en 1992 par le conseil régional sur une idée des volcanologues Katia (1942-1991) et Maurice (1946-1991) Krafft, cette Maison, également appelée *Muséum de la Fournaise*, remplit entièrement sa mission. Des volcans observés sur d'autres planètes aux particularités des pitons de La Réunion, ainsi qu'à leurs incidences sur la faune et la flore de l'île, il n'est guère d'aspects généraux ou fondamentaux du volcanisme qui ne soient décrits et illustrés à travers un parcours judicieusement conçu. Schémas, photos et cas concrets bien choisis sur tous les continents sont présentés par de nombreux panneaux et de grandes maquettes. De courts films en libre-service sur des bornes vidéo illustrent par ailleurs la diversité des types de laves, les différents types d'éruption ou les risques, et aussi les bénéfices, que représente le volcanisme. Sans prétendre remplacer une découverte de volcan sur le terrain, une visite de la Maison du volcan la prépare très utilement (compter 2 heures). Pour tous les publics, la visite est particulièrement recommandée quand un gros temps oblige à patienter ! Elle peut être complétée par un arrêt au centre de documentation de la Maison qui possède un excellent fonds dépassant le strict cadre du volcanisme.

Depuis 1980, Bourg-Murat est également le siège de l'**observatoire volcanologique** du piton de la Fournaise. C'est l'éruption de 1977, première à s'être produite hors Enclos depuis 1800, qui en fit ressentir le besoin en rendant nécessaire l'évacuation des villages de Bois Blanc et de Piton-Sainte-Rose. Dès 1938, cette création avait pourtant été vivement appelée par Lacroix : « *D'une façon générale*, écrivit-il, *il serait d'une capitale urgence d'organiser une étude ininterrompue de ce volcan, afin d'en enregistrer les moindres manifestations, non seulement des points de vue dynamique et* *morphologique, mais en considérant les autres aspects de la physique du globe (sismologie, magnétisme terrestre, gravimétrie, etc.) dont jusqu'ici il n'a pas été tenu compte lors des éruptions. Les habitants de La Réunion ont le bonheur de voir l'activité de leur volcan localisée dans une région bien définie, où son action est inoffensive car rien n'est à détruire à proximité. Mais la science pâtit de cette innocuité, car elle a pour conséquence une complète indifférence de l'opinion et des pouvoirs publics pour une question ayant cependant un si grand intérêt.* » Il fallut donc une quarantaine d'années pour que le volcan fasse exaucer ce vœu !

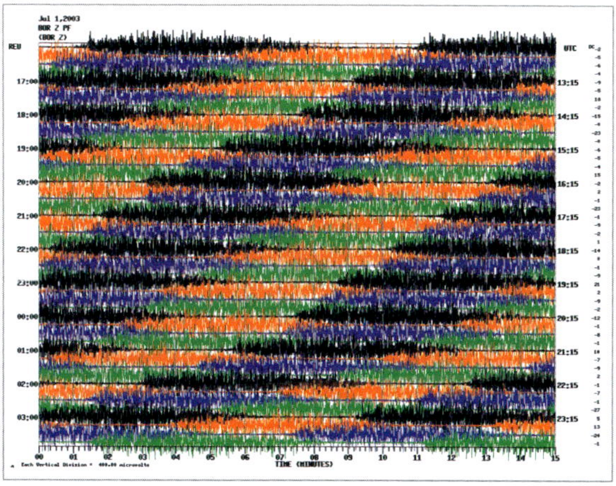

L'explosion rythmique de bulles de gaz dans le magma, révélée par un sismomètre de l'observatoire volcanologique lors de l'éruption de juillet 2003. Pour des raisons de clarté, la couleur employée pour représenter les oscillations sismiques change à chaque retour à la ligne (durée : 15 min). L'alternance de fuseaux colorés indique ainsi la nature périodique de l'activité sismique.

Géologie. L'observatoire ausculte en permanence le volcan par le biais de **stations sismologiques, géodésiques, inclinométriques** (mesurant d'infimes variations de pente) et GPS dont les signaux lui sont transmis en temps réel. Émetteurs relais inclus, une soixantaine de stations sont dispersées à travers tout le massif. Elles sont alimentées électriquement par des panneaux solaires. Les signes avant-coureurs d'une éruption sont généralement détectés de quelques semaines à quelques mois à l'avance par les stations sismologiques et inclinométriques. Le début d'une éruption est annoncé par une petite crise sismique durant souvent une demi-heure environ, puis, après une période de silence allant de 1 à 9 heures (de longueur croissante à mesure que l'éruption se produit plus bas), par un bruit sismique continu, le ***trémor***, qui est causé par la montée rapide et l'arrivée à la surface du magma. C'est après l'apparition du trémor et la localisation sismologique de son foyer qu'une éruption est officiellement annoncée. Les dispositions adéquates sont alors prises par la préfecture, mais c'est au directeur de l'observatoire que revient le privilège de nommer les nouveaux appareils qui surgissent sur les flancs du volcan. Bénéficiant du soutien du CNRS et du conseil général de La Réunion, l'observatoire est une antenne de l'Institut de physique du globe de Paris

Situation [4405 RT]. Sur la RN 3 à 31 km au SO de Saint-Benoît et 18 km au NE du Tampon. Maison du volcan fermée le lundi.

Col de Bellevue

Belvédère (alt. 1 606 m) – Entre le Deuxième Village et le col de Bellevue, ce sont 500 m de dénivelé que la route gravit en lacets pour passer de la **plaine des Palmistes**

à celle des **Cafres.** Ce *col* n'en est pas vraiment un puisque l'altitude continue à croître légèrement vers le sud, pour ne décliner lentement sur l'autre versant de l'île qu'avant Bourg-Murat*. Par beau temps, il n'usurpe pas son nom de *Bellevue*. Tel un plateau suspendu, la plaine des Palmistes se présente alors au-dessus de la mer qui forme l'horizon. Vers l'est, un rempart abrupt colonisé par d'impressionnantes fougères arborescentes témoigne d'une pluviométrie respectable. Au second plan, des cônes stromboliens se trouvent quelque peu écrasés dans cette perspective : au nord-est, le **Gros Piton Rond** (1 421 m), haut d'environ 200 m, puis, plus loin, le **piton des Songes** (1 310 m, coiffé d'un calvaire), et enfin, plus à l'est, le **piton Doré** (1 297 m). Tous attestent une activité volcanique assez récente dans la région.

Géologie. Le Gros Piton Rond et ses voisins n'ont pas été datés, mais leurs formes sont clairement celles de jeunes appareils. Ceux dont les flancs sont couverts par les cendres de Bellecombe* ont plus de 4 700 ans. Ce n'est pas le cas du Gros Piton Rond ; son âge est donc plus récent. Un peu plus loin, par exemple au pied du rempart de la rivière des Palmistes, se rencontrent des

Le col de Bellevue, terme des pentes abruptes, jalonnées de cônes stromboliens, qui montent de la plaine des Palmistes à la plaine des Cafres. À l'arrière-plan, la vallée de la rivière des Remparts et le sommet du piton de la Fournaise.

produits beaucoup plus anciens du piton des Neiges. Vers le goulet qui marque à l'est la **plaine des Palmistes,** les laves situées au pied du morne de l'Étang sont vieilles de 561 (± 10) ka, celles du sommet de 400 (± 8) ka. On les observe de près à la cascade Biberon*. De l'autre côté de la plaine, en revanche, les âges ne varient pas entre le bas (453 ± 6 ka) et le haut (450 ± 21 ka) d'un versant qui appartient au premier piton de la Fournaise.

Le col de Bellevue représente quant à lui un escarpement ancien qui a été moulé par des épanchements d'appareils de la plaine des Cafres. Sur les contreforts de la plaine des Palmistes, ces laves ne supportent qu'un faible couvert végétal. Émises avant l'événement des cendres de Bellecombe, elles ont descendu les pentes pour s'épancher vers l'actuelle plaine des Palmistes. Bien que peu active, la zone de remontée de magma de direction 120° N représente donc une voie de passage encore active.

Pour terminer, un mot sur la plaine des Palmistes. C'est une dépression ouverte vers la mer dont les remparts N et O, particulièrement abrupts, contrastent avec les pentes assez régulières de 12° environ qui la délimitent au S. Les causes de ces reliefs sont encore débattues. Alors que la morphologie polylobée du rempart N suggère une action de l'érosion, la rectitude du rempart NO, d'orientation parallèle aux grandes structures de la région, évoque plutôt celle d'effondrements. Mais, avec des précipitations moyennes de 4700 mm par an, la plaine des Palmistes a pu être attaquée à la fois par l'érosion et de grands glissements de terrain.

Situation [4405 RT]. Sur la RN 3, à 5 km au N de Bourg-Murat. Point de vue à 300 m du col, vers le fond du parking.

Grand Étang

Lac (alt. 526 m) – À proximité de la plaine des Palmistes, le Grand Étang s'est établi dans un vallon profond. Son niveau d'eau varie selon les pluies ; lorsqu'il est au plus haut, nota Bory de Saint-Vincent, « *il remplit presque tout le fond du cirque ; et deux ou trois buttes couvertes de gazon, qui sont à l'entrée, forment alors des îlets, ce qui est du plus joli effet.* » Même sous une averse généreuse – chose fréquente en ces lieux ! – la promenade autour de l'étang reste des plus plaisantes. « *Un nombre prodigieux de cascades* » se croisent alors, nota Bory, « *se traversent, y tombent en désordre et forment à la base un courant d'eau vif et rapide, qui* [...] *se perd et disparaît environ à moitié chemin.* » Jolie vue sur l'étang du sommet de la petite éminence (alt. 577 m) qui le borde à l'est, en amont du tout proche **puy de l'Étang** (593 m). Vue d'ensemble à partir du faîte des mornes de l'Étang (alt. 971 m), la grande barre montagneuse qui borde le lac vers le sud.

Géologie. Le Grand Étang est la seule retenue naturelle de quelque importance à La Réunion. Il doit son existence au puy de l'Étang et à d'autres petits

appareils stromboliens liés à un même épisode éruptif du piton de la Fournaise. En s'édifiant, ceux-ci ont barré et partiellement comblé une profonde ravine qui s'était formée dans des laves du bouclier tardif du piton des Neiges. L'existence de ces volcans est très clairement trahie par les scories rougeâtres du chemin qui mène à travers leurs flancs est aux rives de l'étang. Ces volcans sont parmi les plus septentrionaux de la plaine des Palmistes ; en descendant presque jusqu'à Saint-Benoît, leurs coulées ont gagné la rivière des Marsouins au NE. La rive nord du Grand Étang marque par ailleurs la limite entre les empilements de lave des stades « bouclier tardif » (au **morne de l'Étang**) et « bouclier d'océanites » (au **massif du Cratère**) de l'édification du piton des Neiges. Le Grand Étang est donc un point de rencontre entre les laves récentes du piton de la Fournaise et d'anciennes productions du piton des Neiges.

Le Grand Étang et les chutes qui l'environnent sous le soleil de l'hiver austral. Au premier plan, le puy de l'Étang et les autres petits volcans stromboliens récents ; au loin, la rivière des Marsouins.

Situation [4403 RT]. Route d'accès à partir de la RN 3 à 10 km au SO de Saint-Benoît. Sentier de randonnée autour de l'Étang (7 km, 2 h 30), coupé en période de hautes eaux. Du morne de l'Étang, très beau panorama sur le Grand Étang : par sentier partant à l'alt. 762 m de la RN 3, à 1,2 km au SO du point de vue de l'Écho (3 heures A/R, 360 m de dénivelé).

Piton Hyacinthe

Volcan strombolien (alt. 1 372 m) — Parmi les nombreux **volcans stromboliens** qui parsèment la plaine des Cafres, le piton Hyacynthe est le seul dont le sommet soit desservi par une route. Une aire de pique-nique y a été aménagée au-dessus d'un **cratère** très bien conservé. Elle souffre du voisinage d'un grand émetteur, mais sur son chemin se dégagent de belles vues sur la côte, la plaine des Cafres et le massif du piton des Neiges. Quant à la longueur même de la route d'accès, elle souligne la taille de ces volcans adventifs qu'on a tendance à sous-estimer. Haute sentinelle isolée au sud de la plaine des Cafres, le piton Hyacinthe fournit ainsi un prétexte pour mentionner les dégâts considérables qui pourraient accompagner l'édification d'un nouveau cône strombolien. À Saint-Pierre même figure, par exemple, une vaste coulée vieille de 15 ka issue du **piton Dugain** (1755 m), juste à l'est de Bourg-Murat*. Bien que la zone allant de la plaine des Cafres à Saint-Pierre soit moins exposée que celle qui relie la plaine des Palmistes à Saint-Benoît, on ne peut pas exclure que des événements de ce type ou de celui des Trous Blancs (voir Nez de Bœuf) ne puissent se reproduire. La différence est qu'ils provoqueraient de nos jours l'évacuation de dizaines de milliers de personnes...

Géologie. Les quelques dizaines de cônes stromboliens qui parsèment les plaines des Cafres et des Palmistes ont des âges allant probablement de 110 à 7 ka, qui décroissent en allant du piton Hyacinthe vers Saint-Benoît. Ils se montrent ainsi sous une grande diversité d'états de conservation. Le début de leur activité a souvent été **phréatomagmatique.** Ces volcans se fondent en réalité dans un plus vaste ensemble qui inclut les appareils disséminés dans l'ensemble du massif de la Fournaise, de la côte jusqu'au cratère. Tel le piton Hyacinthe, ils ont pour la plupart émis des coulées relativement longues. La taille beaucoup plus grande de ces appareils par rapport à ceux de l'Enclos Fouqué*, au sommet, témoigne d'un débit élevé de magma et d'une explosivité certaine liée à un fort dégazage. Ce caractère violent a pour origine une remontée directe des laves à partir de réservoirs profonds situés à une dizaine de kilomètres sous la mer, dont témoignent également la composition assez primitive des laves et la forme inhabituelle de flèche prise par leurs cristaux d'olivine.

Les marques de l'érosion restant superficielles, le réseau hydrographique est assez peu développé en dehors des environs SO de la rivière des Remparts. Ces traits suggèrent que le nappage de la région par des laves venues des cônes stromboliens de la plaine des Cafres est récent, surtout dans un étroit couloir entre Saint-Pierre et Le Tampon. À l'E et au NE des pentes entre ces deux villes, un changement d'orientation assez brutal des cours d'eau, dit « en baïonnette », marque en fait la limite entre coulées récentes et anciennes, les plus vieilles, très érodées, ayant un âge de 360 ka près des hauts de Petite-Île.

Situation [4405 RT]. À 27 km au N de Saint-Pierre. À 2 km au S du bourg de la Plaine-des-Cafres sur la RN 3, suivre sur 2 km la route de piton Hyacynthe, puis prendre à dr. le sentier Marmaille jusqu'au sommet.

Trou de Fer

Point de vue (alt. 1380 m) – Site rattaché au cirque de Salazie. De la plaine des Palmistes, autre accès par le sentier continuant la RF 2 (fermée les week-ends) qui gagne le plateau de Bébour à partir de la D 55 (croisement avec la RN 3 au Deuxième Village).

5. Les trois cirques et le piton des Neiges

Les trois grands cirques disposés à la manière de feuilles de trèfle autour du piton des Neiges représentent peut-être le trait le plus original de La Réunion. D'une dizaine de kilomètres de diamètre chacun, ils se distinguent par les formidables *remparts* qui les encerclent et par l'étroitesse des vallées qui les relient à la côte. Sous une végétation généreuse, ce sont des glacis de roches meubles abandonnées sur place par une puissante œuvre de démolition, des chaos de ravines traversés par des routes jouant parfois aux montagnes russes. Au milieu de ces ruines, émergent çà et là des îlets, fragiles plateaux où se sont établis de gros villages comme Hell-Bourg et Cilaos, ou, plus souvent, des cases éparses aux toits rouges entourées de champs miniatures. Des accès malaisés et des reliefs difficiles ont jadis fait de ces cirques le refuge des esclaves marrons dont les noms sont commémorés par des sommets comme le piton d'Enchaing et le Cimendef.

En bordure des cirques, les remparts sont proprement vertigineux, les dénivelés dépassant par endroits le millier de mètres avec des pentes moyennes qui peuvent atteindre 70 degrés. C'est le plus souvent à partir de la côte qu'on peut en gagner les crêtes, à la Roche Écrite, au Maïdo*, au Grand Bénare* ou au Dimitile*. De ces points élevés, la manière dont l'érosion dissèque peu à peu le cœur du massif se révèle de façon spectaculaire. Mais c'est bien entendu de l'intérieur des cirques que s'observent les entrailles mêmes du volcan aujourd'hui endormi. À une échelle qui est comparable à celle du canyon du Colorado, c'est un incroyable empilement de strates que l'on découvre, recoupé par des réseaux enchevêtrés de dykes et de sills dont l'épaisseur peut dépasser un mètre. En se mettant en place, dykes et sills ont non seulement alimenté les coulées superficielles, mais ils ont aussi eux-mêmes participé à la croissance du massif par le gonflement de l'édifice qu'ils ont induit. Rien ne révèle mieux la vigueur de l'action volcanique que d'innombrables coulées de laves entremêlées de formations pyroclastiques. Dans les remparts, cette succession de coulées se distingue assez nettement par des variations de densité de la végétation.

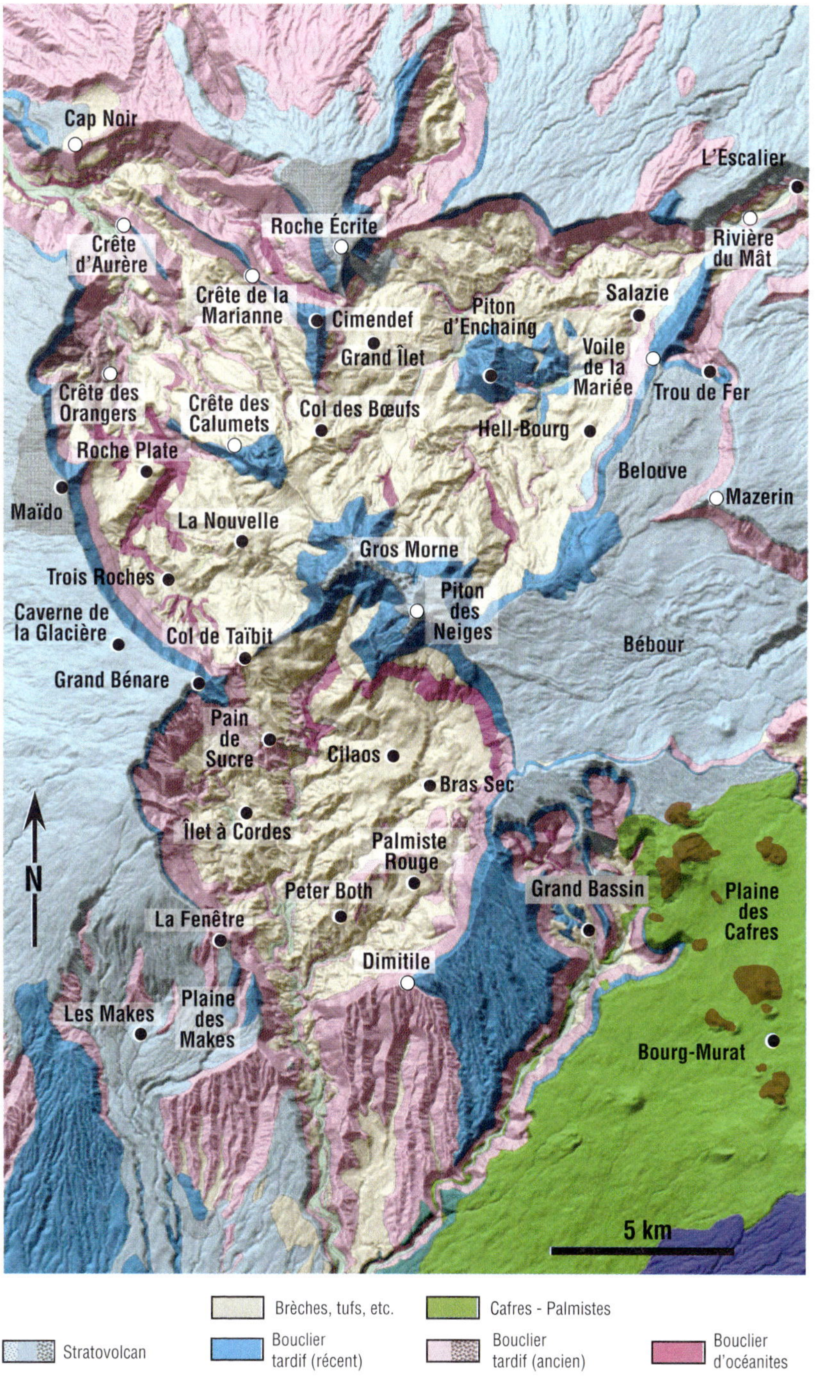
Cap Noir
L'Escalier
Roche Écrite
Crête d'Aurère
Rivière du Mât
Crête de la Marianne
Cimendef
Piton d'Enchaing
Salazie
Grand Îlet
Voile de la Mariée
Trou de Fer
Crête des Orangers
Crête des Calumets
Col des Bœufs
Hell-Bourg
Roche Plate
Belouve
Maïdo
Mazerin
La Nouvelle
Gros Morne
Trois Roches
Piton des Neiges
Caverne de la Glacière
Col de Taïbit
Bébour
Grand Bénare
Pain de Sucre
Cilaos
Bras Sec
Îlet à Cordes
Palmiste Rouge
N
Peter Both
Grand Bassin
Plaine des Cafres
La Fenêtre
Dimitile
Les Makes
Plaine des Makes
Bourg-Murat
5 km
Brèches, tufs, etc.
Cafres - Palmistes
Stratovolcan
Bouclier tardif (récent)
Bouclier tardif (ancien)
Bouclier d'océanites

Le Gros Morne de Gueule Rouge (au centre) et les ravines centrales du cirque de Cilaos : la difficile desserte routière de l'îlet à Cordes (à gauche), de Cilaos (à droite), et du Palmiste Rouge (en bas).

Éruption après éruption, le millier de mètres de dépôts mis au jour dans les remparts représente l'activité de très longues périodes. Mais l'érosion a rétorqué en rongeant continûment le piton des Neiges sous toutes ses faces. Les trois cirques en sont le témoignage évident. Depuis des temps immémoriaux, travail de destruction et de construction ont en fait coexisté. Succédant probablement à d'autres dépressions qui avaient été plus ou moins comblées, les cirques actuels ont dû commencer à se creuser il y a 150 ka environ. Des particules infimes aux plus gros galets, tout a été évacué vers la mer par des rivières courtes, mais vigoureuses à l'occasion. Restent sur les lieux des produits alluvionnaires qui se distinguent aisément des laves, en particulier par leur teinte plus claire. Ces formations mal consolidées constituent elles-mêmes des cibles faciles pour le ravinement. Au milieu d'entre elles, quelques longues barres rocheuses subsistent néanmoins, vestiges d'empilements de lave que l'érosion a jusqu'alors épargnés.

Chaque cirque présente des aperçus particuliers sur le volcan du piton des Neiges. Chacun a également sa personnalité propre, fruit de spécificités climatiques et des hasards de l'histoire géologique et humaine. Mafate est par exemple le seul à avoir deux voisins. Sur la façade orientale, entre Cilaos et Salazie, figurait en effet un quatrième cirque qui a été comblé lors de la dernière grande période éruptive du massif. Près de la jonction des trois cirques, le piton des Neiges lui-même représente bien entendu le principal point d'intérêt. Il est donc décrit dans ce chapitre. Pour éviter d'inutiles répétitions, celui-ci regroupe les trois cirques. Mais, faut-il rappeler, on ne peut passer directement qu'à pied de l'un à l'autre, au cours de randonnées qui ne conviennent donc pas aux visiteurs pressés.

1. Le cirque de Cilaos et le piton des Neiges

La ville de Cilaos n'est distante que d'une quarantaine de kilomètres de la mer. Il faut cependant plus d'une heure pour y parvenir à partir de Saint-Louis par la route. De splendides points de vue se succèdent en chemin, mais il est plus difficile de s'arrêter de-ci de-là pour les contempler qu'à l'époque où Cilaos n'était accessible qu'à pied, à cheval ou en chaise à porteurs ! Cette route ne date que de 1932. Sa chaussée étroite et tortueuse fut taillée à l'explosif à travers escarpements et éperons rocheux. Elle louvoie sur des terrains instables et est souvent endommagée par des éboulements lors de fortes pluies estivales. Sur plusieurs centaines de mètres, elle peut même être carrément détruite par des cyclones.

Dès la sortie du bourg de La Rivière, l'étroitesse de la vallée surprend. Il faut pourtant se figurer que la masse énorme de matériaux déblayés pour former le cirque a été évacuée par ce chenal étriqué… De part et d'autre de la route, les versants de la vallée deviennent très vite d'immenses remparts,

Dans un cirque sauvage et d'eaux vives, le haut de la cascade de bras Rouge (partie montrée : une dizaine de mètres).

L'enchevêtrement des dykes de syénite le long de la route de l'îlet à Cordes.

hauts de plus de 500 m, taillés dans les laves du bouclier tardif du piton des Neiges ; faute de recul, il est toutefois difficile d'en appréhender vraiment la grandeur.

Au hameau du Pavillon, le cirque s'ouvre enfin. Deux tunnels ont néanmoins dû être percés pour franchir la crête du Gros Piton Gueule Rouge et desservir le village du Palmiste Rouge, où se font les célèbres broderies de Cilaos. Un arrêt s'impose au débouché du second tunnel. Par beau temps, le piton des Neiges se montre au loin, cerbère dominant le cirque d'un œil bienveillant. À l'ouest, l'îlet à Cordes semble tout proche, bien qu'il faille une heure de route pour le gagner... Au nord, l'îlet de Mare Sèche conduit en revanche directement à Cilaos. Pour y parvenir, il ne reste plus qu'à passer le bras de Benjoin. Sous ses airs de ruisseau, ce cours d'eau peine à dissimuler les accès de violence qui le prennent en période de pluies : la taille des blocs qui jalonnent son lit et le creusement évident de sa ravine témoignent de l'importance de ses crues.

Au terme du chemin, la surprise est de parvenir à une petite ville et non à un bout du monde inhabité. Établi sur l'un des plus vastes îlets de l'île, Cilaos est une station thermale active et le principal lieu de villégiature à l'intérieur des terres ; le climat relativement sec dont jouit son cirque n'y est pas étranger. C'est le point de départ du sentier le plus rapide vers le sommet du piton des Neiges, qu'il est donc naturel de décrire dans cette section. Dans les environs de Cilaos se trouvent aussi quelques-unes des plus belles laves qui puissent se voir à La Réunion. Par ailleurs, le cirque de Cilaos pourrait avoir la particularité d'avoir été originellement plus vaste qu'il ne l'est de nos jours. L'actuelle plaine des Makes* en aurait été la partie sud avant d'en être séparée par de nouveaux épanchements de lave. La plaine des Makes aurait alors conservé l'ancien exutoire, ou l'aurait plutôt recreusé en érodant les laves déposées entre Bellevue et Maison Rouge, tandis que le reste du cirque s'en serait créé un nouveau, le bras de Cilaos.

Cilaos

Station thermale (alt. 1212 m) – Au nord de la ville, d'anciens thermes rappellent que Cilaos a dû son essor à ses eaux chaudes et ferrugineuses qui y furent sérieusement exploitées à partir de 1896. Installés un peu plus loin, des thermes modernes entretiennent la notoriété de ces eaux. Dans des vasques situées un peu au-dessus de la **cascade du bras Rouge,** il était jadis possible de goûter leur chaleur en plein air. En raison d'éboulements, cette remontée du bras Rouge est désormais interdite. Sans même parler de randonnée, il existe cependant d'autres raisons de venir à Cilaos. À l'ouest du bourg, le **piton de Sucre** (1 354 m) est un lieu d'escalade prisé pour sa roche dure et les 400 m de

Cilaos vu du sommet du piton des Neiges. À l'arrière-plan, la crête du Dimitile et, au loin, Saint-Pierre et Saint-Louis.

La cascade de Fleurs Jaunes, le long du piton de Sucre, et la pratique du canyoning (échelle donnée par la quinzaine de personnages groupés dans la vasque supérieure).

sa falaise. Les grandes cascades sont un autre attrait des environs. Celle des **Fleurs Jaunes** est appréciée des amateurs de sensations fortes et de sports sur cordes. Elle est longée par le plus grand rappel de la célèbre voie d'escalade connue sous le nom de « légende des tropiques ». Au pied du piton de Sucre, les eaux de la ravine de Fleurs Jaunes rejoignent celles du bras Rouge juste en amont d'un canyon étroit de 3 à 5 m et haut de près de 100 m qui a été baptisé la Chapelle (550 m). Les aguerris du canyoning la gagneront par l'amont, les autres par une variante du sentier de l'îlet à Cordes que l'on prend à Cilaos. Enfin, Cilaos s'enorgueillit de posséder le seul vignoble de l'île, domaine du cépage Isabelle, qui produit des vins rouge et blanc, tandis que l'excellente eau **naturellement gazeuse** des sources Véronique et Irénée est embouteillée sur place.

Géologie. À Cilaos, l'**hydrothermalisme** est évidemment lié au corps magmatique qui est encore en cours de refroidissement sous le piton des Neiges. Comme dans le fonds des autres cirques, les vacuoles présentes dans les laves mises au jour par l'érosion comportent des cristaux blancs de **zéolite** qui témoignent de transformations minéralogiques subies ultérieurement au contact de fluides hydrothermaux. Quant au piton de Sucre, c'est le reste d'une petite **chambre magmatique** de syénite (l'équivalent grenu du trachyte) dégagée par l'érosion. Du fait de son refroidissement lent en milieu confiné, sa roche est d'une dureté parfaite pour l'escalade. La différentiation subie par des magmas du piton des Neiges est par ailleurs révélée par de nombreux **dykes** et **sills** de syénite et de trachyte observables par exemple le long de la route de l'îlet à Cordes. Le plus spectaculaire de ces sills barre la vallée au nord du piton de Sucre sur plusieurs dizaines de mètres de hauteur (p. 28, en bas). À la Chapelle, le bras Rouge a taillé un étroit canyon dans ces roches qui ont formé comme un gigantesque barrage dans son lit.

Situation [4405 RT]. Au bout de la RN 5, à 38 km de Saint-Louis, 112 km de Saint-Denis et 45 km de Saint-Pierre. *Cascade du bras Rouge :* suivre le sentier des Porteurs qui mène aux anciens thermes, puis descendre la ravine du Bois des Étangs (2 heures A/R) ; vasques à 15 minutes (suivre les flèches). *Cascade de Fleurs Jaunes :* une grosse demi-journée de sport sur corde pour s'en approcher, mais visible de plusieurs endroits, par exemple du point situé à 2 km du départ du sentier pour la cascade de bras Rouge. Ne pas remonter le lit du bras Rouge à partir de cette cascade, même si le temps n'est pas menaçant, en raison de montées des eaux extrêmement rapides. Avant d'aller à la Chapelle, s'assurer d'un beau temps pour toute la journée.

Peter Both

Le piton Peter Both : le couvre-chef d'un amiral de légende.

Piton (alt. 1015 m) – Ce piton réunionnais a une forme curieuse. De la route de Cilaos, sa pointe acérée ne passe pas inaperçue. Elle évoqua, dit-on, le chapeau d'un amiral néerlandais qui fit naufrage à Maurice en 1615. C'est pourquoi le piton prit le nom de ce marin pour devenir Peter Both (parfois orthographié Piterboth).

Géologie. Le cirque de Cilaos est particulièrement dégradé. Généralement recouvert par des brèches de démantèlement, le substratum basaltique y apparaît peu souvent. Le Peter Both est une exception car il fait partie d'une crête résiduelle du bouclier d'océanites du piton des Neiges. Sa forme de neck donne à ce reste d'empilements de laves l'apparence trompeuse d'une cheminée volcanique. Le piton marque le début de la crête qui gagne le **Gros Morne de Gueule Rouge** (1 291 m), puis le piton Morel dans l'axe nord-ouest avant de tourner vers le **Grand Piton** (1 462 m), en isolant le Palmiste Rouge du reste du cirque.

Situation [4405 RT]. Au bord de la RN 5, à 26 km au N de Saint-Louis et 12 km au S de Cilaos.

Piton des Neiges

Volcan bouclier (alt. 3070 m) – Autrefois, selon Bory, le piton des Neiges « *ne le cédait en rien pour la hauteur au terrible Etna.* » Son sommet « *le plus élevé fut à peu près où se voit la cime du Gros-Morne : ce point devait être bien plus haut qu'il ne l'est actuellement, puisque nous avons reconnu sur le piton des Neiges les diminutions que le temps, les pluies, des secousses et des affaissements ont dû lui faire éprouver.* » Érosion et éruptions ayant toujours travaillé simultanément, il est impossible de savoir quelle fut l'altitude la plus élevée du volcan. Il semble toutefois exclu qu'elle ait pu dépasser 3400 m.

En dépit de son âge vénérable et des attaques du temps, le piton des Neiges est loin d'être surpassé en taille par son cadet le piton de la Fournaise*. C'est en réalité le plus haut sommet de tout l'océan Indien ; en haut d'un rocher de basalte d'apparence bancal, une altitude de 3070,5 m a récemment été mesurée par l'Union des géomètres de l'île. Comme le volcan constitue plus de la moitié de La Réunion, il est difficile d'en avoir une vue d'ensemble autrement que de loin, de la mer ou des airs. À défaut, les pentes de son jeune voisin offrent de belles perspectives sur son versant oriental, le matin, en particulier, de la route qui s'élève vers le pas de Bellecombe à partir de la plaine des Cafres.

Quatre sentiers gagnent le faîte du piton des Neiges. Deux d'entre eux partent de Cilaos*, les autres d'Hell-Bourg* et de la Plaine-des-Cafres. Tous se rejoignent à la **caverne Dufour,** 590 m au-dessous du sommet. Si l'ascension de remparts rend les trois premiers chemins éprouvants, la longueur du quatrième en fait une randonnée exténuante. À partir de Cilaos uniquement, la montée peut être accomplie en une journée, procurant par beau temps des **panoramas** incomparables sur le cirque éponyme. Il est cependant préférable de la faire sur deux jours afin de la terminer de nuit et d'être au sommet lors du lever du jour. Le conseil est d'au-

Le piton des Neiges, justifiant son nom en août 2003, et la fin des pentes douces de sa grande planèze orientale.

L'autre face du piton des Neiges : coulées de laves et niveaux de débris mis à vif dans sa falaise occidentale.

tant plus justifié que le piton des Neiges est très souvent libre de nuages aux premières heures avant de s'en draper en fin de matinée.

Après une courte nuit de repos passée au refuge de la caverne Dufour, les dernières centaines de mètres sont alors gravies dans l'obscurité du tout petit matin (à l'aide d'une bonne lampe pour assurer le pas sur des cailloux instables). D'un côté, les reliefs sombres du volcan viennent se fondre dans les étoiles ; de l'autre, l'océan ondule au loin en jouant avec la Lune ; en bas, le scintillement d'innombrables points lumineux trahit la densité des populations côtières. Mais l'heure n'est pas à la contemplation. La montée est longue pour parvenir au sommet avant le jour. Rugueuses et peu stables, des laves en gratons rendent d'abord le pas difficile. Le sol devient ensuite plus souple, la pente plus forte, les scories plus abondantes. Quand se devine la ville de Cilaos, près de 2 000 m plus bas, le toit de l'océan Indien n'est plus très loin. Ce sont malheureusement des antennes de télécommunication qui l'annoncent. Au terme de l'ascension, il ne reste plus qu'à guetter l'aube. Sous les premiers rayons du Soleil, les scories et blocs de lave jadis projetés par de violentes explosions s'embrasent soudainement. À l'est, le piton de la Fournaise surgit et dévoile son bouclier presque parfait. La vie revient. Mais l'épreuve est encore loin d'être un heureux souvenir. Reste une interminable descente pour des jambes déjà endolories…

Géologie. Les progrès des datations et des études pétrographiques plus fines ont conduit à rajeunir progressivement l'âge des dernières éruptions du piton des Neiges. Les roches les plus récentes identifiées à ce jour n'ont que 12 (± 3) ka ; ce sont des **nuées ardentes** de composition trachytique déposées à l'ouest du Maïdo*. Pour un édifice vieux de plusieurs millions d'années, le dernier intervalle d'inactivité pourrait donc n'être qu'une petite sieste ! C'est pourquoi le piton des Neiges est un volcan dormant, et non éteint, même s'il apparaît peu probable qu'il renoue avec de grandes éruptions qui seraient de nature à combler peu à peu l'un des cirques. Si jamais le « vieux » massif se sentait rajeunir, un sismographe installé dans le cirque de Cilaos devrait rapidement signaler toute activité. Sa fonction est en réalité d'épier de loin le piton de la Fournaise…

Bien entendu, c'est en en faisant l'ascension qu'on découvre véritablement la nature volcanique du piton des Neiges. À partir de la Plaine-des-Cafres, les premiers kilomètres sont parcourus sur des laves du piton de la Fournaise (série de la plaine des Cafres – plaine des Palmistes) ; le sentier s'engage sur des laves du piton des Neiges (du stade stratovolcan) à quelques centaines de mètres en amont du **piton Tortue** (1 807 m), soit juste au-dessus du **Petit Piton** (1 805 m), à droite du sentier en montant. Le long des autres chemins, des produits de toutes les phases d'activité sont rencontrés au cours de l'ascension bien que leur observation soit rendue difficile jusqu'à la caverne Dufour par leur altération et la présence d'éboulis ou d'un couvert végétal. Plus haut, le paysage change, les laves sont plus fraîches. Près de la caverne, elles sont vieilles de 72 (± 2,8) ka. Au sommet, des âges de 29 (± 3) ka ont été mesurés pour les dernières productions stromboliennes dont les cônes, très largement déblayés par l'érosion, n'ont laissé que de bien maigres vestiges. La présence de nombreux blocs montre que l'activité y fut quelque peu violente. Vers l'ouest se présentent par ailleurs de nombreux dykes et sills, un « ferraillage » dense qui souligne l'intense activité dont la zone de l'actuel sommet a fait l'objet dans le passé. Sur la face visible du Gros Morne, ces dykes, bien verticaux, sont d'une longueur impressionnante.

Situation [4402 RT et 4405 RT]. Durée de 7 h 30 A/R depuis le site du Bloc à Cilaos (chemin de Bras-Sec) ; 6 heures aller depuis Hell-Bourg. *Depuis la plaine des Cafres :* 4 h 30 aller. *Caverne Dufour :* réserver pour y dormir (de préférence un mois à l'avance).

2. Le cirque de Mafate

Devant l'îlet aux Orangers, une crête en forme de lame d'un rasoir géant.

Les communications ont toujours été difficiles à Mafate, le cirque au relief le plus tourmenté de l'île. Resté vierge de toute route, celui-ci était le domaine de « Petits Blancs » qui y vivaient dans une autarcie presque complète. De nos jours, les anciens chemins cavaliers ne sont même plus entretenus, mais cet isolement assure le succès du cirque auprès de touristes recherchant un contact intime avec la nature. Les randonneurs peuvent être accueillis dans des gîtes ou se restaurer à des tables d'hôte qui représentent désormais la principale activité économique. Des trois cirques, Mafate n'est pas celui qui semble présenter le plus grand intérêt volcanologique. Mais il serait dommage d'y passer sans regarder ce qui y est à voir au cours de splendides promenades…

Col du Taïbit

Les dents acérées du col du Taïbit et les pentes raides du Grand Bénare, vues du cirque de Cilaos. À droite, la ligne de crête des Trois Salazes (taillée dans des roches pintades qui reposent sur des coulées boueuses du fond d'une ancienne vallée).

Passage de crête (alt. 2081 m) – Une échancrure dans les vestiges d'une **muraille** déchiquetée représente le seul point de passage entre les cirques de Cilaos et de Mafate. C'est le col de Taïbit où il ne reste plus grand-chose de remparts qui durent jadis être majestueux. Au sud-ouest, la montée est abrupte vers le tout proche Grand Bénare* (2898 m), pointe de la plus vaste planèze de l'île. Vers le nord-est, des pentes plus douces gagnent les plus hauts sommets du volcan, le Gros Morne* (3019 m) et le piton des Neiges* (3071 m).

Géologie. Au col de Taïbit affleurent des **brèches de démantèlement.** Vers l'E-NE, la crête appartient au bouclier tardif. Vers l'O-SO, en direction du Grand Bénare, se rencontrent d'abord des laves du bouclier d'océanites, puis d'autres laves de ces deux stades sans qu'il soit toutefois possible de les distinguer de loin. Plus visible est la discordance existant entre les parties E et O du col de Taïbit qui pourrait représenter un vestige d'une **caldeira** du bouclier d'océanites et aurait joué un rôle clé dans l'évolution morphologique et structurale du piton des Neiges. À terme, l'érosion devrait bien sûr effacer les restes du rempart qui sépare le cirque de Mafate de celui de Cilaos.

Situation [4402 RT]. Sur le GR R1-R2, à 4 heures A/R d'un parking situé sur la route de l'îlet à Cordes, à environ 5 km au NO de Cilaos. De ce parking, 3 heures pour gagner Marla, premier village de Mafate.

La Nouvelle

Îlet (alt. 1431 m) – Village le plus proche du col des Bœufs, la Nouvelle est la destination privilégiée des randonneurs venant du cirque de Salazie ne désirant passer qu'une journée dans celui de Mafate. Les cases sont dispersées sur l'un des plus grands îlets du cirque. Au sud-ouest, le **rempart** écrase la perspective. Il est pourtant situé à plus d'un kilomètre de distance; mais il est lui-même haut par endroits de plus de 1 000 m... Inutile de vouloir s'en approcher; de profondes ravines ou les gorges de la rivière des Galets sont de trop rudes obstacles.

Le modeste replat de la Nouvelle, bordé de ravines, vu du sentier allant du Maïdo au Grand Bénare.

Pour passer à sa base et en prendre une juste mesure, il faut emprunter le sentier des Trois Roches* et poursuivre vers Roche Plate*.

Géologie. À Mafate, Salazie ou Cilaos, les petits plateaux des îlets représentent des niveaux isolés par l'érosion dans des surfaces de dépôt de coulées boueuses ou de débris d'avalanches. Ravines ou grandes rivières n'ont guère de peine à entailler profondément ces matériaux meubles. Les îlets de Mafate, et celui de la Nouvelle en particulier, sont ainsi dus à l'action de la rivière des Galets. Les différences d'altitude entre les îlets d'un même cirque reflètent les irrégularités du processus de rajeunissement des reliefs réalisé d'un endroit à l'autre par le dépôt des produits de démantèlement. Au milieu de ces derniers émergent des crêtes de lave ayant résisté à l'érosion. À moins de 2 km de la Nouvelle, la crête des Calumets sépare le cirque de Mafate en deux. Elle isole la Nouvelle qui se trouve ainsi plus facilement accessible de Salazie que de n'importe quel autre îlet de Mafate. Orientée NE-SO, dans la continuité du piton des Neiges, du Gros Morne et du morne de Fourche, cette barre fait partie du bouclier tardif du piton des Neiges.

Situation [4402 RT]. Sur le GR R1, à 3 heures du col des Bœufs*.

Roche Plate

Roche Plate, entre ravines et rempart du cirque de Mafate.

Îlet (alt. 1130 m) — À partir du Maïdo, le chemin vers Roche Plate procure un **panorama** d'exception. La descente est éprouvante, voire vertigineuse, en harmonie avec des vues sur le cirque de Mafate à couper le souffle. Roche Plate n'apparaît qu'après le « Ti Col ». C'est un lieu apprécié des randonneurs désireux de passer la nuit dans un îlet. Les gîtes y sont nombreux et l'accueil y est comme partout ailleurs dans le cirque : irréprochable.

Géologie. À l'instar de la plupart des îlets de Mafate, Salazie et Cilaos, Roche Plate est fait de matériaux de démantèlement, accumulés au fond des cirques, que l'érosion a entaillés. La vue de l'îlet que l'on a en arrivant par le nord montre bien que son substrat n'est pas en place et qu'il est fait de brèches dont les éléments ont des tailles diverses et sont plus ou moins soudés. À Roche Plate, ces produits ont été recouverts par une **dalle de basalte** d'âge non déterminé.

Situation [4402 RT]. Sur le GR R2, à 2 h 15 du Maïdo, 4 h 30 de la Nouvelle et 3 heures des Trois Roches.

Trois Roches

Le grand sill de Trois Roches.

Cascade (alt. 1 220 m) – La descente de Maïdo* vers Marla via Roche Plate* est une des randonnées les plus spectaculaires – et des plus exténuantes – qui puisse être faite dans un cirque. Pour une pause plus que bienvenue, les Trois Roches offrent vers midi un cadre à la hauteur des efforts effectués par des marcheurs partis tôt le matin. Là, une magnifique **dalle** permet de goûter l'ombre des filaos ; les pieds dans la rivière, le randonneur se laisse bercer par le murmure d'une eau chutant de près de 80 m (N. B. : dalle très glissante ! ne surtout pas s'approcher de la chute !). Les délices ont malheureusement une fin : il faut bien repartir pour gagner Marla, au pied du col du Taïbit*, mais les paysages encore à voir justifient la poursuite des efforts…

Géologie. Les Trois Roches doivent leur nom aux gros blocs éboulés en rive droite de la rivière. La grande dalle grise servant d'aire de pique-nique est un **sill de syénite** blanche et massive qui plonge pour devenir un **dyke** le long de la cascade. Au cœur du piton des Neiges, ce sill s'est mis en place dans une ancienne coulée de boue recouverte par 1 000 m de laves.

Situation [4402 RT]. Sur le GR R2, à 3 heures de Roche Plate et 2 heures de Marla ; en sens inverse, la montée du rempart vers le Maïdo requiert des forces herculéennes. Accès possible par la Nouvelle* (2 heures) mais certains passages sont alors difficiles.

3. Le cirque de Salazie

Salazie est le plus grand et le moins encaissé des trois cirques de l'île. Près de la Côte au Vent, il bénéficie à plein des largesses des alizés ; de beaucoup, c'est donc le plus arrosé. Le plus clair témoignage en est le nombre de cascades qui parsèment ses remparts en faisant pendant à celles qui abondent au nord-est de l'île. Le cirque de Salazie est peut-être aussi le plus vénérable. Du moins, c'est à sa sortie qu'ont été trouvées les plus vieilles laves attestant l'existence d'un cirque : la rivière du Mât entaille en effet des laves âgées de près de 300 ka qui s'étaient elles-mêmes épanchées sur des alluvions tapissant le fond d'une vallée antérieure. D'épais niveaux d'ignimbrites moulent par ailleurs d'anciens creux du relief en reposant sur des brèches semblables à celles qui couvrent aujourd'hui le fond des cirques. Ces roches indiquent ainsi l'existence d'une ou d'anciennes dépressions. Vieilles de 180 ka, ces ignimbrites se sont accumulées lors d'un épisode explosif assez bref de l'histoire du piton des Neiges. Leur nature atteste donc que cet événement fut particulièrement violent. On en retrouve la trace dans divers endroits du massif, mais c'est dans le cirque de Salazie qu'elles affleurent le mieux.

La crête du piton des Neiges et du Gros Morne veillant de loin sur le cimetière d'Hell-Bourg.

Bélouve et Bébour

Au-dessus du cirque de Salazie (au second plan), la forêt primaire de Bébour.

Plateaux (alt. de 1 100 à 2 000 m) – Nul cirque n'entaille de nos jours le versant nord-est du piton des Neiges. Celui-ci est le domaine des hauts **plateaux de Bélouve et de Bébour,** tous deux couverts d'une **forêt primaire** d'arbres étonnants comme les squelettiques tamarins des hauts, qui servent de support à des orchidées, ou les légendaires fougères arborescentes. Les deux plateaux sont surmontés par le plan incliné du **plateau Mazerin** qui descend lui-même au nord jusqu'à la **plaine des Lianes.** Séparant ces deux grandes tables se trouve une falaise en forme de V, haute de 600 m. Les laves de ces plateaux figurent parmi les plus jeunes du massif. Elles sont en fait venu combler le quatrième cirque de l'île ou, peut-être, un ensemble de deux cirques séparé par un rempart dont l'ancien emplacement n'est pas clairement connu. Ce quatrième cirque communiquait avec la mer par une large vallée dont la **rivière des Marsouins** suit actuellement le cours.

Géologie. Le comblement du **cirque de Bébour** a été un travail de longue haleine. Il a sans doute commencé au début du bouclier tardif pour s'achever avec des produits trachytiques pendant le stade stratovolcan. Quelques jalons peuvent ainsi être posés. Les laves de ces plateaux sont par exemple moins anciennes que celles qui constituent ailleurs les pentes de l'édifice. Âgées de 71 à 73 ka, les coulées supérieures du plateau de Bélouve sont contemporaines de celles situées au S du plateau de Bébour. Dans la partie centrale de ce dernier plateau, les laves seraient âgées de 59,0 (± 3) ka. D'autres coulées pourraient être plus récentes, mais datations et autres observations géologiques ne peuvent guère être faites que dans les ravines où la roche mère est mise à nu. Ailleurs, le manque de sentiers et des sols épais rendent la tâche impossible.

Situation [4405 RT]. Accès par sentier partant d'Hell-Bourg (3 heures A/R) et en voiture par la RF 2 débutant à la Plaine-des-Palmistes (fermée sur 2,8 km les week-ends).

Col des Bœufs

Passage de crête (alt. 1950 m) – Principal accès au cirque de Mafate, le col des Bœufs est desservi par une route forestière qui s'y arrête net faute d'avoir été achevée jusqu'à la Nouvelle*. Dans ses derniers 1 500 m, cette voie est interdite aux voitures. Après avoir laissé son véhicule au dernier parking (surveillé), la première chose à faire est d'aller admirer la perspective qui se dévoile au nord-ouest sur la ville du Port, au loin, et sur la pyramide du **piton Cabris** (1 435 m) derrière laquelle se dissimule la crête d'Aurère. Ensuite, sur le chemin du col, le regard se porte naturellement vers l'aval. Il serait toutefois dommage de ne pas jeter des coups d'œil du côté opposé. Le talus révèle en effet l'armature du volcan faite d'innombrables **dykes** et **sills.**

Géologie. Il est difficile d'examiner les empilements de lave du volcan dans les remparts car on ne peut en général les voir que de loin. Sans en avoir le côté spectaculaire, les talus de routes permettent en revanche de voir de très près le réseau de dykes et de sills qui s'est constitué dans les profondeurs du volcan. Les laves les plus récentes observées dans la montée au parking sont des **roches pintades** vieilles de 97 (± 19) ka. À hauteur même du col se trouvent principalement des produits de démantèlement. Quant au piton Cabris, c'est la pointe orientale de la longue crête d'Aurère, un des plus beaux vestiges du bouclier d'océanites émergeant des cirques. Une perspective très différente sur cette crête est offerte par le cap Noir*.

Le piton des Neiges vu du col des Bœufs.

Situation [4405 RT]. À 73 km de Saint-Denis et 45 km de Saint-André. Accès à partir de Grand Îlet en direction du Bélier où commence la route forestière.

L'Escalier

Falaises prismées (alt. 285 m) – L'érosion a de la suite dans les idées. Inlassablement, elle recreuse une vallée dès que celle-ci a été comblée par l'activité volcanique. En témoignent des roches prismées, épaisses d'une centaine de mètres, qui affleurent au bord de la route au lieu-dit l'Escalier, au bord de la rivière du Mât. Ce sont des **ignimbrites,** des roches rarement observées dans les îles océaniques. Elles témoignent ici d'un remplissage

De hautes orgues irrégulières d'ignimbrites plaquées sur les versants de vallée de la rivière du Mât.

d'une vallée plus ancienne. C'est à partir du pont qui traverse la rivière, 500 m en aval de l'Escalier, qu'elles peuvent être le plus commodément observées. Des deux côtés de la vallée, elles forment de longues **orgues** aux formes un peu irrégulières.

Géologie. Les ignimbrites du cirque de Salazie sont des brèches dont la matrice verdâtre englobe en particulier des fragments de lave et de cristaux de feldspaths potassiques, ainsi que quelques **fiammes** vitreuses. Elles ont ici un âge de 188 (± 25) ka, pour la coulée la plus ancienne, et de 51 (± 2) ka pour la plus récente. Les éboulis du **plateau Wickers,** le long de la D 48 avant Salazie, sont un bon endroit pour les échantillonner. C'est un peu plus bas, à la cote 150 m et en amont de l'îlet Morin, sur la rive droite, que des laves reposant sur des alluvions de vallée vieilles de 251 (± 13) ka ont été trouvées. Les plus anciennes laves du cirque qui ont pu être datées accusant plus de 300 ka, il s'ensuit que le lit de la rivière du Mât était déjà emprunté par un autre cours d'eau dans l'intervalle 300-250 ka.

Situation [4405 RT]. Sur la D 48, à 5,5 km au NO de Salazie. Parking au pont sur la rivière.

Grand Îlet

Bourg de montagne (alt. 1100 m) — Avant de parvenir à Grand Îlet, à l'extrémité occidentale du cirque de Salazie, la route traverse une vallée où règne une atmosphère de haute montagne. Juste derrière le piton d'Enchaing, c'est un lieu plaisant de pique-nique, de promenade et de baignade. Les **roches pintades** et autres laves du massif du piton des Neiges forment de gros rochers dans le lit de la rivière des Fleurs Jaunes, dont le fond met au jour de grands **sills de trachyte.** Grand Îlet est le point de départ de nombreuses randonnées, en particulier vers la Roche Écrite* qui culmine 1 000 m plus haut. Même les champions du *Grand Raid* (ou *Diagonale des fous*) doivent puiser au tréfonds d'eux-mêmes les forces nécessaires à l'ascension du rempart le long d'un sentier vertigineusement raide. Il est vrai qu'ils ont alors déjà couru plus de 100 km et cumulé 7 000 m de grimpées (sans vraie pause, pour les plus rapides) ! Bien que le tourisme progresse, l'élevage de poulets et de porcs reste la principale activité des

Au pied du piton des Neiges, la vallée de la rivière des Fleurs Jaunes.

1 200 habitants de Grand Îlet. La principale menace planant sur les lieux ne vient pas des effluents d'élevage, mais de vastes pans de matériaux meubles qui, sapés par un climat tropical très humide, sont venus glisser à plusieurs reprises sur la partie orientale du village.

Géologie. À quelques kilomètres au S de Grand Îlet, le plus important **glissement de terrain** observé dans le cirque s'est produit en 1875 quand 18 millions de mètres cubes de déblais se répandirent sur 166 hectares du vallon du **Grand Sable** et les 62 personnes qui y habitaient. L'éboulement combla des ravins d'une profondeur supérieure à 100 m. Il partit d'une écaille du massif du Grand Morne située à 1 500 m au SO. Lors du cyclone de 1948, la source et les thermes de Grand Îlet ont été ensevelis. Enfin, en 1980, le cyclone Hyacinthe a emporté trois maisons (et les occupants de l'une d'entre elles) ainsi qu'une portion de route dans les derniers lacets montant à Grand Îlet. Plus subtilement, les lents glissements qui se produisent continûment sont trahis le long de cette route par les irrégularités de petits murets et de lignes blanches de bas-côté. En raison de l'ardeur de l'érosion, ce site représente un cas exceptionnel pour étudier les glissements de terrain que la déforestation a intensifiés. Ceux-ci se produisent surtout vers le NE, menaçant donc la partie orientale de Grand Îlet. En divers points clés, les vitesses de glissement sont déterminées par le BRGM à partir de mesures de GPS différentiel et d'extensométrie. Par endroits, des vitesses de déplacement de 70 cm/an ont été observées avec des pointes de 50 cm/mois après de fortes pluies ! Fait intéressant, les glissements ne sont pas gouvernés uniquement par la topographie, mais aussi par la structure profonde et la fracturation du substratum rocheux.

Situation [4405 RT]. Au bout de la D 52, à 17 km à l'O de Salazie et 60 km au S de Saint-Denis.

Hell-Bourg

Village de montagne (alt. 936 m) — Nulle trace de lieu infernal à Hell-Bourg ! C'est un ancien gouverneur de l'île qu'honore le nom du village. Établi près du rempart oriental du cirque de Salazie, Hell-Bourg tient sa réputation de son ensemble de **cases créoles.** C'est un point de départ pour les plateaux de Bélouve et de Bébour*, ainsi que pour le piton des Neiges* (par un sentier plus long mais moins pentu que celui de Cilaos qui est rejoint à la caverne Dufour). Du célèbre **cimetière fleuri** ou d'autres points, de belles perspectives se présentent sur le piton des Neiges, le Cimendef et la Roche Écrite*. Mais c'est la proximité du **piton d'Enchaing** (alt. 1 352 m) qui confère à Hell-Bourg son principal intérêt volcanologique. Ce pic au relief inhabituel se dresse comme un redoutable fortin isolé montant la garde au milieu des ravines du cirque. Curieusement penché sur sa base, il se présente sous un jour spectaculaire du point de vue situé peu avant l'entrée nord-est d'Hell-Bourg.

Le piton d'Enchaing, devant le Cimendef (à gauche) et la Roche Écrite (à droite), vus du gîte de Bébour. Au premier plan, les toits d'Hell-Bourg.

Géologie. Le piton d'Enchaing est un curieux vestige des formations provenant du piton des Neiges qui couvraient les environs. Les **océanites** en constituent le substratum. Elles ont par exemple servi pour la margelle de la fontaine située au milieu de la rue commerçante d'Hell-Bourg. Sur cette base d'océanites reposent des **ignimbrites** épaisses de quelques mètres ; leur âge de 184 (± 10) ka est proche de celui qui a été établi pour celles de l'Escalier* à la sortie du cirque. Vient ensuite un empilement de coulées de laves dont certaines sont des **roches pintades.** Ces laves ont des âges allant de 138 à 96 ka. Une période de calme de plus de 40 ka semble ainsi avoir séparé le dépôt des ignimbrites de celui des autres laves, un intervalle durant lequel ces ignimbrites ont été érodées. Chose bien visible depuis la route de Grand Îlet, les bancs de lave ont la particularité d'être inclinés de 20 % vers le SO, étant affaissés dans la rivière du Mât et soulevés d'une centaine de mètres près de Mare à Vieille Place. Cet important mouvement de bascule ne peut pas être daté. Il est peut-être lié à un **glissement** qui aurait fait descendre le piton sur une longue distance (1 km ?) quand le cirque était donc déjà largement excavé. La hauteur, d'environ 1 450 m avant basculement, estimée pour le piton d'Enchaing placerait celui-ci dans la continuité du plateau de Bélouve, soit au niveau de la paléosurface qui aurait existé avant le creusement du cirque. Noter enfin que le sentier menant d'Hell-Bourg au piton d'Enchaing passe au-dessus d'une ancienne **chambre magmatique** dont les gabbros hydrothermalisés sont bien visibles sous la passerelle qui franchit la rivière du Mât.

Situation [4402 RT]. Sur la D 48, à 9 km au S de Salazie et 52 km au SE de Saint-Denis. *Piton d'Enchaing :* par le GR R1 (4 h 40 A/R). *Piton des Neiges :* 4 h 30 jusqu'au gîte de la caverne Dufour par le GR R1, puis 1 h 30 jusqu'au sommet.

Trou de Fer

Point de vue (alt. 1380 m) – À partir d'Hell-Bourg, la montée vers le Trou de Fer est courte mais intense. Bien avant de parvenir au plateau de Bélouve*, le **panorama** sur le cirque de Salazie devient superbe. Au bord du plateau, un **belvédère** se présente ensuite à un détour du chemin. Le versant nord-est du piton des Neiges* s'y découvre majestueusement. La randonnée se poursuit à travers une belle forêt de tamarins et de fougères arborescentes dont la limite est fixée à l'est par la haute falaise du **plateau suspendu Mazerin.** Le sentier se termine au belvédère du Trou de Fer, la profonde ravine qui marque abruptement la limite nord du plateau de Bélouve. Le brouillard est fréquent dans les gorges, mais il suffit qu'il se dissipe, ne serait-ce qu'un bref instant, pour que s'offrent en contrebas des vues fantomatiques sur de lointaines **cascades** et un à-pic proprement impressionnant.

Entre deux passées nuageuses, une vue fugace 500 m plus bas sur la vallée du Trou de Fer.

Géologie. Le Trou de Fer est une vallée extrêmement encaissée longue de 400 m seulement. Du côté O, il n'est séparé du cirque de Salazie que par un éperon étroit et inaccessible ; du côté E, il butte contre le rempart séparant la haute plaine des Lianes du plateau de Bélouve. Deux torrents principaux y travaillent de concert de sorte que le front d'attaque n'est pas un cirque, mais une dépression perpendiculaire au bras de Caverne qui y rassemble ses eaux avant de filer vers le N. La disposition curieuse de ces cours d'eau fait encore l'objet de discussions… Au Trou de Fer, l'érosion a dégagé une épaisseur de roches de 700 m à travers un empilement de laves de tous les stades du piton des Neiges qui comprend des ignimbrites prismées. La présence de laves récentes implique que le creusement de la vallée a commencé tardivement, à une époque où le plateau de Bélouve existait déjà. Les coulées du bouclier tardif n'ont pas atteint le niveau de ce plateau, puisque les laves du strato-volcan reposent directement sur celles du bouclier d'océanites dans le rempart de la plaine des Lianes.

Situation [4405 RT]. Belvédère au bout des sentiers du Trou de Fer et de l'École normale, à 3 heures A/R du gîte de Bélouve par la route forestière de Bébour-Belouve (RF 2). À partir d'Hell-Bourg via le GR R1, compter 2 h 30 A/R en plus.

Voile de la Mariée

Cascades (résurgence à 1 000 m) – Peu après l'entrée dans le cirque de Salazie, le Voile de la Mariée représente peut-être le plus bel ensemble de **cascades** de l'île. Il ne faut cependant pas admirer ces chutes de loin, mais s'en approcher pour sentir leurs embruns et percevoir l'importance de leur débit. Avant d'aller alimenter la rivière du Mât, l'eau chute ici sur une hauteur de 500 m.

Géologie. Les chutes du Voile de la Mariée mettent en valeur les empilements de laves qui font plus ou moins saillie suivant leur dureté. Ces cascades sont alimentées par les eaux d'infiltration du plateau de Bélouve. Elles prennent naissance à mi-pente, à 1 000 m d'altitude environ, se trouvant disposées le long d'une **ligne d'émergence** diffuse qui court entre Hell-Bourg et l'îlet des Bananiers. Celle-ci semble marquer la transition entre des formations superficielles perméables du bouclier tardif et un soubassement imperméable constitué de laves altérées du bouclier d'océanites dont le pendage apparaît ainsi orienté vers l'O. Au plateau de Bélouve, les eaux de ruissellement et d'infiltration ont des parcours très différents. En suivant les lignes de plus grande pente du plateau, les premières s'écoulent en effet soit dans la ravine Mazerin, au NE, soit vers le bras de la Caverne, au NO, avant de passer dans les deux cas au Trou de Fer.

Le Voile de la Mariée.

Situation [4402 RT]. Sur la D 48, à 2 km au S de Salazie et 45 km au SE de Saint-Denis. Cascades à 40 minutes A/R de l'arrêt de bus « château d'eau » desservant l'îlet des Bananiers ; emprunter à dr. le sentier longeant une allée privée, franchir une longue passerelle suspendue, traverser l'îlet et, après quelques lacets, prendre à dr. le sentier qui surplombe une cressonnière.

6. La Côte sous le Vent, de Saint-Denis à Saint-Louis

À l'ouest de l'île, les rivages sont protégés des alizés par les hauts reliefs des volcans. Cette Côte sous le Vent se distingue de la Côte au Vent par des précipitations dix fois plus faibles. Les forces d'érosion y sont donc bien moindres quoique les sols cendreux soient vulnérables aux pluies orageuses ou cycloniques. C'est pourquoi les pentes occidentales du piton des Neiges sont douces et exemptes des profondes ravines qui entaillent le nord-est de l'île. À défaut de reliefs spectaculaires, on vient y profiter des seules plages véritables de La Réunion, protégées au large par des barrières de récifs coralliens.

Des filets anti sous-marins : une protection contre les chutes de pierres provoquées par une érosion bien active le long de la route de corniche à l'ouest de Saint-Denis...

Des falaises très particulières au cap la Houssaye, taillées non dans des empilements de laves, mais dans des brèches d'anciens effondrements de flancs du piton des Neiges.

Cette côte prédispose plus au farniente qu'à la randonnée de haute montagne. Il ne faudrait pas en conclure qu'elle est dépourvue d'intérêt volcanologique. Elle présente elle-même d'intéressants sites et mène en outre à de magnifiques surplombs des cirques de Cilaos et de Mafate. En chemin, l'étagement de la végétation ne passe pas inaperçu : cultures, notamment de canne, jusqu'à 600 m, puis quelques rares plants de géranium et de vastes prairies bordés par des forêts de cryptomeria. Vers 1 800 m, les tamarins des hauts (*Acacia heterophylla*) deviennent abondants. Vers 2 000 m ne restent que de bien maigres branles pour couvrir les coulées de laves à l'approche du Maïdo*. Ainsi, pourquoi ne pas consacrer un moment, voire une journée entière, à l'un ou l'autre de ces sites ? Sur le chemin de Saint-Denis, par exemple, qui, pour des raisons pratiques, a été rattaché à ce chapitre.

Arche naturelle

Sur le chemin de l'arche naturelle, une gerbe de basalte.

Orgues basaltiques (alt. 240 m) — Au pied du Dimitile*, les gorges profondes du **bras de la Plaine** marquent du côté sud la limite entre les deux grands volcans de l'île. Un belvédère situé derrière l'église du bras de Pontho en donne une belle vue en enfilade. Tout en bas, le lit de la rivière est un lieu de promenade apprécié. Après avoir descendu le rempart par un sentier ombragé, c'est le cours de la rivière que l'on suit, les pieds dans l'eau pour franchir nombre de gués. Le but usuel de la promenade, ou son prétexte, est une **arche** apparue à la base d'une épaisse coulée de basalte (à olivine) entaillée par la rivière. De taille modeste, elle s'est formée dans une épaisse coulée de vallée. Des **orgues basaltiques,** certaines de forme curieuse, bordent le fond du lit de la rivière.

Géologie. Le lit du bras de la Plaine est constitué de sable gris et de galets. Le sable et beaucoup de galets, bulleux ou non, brillent par endroits au soleil, trahissant la présence des cristaux vert-jaune d'olivine caractéristiques de l'**océanite.** Avec un peu d'attention, il est possible de trouver de petits galets littéralement truffés d'olivine, qui peuvent par exemple faire des presse-papiers originaux. Ce n'est pas la peine de se priver : le bras de la Plaine en renouvelle périodiquement les stocks.

En longeant le rempart, la descente du chemin vers le lit du bras de la Plaine offre un bel aperçu de la stratification des formations du piton des Neiges et, en particulier, des alternances de coulées massives, de brèches et de niveaux argileux ; celles qui affleurent ici sont issues de la chaîne des Makes* et du bras Long (au nord de l'Entre-Deux). Les orgues mises en valeur par le bras de la Plaine appartiennent à des coulées d'un volcan excentrique du piton de la Fournaise*. Cette coulée typique de **remplissage de vallée** doit n'avoir que quelques milliers d'années. Elle est épaisse de 20 à 50 m et repose sur un important dépôt d'alluvions torrentielles dont la friabilité a facilité le percement de l'arche.

Les curieux hauts-reliefs sculptés dans les dépôts pyroclastiques des falaises de la rivière Saint-Étienne (échelle : 3 m).

Plus bas, la très courte **rivière Saint-Étienne** est bordée sur sa rive gauche par des falaises rigoureusement verticales dans lesquelles l'érosion a sculpté d'étranges motifs. Ces falaises sont un des témoins les plus marquants de l'activité fortement explosive qu'eut le piton des Neiges il y a 180 ka environ quand il projeta à grande distance des ponces mêlées à des débris de roches profondes comme des gabbros. Deux niveaux peuvent en fait être distingués, une couche superficielle reposant sur une base épaisse qui comporte des fragments de laves anciennes et même de très rares débris de gabbro. Contrairement à ce qui se produisit dans le cirque de Salazie, ces produits pyroclastiques se déposèrent à des températures pas assez élevées pour être consolidés.

Situation [4405 RT]. À 14 km au N de Saint-Louis. Départ du sentier dans un virage, au milieu d'un champ de canne, peu après la borne 508 m sur la D 27 (2 heures A/R). Petite baignade possible sous le pont, à l'arrivée à la rivière. En cas d'averse, prendre garde à une éventuelle crue rapide.

Cap la Houssaye

La signature d'un glissement : les stries, indiquant le sens du mouvement, gravées dans un bloc de basalte du cap la Houssaye (échelle donnée par l'allumette).

Dépôts d'avalanches de débris (alt. 20 m) — Près de la pointe occidentale de l'île, le cap la Houssaye ne retient guère les curieux. Battue par les vagues, la côte y revêt cependant un aspect inhabituellement sauvage ; la plus grande baie de l'île, celle de Saint-Paul, s'étend juste au sud. Mais ce qui est exceptionnel en ce lieu est que les roches déchiquetées affleurant de chaque côté et en arrière de la pointe ne sont pas des laves. Ce sont des **brèches** d'un type particulier, qui témoignent d'anciens **effondrements** violents du volcan.

Géologie. L'importance des effondrements de flanc dans la vie des grands volcans n'a été reconnue qu'au début des années 1980. À la suite de tels glissements de terrain, les débris de roches transportés par les avalanches s'accumulent au bas des pentes où ils se consolident sous forme de brèches de divers types. À La Réunion, de telles brèches affleurent rarement. Elles le font au cap la Houssaye, au fond des cirques et dans le lit de quelques grandes rivières. Au cap la Houssaye, elles couvrent une aire d'une quinzaine de kilomètres carrés jusqu'à une altitude de 300 m. Leur origine a d'abord été attribuée à des explosions phréatomagmatiques. C'est dans les années 1990 que leur texture particulière a conduit à les considérer comme les dépôts d'**avalanches de débris** survenues lors d'une phase de démantèlement par glissement. Ces effondrements ont par endroits laissé d'intéressants vestiges : des **stries,** orientées vers la mer, à la surface de laves du bouclier d'océanites. On en voit par exemple un tout petit affleurement proche du parking dans la direction nord vers le Trou du Cuisinier, le point le plus élevé du site (N. B. : ne pas traverser la route en pied de falaise).

Provenant peut-être de la région du cirque de Mafate, les avalanches sont venues au contact d'une langue de lave, vieille de 435 (± 9) ka, qui s'avance dans la mer. Les brèches sont constituées d'une matrice hétérogène de type coulée de boue, faite d'éléments très fins et de fragments rocheux de taille très variable, au sein de laquelle se trouvent de grands blocs de laves massives ou de brèches préexistantes. Quatre unités différentes ont été reconnues, séparées par des niveaux de laves massives d'âges compris entre 435 et 271 ka. Les effondrements ont donc été récurrents sur un assez vaste intervalle de temps. La majeure partie des dépôts s'est toutefois accumulée en mer, où ils couvrent une aire de 500 km^2 environ.

Situation [4401 RT]. Sur la RN 1, à 4 km au N de Saint-Gilles et 5 km au SO de Saint-Paul ; s'arrêter au premier parking à partir de Saint-Denis et, sans traverser la route, se diriger vers le point le plus haut du cap ou prendre l'escalier vers la plage et suivre le pied de falaise au contact entre brèche et lave.

Cap Noir

Belvédère (alt. 1100 m) — Ce n'est pas dans la mer que s'avance le cap Noir. Accroché au rempart entre la rivière des Galets et le grand îlet du Dos-d'Âne, ce cap est un promontoire signalant la sortie du cirque de Mafate. Bien que la mer ne soit plus très loin, les remparts sont aussi vertigineux qu'en amont, au Maïdo*, par exemple. Le Dos-d'Âne domine ainsi de plus de 1 000 m la rivière tandis que, 200 m plus bas, un **belvédère** procure une remarquable vue en enfilade du cirque (table d'orientation). Au premier plan, celui-ci est divisé en trois par la **crête d'Aurère,** qui culmine au piton Cabris (1 435 m), et la **crête de la Marianne,** dont l'arête rectiligne court jusqu'au Cimendef (2228 m) ; à l'arrière-plan, figure l'îlet à Malheur tandis que l'horizon est barré par la haute silhouette du **Gros Morne** (3019 m) derrière lequel se dissimule le piton des Neiges.

Géologie. Le village de Dos-d'Âne est le point de départ de la randonnée vers le cap Noir et la roche Verre Bouteille. Il est situé à la sortie d'une cuvette d'altitude qui put être jadis une ravine creusée par un affluent disparu de la rivière des Galets. Cette cuvette est tapissée de laves du bouclier d'océanites, recouvertes çà et là d'un fin empilement de coulées des stades ultérieurs et de brèches de nature diverse. Le sentier du belvédère du cap Noir commence sur des roches différenciées du bouclier tardif et continue, vers 1100 m, en louvoyant avec des basaltes non différenciés du bouclier d'océanites. Les mêmes contacts entre les laves des deux stades s'observent sur le versant opposé du cap Noir, bien moins escarpé, témoignant ainsi de la continuité de

Des clairs-obscurs matinaux au belvédère du cap Noir : à gauche, la crête de la Marianne, se terminant au Cimendef ; à droite, la crête d'Aurère et, à l'arrière-plan, le piton des Neiges.

ces formations qui prévalait avant que l'érosion ne les entaille profondément. Quant aux crêtes des Calumets et de la Marianne, elles sont constituées de laves du bouclier tardif dont le soubassement du stade précédent a été mis au jour par l'érosion. Un des sentiers menant à la Roche Écrite* commence par ailleurs au cap Noir. Au début du chemin s'observent des coulées de basalte de vallée reposant sur d'anciens galets, puis les coulées de boue qui ont formé la **roche Verre Bouteille.**

Enfin, une montée au cap Noir à partir du Port procure un saisissant abrégé de la géologie réunionnaise. La commune du Port est située sur un **cordon littoral** constitué de sédiments apportés du cirque de Mafate par la rivière des Galets, ou abandonnés au point de rencontre de deux grands courants marins qui contournent l'île. C'est la facilité de creuser dans ces dépôts qui a conduit à la création des bassins du Port et de La Possession et à faire du secteur le principal centre d'activité économique de l'île. À la sortie du village de la rivière des Galets, la route repose sur des **débris d'avalanches** que l'on retrouve sur le versant opposé. L'ascension se poursuit sur des coulées du stade stratovolcan du piton des Neiges. Au-delà de 600 m d'altitude, alors que la canne à sucre disparaît, un premier rempart se dresse au nord au-dessus de l'îlet Lautret. C'est un vestige du bouclier d'océanites qui appartient au même ensemble que les laves des hauts de Saint-Denis* ou de la Roche Écrite*.

Situation [4402 RT]. Kiosque du cap Noir, sur GR R2, 45 minutes A/R à partir de Dos-d'Âne, à 19 km au SE du Port.

Corniche

La montée du chemin Crémont sur les contreforts de la Grande Montagne.

Falaises (alt. 250 m) – Reliant Saint-Denis à La Possession, la **route de Corniche** (ou du littoral) est de loin la plus fréquentée de La Réunion. Créée en 1963 sur la mer au pied de la falaise, élargie à grands frais à quatre voies en 1976, elle témoigne de la vigueur de l'altération qui attaque tous les reliefs de l'île. À la saison des pluies, les risques d'éboulement conduisent en effet à fermer la voie située en contrebas de la falaise. Celle-ci est pourtant munie de solides filets de protection aux endroits fragiles… Il en résulte d'importants embouteillages dont on peut tirer parti pour examiner quelques-unes des plus vieilles laves de La Réunion (arrêts autrement impossibles !).

Entre la Grande Chaloupe et La Possession, le **chemin Crémont,** ou chemin des Anglais (de 20 à 351 m), illustre l'emploi ancien de dalles de basalte en pavage. Il fut ouvert en 1732 pour contourner les hautes falaises qui interrompaient le chemin du littoral, et pavé 45 ans plus tard par le gouverneur Crémont. Au-dessus de l'océan, mais bien isolé de la voie rapide, c'est aujourd'hui une voie de randonnée appréciée. Le déchaussement du pavage et la présence de gros blocs éboulés sur le chemin attestent l'incessant travail de l'érosion.

Les alternances de niveaux massifs (gris) et scoriacés (rouges) dans la Corniche.

Géologie. La falaise surplombant la route de Corniche est constituée d'un **empilement de coulées** du bouclier d'océanites vieilles de 2,06 à 1,91 (± 0,02) Ma. Dans certaines ravines encaissées sont ensuite venues s'épancher des laves beaucoup plus récentes, d'âges compris entre 1,02 et 1,08 (± 0,02) Ma. Sur les 11 km de la route sont surtout visibles de nombreux **dykes** recoupant les coulées ; leur abondance suggère que ce secteur représente une ancienne zone de remontée de magma. À mi-hauteur de la falaise se distinguent aussi les vives taches jaunes de **hyaloclastites** altérées ; celles-ci ont pris une teinte rouge, parfois ocre, après cuisson par des coulées. Au niveau de la ravine à Malheur (point kilométrique, ou PK, 11,5), une belle rosace s'est formée quand une poche de lave s'est mise en place au sein d'un cône de scories et que des fentes de retrait rayonnantes se sont créées lors du refroidissement. Sur la rive O de la Grande Chaloupe (PK 8,5), noter que des coulées épaisses ayant comblé une ancienne vallée se retrouvent désormais en relief inversé.

Situation. Voie rapide à parcourir de préférence d'O en E. *Chemin Crémont :* départ de la grande ravine, 500 m au S de la Grande Chaloupe, à 8 km à l'O de Saint-Denis (5 heures A/R).

Dimitile

Belvédère (alt. 1837 m) – Le Dimitile forme l'arête sud-est du cirque de Cilaos. Le belvédère qui en marque le faîte est accessible par plusieurs sentiers. Le chemin est éprouvant ; il est même difficile sur la fin, mais les efforts accomplis sont amplement récompensés par un **panorama** grandiose. Vers le nord, le **Grand Bénare*** et le **piton des Neiges*** ferment la perspective ; devant, s'étend un immense champ de ravines entaillant les déblais accumulés au fond du cirque de Cilaos. Au premier plan, la **chaîne des Calumets** surplombe l'îlet du Palmiste Rouge et s'abaisse en louvoyant du nord-est au sud-ouest entre le Bonnet de Prêtre (1709 m), le Grand Piton (1462 m) et le Gros Morne de Gueule Rouge (1291 m). Vers l'est se montrent d'abord la dépression de Grand Bassin, puis la **plaine des Cafres** et ses pitons adventifs, et enfin le **piton de la Fournaise*** qui, tel un sémaphore, domine au loin les autres sommets. Au sud, Le Tampon et Saint-Pierre forment une seule agglomération bordée d'un côté par le vert des cannes à sucre et, de l'autre, par le bleu de l'océan Indien.

Géologie. Le secteur du Dimitile a fait l'objet d'une érosion intense dont témoignent les **ravines** et les **crêtes** visibles dès le début du sentier. La raison est que, à cause d'un éloignement relatif des points d'émission récents, nulle coulée de lave n'est venue s'épancher dans le secteur au cours des 400000 dernières années. Dans la partie SO affleurent des laves non différenciées du stade stratovolcan du piton des Neiges, passant à des laves du bouclier tardif plus au N. Au pied du rempart, dans le cirque de Cilaos, les roches de la chaîne des Calumets se distinguent bien des matériaux ravinés du fond du cirque et de ceux situés 600 m plus haut sur le massif du Dimitile. Elles représentent un vestige de coulées de laves différenciées qui ont résisté à l'érosion. Cette barre d'âge inférieur à 220 ka est plus récente que la masse du Dimitile. L'origine de cette chaîne est toutefois mal comprise. À ses pieds se trouvent d'importantes

La crête abrupte du Dimitile vue du sommet du piton des Neiges.

brèches qui semblent recouvertes par des laves différenciées du dernier stade d'activité, de sorte que la chaîne pourrait être un vestige de coulées de remplissage pour partie érodées.

Situation [4405 RT]. Des différents chemins, le plus spectaculaire (et le plus dur) est le sentier Bayonne qui part d'Entre-Deux à 16 km au NE de Saint-Louis (8 heures A/R), le plus facile, celui de l'Argamasse (4 heures A/R).

La Fenêtre

Belvédère (alt. 1587 m) – Du **belvédère de la Fenêtre** se présente une vue époustouflante sur le **cirque de Cilaos,** une vue presque aérienne, sans aucun des inconvénients de celles qu'apportent les vols héliportés. Le temps passé, par exemple, n'y est nullement facturé... Face à l'îlet de Cilaos ou à l'îlet à Cordes, au **Gros Morne** ou au **piton des Neiges** et aux crêtes acérées qui relient les plus hauts sommets, la Fenêtre un endroit idéal pour découvrir un cirque et contempler le formidable travail de l'érosion. La fragilité d'îlets perchés à différents niveaux au-dessus d'immenses ravines est par exemple évidente.
Sur le chemin de la Fenêtre, la route passe par la **plaine des Makes,** un **cirque miniature** qui évoque pour les

Vus de la Fenêtre, le cirque de Cilaos et les replats de l'îlet à Cordes (à gauche), de Cilaos (au centre), de Bras-Sec (au loin vers la droite) et du Palmiste Rouge (à droite).

Réunionnais une légendaire douceur d'antan, où de nombreux toits rouges gardent l'atmosphère typique des hauts de La Réunion. Vélo, randonnée et même parapente (décollage à 1 500 m d'altitude) s'y pratiquent de nos jours. Pour profiter d'une faible pollution lumineuse, un **observatoire astronomique** s'y est aussi établi en 1991 avec l'aide de l'Association astronomique de La Réunion et de la municipalité de Saint-Louis. Des passionnés accueillent un public allant des classes d'enfants jusqu'aux professionnels de la discipline. Géologiquement, enfin, la plaine des Makes doit être mentionnée car elle pourrait représenter un ancien fragment du cirque de Cilaos dont elle est maintenant isolée.

Géologie. La plaine des Makes prolonge vers le SO le cirque de Cilaos. Comme ce cirque, elle possède son propre exutoire orienté au S vers la mer. La **chaîne du Bois des Nèfles,** qui la borde au SE, se trouve par ailleurs dans le prolongement du rempart du Dimitile avec lequel elle a le point commun d'appartenir au bouclier d'océanites du piton des Neiges. Ceci et d'autres arguments suggèrent que la plaine des Makes constituait originellement la partie basse du cirque de Cilaos, alors plus petit et moins profond de peut-être 500 m que de nos jours. Des épanchements abondants du bouclier tardif auraient ensuite coupé en deux parties inégales l'ancien cirque et conduit à la création de l'exutoire actuel du bras de Cilaos. La plaine des Makes est elle-même tapissée de laves récentes du stratovolcan, venues du nord, depuis un centre d'émission non connu, au milieu desquelles quatre grandes crêtes isolées (dont celle qui domine au NE l'observatoire) représentent des vestiges du bouclier d'océanites. Les trois dernières phases d'activité du piton des Neiges ont donc contribué à façonner le paysage de la plaine des Makes.

Situation [4405 RT]. Au bout de la D 20, à 13 km au N de Saint-Louis. *Belvédère de la Fenêtre:* 10 km plus au NE par route forestière ; kiosques de pique-nique aménagés (affluence assurée les week-ends).

Le Grand Bénare

Une arête presque verticale d'un millier de mètres : la face orientale du Grand Bénare.

Belvédère (alt. 2898 m) – Au bord du cirque de Cilaos, le Grand Bénare est diamétralement opposé au **Dimitile.** C'est le troisième plus haut sommet de La Réunion. Seuls le piton des Neiges* et le **Gros Morne** (3019 m), point de jonction des trois cirques de l'île, le surpassent.

Marquant la limite occidentale entre les cirques de Cilaos et de Mafate, le Grand Bénare offre d'impressionnantes vues plongeantes sur la côte occidentale de l'île ainsi que sur les deux cirques, en particulier sur l'arête basaltique qui rejoint le Gros Morne par le **col de Taïbit*** et les **Trois Salazes.** Par temps favorable, la silhouette du piton de la Fournaise se distingue nettement au sud-est derrière les cassés de la rivière des Remparts et de la rivière Langevin.

Au-dessus de 2500 m, les environs du Grand Bénare sont un véritable désert dans lequel les alternances de gel et de dégel peuvent induire une fracturation des roches. En plein hiver, il est possible d'observer au petit matin des **pipkrates,** de petites colonnes de glace soulevant des scories qu'elles déplacent ainsi sur des pentes faibles avec une infinie lenteur. Mais, comme sur les autres monts les plus hauts de l'île, la neige est rarement au rendez-vous. De mémoire d'ancien, il n'en serait pas tombé entre 1948 et 2003 !

Les Trois Salazes (2 132 m), sur la ligne de crête séparant les cirques de Mafate et de Cilaos (taillées dans des roches pintades reposant sur des coulées boueuses de fond de vallée). Au fond, Cilaos, le rempart du Dimitile et le bras de Cilaos débouchant au loin sur Saint-Pierre (vue aérienne prise du côté de Mafate).

Géologie. Le Grand Bénare constitue la pointe amont de la **planèze** O de La Réunion, celle qui est à la fois la plus vaste et la mieux conservée. Près de la côte, celle-ci s'étend sur une quarantaine de kilomètres, de la **pointe des Avirons,** au sud, jusqu'aux environs du **Port** au nord. Comme les autres planèzes de l'île, celle du Grand Bénare est couverte en majorité par des laves du stade stratovolcan. Au Grand Bénare même, les laves n'ont que 209 (± 3) ka. Seuls les édifices stromboliens, les plus récents de la côte ouest, d'âge non déterminé, apportent quelque fantaisie au tableau.

Le Grand Bénare est relié au Gros Morne par la **chaîne des Salazes.** De part et d'autre de cette cloison rocheuse, les remparts laissent affleurer des roches issues de phases d'activité différentes du piton des Neiges. Au point le plus bas du col du Taïbit affleurent des brèches détritiques. Celles-ci passent ensuite à des laves du bouclier tardif, âgées par exemple de 276 (± 4) ka aux grandes dents des **Trois Salazes.** À l'autre extrémité de la chaîne, le Gros Morne est également recouvert d'une chape émise lors du stade stratovolcan. Curieusement, les laves de la chaîne pendent vers l'E et non vers l'O comme le suggérerait la position de leurs points de sortie présumés. Cette anomalie pourrait être due à un basculement induit par le jeu d'une importante faille.

Situation [4402 RT]. Sentier le plus facile partant du Maïdo*, au bout de la RF 8 à 27 km au SE de Saint-Paul, et suivant sur sa fin le rempart du cirque de Cilaos (6 h 30 A/R). Autre sentier passant au S par le piton Rouge, qu'on gagne à partir de la route du Tévelave, à 10 km au N des Avirons (boucle de 8 h 30).

Le Maïdo

Belvédère (alt. 2205 m) — À la différence des points de vue du Grand Bénare* ou de la Roche Écrite*, celui qu'offre le Maïdo sur le **cirque de Mafate*** est accessible en voiture. C'est donc le point de ralliement des touristes pressés ou dans l'impossibilité d'effectuer de longues randonnées. Une plaisante atmosphère de type méditerranéen y règne ; un mirador sert même à la surveillance d'éventuels incendies de forêt. Deux points de vue ont été aménagés juste au-dessus d'un rempart vertigineux

La petite pointe du Maïdo et, à l'arrière-plan, le Grand Bénare et le col du Taïbit.

(tables d'orientation). En contrebas se trouvent le hameau de **la Nouvelle** et son grand îlet, tous deux séparés du rempart par la rivière des Galets. Juste au nord de la Nouvelle, la **crête des Calumets** émerge au milieu de l'immense champ de ravines du cirque. Au loin, enfin, se détachent le **Cimendef** (2 228 m) vers le nord, le massif du **Grand Morne – piton des Neiges*** à l'est, et la haute pointe du **Grand Bénare** (2 898 m) au sud.

Des **appareils stromboliens** tardifs jalonnent la ligne de crête occidentale du cirque de Mafate. Leurs dépôts sont beaucoup plus tendres que les basaltes massifs. Protégés par la coulée de lave qui les surplombe, ceux de l'un de ces volcans stromboliens permirent de creuser des grottes à usage de **glacières** entre le Maïdo et le Grand Bénare*. Pour les Réunionnais, ces glacières évoquent le souvenir du croque-mitaine local, Mme Desbassyns, l'exploitante à poigne d'un grand domaine dont la légende a fait une esclavagiste cruelle et injuste, qui faisait descendre de la glace des hauteurs de Saint-Gilles jusqu'à sa maison…

La grande glacière et sa voûte de basalte massif.

Géologie. Comme au Grand Bénare, les roches affleurant au Maïdo appartiennent au dernier stade d'activité du piton des Neiges. Ce ne sont pas des laves, mais des **tufs soudés** émis il y a 221 (± 1) ka par de violentes éruptions phréatomagmatiques. Toutes sortes de projections allant des cendres aux bombes se reconnaissent dans ces produits. Au Maïdo, ceux-ci affleurent sur 4 km^2 environ. Sur le chemin des glacières, des **tufs jaunes** très meubles affleurant çà et là sont d'autres témoignages (non soudés) de cette activité. Située au-dessous du Maïdo, la forêt des Tamarins possède des **dépôts pyroclastiques** récents. Situés près du sentier-découverte de la route des Tamarins nord, les plus jeunes n'ont que 12 (± 3) ka. Ils proviennent d'un point non identifié du cirque de Mafate. Du côté opposé, la crête des Calumets émerge au sein du chaos de brèches détritiques qui remplissent le fond du cirque de Mafate. C'est un vestige bien conservé du mille-feuille basaltique édifié par le bouclier tardif du piton des Neiges.

Situation [4401 RT]. Au bout de la RF 8, à 30 km à l'E de Saint-Gilles-les-Bains et 27 km au SE de Saint-Paul. *Glacières :* 3 heures A/R.

Ravine Saint-Gilles

Le bassin Malheur de la ravine Saint-Gilles.

Bassins (alt. 60 m, 150 m, 180 m et 250 m) – Au nombre de quatre, les bassins de la ravine Saint-Gilles figurent parmi les plus plaisants de l'île. La possibilité de se baigner dans l'un d'entre eux sous des petites chutes leur assurait une fréquentation élevée. Des risques d'éboulements et la protection des eaux qui y sont captées ont conduit à en condamner l'accès. Pour redonner vie au site, la mairie de Saint-Paul va cependant créer un **belvédère** et procéder à divers aménagements. Le **bassin du Cormoran** est le plus bas et le plus sauvage. Ses eaux vertes semblent flâner au fond du vallon bien qu'il soit alimenté par une courte cascade au débit parfois important. En position un peu plus haute, en amont du petit canal Jacques, le **bassin des Aigrettes** était le plus couru. Dans une position plus élevée, le **bassin Malheur** est alimenté par une résurgence. Il était accessible par une amusante marche dans le petit canal Prune (passant par plusieurs courts tunnels) dont l'accès est désormais interdit. Le **bassin Bleu,** le plus haut, est accessible du village de l'Éperon.

Géologie. Volcanologiquement, le bassin des Aigrettes est le plus intéressant de ceux de la ravine Saint-Gilles. De bas en haut, se distinguent d'abord un épais banc de basalte à olivine puis, à hauteur de la cascade, des alluvions récentes surmontées par une coulée de fond de vallée, et enfin un niveau de basaltes et de scories. Plus haut, la ravine a creusé l'épaisse couche de brèches dites « de Saint-Gilles » (un reste de dépôts de glissement de flanc) en dégageant parfois, uniquement en rive gauche, des laves du bouclier d'océanites.

Situation [4401 RT]. Près de la D 10, à 5 km à l'E de Saint-Gilles ; sentiers descendant dans la ravine à partir du parking situé moins d'1 km après le théâtre de plein air.

La Roche Écrite

La Roche Écrite, devant la grande masse du Gros Morne qui rejoint le piton des Neiges par la crête des Salazes.

Belvédère (alt. 2277 m) – Sommet de la planèze nord au-dessus de la plaine des Chicots, la Roche Écrite doit son nom aux inscriptions que, selon une ancienne coutume, les visiteurs laissent à son sommet. Elle est située à la limite entre les **cirques de Mafate et de Salazie.** C'est donc le premier point d'où est offerte une vue d'ensemble sur les deux cirques. Au sud, la grande masse du piton des Neiges* dissimule le troisième cirque de l'île, celui de Cilaos.

Géologie. Sur le sentier menant à la Roche Écrite, une rupture de pente marque l'entrée dans la plaine des Chicots à proximité des pitons Plats (1964 m). Cette limite pourrait être celle d'une **ancienne caldeira** qui aurait ensuite été comblée. Les **tufs soudés** qui affleurent à la Roche Écrite, à la pointe septentrionale de la planèze, sont les mêmes que ceux du Maïdo, avec lesquels ils partagent une topographie en plan un peu incliné. Ces deux secteurs pourraient représenter la partie située sous le sommet de l'avant-dernier massif du piton des Neiges, dont la morphologie et le centre éruptif différaient de celle du volcan actuel. Sous ces tufs se trouvent des coulées de lave déposées sur un vaste intervalle de temps puisqu'elles datent du bouclier d'océanites jusqu'au dernier stade d'activité.

Situation [4402 RT]. Départ du sentier au bout de la RF 1, à 18 km au S de Saint-Denis après le Brûlé (6 h 30 A/R, dénivelé : 1100 m).

Saint-Denis

Ville (alt. moy. 25 m) – Les Européens connurent tardivement La Réunion et les îles voisines. Sous le nom de Santa Apolonia, un portulan de Pedros Mascareinas mentionna cette terre pour la première fois en 1518 après la visite qui y fut faite par le portugais Jacques Lopez de Sequeira le 9 février 1507, jour de la sainte Apolline. Isolée

Les colonnades de l'ancien hôtel de ville à Saint-Denis.

et manquant de port abrité, l'île resta toutefois inhabitée. La France en prit finalement possession en 1638 quand, parti de Dieppe, le voilier *Saint-Alexis* aborda l'île et son capitaine grava les armes de Louis XIII sur un tronc d'arbre. Un an après que l'île fut passée sous la protection de la Compagnie française de l'Orient, le gouverneur de Fort-Dauphin (Madagascar) lui donna le nom de *Mascarin* avant qu'elle devienne *Bourbon* en 1649. Pendant vingt-cinq ans, l'île connut cependant une colonisation hésitante, les premiers habitants – mutins ou esprits indisciplinés – la désertant à la première occasion. Une véritable implantation ne se concrétisa qu'en 1664 à l'initiative de la nouvelle Compagnie des Indes orientales. L'île se peupla alors lentement de Français, en majorité, mais aussi de ressortissants de pays les plus divers, parmi lesquels prirent place quelques anciens pirates et flibustiers. Les Malgaches, nombreux, contribuèrent ainsi à la toponymie de l'île (Cilaos, « qu'on ne quitte pas »; Salazie, « bon campement »; Maïdo, « tout brûlé »).

Fondée dès 1667, **Saint-Denis** supplanta Saint-Paul* en 1738 comme capitale de l'île. Bâtie sur 14729 hectares, elle a gardé le plan en damier des villes coloniales ainsi que de vieilles maisons où un bon emploi a été fait des **laves grises** et bulleuses tirées de carrières toutes proches. Rue de Paris, en particulier, le basalte a servi à la construction de piliers, de murs ou au dallage de vérandas. On peut aussi voir l'intéressante maison à colonnade du 65, rue Jean-Châtel, le majestueux ancien hôtel de ville (où la lave des tableaux d'ouvertures et des grandes colonnades a cependant été peinte en gris), sans oublier la cathédrale au soubassement et tableaux d'ouverture de basalte. Au cours des dernières décennies, Saint-Denis a connu une croissance particulièrement rapide; c'est aujourd'hui une cité de 140000 habitants. Au bord de la route menant à La Montagne, le **site des Trois Bancs** donne une belle vue d'ensemble de son expansion sur les pentes du piton des Neiges. Cette proximité du vieux volcan fait qu'il est aisé de quitter la ville pour y faire de belles randonnées, par exemple à la Roche Écrite*.

Géologie. À l'exception de la partie basse, construite sur des alluvions, la situation géologique de Saint-Denis fait encore l'objet de débats. Pour certains, la ville serait bâtie sur la planèze septentrionale du piton des Neiges. Elle reposerait alors sur des lambeaux résiduels du stade stratovolcan et du bouclier tardif, issus dans ce dernier cas du morne de Saint-François (950 m), et surtout sur des coulées du bouclier d'océanites dégagées par l'érosion telles qu'on les voit dans les hauteurs de la ville, sur les rives de la rivière Saint-Denis et dans les Rampes Ozoux. Pour d'autres, Saint-Denis couvrirait les laves d'un ancien massif du piton des Neiges, et plus précisément de la plaine des Chicots. En amont, au-delà du bras du Ruisseau des Noirs, les laves proviendraient du massif du Brûlé. Quoi qu'il en soit, les reliefs vertigineux de La Réunion se révèlent dès la sortie S de la ville avec les gorges profondes de la rivière Saint-Denis qu'on découvre du parc de loisirs du Colorado. Cette rivière pourrait suivre une grande faille de direction NNO-ESE. Au N, son prolongement serait représenté par une falaise sous-marine. Ce pourrait être un vestige d'une zone de remontée de magma, comme le suggèrent aussi l'abondance de dykes en bordure de mer, la topographie des environs, et le bombement que représente le massif de La Montagne.

Situation [4402 RT]. Sur la côte N de l'île.

Saint-Leu

Le basalte taillé en moellons dans les murs de la mairie de Saint-Leu.

Bâtiments en laves (alt. ~ 10 m) — D'abord appelée Boucan Laleu ou Repos Laleu en mémoire d'un de ses premiers habitants, Saint-Leu ne prit son nom actuel qu'en 1776 lors de la création d'une paroisse par le gouverneur. La ville tira son importance économique de la renommée du café produit aux alentours. L'église et les autres **bâtiments anciens** de bois et de basalte témoignent de la prospérité de la région à la fin du XVIIIe siècle. Datant de la fin du XVIIIe siècle ou du début du XIXe, l'actuelle mairie et les constructions qui l'entourent (poste, par exemple, dans l'ancienne gare) étaient à l'origine des bureaux et des entrepôts où le café était stocké avant d'être exporté. Dans les hauteurs de la ville, l'austère église des Colimaçons fut encore entièrement bâtie de basalte entre 1860 et 1863. Partant de la ravine La Fontaine, un ancien chemin dallé de basalte existe encore ; il fut en particulier emprunté en 1809 par les habitants de Saint-Leu quand ceux-ci repoussèrent une attaque anglaise.

Géologie. Saint-Leu est campé sur la planèze occidentale de l'île où prédominent des laves de la dernière phase d'activité du piton de Neiges. À proximité, les deux phases précédentes peuvent néanmoins être observées dans la Grande Ravine, près des Trois-Bassins, et dans celle de La Chaloupe. Entre la ravine des Colimaçons, au S et la Petite Ravine, au N, une volumineuse coulée du bouclier tardif est en relief très net, se terminant dans la mer à la **pointe des Châteaux.** Elle est vieille de 306 (± 20) ka et provient d'un point de sortie, dont il ne reste nulle trace, qui était sans doute situé près des Colimaçons. Au S de Saint-Leu figure par ailleurs un bel alignement de **cônes stromboliens** adventifs qui ont émis des laves pendant les deux dernières phases d'activité du massif : ce sont les pitons Saint-Leu (518 m), Calvaire (761 m), la Boue (1 003 m), Mare à Boue (1 227 m) et la Découverte (1 348 m). Les laves du piton des Neiges ont fréquemment atteint la côte où elles forment désormais des falaises. Seule la baie de Saint-Leu possède des plages et une barrière corallienne subcontinue. Comme à Saint-Paul, c'est avec la création d'obstacles aux courants marins, notamment par les laves de la pointe au Sel et de la pointe des Châteaux, que des récifs côtiers et des plages de matériaux détritiques ont pu se constituer. L'ancienne falaise est encore visible à l'arrière de ces littoraux sableux.

Situation [4404 RT]. Sur la RN 1, à 52 km au SO de Saint-Denis.

Saint-Paul

Une coexistence originale : tête de mort et croix de basalte sur la tombe du pirate La Buse.

Abris-sous-roche (alt. 5 m) – Une mutinerie conduisit le gouverneur de Fort-Dauphin, à Madagascar, à abandonner en 1646 les rebelles sur l'île de Mascarin avec des provisions et trois chèvres. Ces premiers habitants, dit-on, cherchèrent refuge dans les **grottes** qui se trouvent au bas de grandes falaises près de Saint-Paul. Sains et heureux de leur sort, les douze mutins se laissèrent pourtant rapatrier trois ans plus tard. La grotte d'origine a sans doute disparu sous des éboulements. La piété populaire n'en a eu cure en transformant une autre en annexe tropicale de la grotte de Lourdes – apparition de la Vierge exceptée ! De l'autre côté de la route se trouve le charmant **cimetière marin.** Dans des tombes de basalte, notables et pirates ou flibustiers fameux jouissent depuis 1977 de la compagnie du poète Leconte de l'Isle, un natif de l'île. En bordure du cimetière s'étend une immense plage de **sable sombre.** Les collectionneurs ne manqueront pas de prélever un peu de ce sable où cristaux d'olivine (verts) et restes de scories (rouges) tranchent sur la masse sombre de grains de basalte et de cristaux noirs de pyroxènes, d'ilménite et de magnétite (séparable avec un aimant).

Le cimetière marin au pied de la grotte des Premiers Français.

Géologie. La grotte des Premiers Français s'est formée sous des coulées des basaltes de la **planèze du Grand Bénare.** Ces laves ont 453 (± 36) ka. Elles ont été surmontées de lambeaux de coulées du bouclier tardif, puis copieusement nappées par des coulées du stade stratovolcan. Plus original est le fait que la falaise surmontant la grotte a jadis été battue par les vagues. Cette ancienne **falaise littorale** s'étend du cap la Houssaye jusqu'à La Plaine, près de la rivière des Galets. Elle s'est trouvée isolée de la mer par la plaine sableuse et marécageuse de Saint-Paul après qu'une coulée de lave de la dernière phase fut descendue jusqu'à La Plaine, et qu'une coulée de boue eut gagné tout près de là le lieu-dit le Grand Pourpier. En se heurtant à ces obstacles, les courants littoraux ont laissé sur place les matières descendues par la rivière des Galets au lieu de les abandonner au loin.

Situation [4401 RT]. Au bord de la N 1, à la sortie SO de Saint-Paul.

Les Souffleurs

Chenaux côtiers (alt. 0 m) – En l'absence de barrière de corail, les vagues ne rencontrent pas d'obstacle sur leur parcours vers le rivage. Par endroits, elles ont taillé de courts chenaux dans la lave où elles s'engouffrent avant de s'écraser au bout de leur course au milieu de grandes gerbes d'écume. C'est pourquoi le nom de **souffleur,** ou **gouffre,** a été donné à ces chenaux. Entre l'Étang-Salé et Saint-Leu, plusieurs de ces souffleurs attirent ainsi les curieux parce qu'ils ont atteint des tailles respectables. Au gouffre de l'**Étang-Salé-les-Bains,** remarquer les curieuses petites cavités créées dans la lave par le vent chargé d'embruns.

Un souffleur réunionnais.

Situation [4404 RT]. S'arrêter par exemple à 1 km au SE de l'Étang-Salé et à 16 km au S de Saint-Leu.

III. La Polynésie

1. Un volcanisme méconnu

Des montagnes au milieu du Pacifique

Polynésie… Pour nos contemporains férus d'exotisme, ce nom évoque des plages de sable blanc, ombragées de cocotiers, sur lesquelles vient mourir une mer d'un bleu aveuglant. Certes, les crêtes ruiniformes de Bora Bora ou de Moorea viennent parfois à l'esprit ; il leur arrive de figurer à l'arrière-plan des plages de rêve dans les dépliants touristiques… Il n'empêche, l'image de la Polynésie reste attachée à des *îles basses*, les atolls, et non aux formidables édifices volcaniques des *îles hautes* surgis des fonds de l'océan. Secret bien gardé, c'est de fait la Polynésie qui compte parmi ses 118 îles le plus grand nombre de volcans de tout le territoire français. Et, à l'image des deux volcans de La Réunion, ces appareils ont des tailles considérables. Le plus grand d'entre eux est sans conteste celui de Tahiti Nui (Tahiti la Grande) dont la hauteur réelle est de 5800 m. Culminant à l'air libre à 2241 m au mont Orohena, il présente un diamètre de 120 km au fond de l'océan, à la profondeur de 3000 m, et encore de 30 km au niveau de la mer : son volume de 18000 km^3 est ainsi quarante fois celui de l'actuel volcan du Cantal !

Ainsi, quand les grands explorateurs n'avaient jour après jour que les ondulations de la mer comme sujet de contemplation, la séduction exercée par le paysage des îles polynésiennes venait avant tout de la majesté de leurs montagnes. « *Au-delà de Mehetia,* rapporta en 1834 Jules Dumont d'Urville (1790-1842), *l'horizon s'éclaircit devant nous, et alors se révéla presque imperceptible, à la distance de 90 milles, la cime de Tahiti, pointant au-dessus de l'horizon comme un simple petit rocher. Caché par moments, ensuite mieux accusé, ce sommet grandit devant nous jusqu'au coucher du soleil. Toute la nuit, on courut vers la terre, et à l'aube ce fut un admirable spectacle, car nous étions presque à ses pieds.* » Au temps du romantisme, un poème lyrique était de mise, dominé par la grandeur d'un volcan : « *Elle était là devant nous, la délicieuse Tahiti,*

Retour à Tahiti (huile de William Hodges, 1776).

cette reine polynésienne », poursuivit Dumont d'Urville, « *nous pouvions saisir ses beautés générales, détailler les accidents de son terrain, ses pitons divers et nombreux, ses vallées creuses et solitaires, ses forêts pendantes sur les flancs des mornes ou s'agitant comme une couronne sur leurs crêtes fécondes ; nous pouvions l'admirer, cette terre, fille des volcans, avec sa double ceinture, l'une d'argent et d'écume sur des récifs, l'autre de végétation et de verdure sur la grève.* »

Alors que la barrière corallienne n'était qu'un simple ornement, les plages, leur sable blanc et leurs cocotiers ne méritaient pas même une mention dans ce tableau de Tahiti, « *la perle, le diamant de ce cinquième monde, dont Cook fut le Colomb* ». James Cook (1729-1778), à vrai dire, ne s'appliqua guère à décrire les roches et les reliefs des îles polynésiennes, pas plus que ses prédécesseurs Samuel Wallis (1728-1795) et Louis Antoine de Bougainville (1729-1811). Pendant longtemps, la flore, la faune, et les étranges us et coutumes des sociétés polynésiennes satisferaient amplement à la curiosité des visiteurs européens.

Pour les raisons décrites au début de ce guide, identifier les roches polynésiennes resterait longtemps très difficile. Johann Reinhold Forster (1729-1798), le naturaliste du deuxième voyage de Cook, en témoigna involontairement, par exemple dans sa description de Tahiti. « *Les collines plus élevées sont d'une substance argileuse, dure et compacte*, rapporta-t-il, *elle se durcit en pierre dans les couches qui ne sont pas exposées au soleil, à l'air et à la pluie. Il y a au sommet des vallées, le long des bords de rivières, de grosses masses de granite grossier, mélangé diversement.* »

Des volcans en haute mer

Cette méconnaissance des roches n'empêcha pas la nature volcanique des îles polynésiennes d'être reconnue précocement. À défaut d'identifier les roches de Tahiti, Forster perçut clairement l'action que le feu des volcans avait exercée sur l'île. « *La petite péninsule de Taïti, ou de Tobréonoo, a aussi des collines vers son centre*, remarqua-t-il, *mais leurs sommets sont si escarpés et si hérissés, ils ressemblent tellement à des clochers en quelques endroits, qu'à leur aspect on juge que des commotions violentes et surtout des feux souterrains leur ont fait subir des bouleversements considérables.* »

En découvrant Ua Pou en 1791, dans les Marquises, Étienne Marchand (1755-1793) s'attendait ainsi à reconnaître un édifice volcanique. Mais l'île, rapporta-t-il, « *est formée à l'Ouest par des masses de rochers inclinées diversement, les uns à l'Est, les autres à l'Ouest tandis que d'autres sont perpendiculaires, ce qui annonce évidemment de grands bouleversements, mais la pierre qui conserve sa première couleur ne laisse voir aucune trace de volcan* ». Marchand se méprit bien sûr, mais son erreur nous est compréhensible car il rencontra des dépôts riches en blocs de phonolite altérés, de teinte claire, et non des roches sombres qu'on pensait alors être caractéristiques du volcanisme.

C'est un peu plus tard, avec le passage d'une expédition océanographique anglaise, que la Polynésie entra vraiment dans l'histoire de la géologie en 1835-1836. À bord du navire le *Beagle,* le naturaliste de service est le jeune Charles Darwin (1809-1882), encore novice mais déjà doué d'une exceptionnelle faculté d'observation. De l'Australie à la Polynésie, la diversité de forme et d'apparence des récifs coralliens est l'un des nombreux points qui retiennent son attention. Pour l'expliquer, il invoque en 1839 la relation étroite entre la croissance des coraux et la subsidence, le lent enfoncement des fonds sous-marins (sous l'effet du poids des édifices volcaniques) qui est décrit dans la première partie de ce guide.

Il fallut cependant attendre encore près d'un siècle et demi pour qu'une explication générale du volcanisme polynésien soit apportée. Entre-temps,

Les pâtés coralliens du lagon des Gambier (vue prise de la porte de Makapu). À droite, Mangareva et le mont Duff, et, à gauche, Aukena et Akamaru.

les premières descriptions, excellentes, des laves de la Polynésie française furent données dans les années 1920 seulement. Leur auteur était Alfred Lacroix, une figure familière des chapitres précédents. Mais Lacroix ne vogua jamais jusqu'en Polynésie. Il ne put faire progresser la volcanologie de la région comme il le fit pour celle des Antilles ou de La Réunion. Établies par les soins d'Edgar Aubert de la Rüe, Jean-Marie Obellianne et Guy Deneufbourg, les premières esquisses et cartes géologiques des îles volcaniques de la Polynésie française virent le jour dans les années 1950-1960. Et c'est enfin au début des années 1970 que se révéla l'intérêt géologique fondamental de cette région du Pacifique dans le cadre de la tectonique des plaques. Grâce au concept de point chaud, appliqué pour la première fois à des îles polynésiennes en 1974 par les chercheurs australiens Robert A. Duncan et Ian McDougall, le volcanisme des îles océaniques entra dans un schéma global d'explication de la dynamique terrestre.

Pendant la même période, les essais nucléaires français (aériens, puis souterrains) effectués dans les atolls de Mururoa et Fangataufa furent accompagnés d'études financées par le Commissariat à l'énergie atomique (CEA) pour mieux comprendre les milieux naturels polynésiens. C'est dans ce but que de nombreux travaux portant sur la géologie,

Une ligne de crête polynésienne : à l'ouest de Hakahau (Ua Pou, Marquises), les reliefs phonolitiques formés par le dôme-coulée de Tamaka, à gauche, et le dôme de Kuatau, à droite.

la géochronologie, la pétrologie et la géochimie des îles hautes des divers archipels furent effectués par Robert Brousse et ses élèves de l'université d'Orsay. Au cours des années 1990, le BRGM put alors lancer un programme de cartographie détaillée des îles polynésiennes. Les premières cartes ont été publiées dès le début des années 2000.

Des points chauds discrets

Dispersées dans la moitié sud du plus grand océan de la planète, les îles de la Polynésie française se déploient sur des distances de 2 700 km, d'ouest en est, et de 2 300 km du nord au sud. Cet immense domaine est de taille comparable à celle de l'Europe, mais les terres émergées ne représentent qu'un millième de sa superficie.

Dans ce domaine, les Tuamotu esquissent une diagonale d'orientation NO-SE. Ce sont près de 80 atolls (habités pour beaucoup) qui, s'ils étaient représentés sur une carte d'Europe, s'étendraient par exemple de Brest à Zagreb. Bien que leur soubassement soit toujours volcanique, la nature calcaire de ces *îles basses* les dispense d'être décrites dans ce guide. Par rapport aux Tuamotu, les *îles hautes,* auquel ce chapitre est dédié, se distribuent en quatre archipels :

– au nord [vers le Danemark, pour poursuivre cette « comparaison avec la carte européenne »], les Marquises comptent six grandes îles habitées (Nuku Hiva, Ua Huka, Ua Pou, Hiva Oa, Fatu Hiva et Tahuata) ainsi que plusieurs îlots et hauts-fonds ;
– légèrement au sud [dans le golfe de Gascogne], l'archipel de la Société possède huit grandes îles, dont Tahiti, sur lesquelles vivent la grande majorité des 220 000 habitants de la Polynésie française ;
– beaucoup plus loin [quelque part en Albanie] se trouve le minuscule archipel des Gambier ;
– enfin, plus au sud encore [entre Madrid et les Baléares], l'archipel des Australes compte cinq îles (Rimatara, Rurutu, Tubuai, Raivavae et Rapa) et se prolonge par les îles Cook [au Portugal] pour définir un alignement d'une longueur totale de 2 200 km dont le point chaud est aujourd'hui situé à l'aplomb du mont sous-marin Macdonald [en Sicile].

Comme les Tuamotu, chacun de ces archipels est orienté selon une direction NO-SE. Cette disposition particulière fut très tôt remarquée. Puisque les îles « *sont près l'une de l'autre, et dans la même direction, elles ne peuvent être que des chaînes de montagnes* », assura par exemple Forster. Ce dernier ne put toutefois deviner que, dans chaque archipel, l'âge des îles croît à mesure que l'on se dirige vers le nord-ouest. La notion de *point chaud* exposée dans la première partie de cet ouvrage rend compte de ces faits. Pour les îles

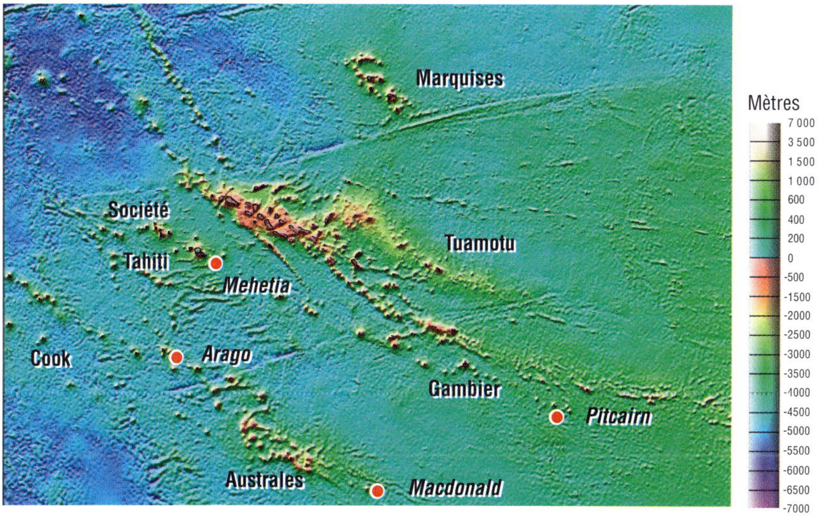

Les fonds marins (Smith et Sandwell, 1997) et les points chauds polynésiens (en rouge).

Coussin de lave très récent épanché à une profondeur de 2590 m sur les pentes du volcan sous-marin Teahitia (40 km à l'E de Tahiti).

polynésiennes, c'est le défilement de la plaque pacifique au-dessus de divers points chauds qui est ainsi la cause des alignements de volcans et des variations systématiques de leurs âges. Ces panaches ont toutefois une durée de vie trop courte pour avoir une origine très profonde. Il se trouve que les fonds océaniques sont 1 000 m moins profonds qu'ils devraient l'être selon leur âge. Ce *superbombement* pourrait être dû à un immense panache qui serait bloqué vers 700 km de profondeur, d'où s'échapperaient alors par intermittence de petits panaches qui s'approcheraient à moins de 100 km de la surface.

Grâce à de nombreuses campagnes océanographiques, le point chaud le mieux connu de Polynésie française est celui de la Société. Au sud-est de Tahiti, une douzaine de jeunes volcans sous-marins, de taille variable, sont regroupés dans une zone de 150 km de diamètre. Un seul de ces édifices émerge, formant l'îlot inhabité de Mehetia, tandis qu'un autre, le Moua Pihaa, culmine à 143 m de profondeur seulement. Leur base repose sur des fonds moins profonds de 400 à 500 m que les plaines abyssales avoisinantes en raison de la dilatation thermique induite par la source de chaleur sous-jacente. Des séismes liés à une activité volcanique ont été décelés sous plusieurs de ces monts sous-marins, tandis que des sources hydrothermales à 30 °C ont été découvertes au sommet de l'un d'entre eux (Teahitia). Bien qu'aucune éruption n'ait été directement observée, les explorations faites en submersible ont décelé de multiples indications d'activité très récente, par exemple de fragiles laves en coussin.

L'évolution polynésienne

Toutes choses égales par ailleurs, la taille des îles devrait décroître vers le nord-ouest en raison de temps plus longs laissés à l'érosion pour accomplir son œuvre de démolition. Mais la taille initiale des volcans de points chauds est trop variable pour qu'une telle corrélation puisse tenir. Comme l'a révélé l'exploration des fonds océaniques, seule une infime minorité de volcans croît assez pour dépasser le stade de mont sous-marin. La quasi-totalité des volcans qui voient l'air libre partagent cependant le point commun d'être de type bouclier. Certaines îles en comportent deux, adjacents (Tahiti), ou emboîtés (Nuku Hiva) ; l'une d'entre elles en a même quatre (Hiva Oa). Par ailleurs, beaucoup de ces volcans se sont partiellement effondrés en mer lors des derniers stades d'activité magmatique. Contribue aussi à la diversité des archipels l'existence ou non de lagons et de récifs-barrières. À la différence des archipels de la Société, des Gambier et des Australes, celui des Marquises en est dépourvu de sorte que l'érosion marine n'y rencontre aucun frein. Il en résulte des falaises de plusieurs centaines de mètres de hauteur, d'aspect à la fois spectaculaire et franchement inhospitalier. Le cliché touristique polynésien est alors bien peu pertinent…

Et les éruptions ? L'amateur de volcans ne peut être que déçu

Des îles hautes aux îles basses : le bouclier à demi effondré de Moorea (haut), les derniers stades avant la submersion à Maupiti (centre) et l'atoll de Fangataufa (bas).

Le mont Rotui, à Moorea (Société), et la baie d'Opunohu vus du Belvédère.

parcourir le tour en bateau et d'accoster là où il est possible de le faire. C'est d'ailleurs quasiment la seule manière de découvrir les Gambier ou les Marquises dont les falaises sont spécialement inabordables. À défaut, une route côtière, voire une ou deux routes traversières peuvent être parcourues. Celles-ci desservent également de nombreux sites archéologiques qui seront ci-après plus longuement décrits que ne le justifient les roches volcaniques qu'on y voit. Comme ces sites sont loin de figurer dans tous les guides touristiques, il serait dommage de les croiser en chemin sans rien savoir sur ce qu'ils représentent.

Quant aux plus hauts sommets, ils sont souvent d'accès difficile en raison de l'érosion tropicale intense qui les transforme en pitons ruiniformes. Comme à Moorea ou Bora Bora, leurs parois peuvent d'ailleurs être résolument verticales. Il faut par exemple deux jours (encordé et avec un guide) pour faire l'ascension du mont Orohena, à Tahiti, qui n'est pourtant distant que d'une douzaine de kilomètres de la mer ! Gagner le sommet de Huahine Nui peut s'avérer éprouvant, voire tout simplement impossible en période pluvieuse. Même une randonnée classique comme l'ascension du mont Rotui, à Moorea, est très dangereuse après la pluie : les *mamu* (des sols rougeâtres) sont extrêmement glissants, tout comme les herbes hautes. Et, comme ailleurs sous les tropiques, partir très tôt est un impératif pour qui souhaite voir les sommets autrement qu'enfouis sous les nuages…

Lorsqu'ils figurent sur les cartes topographiques et touristiques, les sentiers sont généralement peu fréquentés, mal signalés, et parfois insuffisamment entretenus : ils se dégradent très vite et disparaissent au sein de la végétation. Pour éviter perte de temps et fatigue inutile, il vaut mieux se renseigner près de leurs points de départ avant de les emprunter, d'autant plus qu'il est impératif de respecter un aspect jadis inconnu de la culture polynésienne, le sens aigu de la propriété privée. Les panneaux *tabu* ou *tapu* (« interdit ») ont tendance à fleurir et peuvent garder l'entrée de chemins ou de sentiers fort tentants, en particulier dans les îles les plus fréquentées par les touristes. L'autorisation de passer est le plus souvent accordée, mais à condition de la demander avec un peu de patience et de bonne humeur à l'habitation le plus proche.

Point favorable, la Polynésie compte peu d'animaux dangereux. Les guêpes, agressives et coutumières des attaques groupées, sont le principal ennemi du visiteur dans l'intérieur des îles. Quant aux *nonos* (de la famille des simulies), ce sont des moucherons piqueurs-suceurs fort irritants, mais non vecteurs de maladies, qui infestent de nombreuses plages, notamment aux Marquises. Jack London les qualifia de « *now-now, nom admirablement approprié, car ces mouches constituent un présent persistant. Lorsqu'elles festoient sur votre épiderme, le passé et l'avenir n'existent plus* » ! Certaines espèces furent introduites accidentellement (le « nono blanc des plages » en 1914 aux Marquises ou le « nono des marécages » en 1958 à la Société), mais d'autres sont bel et bien endémiques. Ainsi, des tatouages marquisiens traditionnels représentent le « nono noir des rivières » de Nuku Hiva, tandis que d'anciennes légendes racontent la façon dont telle princesse, jalouse de sa rivale de l'île voisine, y introduisit le terrible insecte caché dans une noix de coco…

À Nuku Hiva (Marquises), la spectaculaire ligne de crête d'Aakapa jalonnée d'aiguilles taillées dans les basaltes du volcan de Tekao.

Les pierres et la civilisation

Herminette (Moorea, benmoréite).

À l'arrivée des Européens, la civilisation polynésienne relevait d'une culture néolithique. Les îles Fidji, Tonga et Samoa furent occupés il y a 2800 ans environ, bien avant les îles orientales (Cook, Société, Marquises, Hawaii) dont la colonisation remonte sans doute à l'an 800 seulement. Ces longues migrations effectuées à partir du Sud-Est asiatique purent être guidées par les points chauds. Grâce à leurs bas-fonds et à leurs ressources minérales, les chaînes volcaniques sous-marines représentent en effet des havres de vie où biomasse, et donc poissons, abondent au milieu du désert biologique qu'est l'océan Pacifique.

Rape à coco (Nuku Hiva, plateau Toovii, basalte).

L'art de la poterie s'était perdu au cours de ces migrations. Partout, les Polynésiens n'employaient que la pierre (brute, taillée ou polie), l'os et les coquillages (pour les objets décoratifs ou fins, tels les hameçons) et, bien sûr, le bois et ses dérivés (fibres végétales). Silex et obsidiennes manquaient cependant pour fabriquer les objets tranchants et perçants. Les pointes de lances étaient donc taillées dans un bois durci au feu ou un bois dur, le célèbre « bois de fer » (*toa, Casuarina* sp.). Arcs et flèches n'étaient employés que pour le tir, une compétition rituelle réservée à l'aristocratie qui était pratiquée sans cible car seule comptait la distance parcourue par la flèche.

Indispensables dans la vie quotidienne, herminettes et haches nécessitaient dureté, résistance aux chocs et affûtage aisé. Ces outils (*toki*) furent taillés, puis polis, dans des laves homogènes, riches en verre ou à grain fin : phonolites lorsqu'il s'en trouvait (à Huahine, Taiarapu, Tubuai et, bien sûr, Ua Pou) ou trachy-andésites (Moorea). À défaut, on se servait de petits prismes

Trois pilons (Ua Huka, basalte).

provenant généralement de dykes de basaltes, pré-débités à la bonne taille et, dans l'ensemble, plus frais et plus durs car plus riches en verre que les coulées qu'ils recoupent. Les pilons (*tuki*), qui faisaient l'objet d'un façonnage plus complexe, étaient généralement en basalte bulleux, un faciès courant dont la taille est relativement facile ; pour les mortiers et polissoirs, on utilisait de gros blocs de basalte dur et homogène.

Meule (Nuku Hiva, Hatiheu, basalte).

Pilon (Hiva Oa, basalte bulleux).

Quant aux véritables œuvres d'art, elles furent pour la plupart sculptées dans des brèches scoriacées rougeâtres. Celles-ci se taillent aisément dans les niveaux stromboliens ou les brèches de base de coulée lorsqu'on élimine au préalable la partie superficielle durcie au contact de l'air. C'est dans ces brèches que furent notamment sculptées les *tiki* (*tii* dans l'archipel de la Société). Ces célèbres statues portent le nom du demi-dieu polynésien créateur de l'homme, et aussi des premières sculptures anthropomorphes, lequel devint bien sûr la figure tutélaire des sculpteurs. Témoignage de la très forte symbolique attachée à ces représentations, une carrière qui avait servi à l'extraction de *tiki* fameux, tels ceux du site de Lipona (Oipona) à Hiva Oa, faisait l'objet d'un *tapu* très strict et se trouvait ainsi définitivement abandonnée.

Le grand tiki Takaii (site archéologique de Lipona, Hiva Oa ; 2,67 m de haut), sculpté dans une brèche strombolienne, le keetu. Dans cette statuaire, a résumé P. Ottino, d'immenses yeux ronds ou en amandes expriment savoir et pouvoir surnaturel, alors qu'une bouche étirée laissant voir la langue et parfois les dents, symbolise le défi, la provocation lancée à l'adversaire humain ou fabuleux.

Dalle d'autel en grès calcaire et dallage en blocs de trachyphonolite au marae Vaiotaha de Maeva.

Les fondations des bâtiments de toutes sortes constituaient cependant le principal emploi des roches volcaniques. Sur ces bases étaient élevées les superstructures en bois, qui ont naturellement disparu, mais dont certaines ont été reconstituées à l'identique dans les sites archéologiques les plus fréquentés.

Les bâtiments les plus connus sont les *marae* (*meae* aux Marquises), des lieux de culte protégés par de nombreux interdits. Ces sanctuaires pouvaient être familiaux, claniques, royaux voire relever de plusieurs îles (Taputapuatea à Raiatea). Les chefs y étaient intronisés et inhumés ; les dieux y étaient invoqués et y recevaient des offrandes allant jusqu'aux sacrifices humains. Tout *marae* comportait une esplanade rectangulaire pavée de blocs de basalte, ou de lauzes de phonolite ou de basalte, entourée d'un muret de prismes ou de moellons de basalte. Sur des terrains pentus, les esplanades comportaient parfois plusieurs gradins (Arahurahu à Tahiti). Au centre des *marae,* des « pierres dossiers » en lauzes de basalte ou de phonolite étaient destinées aux chefs et aux prêtres. À l'une des extrémités se trouvait un autel (*ahu*), parfois à plusieurs niveaux. Les montants en étaient de grandes dalles de grès de plage calcaire, ou bien de calcaire corallien, même lorsque de belles lauzes de phonolites étaient disponibles à proximité ; le remplissage était en revanche assuré par du « tout-venant » de basalte. Enfin, un figuier banian sacré ombrageait les lieux ; beaucoup subsistent à l'heure actuelle et sont souvent devenus énormes.

2. L'archipel de la Société

Localisation : de 15°49' S et 154°32' O (Motu One) à 17°53' S et 148°04' O (Mehetia)
Deux groupes d'atolls et d'îles hautes alignés sur 750 km
(N. B. : les superficies sont données à titre indicatif ; elles diffèrent d'une source à l'autre)

Îles Sous-le-Vent : atolls de Motu One, Manuae, Maupihaa et Tupai et îles de Maupiti (12 km^2), Bora Bora (38 km^2), Tahaa (84 km^2), Raiatea (171 km^2) et Huahine (74 km^2)

Superficie totale : 390 km^2

Population : 30 000 (2002)

Point culminant : mont Tefatua (1 017 m) à Raiatea

Îles du Vent : atoll de Tetiaora et îles de Maiao (10 km^2), Moorea (136 km^2), Tahiti (1 045 km^2), Mehetia (2 km^2)

Superficie totale : 1 201 km^2

Population : 183 000 (2002)

Point culminant : mont Orohena (2 241 m) à Tahiti

Situation : Tahiti à 640 km au N de Tubuai, 1 500 km au SO de Nuku Hiva, 4 400 km au SE de Honolulu, 4 600 km à l'E de Nouméa, 7 800 km à l'O de Lima, 9 400 km au SE de Tokyo, 15 700 km au SO de Paris

À Tahiti, les premiers explorateurs ne goûtèrent pas que la magnificence de paysages inconnus. Les vertus du peuple valaient bien la beauté de l'île, du moins si l'on croit Philibert Commerson (1727-1773). Rebaptisant celle-ci « Utopie », ce naturaliste confia en 1769 à un de ses amis : « *Je puis vous dire que c'est le seul coin de la terre où habitent des hommes sans vices, sans préjugés, sans besoins, sans dissensions. Nés sous le plus beau ciel, nourris du fruit d'une terre féconde sans culture, régis par des pères de famille plutôt que par des rois, ils ne connaissent d'autre Dieux que l'Amour. Tous les jours lui sont consacrés, toute l'île est son temple, toutes les femmes en sont les autels, tous les hommes les sacrificateurs.* »

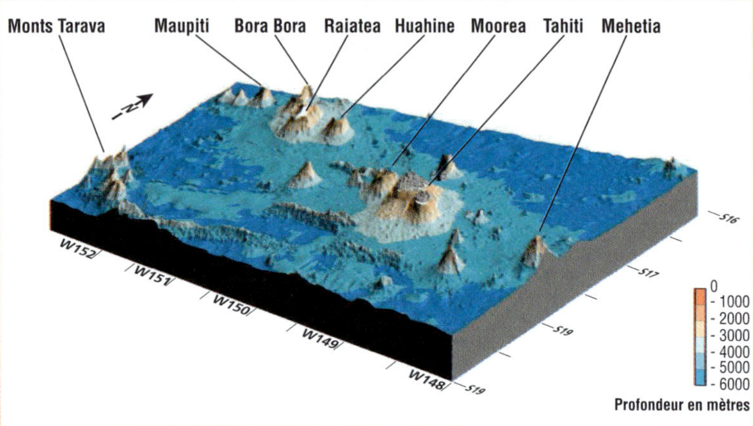

Les fonds océaniques dans l'archipel de la Société (Bonneville, 2004).
Reliefs exagérés verticalement par un facteur 22.

Commerson ne fut pas le seul à s'enthousiasmer. Bougainville fut aussi séduit ; dans son *Voyage autour du monde...*, il souligna néanmoins la « *disproportion cruelle* » de rang entre les grands et le peuple et l'existence de sacrifices humains. À leur tour, Cook ou Lapérouse ne se laissèrent pas abuser par des apparences qui avaient masqué, chez certains, les zones d'ombre des sociétés rencontrées dans le Pacifique à la fin du XVIIIe siècle. Les philosophes « *font leurs livres au coin de leur feu, et je voyage depuis trente ans* » protesta ainsi Lapérouse dans une saillie contre le mythe du bon sauvage, celui « *de ces peuples qu'on nous peint si bons parce qu'ils sont très près de la nature* »...

En arrivant dès 1797, les missionnaires protestants se chargèrent de rectifier les mœurs qui avaient cours à Tahiti. Darwin avait lu des critiques de leur action avant de partir en voyage avec le *Beagle*. Il croyait donc « *que les Tahitiens étaient devenus sombres et moroses, et qu'ils avaient une peur effroyable des missionnaires.* » Il fut cependant rassuré lorsqu'il visita lui-même Tahiti en 1835. « *J'avoue n'avoir pas trouvé trace de ce sentiment,* reconnut-il, *à moins qu'on ne confonde crainte et respect. Je croyais trouver un peuple mécontent, j'affirme au contraire qu'il serait difficile de trouver en Europe une nation aussi gaie et aussi heureuse.* » Le caractère tahitien fut-il ainsi épargné par les rivalités entre missions qui opposaient à l'époque les protestants anglais et les catholiques français ?

Peu après, l'amiral Abel Dupetit-Thouars (1793-1864) imposa en 1842 le protectorat français ; des rébellions sporadiques eurent toutefois lieu jusqu'en 1846. Depuis lors, les îles de la Société symbolisent la Polynésie entière. Elles ont gardé le nom que Cook leur donna en l'honneur de la Société royale de Londres, qui patronna son premier voyage, et non celui de Bourbon que Bougainville leur avait auparavant donné. S'étendant sur près de 750 km, de la sentinelle isolée de Mehetia à l'atoll de Motu One (Bellinghausen), l'archipel est constitué des *îles du Vent* au sud-est et des *îles Sous-le-Vent* au nord-ouest. C'est l'archipel le plus fameux et de loin le plus fréquenté en raison de son intérêt propre, de la taille de ses îles et de l'importance de la plus grande, Tahiti. Capitale économique et politique de la Polynésie française, Papeete est naturellement devenue la plaque tournante des transports aériens et maritimes dans le Pacifique sud. Dans les îles règne un climat tropical humide. Une saison chaude et humide (de novembre à avril) alterne avec une saison relativement sèche et fraîche (de mai à octobre). Les précipitations sont élevées, avec des moyennes annuelles supérieures à 2 000 mm, tandis que les températures moyennes (23 à 29 °C) varient peu d'une période à l'autre.

La direction de l'archipel et l'augmentation régulière de l'âge des îles du sud-est au nord-ouest sont dues au déplacement de la plaque Pacifique au-dessus d'un point chaud, fixe, à la vitesse de 11 cm/an. La morphologie des îles est un reflet fidèle de cette évolution. À l'aplomb du point chaud se trouve actuellement le volcan actif de Mehetia. Dans l'ordre se succèdent ensuite d'énormes volcans boucliers encore peu érodés (Tahiti Nui et Tahiti Iti), des boucliers disséqués par

La présence de l'Occident : près de Haapiti, à Moorea, une église devant la ligne de crête du Mouaroa.

Au début du XIXe siècle, une vision romantique de Bora Bora et de ses empilements de basalte (gravure de Duperrey, 1826).

l'érosion (Moorea, Huahine, Raiatea, Tahaa) et des édifices volcaniques résiduels enserrés dans un vaste lagon (Bora Bora et Maupiti, dont les laves émergées ont de 4,8 à 4,0 Ma). Suivent enfin des atolls coralliens (Tupai, Mopelia, Manuae et Motu One) d'âge encore plus élevé. La seule anomalie importante est une reprise tardive, entre 1,4 et 1,1 Ma, de l'activité volcanique à Tahaa, près de 2 Ma après l'édification du volcan bouclier principal de cette île. La cause pourrait en être la déflexion d'une partie du sommet du panache de la Société par le mouvement de la plaque Pacifique qui le surmonte.

DOCUMENTS

- Carte IGN au 1/100 000, n°3615 : *Tahiti, archipel de la Société.*
- Cartes géologiques BRGM de la Polynésie française, feuilles de : *Bora Bora – Maupiti,* S. Blais et coll. (Orléans, 2006, 1/30 000) ; *Huahine,* R. C. Maury et coll. (Orléans, 2001, 1/40 000) ; *Moorea,* R. C. Maury et A. Le Dez (Orléans, 2000, 1/25 000) ; *Raiatea – Tahaa,* S. Blais et coll. (Orléans, 2004, 1/100 000) ; *Tahiti Nui,* P.-Y. Gillot et coll. (Orléans, en préparation, 1/100 000).
- *Balades en montagne : Tahiti-Moorea,* J.-L. Saquet, Les Éditions A. Barthélémy/Éditions Le Motu, Papeete, 2003.
- *Randonnées en montagne, Tahiti Moorea,* P. Landon, Les Éditions du Pacifique, Singapour, 1991.

Bora Bora

Volcan bouclier – Qu'on la surnomme « *la perle du Pacifique* » ou « *l'île de la beauté extrême* », Bora Bora n'usurpe en rien sa réputation. Son lagon au fond tapissé de splendides coraux est bien d'un inoubliable bleu turquoise que rehausse une frange d'îlots coralliens. Au centre de ce lagon, la partie volcanique de Bora Bora n'est grande que de 30 km^2. Elle est divisée en deux par une ligne de crête en forme d'arc culminant à l'impressionnante pyramide de l'**Otemanu** (727 m). En août 1769, Cook souligna lui-même : « *Ce qu'il y a de très frappant dans cette île est une haute colline rocailleuse se terminant au sommet par deux pics, l'un plus haut que l'autre ; cette colline montre une telle perpendiculaire qu'elle en paraît absolument inaccessible* ». Cook n'avait pas tort. Une montée aux sommets de l'Otemanu et du Pahia (661 m), l'autre piton qu'il cita, demeure extrêmement difficile (se renseigner à la mairie de Vaitape pour trouver un guide).

Mais il n'est nul besoin d'être un grimpeur chevronné pour profiter de beaux panoramas. Sur le chemin en partie carrossable menant de Faanui, à l'ouest, à la baie de Vairou, à l'est, le col passant à 150 m d'altitude entre l'Otemanu et le mont Mataihua (314 m) procure de belles perspectives sur les sommets proches et, dans le lointain, sur les îles de Raiatea, Huahine et Maupiti. Du col partent en outre des sentiers qui permettent de varier les points de vue. Du sommet du

Bora Bora vue du sud au milieu de son lagon. Du côté occidental, la bordure abrupte de sa ligne de crête est le mur d'une caldeira dont le contour circulaire passant par le motu Toopua est visible à gauche.

Les sommets de Bora Bora vus de l'ouest : à gauche, l'Otemanu et, à droite, le Pahia.

grand ***motu*** **Toopua** (148 m), à l'ouest de la **baie de Vaitape,** le regard embrasse par ailleurs l'ensemble des reliefs ruiniformes de la ligne de crête sur lesquels le Pahia se détache au premier plan. Chose intéressante, ce *motu* ne doit rien aux coraux. Sa nature entièrement volcanique est évidente. Il est alors tentant de supposer que la baie le séparant de Vaitape est une **caldeira,** une conclusion confirmée par un examen plus complet des lieux.

La vogue dont fait l'objet de nos jours Bora Bora doit quelque chose à la seconde guerre mondiale. Elle fut en effet lancée lorsque 6000 soldats retournèrent en Amérique après y avoir aménagé en 1942 une base de ravitaillement pour les convois de la flotte du Pacifique. Depuis, une affluence touristique croissante n'a pas eu que des avantages pour l'amateur de randonnées. La multiplication des hôtels et des résidences de luxe a rendu malaisé l'accès à de nombreux sites. Des chemins indiqués sur la carte topographique sont désormais barrés ou ont même disparu tandis que les panneaux *tapu* (« interdit ») se sont faits plus présents. Du fait du tropisme exercé par le lagon, sentiers et sites archéologiques sont dans l'ensemble moins bien indiqués et entretenus que dans les îles voisines.

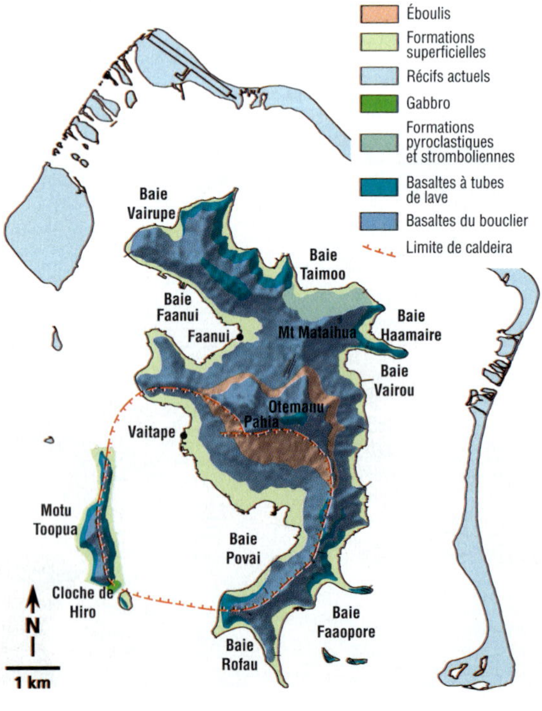

Le volcanisme de Bora Bora (d'après la carte BRGM de Blais et coll.).

Derrière la petite ligne du mont Mataihua (314 m), au nord-est de Bora Bora, la masse de l'Otemanu puis la crête du Pahia dominant, à droite, le versant externe du volcan bouclier.

À la pointe Tuiahora (ou Haamaire), un canon américain abandonné est un but de promenade apprécié dans le nord-est de l'île. Immédiatement au sud de cette pointe se trouvent les intéressants vestiges archéologiques des ***marae*** **Manunu** et **Ashautai** (mais aussi, en contrebas, une bien malodorante décharge). En chemin vers le canon, il ne faut pas manquer d'observer de spectaculaires **tubes de lave** pouvant atteindre un diamètre d'un mètre et une dizaine de mètres de longueur. Leur surface externe est vitreuse et craquelée, leurs cavités centrales bien visibles et souvent très développées. Détail à remarquer, des langues de laves cordées témoignant de leur vidange partielle sont parfois conservées à leur plancher.

Géologie. Dans les îles hautes de l'archipel de la Société, Bora Bora n'est surpassée en âge que par sa voisine Maupiti. Elle s'est édifiée entre 3,5 et 3,1 Ma, sur des fonds sous-marins d'âge Crétacé supérieur (80 à 84 Ma), avec des laves provenant du point chaud qui est à l'heure actuelle sous Mehetia. Tandis que la subsidence a donné lieu à un récif barrière délimitant un vaste lagon, l'érosion a eu le temps de détruire l'essentiel du volcan bouclier initial. Il ne reste donc que la partie haute de l'ancien volcan. L'empilement régulier de minces coulées alternant avec des brèches se retrouve néanmoins, sur 700 m d'épaisseur, dans les reliefs ruiniformes des crêtes qui forment tous les points hauts de l'île. Celles-ci sont armées par un réseau de dykes basaltiques bien prismés dont la disposition est radiale par rapport au bourg de Vaitape. Les sentiers partant du col reliant Faanui à la baie de Vairou en donnent de bons aperçus.

La baie Faanui, dans le nord-ouest de Bora Bora, le mont Pahia et l'Otemanu au sommet couvert de nuages.

Cette orientation est liée à l'existence d'une **caldeira** approximativement circulaire (diamètre 4,4 km) centrée sur Vaitape. Les murs en sont, du côté E, les spectaculaires falaises subverticales des reliefs de l'île principale et, du côté SO, les falaises du *motu* Toopua. Entre Vaitape et ce *motu,* le plancher de cette caldeira se trouve à une profondeur d'une trentaine de mètres. C'est donc par rapport à la caldeira que les coulées basaltiques se sont épanchées de façon centrifuge et que les dykes se sont mis en place à la faveur de fractures radiaires. Ceci vaut aussi bien dans la crête centrale que dans le *motu* Toopua où, en accord avec ce tableau, les formations volcaniques pendent toutes de 12 à 14° vers l'O, c'est-à-dire vers l'extérieur de l'édifice volcanique.

Dans la partie S du *motu* Toopua, la colline culminant à 38 m au lieu-dit ***la Cloche de Hiro*** mérite une mention. On y trouve en effet un très grand dyke, long d'environ 250 m et d'une largeur pouvant atteindre 120 m, dont le lent refroidissement a produit un gabbro. Du fait de son orientation approximative 40° N, il est perpendiculaire à la limite de la caldeira. Au sommet du massif (auquel on accède *via* un escalier par la face N), le gabbro présente de grands cristaux allongés de pyroxène et se débite en dalles verticales épaisses parfois de plus d'un mètre et orientées parallèlement à l'axe du dyke. Certaines saillies sculptées par l'érosion résonnaient mélodieusement quand on les frappait, d'où le nom de cloche de Hiro (dieu polynésien des marins… et des voleurs !) donné aux lieux. Le vandalisme de visiteurs les a malheureusement dégradées.

Situation. À 270 km au NO de Tahiti ; plusieurs vols quotidiens à partir de, et vers, Papeete. *Motu Toopua* : navettes fréquentes desservant ses hôtels à partir du port de Vaitape. *Pointe Tuiahora* : au NE de l'île, au point kilométrique (ou PK) 16 emprunter jusqu'à son sommet (24 m) le sentier reliant les baies de Haamaire et de Vairou, puis prendre à l'E le chemin dans l'axe d'un hôtel situé sur un *motu* (au loin, les îles de Raiatea et de Tahaa).

Huahine

Volcan bouclier – Tranquille, accueillante et fleurie, Huahine doit son charme particulier aux **baies Bourayne** et **Maroe** qui séparent ses deux parties. Selon la légende, Huahine Nui (la grande) et Huahine Iti (la petite) doivent leur existence à un accident : Hiro, dieu des marins et des voleurs, vint éperonner Huahine avec l'étrave de son embarcation magique... et la fendit en deux ! Les deux îles ne se remarquent ni par leur taille, qui n'est pas grande (au total, 74 km^2), ni par des reliefs qui culminent respectivement au **Moua Turi** (669 m) et au **Pohuerahi** (462 m). La modestie de ces sommets n'empêche pas de superbes points de vue. Le plus facile d'accès est le pont reliant Huahine Nui et Huahine Iti à l'endroit où les deux baies communiquent. Il est également aisé d'aller au **Belvédère** (170 m) situé sur la route traversière menant de Faie vers le sud de Huahine Nui ; de ce point, le panorama embrasse la baie Maroe et les sommets de Huahine Iti. À 200 m au nord, un agréable chemin ombragé aboutissant au sud de Fitii, près de l'hôtel Bellevue, procure également de belles vues sur la baie Maroe et le massif de Vaihi. Au nord-ouest de Huahine Nui, une jolie randonnée partant de la zone archéologique de Maeva emprunte un sentier qui remonte la crête située entre la vallée de Tepepe et le massif du **Moua Tapu** (429 m) et peut être suivi jusqu'au Moua Turi (par beau temps uniquement, de préférence avec un guide).

Huahine se distingue également par les **vestiges archéologiques** situés près de Maeva, au nord-est de la grande île. Figurant parmi les plus impressionnants de Polynésie, ce site regroupe des bâtiments qui furent occupés entre les XIVe et XVIIIe siècles, sans doute exclusivement par les familles dominantes de l'île. On y compte **quarante-trois *marae*,** les plus remarquables étant restaurés depuis 1979, et bien d'autres vestiges, notamment des *paepae* (bases empierrées d'habitations), des *tohua* (plates-formes de conseil) et des fragments du mur de fortification qui fut

Le massif du Vaihi, un grand dôme de trachy-phonolite mis en place entre Huahine Iti, dont la ligne de crête culminant au mont Turi est visible en arrière-plan, et Huahine Nui. À gauche, la baie Bourayne, et, à droite, la baie Maroe.

Un piège à poissons traditionnel à Maeva.

pris d'assaut en 1846 par les troupes de la marine française. Les grandes plaques dressées des autels (*ahu*) sont presque toujours en calcaire corallien et grès de plage calcaire. Les murs d'enceinte, les parements de façades, ainsi que le remplissage et le dallage des plates-formes mettent en œuvre des lauzes trachy-phonolitiques du Moua Tapu tout proche. De façon plus anecdotique, une ancienne tradition peut enfin être mentionnée. Maeva est située en bordure de la lagune Fauna Nui, poissonneuse et riche en mollusques comestibles. Pour guider les poissons vers un bassin circulaire, de grands **pièges** en forme de V faits de moellons de trachy-phonolite y sont encore utilisés. Ils sont bien visibles du petit pont conduisant de Maeva au *marae* Manunu.

Géologie. Huahine Nui et Huahine Iti représentent les deux moitiés légèrement inégales d'un volcan bouclier qui ont été séparées par un **fossé d'effondrement.** Huahine illustre ainsi la façon dont un volcan polynésien commence à se fragmenter. Un tel processus s'est aussi produit à Moorea ou à Nuku Hiva, aux Marquises, mais il s'est conclu dans ces deux cas par la submersion totale de l'une des deux moitiés.

La partie actuellement émergée de Huahine s'est édifiée très rapidement entre 2,65 et 2,52 Ma. Au N du Belvédère, un sentier laisse voir les coulées de ce bouclier, généralement très altérées et recoupées par un spectaculaire réseau de dykes, de direction 130° N à 160° N, le plus gros dyke ayant 40 m d'épaisseur. Dans le quart NO de Huahine Nui, ces laves présentent d'intéressantes formes témoignant d'un écoulement fluide (cordes, orteils, tubes de lave souvent anastomosés). Près de Maeva, à Taareu, se trouve ainsi un véritable tunnel d'un diamètre de 1,5 m dans lequel on peut pénétrer sur une profondeur de 10 m avant d'être arrêté par une langue de lave cordée qui en bouche le fond.

À la fin de cette période d'édification s'est créée une caldeira centrale sous laquelle un corps magmatique s'est mis en place. La limite N de cette caldeira est la crête dessinant un arc au S de Huahine Nui, dominant la baie Maroe, au sommet de laquelle se situe le Belvédère. Au S de la baie, un amphithéâtre de collines pourrait représenter le reste de cette limite. Selon des mesures de gravimétrie, des roches denses (gabbros, sans doute) sont en effet présentes à faible profondeur sous la baie Maroe. En raison d'une dissymétrie de l'édifice, cette injection aurait induit un glissement par gravité de la partie méridionale du volcan et, ainsi, la création d'un fossé d'effondrement coupant en deux la caldeira.

L'activité magmatique a ensuite brièvement repris après un intermède de repos ayant duré de 0,25 à 0,5 Ma. Entre la pointe Tiva (122 m), au S, et le Moua Tapu, au N, cinq **dômes de trachy-phonolite** se sont alors mis en place à l'emporte-pièce en oblitérant partiellement les reliefs antérieurs selon une direction N-S approximative. Vieux de 2,07 Ma, le Moua Tapu est constitué d'une lame subverticale à prismation grossière, débitée horizontalement en lauzes minces. Ses laves sont très dures et résistantes à l'altération, d'où leur emploi courant dans les constructions anciennes. Au centre de cet alignement, le **massif du Vaihi** (198 m) a séparé les baies Bourayne et Maroe et quasiment relié les deux îles en venant pour partie combler le fossé d'effondrement.

Une conséquence intéressante de la création de ce fossé doit enfin être mentionnée. Sans doute en raison de mouvements locaux de bascule induits par cet

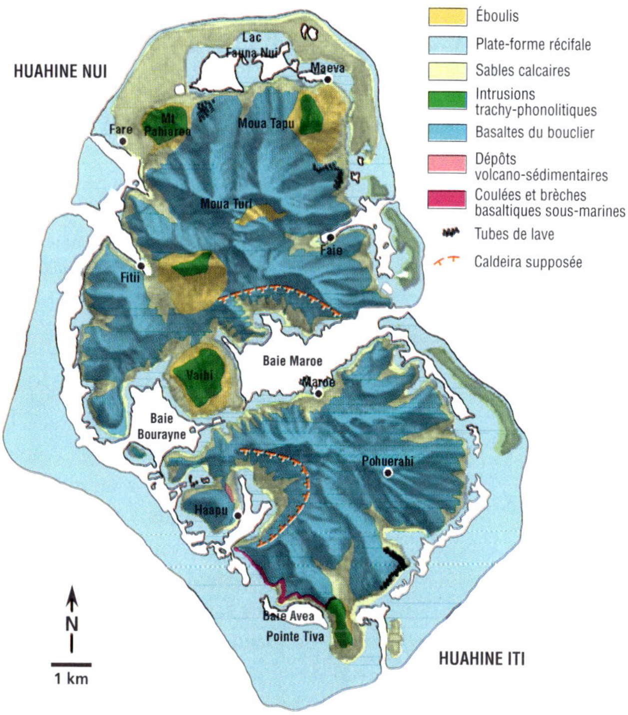

Le volcanisme de Huahine (d'après la carte BRGM de Maury et coll.).

Huahine Nui, à gauche, et Iti, à droite, réunies par le dôme du Vaihi.

événement, des laves des fondements sous-marins du bouclier ont été mises au jour au S de Huahine Iti, dans la baie d'Avea, entre les pointes Ripae et Tiva. Sur 5 à 15 m de hauteur, la base du talus bordant la route côtière montre une alternance de coulées basaltiques et de brèches sous-marines. Dans les coulées figurent les **coussins** typiques des épanchements sous-marins (pellicule vitreuse externe, prismation radiale, zone vacuolaire centrale, et parfois pédoncules). Le ciment des brèches a une teinte jaunâtre indiquant un début de transformation des éléments fins en palagonite. Le passage aux premières formations subaériennes est également visible par endroits, avec un niveau rubéfié à éléments basaltiques vitreux surmonté de coulées de laves cordées et de brèches d'écoulement.

Le Pahiarea (240 m), au nord de l'île, un des cinq dômes de phonolite de Huahine. Au premier plan, la partie asséchée du lagon.

Situation. À 180 km au NO de Tahiti. *Site archéologique de Maeva*: à quelques centaines de mètres à l'O du village; une dizaine de *marae* en bordure de la lagune; pour gagner les *marae* Tefano et Mataira Rahi, et le complexe Te Ana sur la colline Matairea, suivre le sentier débutant à hauteur du mur de fortification. *Moua Tapu*: sentier partant de la zone archéologique de Maeva. *Taareu*: à 1,5 km au S de Maeva, suivre le chemin remontant la rivière Tevaipoopoo, puis un sentier en direction du chicot de coulée massive bien visible à l'O (propriété privée, autorisation à demander au départ du sentier).

Maupiti

Volcan bouclier — Maupiti est la plus ancienne *île haute* de l'archipel de la Société. C'est aussi la plus petite, ne comptant que de 13 km^2 de terres émergées qui culminent au **mont Teurafaatui** (372 m, appelé aussi Nuupure ou, sur les cartes IGN, Tiriano). Cette minuscule pyramide émoussée est cernée par une couronne corallienne et un magnifique **lagon** large de près de 2 km. La côte comporte de nombreuses falaises abruptes. La plus spectaculaire est celle **de Hotuparaoa,** haute de 250 m, qui domine la partie sud de Vaiea, le village s'étendant le long de la côte sud-est où vivent la plupart des 1 200 habitants de l'île.

Située à 60 km à l'ouest de Bora Bora, Maupiti en est indéniablement la « petite sœur aînée » par sa nature géologique. Cependant, les deux îles ont évolué bien différemment d'un point de vue touristique : à Maupiti, point de grands hôtels ni de distractions sur catalogue, mais un accueil familial et d'intéressantes possibilités de randonnées autour ou dans la partie haute de l'île. En quelques heures, il est facile d'effectuer à pied le tour de Maupiti par la route côtière. La promenade passe en particulier au-dessous de la falaise de Hotuparaoa, au sommet de laquelle se trouvent les vestiges d'un site fortifié (*pa*), rare dans l'archipel de la Société. En chemin, la **crête de Faataufi** (109 m) retient le regard au nord-ouest de l'île. À 3,5 km de la mairie de Vaiea, le petit piton qui en constitue le faîte peut être un but de promenade offrant une vue superbe sur le lagon, dont les teintes varient du bleu intense au vert turquoise, et sur sa ceinture d'îlots de sable corallien (*motu*). On y accède en empruntant d'abord le lit du ruisseau situé au sud de la crête, puis en gravissant l'important cône d'éboulis qui constitue sa face sud.

La côte sud de Maupiti, vue du motu Pitiahe, et la falaise de Hotuparaoa en forte saillie.

Géologie. Tout comme Bora Bora, Maupiti représente le sommet d'un **volcan bouclier** très érodé reposant sur une croûte océanique d'âge Crétacé supérieur (84-80 Ma). La taille de son lagon témoigne d'une importante subsidence. Ce volcan est constitué par l'empilement de minces coulées de basalte (ou plus rarement de hawaiite) au sein desquelles se trouvent des niveaux de brèches et un réseau de dykes. Aucune caldeira ne peut être reconnue. Ce qui reste du volcan est sans doute sa partie centrale car les coulées présentent des pendages périphériques réguliers de 8 à 15° tout autour du sommet du **mont Teurafaatui** (ou Tiriano). Il est ainsi instructif de comparer Maupiti à Mehetia, distante de 470 km, pour réaliser l'importance des métamorphoses qu'ont subies les îles hautes de la Société en moins de 5 Ma : un cône volcanique nouvellement

La côte nord de Maupiti, vue du motu Auira.

formé, bordé d'un récif frangeant, est devenu un édifice volcanique « résiduel » très érodé cerné d'un vaste lagon limité par un récif-barrière.

Les empilements de lave sont les plus impressionnants dans la falaise de Hotuparaoa où les coulées accusent 4,5 Ma. La grande régularité de l'empilement et l'absence d'anciens sols cuits par des épanchements suggèrent que l'édification du volcan a été rapide. Localement, les coulées massives passent à des **coulées à tubes de lave.** Dans le village de Vaiea, ces tubes longs de plusieurs mètres et de diamètre variant de 60 cm à 1 m sont évidés et recoupés par des dykes parfois altérés à la base de la falaise côtière.

Plus originale est la présence à Maupiti de deux intrusions de **gabbro** qui affleurent dans son quart NO. L'une d'entre elles s'observe à Faataufi où le gabbro constitue le sommet de la crête et les éboulis qui en proviennent. Cette roche est grenue en raison d'un refroidissement plus lent dû à de plus grands volumes de magma. Elle est revêtue d'une épaisse patine brune et se débite en prismes ou en dalles.

Des coulées de lave prismées au-dessus du village d'Atipiti, sur la côte sud de Maupiti, telles qu'elles furent représentées en 1826 par Duperrey.

Situation. À 60 km au NO de Bora Bora et 320 km de Papeete. Liaisons maritimes régulières avec Bora Bora et Raiatea. Sentiers de randonnées non balisés, certains comportant des passages difficiles ; carte topographique de l'île très utile pour se repérer.

Mehetia

En contrebas du sommet de Mehetia, un cratère d'explosion large de 150 m et profond de 80 m.

Volcan strombolien (alt. 435 m) — « *Le 2 avril* [1768] *à dix heures du matin nous aperçumes dans le Nord-Nord-Est une montagne haute et fort escarpée qui nous parut isolée ; je la nommai Le Boudoir ou le pic de la Boudeuse* ». Ce faisant, Bougainville honora du nom de sa frégate le sommet de **l'îlot de Mehetia** que Wallis avait déjà découvert l'année précédente, et dont le sommet est appelé mont Fareura sur certaines cartes. Haut de 435 m, pour un diamètre de 1 500 m seulement, cet îlot fut jadis peuplé. On y trouve de nombreuses traces d'occupation humaine : vestiges de maisons, *marae,* outils en pierre. Aujourd'hui, c'est un royaume où cochons, chèvres et volailles ne sont plus soumis qu'aux lois de la nature.

Géologie. Très difficile d'accès, Mehetia (2,3 km^2) doit de figurer dans ce guide au fait qu'il est le seul volcan aérien de Polynésie française qui semble encore actif. Bien que quelques chants traditionnels de la population d'origine aient été conservés, aucun d'entre eux ne fait référence à ses éruptions. La partie émergée de l'îlot est un **cône strombolien.** Ses pentes très raides sont particulièrement instables, et donc sujettes à des éboulements fréquents. Ne dérogeant pas à la règle strombolienne, l'édifice a des flancs extrêmement perméables

de sorte que, nulle source d'eau n'existant sur l'île, les anciens habitants devaient recueillir des eaux de pluie.
Ce cône s'est construit en plusieurs épisodes. Un premier appareil basaltique, sans doute plus grand que l'îlot actuel, s'est édifié vers 70 ka sur une base d'épais tufs phréatomagmatiques. Une période de repos et d'érosion a suivi, au cours de laquelle des récifs coralliens se sont installés. Vers 25 ka, l'activité a repris du côté S ; en recouvrant les récifs, des coulées ont produit la plate-forme située au SE de l'îlot. Pour terminer, des dépôts stromboliens épais de 2 m ont couvert le sommet où s'est ensuite formé un **cratère d'explosion** hydromagmatique. Ces dépôts sont récents car la végétation ne les a pas encore colonisés.
Installée près du sommet de l'îlot, une station sismique permanente fait partie du réseau de surveillance polynésien des séismes et des tsunamis géré par l'antenne de Tahiti du laboratoire de géophysique du CEA. Pendant une période de neuf mois, elle a enregistré en 1981 une série de **3 450 séismes,** certains atteignant une magnitude 4,3 sur l'échelle de Richter. Cette crise fut sans doute causée par une éruption sous-marine qui dut avoir lieu, vers 1 600 m de profondeur, sur le flanc SE de l'îlot.

Situation. À 150 km au SE de Papeete, sans desserte régulière ; accostage très dangereux sur la plage de galets au SE de l'île. Propriété privée (autorisation d'accès à demander aux propriétaires ; se renseigner auprès des autorités à Papeete).

Moorea

Volcan bouclier effondré – Parmi les îles de la Société, Moorea est celle qui possède les paysages volcaniques les plus séduisants. De Tahiti, sa proche voisine, sa silhouette à la fois imposante et délicatement dentelée se dresse sur l'horizon marin. Au soleil d'une soirée de printemps, nota Pierre Loti, elle « *s'épanouissait comme une braise, avec ses grands pics rougis.* » À l'approche de l'île, le charme s'accroît encore ; de leur bleu intense, les profondes **baies d'Opunohu et de Paopao** se détachent merveilleusement sur une toile de fond faite de hauts remparts hérissés de pyramides et de pinacles. (N. B. : c'est à tort que la seconde est nommée baie de Cook car l'explorateur mouilla principalement dans celle d'Opunohu.) Sur place, enfin, se succèdent de spectaculaires points de vue. Accessible en voiture, celui du **Belvédère** (230 m) est le plus couru grâce au panorama qu'il offre par temps dégagé (tôt le matin) sur toute l'île en raison de sa position centrale. Vers le nord, le **mont Rotui** (899 m) émerge au fond d'une **caldeira,** encadré par les baies d'Opunohu et de Paopao. Son ascension est éprouvante, mais elle procure des vues inoubliables à ceux qui ignorent le vertige. Après avoir passé un bouquet d'*aito* (conifères) au tiers de la montée, le chemin progresse en effet sur une arête rocheuse large d'un mètre d'où se dégagent d'impressionnantes vues plongeantes sur les baies et leurs magnifiques bouquets coralliens.

Point culminant de Moorea, la pyramide ruiniforme du **mont Tohiea** (1 207 m) tranche sur l'horizon depuis le nord de Tahiti. À Moorea, de bons points de vue sur ce mont et ses voisins se présentent du fond de la baie d'Opunohu, du haut du petit volcan situé à l'est de Paopao (203 m) et, bien sûr, du faîte du Rotui. Pour Melville, le mont Tohiea était « la Dent du Requin ». Bordé de falaises verticales, son sommet reste quasiment hors d'atteinte. Un sentier partant du Belvédère permet néanmoins de s'en approcher : « *Une piste escarpée partait du pied de la montagne et grimpait parmi des roches et des crevasses lambrissées de verdure* », résuma Melville, qui dut cependant ajouter : « *de temps à autre la vue plongeait dans des abîmes glauques et vertigineux* »...

Comme le mont Tohiea, beaucoup des pitons de l'île sont inaccessibles. Loin d'activités touristiques concentrées sur une partie de la côte, l'intérieur jouit ainsi d'une fréquentation modeste et de curiosités naturelles et archéologiques bien préservées. Archéologiquement, les sites plus intéressants se trouvent dans la vallée d'Opunohu. Plus de 500 vestiges datant du XIIIe au XVIIIe siècle y ont été recensés, la plupart construits en prismes de basalte provenant des coulées supérieures du mont Tohiea. Cette vaste **zone archéologique** présente une variété remarquable : maisons de chefs avec leurs annexes, lieux de réunion et de danse,

La baie de Paopao, dite baie de Cook. À l'arrière-plan, le mur de la caldeira, le sommet plan du Tamarutoota (916 m) et la pyramide du Mouaroa (880 m). À droite, les reliefs taillés dans les coulées boueuses de la base du Rotui.

complexes religieux, etc. Les principaux monuments sont les *marae* d'Ahu-o-Mahine, de Titiroa et d'Afareaito, ainsi qu'une plate-forme de conseil et deux plates-formes à extrémités incurvées pour le tir à l'arc. Proches de la route du Belvédère, ils ont été restaurés et se succèdent le long du « sentier des ancêtres » qu'il est très intéressant de suivre en entier (panneaux explicatifs). Ce sentier serpente au sein d'une forêt de *mape* (*Inocarpus fagifer*), variété polynésienne de châtaignier au tronc curieusement torturé par de multiples racines aériennes. Cette promenade facile et ombragée est jalonnée de petites vasques d'eau où séjournent les « chevrettes », de petits crustacés d'eau douce très appréciés des gastronomes polynésiens.

Géologie. Moorea a une forme originale de pointe de flèche émoussée. Avec ses 136 km^2, elle figure au cinquième rang des îles polynésiennes. Elle s'élève de fonds sous-marins vieux de 70 Ma situés 4 000 m sous le niveau de la mer. En dépit de son âge plutôt récent, il ne reste toutefois pas grand-chose des planèzes d'origine du **volcan bouclier de Tohiea** qui la constitue. Érosion et subsidence n'en ont laissé que le sommet dont les laves datent de 1,72 à 1,51 Ma. Ces laves sont de trois sortes. À la base, se trouvent les coulées basaltiques (riches en olivine et zéolitisées) du Belvédère, recoupées par un réseau dense de dykes et de sills. Vient ensuite un empilement de coulées basaltiques non altérées d'environ 600 m, qui constitue le sommet du **mont Mouaroa** (880 m). Enfin, les trois cents derniers mètres de la pyramide du Tohiea, ainsi que le sommet de la crête du Tamarutoota (à l'O du Tohiea) sont faits de coulées de basaltes alcalins, épaisses, bien prismées et quasiment dépourvues de niveaux

Le volcanisme de Moorea (d'après la carte BRGM de Maury et Le Dez).

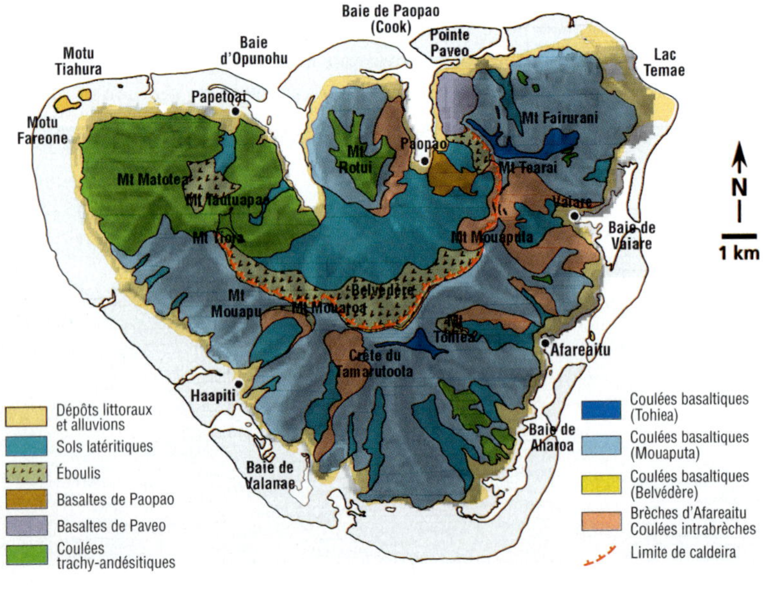

La baie d'Opunohu et la ligne de crête allant du col des Trois-Cocotiers au mont Matotea. À droite, les pentes dénudées du massif de Papetoai qui s'est édifié après la formation de la caldeira.

de brèches scoriacées. En marquant la fin de l'édification du volcan bouclier, elles ont en effet rempli d'anciennes vallées creusées sur ses flancs.

Il y a 1,51 Ma, une vaste **caldeira** s'est ensuite créée, provoquant un glissement qui emporta en mer la moitié N du volcan selon une découpe assez superficielle en forme de cuiller. Du Belvédère, cette dépression est bien visible dans le paysage. Les limites en sont marquées à l'O par la crête allant des monts Tiura à Mouaroa, et à l'E par la falaise partant du mont Tearai vers le S jusqu'au Mouaputa. Au N, les bords de la caldeira se situent en mer. Le mont Rotui serait ainsi un fragment isolé du flanc disparu de l'édifice initial qui aurait glissé vers le N d'environ 1 000 m. À l'O, sa base est constituée par des brèches de coulées boueuses bien visibles à l'E du village de Paopao. Ces brèches sont d'abord surmontées par les coulées de basalte du bouclier puis, depuis une soixantaine de mètres au-dessous du bosquet d'*aito* jusqu'au sommet, par des coulées de laves évoluées.

L'activité volcanique s'est poursuivie aussitôt après la formation de la caldeira. Des épanchements basaltiques ont constitué le massif de la pointe de Paveo, à l'E de la baie de Paopao, et le petit cône strombolien situé à l'E du village du même nom. C'est avec des laves évoluées que le massif de Papetoai s'est édifié peu après au NO, jusqu'à 1,47 Ma. Il y a 1,36 Ma, l'activité magmatique s'est enfin conclue par la mise en place du minuscule dôme trachytique de Paopao (107 m), à l'E de ce village. L'évolution ultérieure de Moorea a bien entendu été l'œuvre conjointe de l'érosion et de la subsidence. Elle a été principalement marquée par le développement du magnifique récif barrière qui cerne l'île.

Situation. À 17 km au NO de Tahiti. Liaisons aériennes et maritimes fréquentes avec Papeete. *Mont Rotui:* prendre un sentier (très dangereux en période de pluies, autorisation de passage à demander) face au village Faimano, au N de l'île (6 heures A/R). *Sites archéologiques d'Opunohu:* quitter la route côtière au fond de la baie (PK 18), suivre la RT 23 puis remonter la vallée 1 km au-delà du lycée agricole par la RT 24. *Sentier des ancêtres:* point de départ au niveau de la piste traversière ou « route des ananas » rejoignant Paopao depuis la vallée d'Opunohu. *Brèches du mont Rotui :* au-dessus du parking de l'usine de jus de fruits de Paopao (visite gratuite), à la sortie O du village par la route côtière RT 21.

Raiatea

Volcan bouclier – Dans l'archipel de la Société, Raiatea (170 km^2) n'est surpassée en taille que par Tahiti. Avec sa forme de pointe de flèche, l'île semble viser sa proche voisine de **Tahaa.** Une seule barrière corallienne les ceinture toutes deux. Délimitant le plus vaste lagon des îles Sous-le-Vent, elle est percée d'une dizaine de passes qui font face aux principales vallées. Quand il navigua dans ces eaux, Jack London fut subjugué : « *Raiatea et Tahaa sont uniques en ce sens qu'elles se trouvent au centre du même cercle de récifs. Sur ces deux îles volcaniques, aux pics et aux minarets qui montent vers le ciel, la ligne d'horizon apparaît déchiquetée.* [...] *Nous glissions littéralement sur l'eau. Et quelle eau !*

Raiatea, Tahaa et Bora Bora.

Aussi pure que du cristal de roche et éclaboussée d'une richesse de couleurs les plus inattendues : le vert jade alternait avec le bleu turquoise, le bleu de paon avec l'émeraude »...

Ce lagon assure de nos jours la renommée de Raiatea. L'île est devenue un important point de ralliement de plaisanciers où poussent de luxueuses marinas. Elle reste cependant peu visitée pour elle-même en dépit de ses paysages proprement magnifiques que des randonnées permettent de découvrir. Son point culminant, le **mont Tefatua** (ou Toomaru, 1 017 m) n'est malheureusement pas accessible. Des vues splendides se dégagent cependant sur Tahaa, la partie septentrionale de Raiatea et les autres îles Sous-le-Vent lors de promenades effectuées entre 300 et 700 m d'altitude sur le **plateau de Temehani.** C'est sur ce plateau seulement que fleurit le symbole de l'île, le mythique *tiare apetahi* (*Apetahia raiateensis*, campanulacée, dont la cueillette est strictement interdite). Au prix d'efforts moindres, d'autres beaux panoramas sur Tahaa et la barrière corallienne sont offerts par un petit piton haut de 294 m, le **Tapioi.** Situé près d'Uturoa, le chef-lieu des îles Sous-le-Vent, le Tapioi a produit à ses pieds un important cône d'éboulis dont des blocs gros d'un mètre ont pu gagner la ville même !

Le volcanisme de Raiatea et Tahaa (d'après la carte BRGM de Blais et coll.).

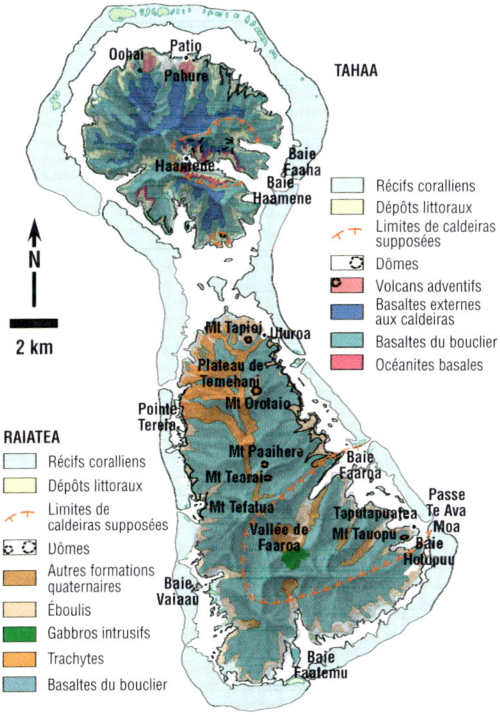

Raiatea a un riche passé. Elle fut découverte en 1769 par James Cook qui la visita à trois reprises. Après la prise de pouvoir des Français à Tahiti, la reine Pomaré trouva refuge de 1844 à 1847 dans cette île qui résista elle-même opiniâtrement à la colonisation française, la dernière rébellion y ayant eu lieu en 1897. « Raiatea la sacrée », dont le nom ancien, Havai'i, évoque le lieu originel des Polynésiens, joua un rôle capital dans la mythologie

Le marae Tauraa et sa pierre d'investiture en trachyte.

et l'histoire de la Polynésie. Ici auraient accosté les premiers migrants venus des Samoa tandis que le premier roi de l'île aurait été le dieu Hiro lui-même. D'ici seraient enfin partis en pirogue les marins qui auraient colonisé la Nouvelle-Zélande et Hawaii.

Il reste de cette histoire les grands *marae* situés face à la passe de Te Ava Moa (la passe sacrée) à la pointe orientale de l'île. Dans le monde maori, cet ensemble était un lieu vénéré entre tous où se rassemblaient des pirogues venues de la Polynésie entière, voire de Nouvelle-Zélande, une tradition qui se perpétue d'ailleurs de nos jours. Selon Mme John Platt, cheffesse d'Uturoa, « *sa renommée était très étendue et la plupart des peuples de la Polynésie orientale le considéraient comme le siège de la Connaissance, de la Religion et de l'Adoration.* » Dans cet ensemble, les ***marae*** de **Taputapuatea, Tauraa** et **Hauviri** sont les plus fameux. Celui de Taputapuatea est le plus ancien *marae* royal des îles de la Société. Il fut consacré à Oro, dieu de la guerre qui était considéré comme le dieu suprême de l'archipel au XVIIIe siècle. Selon des traditions, cette plate-forme carrée de 43 m de côté eut en outre une importante fonction politique en étant le siège d'une entente dite des « pays de l'alliance amicale » qui aurait rassemblé les îles de la Société, Rarotonga (îles Cook), Rotuma (Polynésie occidentale) et Nouvelle-Zélande. Ces *marae* comprennent un grand nombre de plates-formes dallées, d'autels (*ahu*), de soubassements de diverses constructions et de sépultures. Ces constructions ont fait un bel emploi de blocs sombres de basalte ornementés de fragments clairs de coraux. Dans le *marae* Tauraa, on notera aussi une très belle pierre d'investiture, haute de 2,80 m taillée dans une roche plus claire, un trachyte.

Géologie. Raiatea est avant tout un volcan bouclier émergeant d'une profondeur de 4 000 m de l'océan. À l'air libre, des coulées basaltiques se sont empilées sur plus de 1 000 m d'épaisseur entre 2,75 et 2,5 Ma. Les plus récentes affleurent à la périphérie de l'île alors que les plus anciennes ont été mises au jour par les grandes vallées qui échancrent profondément l'édifice : Vaiaau à l'O, Faatemu au S et Faaroa à l'E. La route ceinturant l'île permet donc d'en avoir de bons aperçus. Mais un trait saillant du volcanisme de Raiatea est l'existence d'une différenciation magmatique attestée par les importantes éruptions de trachyte qui ont suivi de près la fin des épisodes basaltiques.

Dans des vallées qui s'étaient creusées, des trachytes se sont en effet épanchés à partir du **Tevaihue** (825 m), au centre de l'île, entre 2,53 (± 0,03) Ma et 2,46 (± 0,03) Ma. Formés d'une alternance de laves massives et de niveaux de brèches, ces épanchements ont constitué une carapace dont l'épaisseur varie de quelques mètres à 150 m, donnant ainsi naissance au plateau de Temehani ou, plutôt, à deux plateaux séparés par un profond canyon : le **Temehani Ute Ute,** dont les coulées atteignent le lagon à la pointe Tereia, et le **Temehani Rahi,** dont les nombreuses coulées s'étendent vers le NO, le N et le NE de l'île, surplombant Uturoa et formant les diverses pointes en bordure du lagon. Par endroits (dans la partie aval du Temehani Ute Ute, par exemple), les empilements se traduisent dans le paysage par des ressauts de 10 à 15 m produits par l'érosion. Gris bleu à grain très fin, mais blanc lorsqu'il est altéré dans sa masse, le trachyte se débite en prismes verticaux, grossiers, formant parfois eux-mêmes de belles lauzes.

À l'E des coulées du Temehani, une série de **pitons trachytiques** a par ailleurs formé un alignement parallèle à l'axe de symétrie de l'île. Au N, le premier est le Tapioi, vieux de 2,54 (± 0,03) Ma ; se débitant en prismes verticaux frustes, et parfois en lauzes grossières, la lave a une teinte verte avec une nuance bleutée lorsqu'elle est fraîche et se couvre d'une fine pellicule blanchâtre par altération. Vers le S se succèdent ensuite les pitons Orotaio (479 m), Paaihere (430 m) et Tearai (340 m). Un cinquième dôme, le Tauopu (120 m), est excentré en bordure de la baie de Hotopuu, à proximité du site archéologique de Taputapuatea.

Ces périodes d'activité se sont conclues il y a 2,5 Ma par la création de la **caldeira de Faaroa,** la cuvette de 3 km de diamètre surplombée par le mont Tefatua vers le S de l'île. Ce grand effondrement révèle donc la vidange d'une vaste chambre magmatique relativement centrale. En entaillant le volcan bouclier, la caldeira a en outre mis au jour son soubassement de gabbros qui affleure de part et d'autre de la route traversière (7,5 km après la sortie d'Avera en direction du sud et 1,9 km après le carrefour de la route traversière et de la route côtière). Quant au plancher de cette dépression, il constitue le principal plateau de l'île, propice aux cultures.

Autre curiosité, les **orgues basaltiques** de Vairua. Cette lave est très riche en petits cristaux d'olivine et forme de gros prismes « articulés » hauts de plus de 20 m. Leur forme est très régulière, et non chaotique comme on l'observe en haut des cheminées volcaniques ; ainsi, la lave a dû originellement s'accumuler derrière un obstacle qui a depuis disparu. Un âge de 2,52 Ma en fait la plus

Dominant le port d'Uturoa, les deux facettes du volcanisme trachytique de Raiatea : le dôme du Tapioi, à droite, perçant les basaltes du bouclier, et, à gauche, les épaisses coulées prismées du Temehani Rahi qui reposent en faisant saillie sur ces basaltes.

jeune formation basaltique connue de Raiatea, presque contemporaine des émissions trachytiques. La lave est altérée superficiellement en « taches de soleil » de 5 à 10 mm de diamètre, ce qui en facilite le débit sous forme de granules dans la carrière où elle est exploitée.

À Raiatea, comme ailleurs, l'érosion œuvre sans relâche. À mi-chemin lors de la montée au Tapioi, il est aisé de reconnaître à l'E un plateau relativement dépourvu de végétation. De même nature que le piton du Tapioi, celui-ci est formé d'une coulée trachytique qui est désormais en inversion de relief et domine de quelques dizaines de mètres le ruisseau de Vaipao. En avril 1998, les pluies du cyclone Alan ont produit un glissement partiel du flanc gauche de cette coulée. Un barrage naturel s'est alors formé, puis a brutalement cédé sous la poussée des eaux en envoyant des **coulées de boue** dévastatrices dans la ville même d'Uturoa. La cicatrice de ce glissement est encore bien visible.

Pour terminer, un mot sur **Tahaa.** Très différente de Raiatea, cette île est un volcan bouclier circulaire plus ancien, fait de basaltes alcalins, qui s'est édifié entre 3,39 et 3,18 Ma. De grands effondrements y ont créé les baies de Haamene et de Faaha, avant qu'une activité éruptive post-caldeira intense ne reprenne. La particularité de Tahaa, unique dans l'archipel de la Société, est de posséder deux **cônes stromboliens** très tardifs. Celui de Pahure est le plus récent (1,41-1,10 Ma). Quant au cône d'Oohai, formé entre 2,73 et 2,62 Ma, il représente une anomalie géochimique : ses laves sont inhabituellement riches en terres rares peut-être à la suite d'un échange de fluides avec une intrusion profonde de syénite néphélinique.

Situation. À 200 km au N-O de Papeete ; liaisons maritimes avec les autres îles Sous-le-Vent, aérienne avec Papeete. *Plateau de Temehani*: ascension la moins difficile à partir de la côte O au niveau de la baie Pufau, au S du PK 10 (5 heures A/R) ; accès plus spectaculaire mais plus ardu (une longue journée) à partir de la baie Tupua (au S de l'hôtel Bali Hai), sur la côte E. *Tapioi :* dans Uturoa, prendre la route proche de la gendarmerie, passer à proximité de la salle de sports, et terminer à pied à travers la « propriété privée des consorts Hart » à partir du panneau (40 minutes A/R). *Site de Taputauatea :* à la pointe Atiaapiti, entre les baies Opoa et Hotopuu, à proximité de la route côtière dans le SO de l'île (bonne signalisation). *Vairua :* d'Uturoa, passer la baie Tupua en suivant vers le S la route longeant la côte E de l'île et voir en altitude le dôme trachytique de l'Orotaio ; continuer sur 600 m et s'arrêter, avant la rivière Vairua, à proximité des bâtiments de la société Raromatai agrégats (autorisation à demander sur place).

Tahiti

Volcans boucliers – Tahiti est le symbole même de la Polynésie française, voire de la Polynésie entière. L'île, il est vrai, en est de loin la plus vaste et la plus peuplée. Sur les 1 042 km^2 de son territoire, elle abrite 170 000 habitants, soit 70 % de la population de Polynésie française qui a crû de 300 % en 40 ans. Comme dans les autres îles, la population est concentrée sur la frange côtière, principalement dans le nord-ouest. Les deux tiers des habitants résident dans la région de **Papeete** où se trouvent rassemblés les centres de décision économiques et politiques. Village de 2 000 âmes en 1842, Papeete est ainsi devenue le centre d'une grande agglomération.

La grande île

Sa renommée, Tahiti l'acquit dès sa découverte par les récits de voyage des explorateurs européens. « *La hauteur des montagnes qui occupent tout l'intérieur de Tahiti est surprenante, eu égard à l'étendue de l'île,* rapporta Bougainville. *Loin d'en rendre l'aspect triste et sauvage, elles servent à l'embellir en variant à chaque pas les points de vue, et présentant de riches paysages*

Tahiti Nui, à gauche, et Tahiti Iti, à droite.

Les premières orgues volcaniques décrites à Tahiti: «Près d'une cascade que forme la rivière Matavai, rapporta Forster en 1778, on trouve des colonnes d'un basalte gris, solide (*Nitrum basaltinum Linn.*) et j'ai aperçu çà et là des fragments d'un basalte noir et solide, avec lequel les naturels font ordinairement leurs battoirs, leurs haches, les ciseaux et leurs outils tranchants.» *(Gravure de Duperrey, 1826.)*

couverts des plus riches productions de la nature, avec ce désordre dont l'art ne sut jamais imiter l'agrément. » Mais, bien que Cook eût lui-même brossé un portrait précis et nuancé de la société très hiérarchisée de Tahiti, le public cultivé et galant du XVIIIe siècle retint plutôt l'image d'une « Nouvelle Cythère », d'un paradis terrestre enfin trouvé. Une certaine simplicité de mœurs frappa tout particulièrement les esprits. Elle causa quelques soucis pratiques. Wallis dut par exemple empêcher son équipage d'arracher les clous de son navire que convoitaient des Tahitiennes désireuses de les régler en nature. Plus cocassement, Bougainville conta la mésaventure de son cuisinier qui, enfreignant les ordres, mit pied à terre pour se retrouver instantanément nu de la tête aux pieds – et mort de peur ! –, sommé par une foule d'insulaires de contenter les désirs de la belle qu'il s'était choisie…

Bien entendu, cette époque est révolue depuis longtemps. À Punaauia, sur la côte ouest, le **musée de Tahiti et des îles** en perpétue néanmoins le souvenir. On y trouve une excellente présentation de la civilisation polynésienne et de riches collections d'objets datant de la période pré-européenne. Le musée permet en outre de se familiariser avec la géographie, les reliefs et les milieux naturels des archipels. Les descriptions géologiques datent quelque peu, mais la variété des pierres volcaniques employées en construction ou sculptées pour les *tiki* est bien mise en valeur.

Naturellement, Tahiti possède aussi nombre de *marae*. À Paea, au sud de Punaauia, le ***marae Arahurahu*** est loin d'être le plus important, mais il est bien conservé et entretenu. Les structures cultuelles en bois qui le complétaient ont en outre été reconstituées car les lieux servent de cadre à des spectacles historiques lors du festival Heiva en juillet. «*Au pied d'une des montagnes et entourée de toutes parts d'épaisses futaies, s'élève, échelonnée sur une grande partie de la pente, une suite de vastes terrasses en pierre*», rapporta Melville, qui ne précisa pas que ces pierres sont des blocs roulés de basalte…

Les premiers contacts suivis entre Tahitiens et européens eurent lieu à l'extrémité nord de l'île, dans la **baie de Matavai** qui se termine à la **pointe Vénus.** La pointe n'honore donc

Un grand volcan bouclier évidé en son centre par l'érosion : Tahiti Nui vu depuis Moorea.

aucunement la déesse de l'amour, mais commémore les trois mois que l'expédition de Cook y passa en 1769 à l'initiative de la Société royale de Londres pour observer le passage de Vénus devant le Soleil. Il ne reste cependant aucune trace de ce séjour. La baie de Matavai servit longtemps de mouillage aux navires européens. Les orgues de basalte d'une cascade proche furent un des premiers indices attestant la nature volcanique de Tahiti. La baie offre une plage de sable noir, aujourd'hui très courue, ombragée de grands arbres et dominée par un phare construit en 1867.

La réunion de deux boucliers

Tahiti a une forme bizarre due à l'accolement des îles édifiées par deux très grands volcans. De pourtour presque circulaire, **Tahiti Nui** est la plus vaste et la plus ancienne des deux. Ses côtes sont bordées d'anciennes falaises marines séparées du lagon par un cordon de plages. Elle possède en outre les plus hautes montagnes de toute la Polynésie. Au sud-ouest, Tahiti Nui est reliée par un isthme étroit à **Tahiti Iti,** ou presqu'île de Taiarapu, qui est venue se souder à elle. Difficiles d'accès, les intérieurs des deux Tahiti sont désormais pratiquement inhabités. Point culminant de Tahiti Nui, le mont **Orohena** (2241 m)

Le volcanisme de Tahiti (d'après le schéma d'Hildenbrand et coll., 2004)

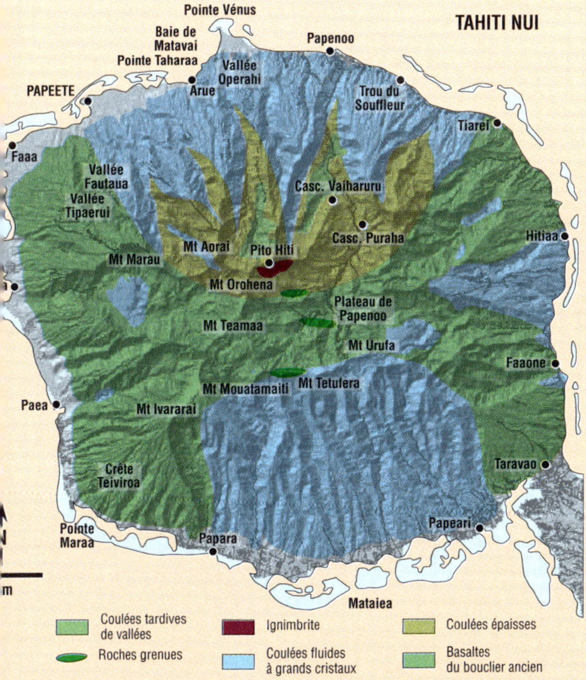

Vue aérienne du nord de Tahiti Nui, de la pointe Vénus (à gauche) à l'Orohena.

n'est distant que de 12 km de l'océan. Les pentes sont encore plus fortes à Tahiti Iti où le **mont Rohui** culmine à 1 332 m à 5 km du rivage. Dans ces montagnes abruptes, l'érosion s'est fait un jeu d'inciser de larges vallées, des ravins profonds et de vertigineuses falaises hautes par endroits d'un millier de mètres.

En 1872, Pierre Loti fut séduit par ces reliefs acérés lorsqu'il parvint au centre de l'île : « *au-dessous de nous se dessinaient dans la transparence de l'air tous les effondrements volcaniques, tous les reliefs des montagnes*, confia-t-il, *de formidables arêtes de basalte partaient du cratère central, et s'en allaient en rayonnant mourir sur les plages. Autour de tout cela l'immense océan bleu; l'horizon monté si haut, que par une commune illusion d'optique, toute cette masse d'eau produisait à nos yeux un étrange effet concave. La ligne des mers passait au-dessus des plus hauts sommets; l'Orohena, le géant des montagnes tahitiennes, la dominait seul de sa majestueuse tête sombre. Tout autour de l'île, une ceinture blanche et vaporeuse se dessinait sur la nappe bleue du Pacifique : l'anneau des récifs, la ligne des éternels brisants de corail. Tout au loin apparaissaient l'îlot de Toubouaimanou et l'île de Moorea; sur leurs pics bleuâtres, planaient de petits nuages colorés de teintes invraisemblables, qui étaient comme suspendus dans l'immensité sans bornes.* »

Tahiti ne peut être traversée par l'intérieur qu'en 4x4. Au-dessus de Papeete, c'est pour les besoins de la télévision qu'une véritable route a été construite sur la planèze de Faaa et Punaauia. Celle-ci mène à proximité du sommet du **mont Marau** (1 493 m) d'où se découvre, à l'ouest, la mer et, à l'est, le rempart dentelé du **Diadème** (1 321 m). Au second plan se déroule la longue arête dessinée par les **monts Orohena** (2 241 m), **Teamaa** (1 532 m), **Mouatamaiti**

(1474 m), **Tetufera** (1799 m) et **Urufa** (1493 m). Par beau temps, la côte elle-même ménage de belles vues sur ces pics. Entre la pointe Vénus et le tombeau de Pomaré V à Arue, l'Orohena figure ainsi à l'arrière-plan, encadré par les deux autres plus hauts sommets de l'île, le **Pito Hiti** (2110 m) et l'**Aorai** (2066 m). Au premier plan, deux planèzes sont séparées par les vallées profondément incisées, Operahi (au-dessus de Mahina) et Ururoa (au-dessus d'Arue).

Seuls des sentiers et des pistes remontent les principales vallées, par exemple à partir de Mahina, près de la pointe Vénus. Les nombreuses randonnées à faire présentent des difficultés variables, souvent assez élevées (consulter un guide). Le **plateau de Papenoo** est desservi par une de ces pistes. Aujourd'hui inhabité, il abritait autrefois une population nombreuse. Les mutins de la *Bounty* qui avaient décidé de rester à Tahiti s'y réfugièrent pour tenter d'échapper à la marine britannique. Le plateau fut ensuite le dernier bastion des Tahitiens qui s'opposèrent jusqu'en 1846 à la prise de possession française. À moins de dix kilomètres à vol d'oiseau de Papeete, métropole moderne et bruyante, la haute vallée et le plateau de Papenoo n'ont rien perdu de leur grandeur sauvage. Malheureusement, la végétation native souffre d'une prolifération de *Miconia calvescens*, une plante ornementale introduite en 1937 au jardin botanique de Tahiti qui s'est depuis disséminée dans tout l'archipel. Grottes, vestiges archéologiques et magnifiques cascades sautant les coulées de lave du volcan, comme celle de **Vaiharuru** et de Puraha, laissent néanmoins aux visiteurs des souvenirs impérissables. Sur la côte, l'eau donne aussi lieu à des sites intéressants. Dans le sud-ouest de Tahiti Nui, les **grottes de *Maraa*** doivent leur charme à la luxuriance de fougères et de mousses et au murmure des eaux limpides qui y sourdent. Elles ont été creusées dans les fragiles niveaux de scories reposant à la base de coulées basaltiques massives d'une dizaine de mètres d'épaisseur, vieilles de 0,76 Ma, qui forment la crête Teiviroa et sont sans doute descendues du mont Ivirairai (1696 m). Et Tahiti n'est pas exempte

La cascade Vaiharuru dans la haute vallée de la Papenoo, sautant trois épaisses coulées basaltiques du bouclier.

La terrasse du marae Arahurahu (Tahiti) en galets roulés.

de souffleurs, ces cavités situées au sein de falaises dans laquelle des vagues s'engouffrent en expulsant bruyamment l'air qui y est violemment comprimé. Sur la côte nord, l'eau jaillit spectaculairement juste au bord de la route au **Trou du Souffleur.** La cavité est ici un tube de lave présent dans une coulée de basalte s'avançant en petite pointe dans l'océan. Un passage piétonnier permet d'y accéder en toute sécurité. (Remarquer les figures d'altération en « pelures d'oignon » des beaux prismes hexagonaux de cette coulée qui est vieille de 0,58 Ma.)

Quant à **Tahiti Iti,** la petite sœur en âge et en taille de Tahiti Nui, son volcanisme est moins bien connu. Il suffira de dire que deux routes côtières partant de Taravao, longues chacune de 18 km, se terminent respectivement au village de Tautira sur la côte nord et au hameau de Teahupoo sur la côte sud. Chacune se prolonge par un très agréable sentier côtier, permettant (si l'on ne craint pas de se mouiller les pieds lors des traversées des multiples petits cours d'eau qui drainent le volcan) d'accéder respectivement aux **pétroglyphes** et *marae* de la vallée de Vaiote à l'est (12 km, compter 8 heures A/R), et à la grotte sous coulée de Vaipoiri au Sud (8 km, 5 heures A/R). Cette dernière, de grande taille, est remplie par un lac résultant de l'accumulation des eaux de ruissellement infiltrées. La seule autre route goudronnée de la presqu'île, partant du village d'Afaahiti, permet de parcourir sur 10 km le plateau de Taravao qui offre le spectacle, insolite ici, de vertes prairies où paissent des vaches holstein et frisonnes…

Géologie. L'alignement défini par les volcans de Moorea, de Tahiti Nui et de Tahiti Iti reflète le défilement de la plaque Pacifique au-dessus du point chaud de l'archipel. Vue de Moorea, Tahiti Nui a le profil typique d'un **volcan bouclier** aux pentes douces et régulières de 10 à 15°. Comme l'attestent sa taille et ses puissants reliefs, ce volcan est récent. Son histoire peut être décrite en cinq actes de durées inégales. Du premier, on ne sait pas grand-chose si ce n'est que des temps très longs, de l'ordre du million d'années, ont été nécessaires pour faire émerger des laves à partir d'un océan profond de 3600 m. Entre 1,4 et 0,87 Ma, des éruptions aériennes ont ensuite édifié la partie visible d'un premier bouclier. De cet édifice ne reste sans doute que la zone médiane, représentant aujourd'hui les versants O et E de l'île actuelle. Les coulées basaltiques qui constituent les grands sommets centraux appartiennent à cette partie conservée du volcan bouclier initial.

Il y a 0,87 Ma s'est ensuite déroulé le troisième et bref acte au cours duquel se sont produits deux grands **effondrements de flancs** affectant le quart N (de Faaa à Tiarei) et le quart S (de Papara à Papeari) de l'édifice, sans doute provoqués par de nouvelles injections de magma ; ayant mis en jeu 1 150 km^3 de roches dont les débris se sont étalés sur une aire de 2 950 km^2, le second figure parmi les plus importants jamais identifiés. Dans la quatrième phase, les flancs disparus ont été reconstitués par de nouveaux épanchements survenus entre 0,85 et 0,76 Ma pour la partie N, et entre 0,65 à 0,5 Ma pour la partie S. C'est de cet épisode que datent par exemple les deux planèzes séparées par les vallées Operahi et Ururoa, et la mise en place, il y a 0,76 Ma, des coulées de Maraa. Après un intervalle de repos d'environ 0,25 Ma, le cinquième acte a enfin vu de rares coulées de laves pauvres en silice s'épancher entre 0,23 et 0,18 Ma dans le fond des vallées de l'époque.

Bien entendu, l'activité n'a pas toujours été effusive. En témoignent par exemple les produits d'**explosions phréatomagmatiques** de la pointe de Taharaa, au SO de la pointe Vénus, qui est accessible depuis la plage située à l'O d'Arue. Dans les lits de hyaloclastites basaltiques se détachent en particulier les figures d'impacts à la base des bombes « en chou-fleur », et l'altération en palagonite jaunâtre de certains niveaux de scories.

Dans ce schéma, l'existence d'une caldeira fait encore l'objet de débats. Au centre de Tahiti Nui, le plateau de Papenoo pourrait en être l'expression superficielle. La part jouée par des effondrements, verticaux ou latéraux, et par l'érosion dans la création de cette dépression de 8 km de diamètre reste toutefois à établir, une tâche rendue très difficile par des pentes abruptes et une végétation envahissante. Au centre du plateau de Papenoo figure un massif de 1 à 2 km de diamètre constitué de diverses **roches grenues,** mises en place à faible profondeur, qui culmine au mont Ahititera (759 m). Une série de roches (magnésiennes) daterait de la première phase d'activité et aurait pour partie causé les effondrements qui l'ont conclue. Une autre série (plus alcaline) daterait de la seconde phase. Le fait que tous les plus hauts sommets forment au N du plateau de Papenoo une arête d'orientation E-O suggère l'existence d'une zone de remontée préférentielle de magma située à l'aplomb d'une région de faiblesse de la croûte océanique. C'est par cette zone que seraient aussi remontés, sans atteindre la surface, les magmas ayant

La grande œuvre de l'érosion à Tahiti Nui où, à la fin de l'édification du bouclier, de grands effondrements ont contribué à creuser les dépressions qui s'évasent vers l'intérieur de l'île. Dans cette vue satellite du quart nord-est, le mont Orohena se trouve au bout de la vallée partant de la pointe Vénus, au nord.

donné les roches grenues. Celles-ci s'observent commodément en galets dans le lit de la rivière, ou en place près du confluent des rivières Vaituoru et Maroto. Dans ce tableau, le très important rôle joué par l'érosion peut encore être souligné. Les profondes incisions radiales des principales vallées (Tipaerui, Fautaua) sont relayées par des canyons secondaires, puis par des ravins subverticaux lacérant les pentes de l'empilement de coulées. Les dykes, plus résistants, demeurent en relief et forment des murs armant les crêtes acérées. L'allure générale de vallées, larges en altitude, qui se terminent par d'étroits pédoncules vers la mer à Punaauia (à l'O) ou au-dessus de Faaone (à l'E) évoque celle des cirques de La Réunion qui sont aussi le produit d'une érosion intense causée par des pluies abondantes et des températures élevées.

Situation. *Musée de Tahiti:* à Punaauia, à 15 km au SE de Papeete. Marae *Arahurahu:* accès par une route remontant la rivière Vaipoe à partir du point kilométrique 22,5, situé 7 km au S de Punaauia. *Pointe Vénus:* PK 10 à l'E de Papeete. *Mont Marau:* émetteur à 15 km de Papeete, au bout de la route « des maraîchers » à prendre dans Faaa à la sortie « Saint-Hilaire » de l'autoroute, puis sentier suivant une large arête jusqu'au sommet (1 h 30 A/R). *Haute vallée et plateau de Papenoo:* au PK 17,6 à l'E de Papeete, prendre la piste longeant la rivière Papenoo avant le pont au niveau du panneau « relais de la Maroto » et la suivre sur environ 20 km (en 4x4 seulement, en dehors de périodes pluvieuses en raison de gués à franchir et de crues brutales fréquentes). *Confluent des rivières Vaituoru et Maroto:* remonter la piste partant vers l'O en contrebas du relais de la Maroto et suivant le cours de la rivière Vaitoru. *Grottes de Maraa:* parking au PK 28,5 au S de Papeete. *Souffleur:* parking au PK 22, juste avant Tiaei, 3,5 km après le passage de la Papenoo (se méfier du virage).

Près de Papenoo, la planèze nord de Tahiti ravinée et entaillée par l'érosion.

3. Les îles Marquises

Localisation : de 140°06′ O et 8°52′ S (Nuku Hiva) à 143°40′ O et 10°30′ S (Fatu Hiva)

Deux groupes d'îles et îlots alignés sur 350 km
(N. B. : les superficies sont données à titre indicatif ; elles diffèrent d'une source à l'autre)

Îles nord : Eiao (44 km^2), Nuku Hiva (339 km^2), Ua Huka (83 km^2) et Ua Pou (105 km^2)

Iles sud : Hiva Oa (320 km^2), Tahuata, (71 km^2), Motane (12 km^2) et Fatu Hiva (84 km^2)

Superficie totale : 1 058 km^2

Population : 9 000 (2002)

Points culminants : monts Temetiu (1 276 m) à Hiva Oa, Tekao (1 224 m) à Nuku Hiva et Oave (1 203 m) à Ua Pou

Situation : Nuku Hiva à 1 500 km au NE de Tahiti, 1 900 km au NE de Tubuai, 5 900 km au NE de Nouméa, 6 900 km à l'O de Lima, 14 400 km au SO de Paris

Sans compter quelques îlots et monts sous-marins, l'archipel des Marquises comprend huit îles volcaniques principales, en deux groupes nord et sud séparés par un chenal de 110 km. Seul de son espèce en Polynésie, l'archipel était connu en tant que tel sous le nom d'Henua Enana (« la Terre des hommes »). C'est le plus romantique de Polynésie bien qu'il ne réponde guère à l'image qu'on se fait des mers du Sud. Certes, l'océan est d'un bleu profond, mais le Pacifique n'y mérite pas son nom car il est le plus souvent agité par une forte houle. Les accostages sont donc difficiles malgré l'existence du « trottoir marquisien », une plate-forme d'abrasion marine formée il y a 120 ka lors d'une période de haut niveau des eaux. Quant à la mer, elle est chaude, mais dépourvue de récifs coralliens.

Les grandes îles semblent elles-mêmes inhospitalières avec leurs falaises sombres et arides, hautes de plusieurs centaines de mètres,

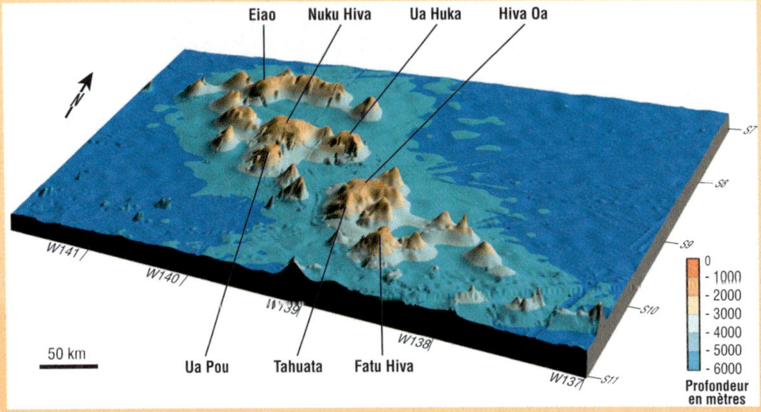

Les fonds océaniques dans l'archipel des Marquises (Bonneville, 2004). Reliefs exagérés verticalement par un facteur 22.

qui ménagent assez peu de plages et de mouillages. Les sentiers bien entretenus y sont rares. Traversant des forêts inextricables, la plupart d'entre eux ne sont connus que des chasseurs de chèvres et de cochons sauvages. « *Ils sont tous rapides, rocailleux, embarrassés de pierres volcaniques et de fondrières* », nota déjà l'écrivain de marine Max Radiguet (1816-1899) lors de l'arrivée des Français en 1842, en ajoutant qu'il fallait parfois « *avoir le poignet vigoureux, le pied exercé et n'être pas sujet au vertige* » pour passer d'une vallée à une autre…

Herman Melville et Robert Louis Stevenson célébrèrent pourtant les Marquises avant que Paul Gauguin et Jacques Brel ne décident d'y finir leurs jours. Que d'attraits, en effet, pour qui voit plus loin qu'une plage bordée de cocotiers ! La majesté de côtes jalonnées de grandes baies est inoubliable, le patrimoine d'une immense richesse, tandis que la culture marquisienne reste bien préservée et le visiteur chaleureusement accueilli. La majorité des sites archéologiques n'ont d'ailleurs pas été fouillés, et plus d'un Marquisien conseillera de ne pas s'attarder sur les ruines qui jalonnent les pistes et le fond des baies pour ne pas déranger le *mana* (« esprit, âme ») des anciens…

Deux types de constructions marquisiennes méritent ici une brève mention. Les *tohua* servaient pour les fêtes et les cérémonies publiques, et notamment des spectacles de danses. Ce sont des esplanades rectangulaires pavées de lauzes ou de blocs de basalte. Des dalles surélevées servaient de scène aux meilleurs danseurs. Pour leur confort, les spectateurs s'asseyaient autour du *tohua* sur des gradins faits de blocs de basalte empilés. À Aakapa (Nuku Hiva), un *tohua* fort bien conservé au centre du village a été converti judicieusement… en terrain de sport !

Mais les *paepae* représentent de loin les restes archéologiques les plus courants. Ces fondations d'habitation étaient en général des plates-formes faites de gros blocs de basalte empilés extraits du torrent le plus proche. Alors que l'arrière servait de lieu de repos, l'avant était consacré aux activités quotidiennes : on y trouve par exemple des pierres creusées de cupules servant au broyage des aliments ou à l'affûtage des outils en pierre. Sur d'autres *paepae* reposaient les constructions collectives du village, notamment la fameuse « maison des hommes » dont l'accès était strictement *tapu* à toute personne du sexe féminin.

L'archipel fut découvert dès 1595 par Alvaro de Mendaña de Neira qui les nomma « las Islas Marquesas de Mendoza » en l'honneur du vice-roi du Pérou, Garcia Hurtado de Mendoza, marquis de Canete, le protecteur de son expédition. Malgré leur joli nom, elles ne furent ensuite visitées que vers la fin du XVIIIe siècle, successivement par Cook (1775), Ingraham (1791), Marchand (1791), qui leur donna le nom d'îles de la Révolution, et Hergest (1792). Le contre-amiral Dupetit-Thouars en prit finalement possession au nom de la France le 1er mai

Un paepae avec une fosse à Hatiheu (Nuku Hiva).

Le « trottoir marquisien » près de Puamau, Hiva Oa, large d'une dizaine de mètres et surmontant la mer de 1 à 2 m.

1842 à Vaitahu (île de Tahuata) pour le groupe sud, et le 1er juin suivant à Taiohae (île de Nuku Hiva) pour le groupe nord.

Le climat, de type tropical, diffère de celui des autres archipels polynésiens. La proximité de l'équateur fait que les variations saisonnières sont faibles. La saison chaude et humide (janvier à mars) se distingue peu de la saison fraîche et sèche (août à décembre) et les températures moyennes ne varient que de 25 à 27 °C au niveau de la mer. Selon les reliefs et l'exposition aux alizés, la pluviométrie annuelle est de 700 à 1400 mm.

Aux Marquises, les pluies ne sont pas le seul facteur d'érosion. C'est évidemment la mer qui sculpte de hautes falaises dans des roches dures. Mais elle avait déjà commencé son œuvre de destruction alors que les volcans étaient encore actifs, en en sapant les bases par le truchement de circulations hydrothermales qui altèrent et fragilisent les laves en profondeur. Quand de vastes effondrements se sont produits, des flancs entiers de volcans ont alors pu glisser et disparaître en haute mer. Ce sont ces caldeiras envahies par l'océan qui forment de vastes baies et confèrent à l'archipel une partie de son charme.

Aux Marquises, les grands volcans boucliers ont été rapidement édifiés par des basaltes tholéiitiques, culminant de nos jours jusqu'à plus de 1200 m. Des magmas alcalins ont ensuite été émis. Contrairement aux tholéiites initiales, ils ont séjourné assez longtemps dans des chambres magmatiques pour y subir une cristallisation partielle. Des magmas différenciés, trachytes et phonolites, ont été ainsi émis dans les derniers stades d'activité.

Comme dans les autres archipels, l'âge des îles diminue globalement du nord-ouest au sud-est. D'environ 5,5 Ma à Eiao, 4,5 Ma à Nuku Hiva et 1,3 Ma à Fatu Hiva, il passe à 0,4 Ma pour un mont sous-marin situé au sud-est de Fatu Hiva. Quand les volcans se sont édifiés, ils sont venus reposer sur une croûte océanique déjà vieille de 58 à 49 Ma. Cette partie de croûte est large de 800 km environ. Elle est bordée par deux grandes zones de fractures qui passent au nord à proximité des Galapagos et au sud des Marquises elles-mêmes. Sous l'archipel, la croûte est anormalement épaisse, ses 15 à 20 km étant le double des valeurs habituelles pour le Pacifique sud. Cet épaississement, dont l'origine est encore incertaine, a en tout cas eu pour effet de limiter considérablement la subsidence des îles.

Le faible développement des formations récifales qui est propre aux Marquises a reçu de très diverses explications. Jadis, ces îles ont en réalité possédé des récifs coralliens. Ces formations sont désormais submergées à des profondeurs de 120 à 80 m car elles datent de la dernière période de bas niveau de la mer qui remonte à 20000 ans environ. Pour des raisons particulières aux Marquises, qui restent à élucider, ce serait une remontée trop rapide de la mer qui aurait détruit les récifs en les ennoyant brutalement il y a près de 14000 ans.

DOCUMENTS

- Cartes géologiques BRGM de la Polynésie française, feuilles de : *Hiva Oa,* R.C. Maury et coll. (Orléans, en préparation, 1/100000) ; *Nuku Hiva,* D. Savanier et coll. (Orléans, 2007, 1/50000) ; *Ua Huka,* S. Blais et coll. (Orléans, 2007, 1/30000) ; *Ua Pou,* G. Guille et coll. (Orléans, en préparation, 1/50000).

Hiva Oa

La baie de Taaoa et le port d'Atuona. Dans le lointain, l'île de Tahuata. Au fond, le mur de la caldeira du volcan ancien de Taaoa.

Volcans boucliers – La population ancienne de Hiva Oa était réputée pour son cannibalisme ; les visiteurs occidentaux eurent des rapports souvent difficiles avec elle… R. L. Stevenson n'en goûta pas moins son approche d'Atuona, le principal village, par la grande **baie de Taaoa :** « *Au détour de la pointe, on était en vue d'Atuona : une longue plage, le lourd et retentissant ressac des brisants, un village éparpillé dans les arbres du bord de mer, et les montagnes, creusées de gouttières se rapprochant des deux côtés pour fermer un vallon étroit et magnifique* ».

De nos jours, Hiva Oa est associée à la mémoire de Paul Gauguin, qui y vécut de 1901 à sa mort en 1903, et à celle de Jacques Brel, qui y demeura de 1975 à 1978 ; tous deux reposent dans l'émouvant petit cimetière qui domine Atuona. Au centre du bourg, un hangar abrite *Jojo,* l'avion que Brel pilotait pour les urgences médicales. À proximité, la « maison du jouir » de Gauguin a été reconstituée. Le 2 septembre 1903, son contenu fut dispersé aux enchères publiques. Victor Segalen (1878-1919), alors tout jeune médecin de marine, était arrivé trop tard pour voir Gauguin vivant. « *Au hasard de la criée* », il acquit tout ce qu'il put. Une toile, « *présentée à l'envers par le commissaire-priseur qui l'appelait "Chutes du Niagara" obtint un succès de grand rire,* rapporta-t-il. *Elle devint ma propriété pour la somme de sept francs. Quant aux bois – frontons et métopes de la Maison du Jouir, personne ne surmonta ma mise de… cent sous ! Et ils restèrent à moi* ».

D'une époque qui remonte aux débuts de l'occupation humaine, Hiva Oa conserve de spectaculaires vestiges archéologiques, dont les *tiki* les plus monumentaux de Polynésie, taillés dans le *keetu,* une brèche scoriacée rougeâtre. L'île possède aussi des **pétroglyphes** gravés sur des blocs de basalte et, bien entendu, les ruines de nombreux édifices eux aussi construits en blocs ou prismes de basalte : maisons d'habitation (*paepae*), lieux sacrés (*meae*) et de festivités publiques (*tohua*), et même des sites défensifs de type forteresse installés sur des pitons (*pa*). Près du village de **Puamau,** le **site archéologique de Lipona** (Oipona) est l'un des plus célèbres de Polynésie. Son grand *meae* (équivalent marquisien des *marae*), long de 150 m et large de 120, est orné de *tiki* monumentaux en *keetu,* qui font la célébrité du site. Selon la tradition orale, ils représenteraient les chefs de la tribu locale des Naiki.

À **Taaoa** se trouve un autre site archéologique comptant plus de mille plates-formes empierrées. Il n'est que partiellement fouillé et restauré, la plus grande partie étant encore étouffée sous le couvert dense de banians, de manguiers et de cocotiers. Le *tohua* Upeke comporte plusieurs plates-formes étagées. Certains *tiki* y sont sculptés dans du basalte massif et non, comme d'ordinaire aux Marquises, dans des brèches scoriacées rouges.

Géologie. Avec ses 320 km^2, Hiva Oa est la principale île du groupe sud des Marquises. **Tahuata** la prolonge au S, n'en étant séparée que par l'étroit et peu profond canal du Bordelais. Contrairement à la plupart de ses voisines, Hiva Oa a une forme très allongée, faisant environ 40 km d'O en E et quatre fois moins du N au S. Elle doit cette forme particulière à une fissure de direction E-O, parallèle aux grandes zones de fractures du Pacifique sud, le long de laquelle se sont

Vue aérienne de la haute vallée de la rivière Faakua. À l'arrière-plan, le mur de la caldeira d'Atuona.

édifiés quatre volcans accolés les uns aux autres. Quant aux grandes échancrures des baies de Taaoa et de Puamau, ce sont des **caldeiras** produites par d'immenses effondrements qui jetèrent à la mer des flancs entiers de volcans. Vieux de 2,5 à 2,0 Ma, le **volcan de Taaoa** est le plus ancien. Il est aujourd'hui réduit à un étroit croissant qui constitue la pointe occidentale de l'île, du cap Matatana au N jusqu'à l'extrémité de la baie Taaoa. Ses coulées basaltiques pendent de 15 à 20° vers le SO et alternent avec des scories stromboliennes rouges bien visibles quand on longe en bateau la côte O. Du côté interne de l'île, ces formations constituent des falaises abruptes qui représentent probablement le mur d'une ancienne caldeira. Taaoa est située au pied de cette crête qui se prolonge au SO de l'île en lui conférant sa forme caractéristique d'« hameçon ».
À l'intérieur de la caldeira de Taaoa s'est ensuite édifié, vraisemblablement entre 2 et 1,8 Ma, le grand **volcan d'Atuona** qui constitue l'essentiel de la partie occidentale de Hiva Oa. Culminant à 1 276 m, l'impressionnante pyramide du **Temetiu** domine le mur vertical de la partie O de la caldeira associée. Elle se profile au-delà de la vallée de la rivière Faakua qui est bordée par les falaises entaillées dans d'épaisses coulées. Les sommets et pentes septentrionales de ce volcan sont d'accès très difficile en raison d'un couvert végétal dense et de la rareté des sentiers, mais il est possible de les découvrir à distance depuis la route de l'aéroport ou, mieux, depuis la stèle de Jacques Brel.
À l'extrémité orientale de l'île, le **volcan de Puamau** est un peu plus jeune que celui d'Atuona, car il date de 1,7 à 1,6 Ma ; ce sont à travers ses coulées qu'ont été taillées les impressionnantes falaises de la côte orientale. Au centre de ce volcan s'est créée une autre caldeira, ouverte vers le NE, au fond de laquelle le village de Puamau s'est établi. L'activité volcanique s'est poursuivie après ce vaste effondrement. Au sein de la caldeira s'est ainsi mis en place le pain de sucre du **piton Toea,** au pied duquel sont situées les ruines de Lipona, et de petits cônes stromboliens tel le **piton Kakai** (accessible en 1 heure de marche par le sentier longeant la baie de Puamau à l'E du village).
Ces trois volcans sont de type bouclier, mais ils diffèrent par la nature de leurs laves. À Taaoa, les basaltes sont en effet des tholéiites alors qu'ils sont alcalins

Le volcanisme de Hiva Oa (d'après la carte BRGM de Maury et coll.).

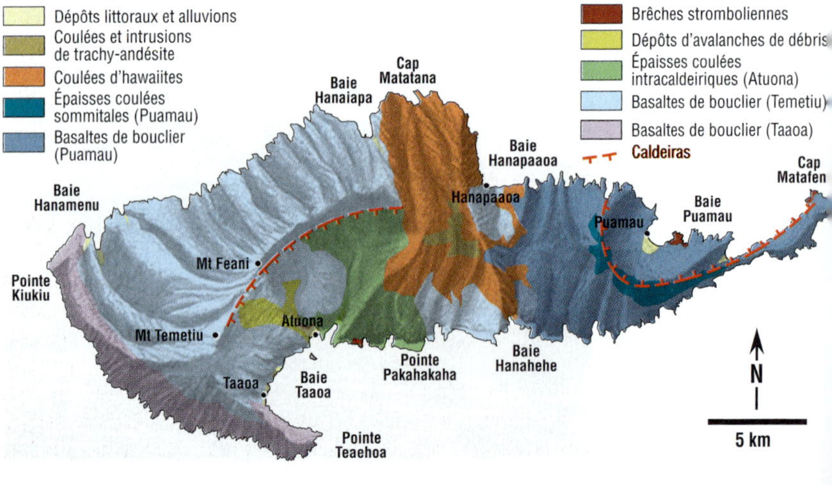

Le volcan de Kakai à moitié disséqué par l'érosion : une cheminée basaltique émergeant des vestiges d'un cratère de cône strombolien.

à Atuona et Puamau. Il y a 1,5 Ma, l'espace laissé libre entre les volcans d'Atuona et de Puamau a ensuite été comblé par un quatrième volcan qui a constitué une arête orientée N-S. Ses laves furent d'abord des basaltes plus alcalins que les précédents. En devenant ensuite hawaiitiques puis trachy-andésitiques, elles donnèrent lieu soit à de petites coulées qui ont recouvert les basaltes, soit à des dômes qui les ont recoupées.

Au passage, une curiosité des basaltes du volcan d'Atuona peut être notée. Sur la petite crête de Vaikava, entre Atuona et Taaoa, ces laves ont été intensément altérées par des eaux thermales remontées à la faveur d'une faille. Surtout après les pluies, la pyrite et les sulfates de fer secondaires ainsi formés dégagent une odeur de soufre assez forte pour que l'endroit soit connu localement sous le nom de **soufrière de Fatueki.**

Enfin, les effondrements qui ont créé la caldeira du volcan d'Atuona ont laissé des traces bien visibles. Les épisodes de déstabilisation du mur de cette caldeira ont produit des dépôts d'avalanches de débris reconnaissables à l'O du village d'Atuona, relayés par des coulées boueuses qui ont atteint la baie Taaoa. La cicatrice de départ d'une de ces avalanches est apparente dans la falaise de Teakatau, au pied de laquelle ont basculé des blocs de plusieurs dizaines de mètres de hauteur. On l'observe en suivant sur environ 1 km le sentier conduisant vers le N de l'île (baie Hanamenu), avant la grimpée en lacets de la falaise au N du Temetiu.

Situation. À 1 530 km au NE de Tahiti ; vols quasi quotidiens depuis Papeete, directs ou via Nuku Hiva. Pistes praticables en 4x4 de l'aéroport à Puamau et à Hanapaaoa, ainsi que d'Atuona à Taaoa. Baies des côtes N et S généralement accessibles seulement en bateau (très spectaculaire tour de Hiva Oa en *speed-boat*, « vedette rapide », en une longue journée par mer calme). *Puamau :* à l'extrémité E de la piste principale de l'île, à environ 40 km d'Atuona (3 heures A/R en 4x4) ; site archéologique à 1,5 km du front de mer (prendre à g. au niveau des boutiques du village). *Taaoa :* à 7 km d'Atuona, accessible en 4x4 par piste tournant à dr. 200 m avant l'église et conduisant après 1,5 km au site archéologique du *tohua* Upeke ; piste offrant de très beaux points de vue sur la baie Taaoa et franchissant la *crête de Vaikave* à environ 5 km d'Atuona. *Stèle de Jacques Brel :* prendre depuis Atuona la route de l'aéroport, puis à g. la piste (privée) en très mauvais état, 400 m après la route conduisant à l'hôtel Hanakee. N. B. : les sentiers indiqués sur la carte topographique peuvent être très difficiles, voire impraticables ; se renseigner auprès du service de l'économie rurale avant de les emprunter sur de longues distances.

Nuku Hiva

La côte nord de Nuku Hiva et les pentes douces du vieux volcan bouclier dont la moitié sud gît en mer. Le long rempart semi-circulaire est le rebord d'une grande caldeira, le pédoncule au premier plan un vestige de partie basse du bouclier ancien.

Volcans boucliers — Pendant un siècle et demi, **Nuku Hiva** fut pour beaucoup de voyageurs la première étape d'une découverte des Marquises. En s'approchant de **Taiohae** à bord de son baleinier, Melville ne fut pas le dernier à tomber sous son charme : « *Rien de plus imposant que le spectacle de cette baie*, ressentit-il en 1842. *Vue de notre navire à l'ancre au milieu du havre, avec les profonds ravins qui rayaient ses parois comme d'énormes fissures dues au ravage du temps, on eût dit les ruines d'un vaste amphithéâtre naturel. Maintes fois, confondu d'admiration à cette vue, j'ai presque regretté qu'un paysage aussi enchanteur fût relégué en ces mers lointaines, où il a si peu l'occasion de frapper les yeux d'un véritable amant de la nature* ».

Rester insensible à la grandeur de côtes escarpées que de vastes baies festonnent aurait été, il est vrai, témoigner d'une sorte de pathologie bizarre ! La **baie de Taiohae** est sans doute la plus spectaculaire, mais d'autres, plus reculées, accessibles uniquement par la mer, ont aussi leur cachet propre. Mais il n'est nul besoin de bateau pour découvrir bien d'autres attraits de Nuku Hiva. Sur la terre ferme, les panoramas somptueux ne manquent pas et de nombreux sites archéologiques, généralement bien mis en valeur, restituent quelques tranches d'un passé révolu. Dans l'île, le mode de vie reflète lui-même une atmosphère typiquement marquisienne : voir passer dans une rue de Taiohae un chasseur à cheval avec sa carabine, ses chiens, et sa victime, une chèvre sauvage, est encore spectacle courant…

Située au centre de l'archipel, Nuku Hiva a une superficie de 339 km^2. C'est la plus grande île des Marquises et, après Tahiti, la seconde de Polynésie française. Elle est constituée de deux volcans emboîtés. Le **volcan bouclier de Tekao** (ou de Terre déserte), en position externe, est le plus ancien ; ses empilements de coulées de basalte tholéiitique forment les parties ouest, nord et est de l'île ; dans cette dernière se trouve le village de Hatiheu. Un autre appareil a ensuite pris le relais au centre actuel de Nuku Hiva ; c'est le **volcan de Taiohae,** portant le nom du gros village qui est la capitale administrative de l'archipel. Ce volcan, également appelé volcan interne, s'est installé à l'intérieur de la caldeira du précédent, dont le fond relativement plat est appelé **plateau de Toovii.** Il est donc naturel de décrire Nuku Hiva en trois parties, deux consacrées à chacun de ces volcans et le troisième à leur limite.

Plate-forme cérémonielle (tuu) de l'ensemble de Hikokua. En toile de fond, les aiguilles de Hatiheu.

Situation. À 1 500 km au NE de Tahiti ; desserte aérienne quasi quotidienne à partir de Papeete.

Hatiheu et le volcan de Tekao

À chaque région de Nuku Hiva ses particularités. À **Hatiheu,** et dans la baie voisine d'Aakapa, ce sont de célèbres **aiguilles** découpées par l'érosion dans les coulées du volcan de Tekao. Un peu à l'est des aiguilles se détache « *une pointe en forme* *de corne, précieux signal maritime pour Hatiheu* », commenta Stevenson, qui « *surgit dénudée des frondaisons de la forêt, et s'abaisse jusqu'au rivage en ravins et en falaises* ». Cette avancée rocheuse est la pointe du **Te Moui.** Quant aux aiguilles, on les découvre aussi depuis la jolie promenade de front de mer à Hatiheu, décorée de *tiki* récents, ou même du col de Teavaitapuhiva (490 m) sur la route venant de Taipivai. Une statue de la Vierge a été érigée en 1872 sur le principal piton. Des sépultures sont aménagées dans la falaise, où l'esprit (*mana*) des Anciens est toujours puissant... À l'image de Stevenson qui s'y fit vite des amis, les visiteurs sont bien reçus à Hatiheu, un village plein de charme. À proximité, les ruines d'anciennes habitations et de lieux de culte figurent au pied des contreforts du Te Moui. On les doit à la grande tribu des Puhioho, réputée pour le nombre et la force de ses guerriers, qui se trouvait en première ligne lors des attaques venant de la partie occidentale de l'île, traditionnellement ennemie. Le site de **Hikokua** est composé d'une vaste esplanade (*tohua*), flanquée de gradins pour les spectateurs, à l'extrémité de laquelle se trouve une plate-forme cérémonielle. Dans les sites voisins de **Kamuihei et Teiipoka,** deux grandes zones furent mises à profit pour des terrasses irriguées de part et d'autre du grand *tohua* de Tahakia (155 m de long sur 42 m de large). Entre ce dernier et le *tohua* de Kamuihei (142 m sur 38 m), les jardins, attenants aux *paepae* (bases de maisons en blocs de basalte) étaient destinés à des cultures plus sèches, mais pouvaient être arrosés grâce à un lit de ruissellement cana-

Le Grand Canyon de Nuku Hiva.

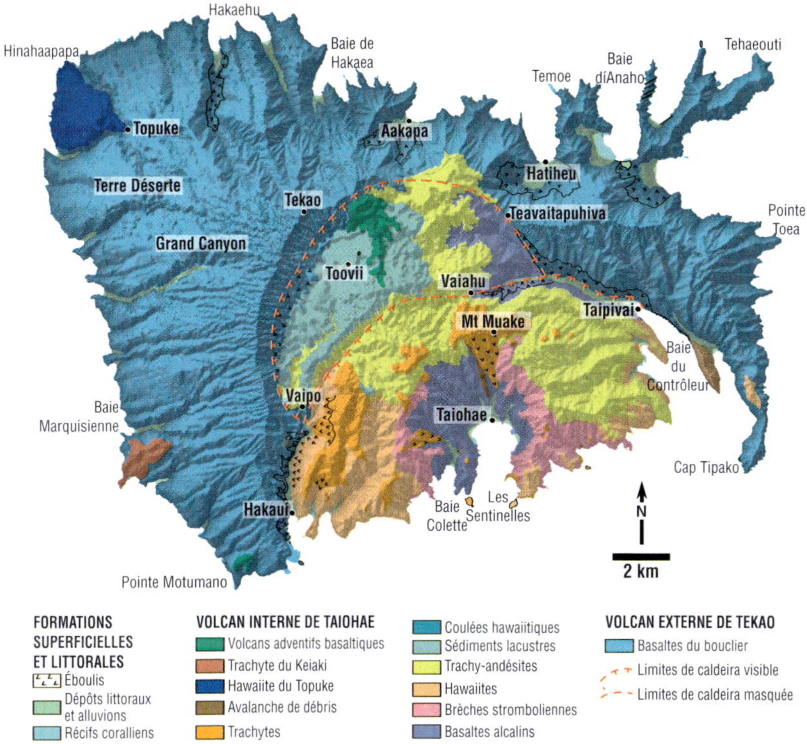

Le volcanisme de Nuku Hiva (d'après la carte BRGM de Savanier et coll.).

lisé par des murets de retenue. Juste en face de Kamuihei, du côté ouest, un *paepae* particulièrement grand (20 m sur 12 m) devait servir de lieu de réunion aux chefs et aux guerriers. De grandes fosses étaient destinées à ensiler le *ma* (pâte du fruit de l'arbre à pain), qui était conservé pour la collectivité en vue des périodes de festivités et de disettes. En amont, sur la pente même du Te Moui, se distingue un rocher en forme de tortue, couvert de **pétroglyphes.** Deux grands poissons, de nombreuses tortues et des motifs anthropomorphes, dont des cercles concentriques, pourraient commémorer des regards ou des visages de défunts.

Toutes les constructions furent entièrement édifiées avec le basalte du volcan de Tekao. Ces basaltes, on les découvre à une toute autre échelle au *Grand Canyon,* par exemple lors d'une pause que font habituellement les taxis après 10 km de route entre l'aéroport de Terre déserte et Taiohae. Sans être aussi grandiose que son homonyme du Colorado, ce canyon représente sans doute aux Marquises le site le plus spectaculaire à l'intérieur d'une île. Il entaille près

Les aiguilles d'Aakapa : une œuvre originale de l'érosion sculptée dans des coulées basaltiques.

de 200 coulées dont l'empilement et la pente (d'une quinzaine de degrés vers la baie de Tapueahu) présentent une régularité remarquable.

Une visite de la **vallée de Hakaui** représente un autre temps fort d'un séjour à Nuku Hiva. Cette vallée est l'un des lieux les plus reculés et les plus paisibles de l'île. De nombreux vestiges archéologiques témoignent de son ancienne richesse. Aucune piste praticable en voiture n'y conduit, mais un chemin empierré ancien la remonte et offre à chaque pas des panoramas superbes sur une multitude de pinacles et de clochetons sculptés dans une immense falaise couverte d'une exubérante végétation tropicale. Le chemin se termine à la spectaculaire **cascade de Vaipo,** où l'eau chute de 350 m.

Géologie. Le volcan de Tekao est un volcan bouclier typique qui a émis des basaltes tholéiitiques. Il s'est édifié entre 4,5 et 4,0 Ma, ce dernier âge étant par exemple celui d'une coulée prismée bien visible au niveau du débarcadère à l'E de Hatiheu. Le fait que ses laves étaient très fluides est attesté par leur nature cordée et les tubes que l'on voit, par exemple, clairement dans les empilements du Grand Canyon.

À la fin de cette période, la moitié S du volcan bouclier s'est effondrée en mer. Le glissement de sa partie centrale a conduit à la formation d'une grande caldeira à l'intérieur de laquelle s'est construit le volcan de Taiohae. Le flanc E de la vallée de Hakaui est constitué par la paroi de cette caldeira. C'est dans ce mur, haut de 800 m, minutieusement disséqué par l'érosion depuis 4 Ma, que se sont sculptés pinacles et clochetons. La cascade de Vaipo est un lieu de rencontre entre les coulées des deux volcans. Les minces tholéiites du volcan de Tekao y sont en effet surmontées par les hawaiites massives et bien prismées du volcan de Taiohae, âgées de 3,9 Ma.

La baie de Hatiheu a été creusée par l'érosion dans les coulées basaltiques de la périphérie nord du volcan de Tekao. Les aiguilles doivent leur existence à des dykes résistant mieux à l'érosion que les coulées au sein desquelles ils ont formé un réseau. Entre chaque bassin-versant sont ainsi restées des crêtes très acérées. Beaucoup d'autres aiguilles jalonnent la côte N de l'île, notamment à **Aakapa**, village situé sur la piste côtière reliant Hatiheu à l'aéroport de Terre Déserte.

Situation. *Vallée de Hakaui :* au SO de Nuku Hiva. Accès depuis Taiohae par bateau, avec accostage au fond de la baie de Hakatea, ou bien par la piste cavalière (12 km). Compter 2 à 3 heures de marche pour atteindre la cascade à partir de la baie. *Hatiheu :* sur la côte NE de Nuku Hiva, accessible par une bonne piste, à 12 km de Taipivai et 28 km de Taiohae. Zones archéologiques bien signalées dans la descente conduisant au village depuis le col de Teavaitapuhiva ; prévoir 2 heures pour la visite, de préférence avec un guide – se renseigner à la mairie de Hatiheu, où est conservée une intéressante collection d'outils en pierre.

Taiohae : la ville et le volcan

Centre administratif des Marquises, **Taiohae** (1 700 habitants) fut le siège des principaux événements de l'histoire de l'archipel. Sur le front de mer, de nombreux monuments en témoignent, qu'ils soient antérieurs ou postérieurs au passage des navires occidentaux (dont ceux des Américains Ingraham, qui découvrit Nuku Hiva en 1791, et Porter, qui tenta de l'annexer en 1813). La cathédrale Notre-Dame-des-îles-Marquises, rebâtie en 1977 sur un *tohua*, est construite avec des matériaux provenant des différentes îles de l'archipel. Remarquer le dallage du parvis, en phonolite de Ua Pou, ainsi que l'emploi de pierres à cupules et de polissoirs dans les murs. Les environs offrent de nombreuses promenades faciles et intéressantes. À 1,5 km au nord se trouve la zone archéologique du ***tohua Koueva.*** Les falaises qui dominent la baie de Taiohae culminent au ***mont Muake***

Une grande caldeira envahie par la mer : la baie de Taiohae. À l'horizon, Ua Pou.

Le dôme trachytique de la « Sentinelle de l'ouest » et son débit en pelures d'oignon.

(864 m) dont le sommet, à 5 km du village, offre l'un des plus beaux panoramas de l'île, portant au nord jusqu'à la ***baie de Hatiheu,*** et au sud, par beau temps, jusqu'à l'île de ***Ua Pou.***

Géologie. L'amphithéâtre qui rend spectaculaire la baie de Taiohae résulte de l'érosion préférentielle de brèches stromboliennes ; abondantes en ce lieu, elles ont donné naissance à des **reliefs ruiniformes** de couleur rouge à brunâtre. À l'entrée de la baie, deux îlots arides semblent monter la garde. « *Ces gardiens jaloux de la baie la plus vaste, la plus sûre et la plus fertile des Marquises sont nommés les deux* Sentinelles », comme le rapporta Radiguet en 1842. Celle de l'O est un beau dôme trachytique, celle de l'E un lambeau de coulée basaltique ayant pour proche voisin un dôme trachytique de forme arquée.

Le volcan de Taiohae a été actif de 4,0 à 3,6 Ma. Les laves intermédiaires (trachy-andésites) et les trachytes y sont plus abondants que les basaltes en raison d'une évolution magmatique particulière (car contrôlée par de fortes pressions d'eau). En cela, cet appareil s'avère beaucoup plus proche des stratovolcans du Cantal et du massif du Mont-Dore que des volcans boucliers polynésiens habituels. Ses productions les plus anciennes sont des coulées et des projections stromboliennes de basaltes tholéiitiques et alcalins, bien visibles dans la baie de Taiohae. Leur ont succédé de nombreuses coulées de laves intermédiaires qui ont couvert la moitié de la surface de l'édifice et ont comblé en partie le fond de la caldeira du volcan de Tekao. Cette activité s'est terminée par la mise en place de coulées et de dômes de laves plus évoluées qui recouvrent le quart de la surface du volcan. Ces trachytes se reconnaissent à leur couleur blanche et à leur belle prismation verticale. Ils affleurent principalement au N et à l'O de la baie de Taiohae où ils recouvrent soit les brèches stromboliennes rouges, soit les coulées de laves intermédiaires qui surmontent ces dernières.

Parmi ces produits tardifs du volcan figurent ceux du mont Muake dont le dôme trachytique forme une falaise haute d'une centaine de mètres dominant la baie de

Taiohae. Ce dôme a émis une coulée épaisse d'environ 50 m qui s'est épanchée vers le N. De couleur sombre quand elle est fraîche, la roche devient blanche et très friable lorsqu'elle est lessivée par les eaux de pluie. Au voisinage du col de Teavanui, les travaux routiers ont dégagé des profils d'altération atteignant 10 m d'épaisseur au sein desquels sont parfois conservées des « boules » de trachyte frais.

C'est probablement du sommet du mont Muake que se reconnaît le mieux le contour des deux **caldeiras emboîtées** de Nuku Hiva. Du pied de l'antenne coiffant le mont, on surplombe au S la vaste dépression de la baie de Taiohae, alors que la vue vers le N embrasse l'ensemble du plateau de Toovii et le mur de la caldeira interne, qui court de la cascade Vaiahu à celle de Vaipo en décalant les coulées de lave intermédiaires du volcan de Taiohae. Les crêtes les plus lointaines figurent les sommets des murs de la caldeira du volcan de Tekao, visibles depuis la pointe Tikapo jusqu'aux falaises de la baie de Hakaui.

Trois promenades faciles donnent d'autres aperçus du volcan (2 à 3 heures pour chacune à partir du centre de Taiohae). L'une conduit à la plage calme et ensoleillée de la **baie Haaotupa,** dite aussi « baie Colette » du nom d'un bateau qui y fit naufrage. Vers l'E, les coulées sont très épaisses ; en avançant sur les rochers, il est possible de voir plusieurs tubes de laves qui appartiennent à la plus vieille unité du volcan de Taiohae. Du côté O de la baie, les coulées sont vacuolaires et plus épaisses, avec des brèches bien développées à leur base. Une autre balade conduit aux produits stromboliens du col Vaioteana, au-dessus de l'héliport. La butte surplombant le col est essentiellement constituée de projections jaunes à brunes à fort pendage vers le SE. Du col, on voit vers le S le fond de la vallée, constitué d'une puissante accumulation de cendres dans lesquelles s'intercalent un peu de laves. Un peu plus haut dans la falaise, les coulées se font plus nombreuses et plus épaisses.

Le long de la route bétonnée conduisant vers Taipivai et l'aéroport s'observent par ailleurs, entre 100 et 200 m d'altitude, les débris d'une avalanche ayant emporté des laves du volcan de Taiohae. Ces dépôts recoupés par de nombreux dykes sont plus grossiers à la base, plus fins au sommet.

Situation. *Baie Colette :* la gagner par la route montant derrière l'hôtel Keikahanui Pearl Loge. *Col Vaioteana :* 30 m après l'héliport, suivre pendant 20 minutes un sentier démarrant au fond du champ.

De Taiohae à Taipivai et Toovii

Au fond de la profonde **baie du Contrôleur, Taipivai** était le village de la puissante tribu des Taïpis, réputés féroces, cannibales et hostiles aux étrangers. Le 8 juillet 1842, un jeune marin nommé Herman Melville s'enfuit néanmoins de son baleinier pour se réfugier chez eux pendant quatre semaines. Il rencontra un accueil chaleureux, habita un *paepae* et tira de son bref séjour la matière de *Taïpi*, son premier roman : « *Rien n'est plus uniforme ni moins diversifié que la vie des Taïpis,* conclut-il : *un paisible jour de loisir et de bonheur succède doucement à l'autre ; et avec ces sauvages ingénus, l'histoire d'une journée représente l'histoire d'une vie* ». De

La baie du Contrôleur, recoupant les coulées épaisses du volcan interne. Au loin, la pointe Tikapo appartenant au volcan externe.

nombreux *paepae* jalonnent encore l'unique rue de Taipivai. Infestée de *nonos* blancs, sa plage doit malheureusement être moins agréable qu'au temps de Melville…

La vallée de Taipivai offre toutefois de nombreux attraits, tels la belle **cascade de Vaiahu** et le **site archéologique de Paeke** dont les *tiki* sont bien conservés. Lorsqu'on arrive par la terre, une très belle vue sur Taipivai se présente sur la route reliant Taiohae à Hatiheu, 3 km avant d'arriver au village.

Sans être grandiose, une dernière curiosité, du moins pour la Polynésie, doit être mentionnée. Il s'agit du **plateau de Toovii,** qu'on découvre habituellement du col de Tekao (1 120 m), à mi-chemin entre l'aéroport et Taiohae avant d'y descendre par de nombreux lacets. S'étendant sur une dizaine de kilomètres entre 750 et 850 m d'altitude, ce plateau offre l'illusion d'un paysage auvergnat : prairies vertes où paissent bovins et chevaux, forêts de conifères, sans oublier une ferme produisant de la viande et des laitages de qualité.

Géologie. Géologiquement, la baie de Taipivai présente l'intérêt de se situer à la limite des deux volcans de Nuku Hiva. Elle marque le contact oriental entre le volcan de Tekao, à l'E, et les coulées de laves du volcan de Taiohae qui le surmonte. Ces **coulées de trachy-andésites,** épaisses et bien prismées, forment la falaise à l'O de la baie. Mises en place il y a 3,9 Ma environ, elles ont comblé plusieurs vallées. Elles affleurent aussi en bord de route dans la descente conduisant des pentes externes du volcan de Taiohae vers Taipivai, où elles se recon-

Vus du col de Tekao, la descente du mur de la caldeira du volcan externe et le plateau de Toovii. Au loin, les dômes-coulées de trachyte du volcan de Taiohae.

naissent à leur patine grise à beige, à leur prismation, mais surtout au fait qu'elles reposent sur un niveau rouge, un ancien sol qu'elles ont cuit à leur contact. Quant au plateau de Toovii, il est bordé au N par le mur de la **caldeira** du volcan de Tekao, que la piste venant de l'aérodrome descend à travers des coulées généralement très altérées, et au S par une crête couverte de pins se terminant au SO au-dessus de la cascade de Vaipo. Depuis le col de Tekao, on aperçoit à l'arrière-plan vers l'E, derrière le mont Muake (repérable à son antenne), la ligne de crête principale de l'île, qui souligne la limite de l'effondrement de la caldeira du volcan de Tekao. Le plateau représente le fond de cette caldeira, plus précisément l'espace situé entre le mur de la caldeira et le second effondrement délimitant le volcan de Taiohae. Entre 4,0 et 3,9 Ma, cette dépression a été en partie remplie par les épaisses coulées de lave du volcan de Taiohae. Un lac s'y est ensuite installé, qui a finalement été comblé par des **sédiments calcaires** formant de minces bancs. Ceux-ci sont le mieux observés après la ferme sur la partie gauche de la route (dans la direction de Taiohae), dès que commence la forêt.

Situation. *Vallée de Hakaui :* accès depuis Taiohae par bateau, avec accostage au fond de la baie de Hakatea, ou par la piste cavalière (12 km) ; cascade de Vaiahu à 2 ou 3 heures de marche de la baie. *Taipivai :* à 16 km au NE de

Les sédiments lacustres du plateau de Toovii, surmontés par une coulée de basalte très altérée.

Taiohae, accès aisé par route asphaltée. *Mont Muake :* facilement accessible (20 minutes de marche) par sentier partant de la piste de l'aéroport après le col de Teavanui, au niveau de la carrière récemment ouverte pour exploiter le trachyte.

Ua Huka

Volcan bouclier — Aux Marquises, une île se distingue des autres par la sécheresse qui y règne pour partie. C'est Ua Huka, une des petites îles de l'archipel (83 km^2), dont le croissant ouvert vers le sud est divisé en deux par une ligne de crête culminant au **mont Hitikau** (884 m). Au nord, les pentes descendent assez doucement jusqu'à la mer et le climat est typiquement marquisien. Le sud, où se trouvent d'imposantes falaises atteignant 200 m de hauteur, est en revanche sec et presque désertique.

En marquisien, Ua Huka signifie la « réserve » (un euphémisme, en réalité, car le sens propre du terme est *trou* ou *poubelle* !). L'île est par ailleurs surnommée « l'île aux chevaux », car des bêtes autrefois importées du Chili ont retrouvé un état à demi sauvage dans les espaces du centre de l'île. De temps à autre, un cheval est attrapé au lasso, débourré succinctement, et se retrouve, par exemple, à porter la dépouille d'une chèvre sauvage lors des parties de chasse pratiquées dans la partie nord de l'île.

La baie de Haavei entaillée dans les coulées du volcan interne. À gauche, le volcan strombolien Teepoepo ; au large le motu Teuaua, composé de sables de plage indurés, appelé « l'îlot aux oiseaux » en raison de sa colonie de sternes.

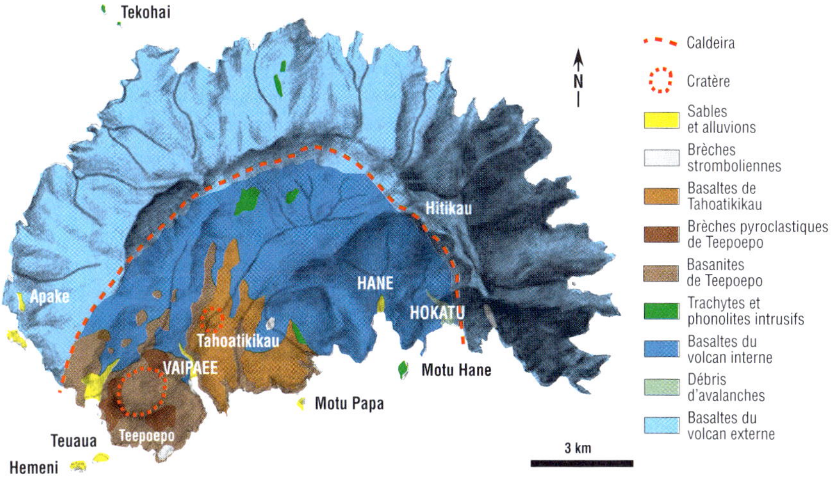

Le volcanisme de Ua Huka (d'après la carte BRGM de Blais et coll.).

De nos jours, les 600 habitants vivent principalement de l'élevage de ces chevaux et de chèvres, de la culture du coprah, de la pêche et de l'artisanat. Ils résident dans trois villages, **Hokatu, Hane** et **Vaipaee,** situés dans les grandes vallées qui débouchent sur la côte sud. Le second est sans doute le lieu de la première installation polynésienne aux Marquises. Fouillé en 1964 et 1965, le très important **site archéologique de Meiaute** (à 30 minutes à pied du village) témoigne du plus ancien peuplement connu des Marquises aux premiers siècles de notre ère. À l'extrémité est de la baie, le *motu* Hane (163 m) est un repaire de sternes. Malgré une puissante odeur et les cris des oiseaux dépossédés, les habitants du village y vont régulièrement en pirogue s'approvisionner en œufs pour cuisiner de savoureuses omelettes.

À Vaipaee, le fond de la baie, sableux et alluvial, a la particularité d'être remarquablement plat. Le village a par ailleurs un intéressant patrimoine archéologique. Le musée situé près de l'embarcadère, à côté de la mairie, possède une belle collection d'objets anciens trouvés sur l'île: pilons, herminettes, bracelets, boucles d'oreille et dents de cachalot, ainsi que des pirogues mortuaires et des photos anciennes provenant du musée d'ethnologie de Honolulu.

À l'est de Vaipaee (en direction de l'aérodrome) se trouve en outre le **site archéologique de Manihina** où ont été récemment dégagés des *paepae, tohua* et anciennes tombes.

Autre curiosité, l'**arboretum de Pupuakeiha,** situé au cœur du domaine de Manihina, qui présente des bosquets d'espèces végétales provenant du monde entier.

Géologie. Longue de 14 km et large de 8 km, Ua Huka a pour particularité d'être composée de deux grands et deux petits volcans mais aussi de posséder la plus longue histoire volcanique de l'archipel. Entre 3,2 et 2,9 Ma, s'est d'abord édifié un **volcan bouclier** d'un diamètre de 14 km au niveau de la mer. Celui-ci est composé d'un empilement très monotone de coulées de laves tholéiitiques et de brèches dont les pentes périphériques de 12 à 16° vers l'océan sont relativement douces. Quelques rares dômes de trachyte affleurent au sein de cet édifice.

Un épisode important s'est produit vers 2,9 Ma quand la moitié S de ce volcan s'est effondrée en mer, laissant un vaste amphithéâtre bordé par le mur de la caldeira, haut parfois de près de 200 m, au pied de l'actuelle ligne de crête de l'île. Des brèches de débris d'avalanches marquent cet épisode. Avec des laves alcalines, et non plus tholéiitiques, un deuxième **volcan** s'est ensuite édifié en position **interne** jusqu'à 2,4 Ma dans la dépression créée par le premier effondrement. Au port de Hokatu affleurent, par exemple, quelques coulées épaisses de 8 à 10 m, formant de grandes orgues et renfermant des nodules de péridotite. Au sein de cet empilement figurent aussi des **tubes de lave,** dont le grand axe peut atteindre 1 m de largeur, parfois associés à quelques niveaux pyroclastiques. Sur la crête entre Hane et Hokatu, les tubes les plus spectaculaires présentent des formes de doigts sur 2 à 3 m de longueur.

L'activité s'est alors interrompue pendant 1,25 Ma, pour reprendre et édifier au SO de l'île un premier cône strombolien entre 1,15 à 0,96 Ma, le **Teepoepo** (320 m), puis un second, le **Tahoatikikau** (238 m), entre 0,82 et 0,76 Ma. D'environ 1,2 km de diamètre et 120 m de profondeur, le cratère du **Teepoepo** est encore bien conservé. Entre cet appareil et l'ancien volcan bouclier s'est creusée la magnifique **baie de Haavei.** Dans cette baie se trouve un autre repaire de sternes, le *motu* Teeua, où la plupart des visiteurs se rendent en bateau dans le but de leur dérober leurs œufs. À l'extrémité E de la baie, le *motu* Hane (163 m) est un aride dôme trachytique, âgé de 2,93 Ma. À l'O de cette baie, quelques

Un cheval sur les pentes arides du cône strombolien récent du Teepoepo.

Le débarcadère de Vaipae. Sous les coulées prismées du volcan strombolien, les pentes semi-arides des coulées du volcan interne.

projections et de rares coulées du Teepoepo sont plaquées sur le mur de la caldeira d'effondrement du volcan bouclier.

Le versant O de la vallée de Vaipaee est formé par les coulées de lave issues du Teepoepo surmontant celles, plus grisâtres, du volcan interne. Au sommet de cet empilement, un nappage assez épais de produits pyroclastiques a résulté d'une activité principalement strombolienne. De la base jusqu'aux deux tiers du versant E de la rivière affleurent les coulées du Teepoepo, recouvertes par les coulées du second édifice basanitique récent, le Tahoatikikau. Celui-ci possède un cratère bien conservé de 800 m de diamètre et 50 m de profondeur.

Situation. À 35 km à l'E de Nuku Hiva, 56 km au NE de Ua Pou et 1 530 km au NE de Tahiti ; desserte par quelques vols hebdomadaires depuis Nuku Hiva et Hiva Oa ou par cargo et vedette rapide ; unique piste pour 4x4 sillonnant la côte S de Vaipaee à Hokatu en passant par l'aérodrome et Hane. *Côte O et cœur de l'île jusqu'au pied de la crête :* suivre quelques chemins pratiqués le plus souvent à cheval ; bateau à utiliser pour gagner les parties NO et N de l'île ; de même pour les parties NE et E, mais attendre alors des périodes sans houle. *Teepoepo :* suivre sur 5 km le chemin cavalier allant de Vaipaee (vers l'O au milieu du village) jusqu'à la baie de Hatuana ; poursuivre le chemin jusqu'à la baie de Hatuana pour observer les grès calcaires de plage de la pointe Matau et leurs pétroglyphes.

Ua Pou

Volcan bouclier et dômes de phonolites — Nul doute que Ua Pou ne soit l'une des îles les plus étranges et les plus attachantes de Polynésie. De passage en 1888, Stevenson

La silhouette de Ua Pou vue de la baie de Taiohae à Nuku Hiva.

rapporta : « *nous approchâmes de la côte située sous le vent de cette île mystérieuse de Ua-pu, contemplant avec des yeux éblouis les criques, les caps, les récifs, les forêts descendantes et les aiguilles de pierre inaccessibles qui surmontent les montagnes* ». Un peu plus tard, les aiguilles de Ua Pou surgirent à l'horizon, « *comme les tours de quelque monstrueuse église surchargée d'ornements ; elles étaient là, debout, dans l'éclat radieux du matin, comme les signaux d'approches d'un monde de merveilles* ». De fait, Ua Pou (« les piliers ») tient son nom des nombreux pitons qui dominent de plusieurs centaines de mètres ses crêtes et lui confèrent un intérêt géologique exceptionnel. Ces particularités, l'île les doit à des **aiguilles** qui sont trois

Les phonolites de Ua Pou en toile de fond du port de Hakahau : d'épaisses coulées recoupées par des aiguilles. De gauche à droite, les pitons Poutetainui, Matahenua et Oave, ce dernier dominant de 600 m la ligne de crête.

à quatre fois plus hautes que larges et ont jadis percer l'édifice originel.

À 50 km au sud de Nuku Hiva, Ua Pou est la sixième plus grande île de Polynésie française (105 km^2). Elle a une forme approximative de losange long d'environ 15 km et large de 10 km. Entre 600 et 900 m d'altitude se situe une ligne de crête d'orientation nord-sud. À partir d'elle rayonnent des crêtes secondaires séparées par de profondes vallées. Celles-ci débouchent sur des baies au fond généralement plat où sont situés les principaux villages : Hakahau au nord-est, Hakamoui, Paaumea et Hohoi à l'est, Hakatao au sud-ouest, Hakamaii et Haakuti à l'ouest et Hakahetau au nord-ouest. Que le terme *haka* revienne ici avec insistance n'est nullement fortuit : comme son équivalent sud-marquisien *hana,* il signifie « vallée se terminant par une

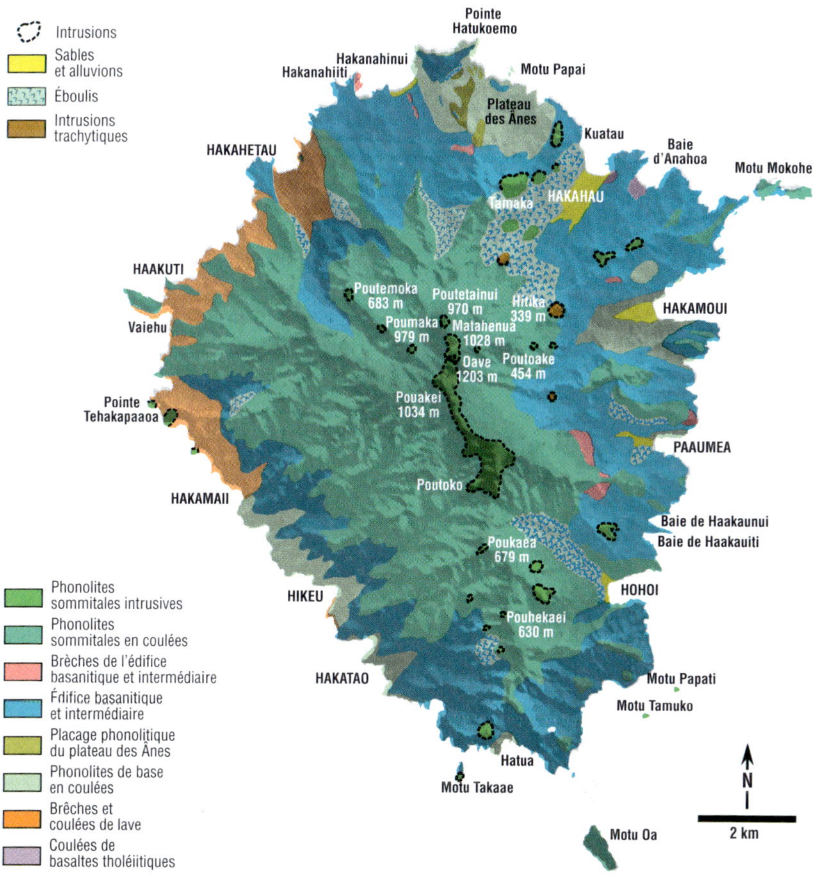

Le volcanisme de Ua Pou (d'après la carte BRGM de Guille et coll.).

baie » ou, mieux encore, « havre ». Pour la petite histoire, les tribus qui habitent ces baies avaient des relations essentiellement belliqueuses avec leurs voisines...
Comptant environ 2200 habitants, Ua Pou est restée à l'écart des grands flux touristiques. Le visiteur y trouve un accueil simple, chaleureux et un hébergement de type familial. Elle est en majorité recouverte d'une végétation tropicale très dense qui rend sa partie centrale d'accès particulièrement difficile : il faut par exemple une demi-journée de marche environ pour atteindre les cônes d'éboulis présents au pied des pitons les plus proches des villages. Quant aux pitons eux-mêmes, leur ascension est réservée aux grimpeurs confirmés...
Le quart nord-ouest de l'île fait exception de ce point de vue. Le **plateau des Ânes,** d'altitude variant de 100 à 250 m, est une zone relativement plate et dépourvue de végétation. Il est traversé par la piste conduisant de Hakahau à l'aéroport puis à Hakahetau. C'est un des rares lieux des Marquises où il est possible de marcher aisément en dehors de tout sentier. Le plateau offre ainsi de belles vues sur les falaises de la côte nord comme sur les grands pitons septentrionaux : Poutemoka (683 m), Poutetainui (970 m), Matahenua (1 028 m) et Oave (1203 m).
Hakahau (le havre « où l'on se repose » ou « du bon accueil ») est le chef-lieu de l'île. C'est le long de ses quatre rues goudronnées que se concentrent hébergement, restauration, services, magasins divers et artisanat. Les nuits y sont calmes et l'atmo-

Un pilier de Ua Pou : le piton Poutetainui (970 m) s'élevant de 450 m au-dessus de la ligne de crête. Au loin, le dôme-coulée de Tamaka sur la côte nord de l'île.

La falaise côtière de Hakahetau : dépôts de coulée boueuse riche en blocs de phonolite (hauteur : 20 m) reposant sur une coulée de basanite.

sphère propice au repos. Plusieurs excursions à pied sont possibles à partir du centre du village. Vers l'est au niveau du quai (direction du restaurant Pukee), un petit col offre une belle vue sur la baie de Hakahau. Le chemin se poursuit (30 minutes environ) vers la très belle plage de sable blanc d'Anahoa, où les *nonos* sont malheureusement nombreux et agressifs... Vers l'ouest, la piste menant à l'aéroport conduit au piton de Kuatau qui domine la baie. Ce dôme phonolitique présente un double débit en prismes verticaux et lauzes concentriques « en pelures d'oignon ».

À l'ouest de Hakahau, le premier village après l'aéroport sur la piste côtière est **Hakahetau,** un attachant petit village de pêcheurs. Son front de mer est inhabituel en Polynésie, car il présente des falaises blanches hautes de 20 m, finement sculptées par l'érosion dans une roche tendre et friable. Ce ne sont pas des laves, mais d'anciennes coulées de boue riches en blocs de phonolite altérés. C'est dans la baie de Hakahetau que, le 22 juin 1791, le capitaine Étienne Marchand prit possession de Ua Pou au nom de Louis XVI et la nomma en toute simplicité... île Marchand ! Hakahetau est aussi connu pour avoir été la résidence de Mgr Le Cléac'h, un ancien évêque de l'archipel qui traduisit la Bible en marquisien.

Enfin, une autre curiosité géologique de Ua Pou doit être mentionnée. Il s'agit des « **cailloux fleuris** » que l'on trouve sur la grève de galets située en contrebas de **Hohoi,** un village accessible par une bonne piste à 12 km au sud de Hakahau. Étagé sur les premières pentes de la crête de l'île, Hohoi est d'origine ancienne. Des *paepae* en moellons de basalte et de phonolite y servent de soubassement à certaines constructions actuelles. De l'extrémité nord de la grève, un sentier (panneau indicateur) conduit en 20 minutes environ au très beau **site archéologique de Hakaohoka.** À l'ombre des banians sacrés se trouvent de nombreux *tohua* (esplanades cultuelles), *meae* (ou *marae*) et d'autres *paepae*.

Géologie. Les laves les plus anciennes de Ua Pou sont des basaltes tholéiitiques âgés de 4 Ma. Une seule coulée est en fait connue, épaisse de 15 m, affleurant à l'ouest de Hakahau dans la descente (à droite) vers la baie Anahoa. Après une période de repos de 1 Ma, l'essentiel de l'île s'est construit entre 2,93 et 2,35 Ma. Pendant cette période alternent la mise en place de laves basaltiques et intermédiaires (basanites et téphrites) et celle de phonolites qui sont de loin les roches dominantes : elles couvrent en effet 65 % de la surface de l'île. Cette abondance, exceptionnelle pour un volcan océanique, est attribuée à une refusion partielle, en profondeur, de laves basaltiques plus anciennes. Autre fait inhabituel pour une île marquisienne, aucune caldeira d'effondrement n'est apparente à Ua Pou.

De la base vers le sommet de l'île, on observe d'abord des coulées de basanites intercalées avec des dépôts de coulées boueuses. Vient ensuite un premier ensemble de coulées et de dômes de phonolites mis en place entre 2,90 et 2,86 Ma. Vieux de 2,89 Ma, le plateau des Ânes est, par exemple, constitué d'un empilement de six coulées de ces *phonolites basales*, épaisses de 5 à 8 m, généralement altérées et de couleur blanchâtre, surmonté d'une dernière coulée, aujourd'hui plus fraîche, qui a comblé d'anciennes dépressions creusées dans les coulées antérieures.

Lors de l'épisode suivant, des coulées de laves intermédiaires ont formé un petit **bouclier**. Elles affleurent par exemple au SE de la piste de l'aéroport, à Teavapitaikahonu qu'un sentier permet de gagner ; elles sont elles-mêmes recoupées par des dykes plus récents de *phonolites sommitales*. Celles-ci doivent leur nom aux épaisses coulées qu'elles ont formé de 2,6 à 2,35 Ma. Ces épanchements constituent la crête centrale de l'île où ils sont recoupés par les magnifiques aiguilles de même âge qui font la célébrité de l'île. Cette arête est spectaculaire mais très difficile d'accès en raison de falaises verticales, d'une végétation envahissante et d'énormes éboulis qui l'entourent. On peut néanmoins en avoir un aperçu de la piste (dangereuse) qui franchit la crête à son point le plus bas (560 m) pour joindre les villages de Hohoi et de Hakatao. En descendant sur Hakatao, la piste passe ensuite au pied de la superbe aiguille phonolitique du **Pouhekaei** (560 m). Au col affleurent sur

Le motu Takaee et son aiguille de phonolite recoupant les coulées du bouclier.

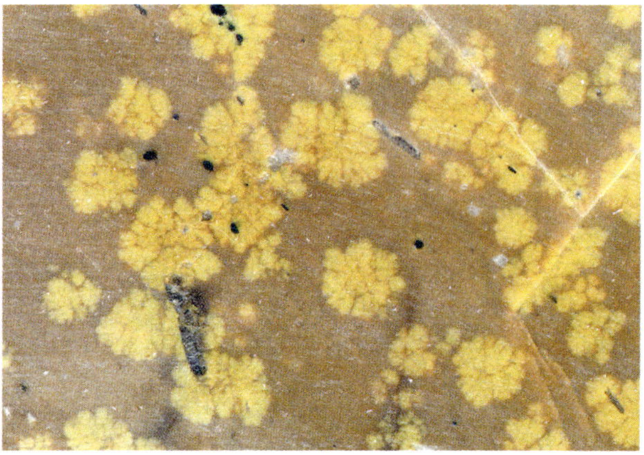

Un « caillou fleuri » de Hohoi. Les grenats « pétaloïdes » de cette phonolite ont une taille de 5 mm ; les baguettes sont des cristaux de néphéline.

50 m d'épaisseur des brèches de coulées de boue, témoignages d'un remaniement intense des matériaux volcaniques même dans les zones les plus hautes de l'île. À Hakahetau, des fragments de feuilles fossiles ont été trouvés dans des coulées de boue reposant sur les phonolites sommitales. Mais ces dernières comportent surtout de nombreux blocs de ces phonolites altérées, blanchâtres, d'où leur teinte générale claire qui fit penser en 1791 à Marchand que l'île n'était pas volcanique.

Comme les pitons de phonolites sommitales ont percé les coulées sous-jacentes, les divers types de laves peuvent souvent être observés dans les mêmes sites. Un bel exemple est fourni par le petit village de **Hakatao,** le plus reculé de l'île, au S, que l'on gagne soit en bateau, soit depuis Hohoi par la piste recoupant la crête centrale. Le village lui-même repose sur une coulée de phonolite basale âgée de 2,88 Ma. Au SE, une colline haute de 207 m (20 minutes de marche) appartient au bouclier (coulée de basanite reposant sur des niveaux de cendres vieux de 2,72 Ma). De son sommet, celle-ci offre une vue magnifique sur le ***motu* Takaee,** le plus bel îlot de Ua Pou, qui est un dôme de phonolite sommitale recoupant clairement l'empilement des coulées du bouclier basanitique et téphritique.

Quant aux *cailloux fleuris,* ce sont des fragments d'une variété très rare de phonolite où des **grenats titanifères** de couleur jaune d'or ont cristallisé très rapidement, au sein d'une pâte jaune-brun à grain fin, en adoptant des formes dites « squelettiques » qui évoquent des pétales de fleur. Ces galets proviennent d'une bordure figée (d'environ 50 cm d'épaisseur) d'un dôme phonolitique situé au-dessus de Hohoi, d'accès très difficile, qui appartient à l'ensemble des phonolites sommitales. Son âge (2,37 Ma) est l'un des plus jeunes de l'île, semblable à celui (2,35 Ma) de la coulée de phonolite dépourvue de grenat qui borde au N la baie de Hohoi.

Situation. À 1 450 km au NE de Tahiti ; quelques vols par avion et hélicoptère hebdomadaires depuis Nuku Hiva. À 2 heures de bateau depuis Taiohae, sans service régulier. Sur place, possibilité de louer des 4x4 via certaines pensions de famille. Pistes joignant les principaux villages, certaines comportant des passages vertigineux (notamment entre Hohoi et Hakatao) à éviter absolument en période pluvieuse.

4. Les îles Australes

Localisation : de 22°40′ S et 152°48′ O (Rimatara) à 27°38′ S et 144°20′ O (Rapa)

5 îles et 2 petits atolls alignés sur 1 300 km (N. B. : les superficies sont données à titre indicatif ; elles diffèrent d'une source à l'autre)

Îles de Tubuai (45 km^2), Rurutu (29 km^2), Raivavae (16 km^2), Rimatara (9 km^2) et Rapa (40 km^2)

Superficie totale : 139 km^2

Population : 7 000 (2002)

Point culminant : mont Perau (650 m) à Rapa

Situation : Tubuai à 640 km au S de Tahiti, 1 900 km au SO de Nuku Hiva, 4 500 km à l'E de Nouméa, 7 700 km à l'O de Lima, 16 300 km au SO de Paris

À 700 km environ au sud de Tahiti, les îles Australes sont dispersées de part et d'autre du tropique du Capricorne. Les plus faciles d'accès, Rurutu et Tubuai, seront seules décrites ici. Elles représentent ensemble plus de la moitié de la superficie totale de l'archipel. Dans leur bande côtière, toutes deux sont riches en sites archéologiques qui sont cependant peu spectaculaires. Très peuplées lors de leur découverte, Rurutu et Tubuai se montrèrent hostiles à l'égard des premiers Européens. Cette étape est bien dépassée ; de nos jours, le visiteur rencontre un accueil cordial dans des îles encore très peu fréquentées.

De type subtropical océanique, le climat de Rurutu et Tubuai est dominé par les alizés. Les précipitations annuelles sont de 1 800 à 2 000 mm, réparties sur 180 à 200 jours. Les températures moyennes (23 °C en février-mars et 18 °C en août) sont moins élevées que dans les îles de la Société. Des invasions d'air froid se produisent assez souvent pendant l'hiver austral. Une flore luxuriante de cocotiers et d'arbres à pain prospère néanmoins sur les côtes. Les arbres de fer (*toa*) servant aux lances et aux massues, dont l'abondance avait frappé les premiers explorateurs, sont en revanche devenus rares.

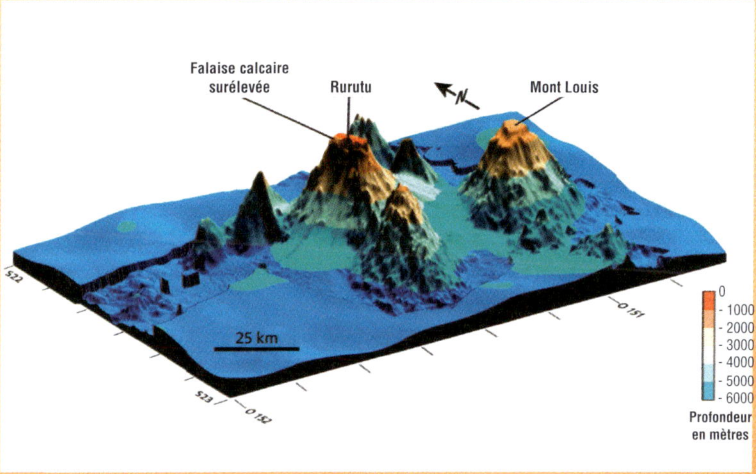

Les fonds océaniques autour de Rurutu (Bonneville, 2004). Reliefs exagérés verticalement par un facteur 22.

Géologiquement, l'archipel forme une partie d'un alignement qui débute au nord-ouest à Aitutaki, dans les îles Cook, et se termine 2 200 km plus loin au volcan sous-marin actif Macdonald. Sous des abords de petites îles, les Australes dissimulent de très grands volcans. La partie émergée de Tubuai (45 km^2), par exemple, représente moins de 1 % de sa base dont le diamètre atteint 100 km au fond de l'océan. Ces *îles hautes* sont anormales à plusieurs titres. Pour commencer, elles ne devraient même pas exister. Avec leurs âges d'une dizaine de millions d'années, elles ont en effet dépassé de 100 % leur espérance de vie. Partout ailleurs en Polynésie, les îles hautes vieilles de 5 à 6 Ma sont déjà parvenues au stade d'atoll. Quant à celles qui partagent l'âge vénérable des Australes, tels les atolls de Mururoa et Fangataufa au-delà des Gambier, elles ont accumulé des centaines de mètres de calcaire sur leur fondement volcanique qui fut à l'origine émergé.

Une seconde anomalie est que l'âge des îles Australes n'augmente pas régulièrement, même de façon approximative, en fonction des distances qui les sépareraient d'un seul point chaud. Certains des âges trouvés pour Rurutu et, aux îles Cook, pour Aitutaki ou Rarotonga, sont par exemple trop récents par rapport à la position de ces îles dans l'alignement défini par le point chaud

Des coussins de lave sortis des eaux à Moerai (Rurutu).

le plus actif, celui du volcan sous-marin Macdonald qui est situé bien trop loin de l'archipel. L'existence d'au moins deux points chauds a donc été envisagée. Leur lieu actuel et leur histoire opposent cependant les spécialistes à l'heure actuelle. Il suffira de dire que la géologie des îles Australes est cohérente avec l'idée que Tubuai et le volcanisme ancien de Rurutu ont été l'œuvre du point chaud Macdonald. Quant au volcanisme récent de Rurutu (comme celui, ancien, d'Aitutaki), il serait dû au point chaud du mont Arago, récemment identifié, qui culmine à 27 m sous le niveau de la mer et se trouve à 135 km au sud-est de Rurutu et à 89 km au nord-ouest de Tubuai.

Enfin, Rurutu et certaines des îles Cook présentent de spectaculaires calcaires coralliens qui ont été remontés à l'air libre au lieu de s'enfoncer dans les profondeurs de l'océan ; cette particularité traduit le bombement thermique de la lithosphère océanique lors de son passage au-dessus d'un nouveau point chaud. En bref, les Australes ont une riche histoire géologique, longue et compliquée, dont Rurutu et Tubuai présentent de bons aperçus. En dépit d'âges, de tailles et de points culminants semblables, les deux îles diffèrent toutefois aussi bien par leur géographie que par leur géologie.

DOCUMENTS

- Cartes géologiques BRGM de la Polynésie française, feuilles de : *Rurutu*, G. Guille et coll. (Orléans, 2000, 1/25 000) ; *Tubuai*, R. C. Maury et coll. (Orléans, 2000, 1/25 000).

Rurutu

Volcan bouclier soulevé — Cook découvrit Rurutu le 13 août 1769. L'hostilité marquée des habitants le dissuada d'accoster. Du pont de son navire, l'*Endeavour*, le capitaine anglais put néanmoins constater l'élégance et l'habileté des insulaires : « *certains sont habillés de pièce de toile ressemblant à de larges ceintures, différant tant par la forme que par la couleur, de tout ce que nous avions vu auparavant ; d'autre part, leurs armes et, en général, tout ce qu'ils avaient sur eux, étaient d'une facture révélant un bien meilleur goût, témoignant de leur adresse et de leur imagination* ». La tradition s'est perpétuée car Rurutu est de nos jours connue dans toute la Polynésie pour la qualité de son artisanat, et notamment de ses chapeaux, paniers, sacs, nattes et autres articles de vannerie.

La forme de Rurutu évoque celle d'une Afrique qui aurait été comprimée dans sa largeur. Longue de 10 km et large de 5,5 km au plus, l'île jouit néanmoins de paysages très variés. Sur la côte, des plateaux calcaires s'élevant à une centaine de mètres s'interrompent abruptement pour former de hautes falaises. Au nord-ouest culmine la montagne volcanique du **Manureva** (385 m). De ce sommet dénudé, dont le nom de « grand oiseau » a aussi pris l'acception d'avion, descendent des vallées verdoyantes sous leurs cocoteraies. D'autres traits notables sont la jeunesse morphologique de l'île, l'absence de lagon et l'existence de récifs frangeants qui permettent de marcher au pied des falaises côtières. Ces différents signes trahissent à la fois un soulèvement de l'île et une reprise de l'activité volcanique dans une période tardive de son histoire. Rurutu est ainsi une des rares îles de Polynésie dont le fondement volcanique sous-marin est apparent.

Les récifs coralliens soulevés de la pointe Arei à l'est de Rurutu.

Tubuai

Volcans boucliers et dômes de phonolites – Cook découvrit Tubuai en 1777 lors de son troisième périple. Les premiers Européens qui y débarquèrent en 1789 furent toutefois les mutins de la *Bounty* dont les tentatives d'établissement rencontrèrent une très vive résistance de la part des indigènes. Il ne reste rien du « fort Georges » que les révoltés construisirent sur l'île, mais le journal de l'un d'entre eux, James Morrison, fournit des renseignements passionnants sur ce premier contact entre civilisations et sur les mœurs d'une société polynésienne. Au sujet de l'île elle-même, Morrison nota qu'elle « *est montagneuse et presqu'entièrement entourée d'une bande de terrain plat d'un mille à un mille et demi de large, recouvert d'arbres et de taillis, ce qui rend le passage difficile autrement que par la plage ; à l'est, le terrain est fertile et la partie plate plus large qu'ailleurs, mais la côte ouest est rocailleuse et désertique.* »

La route circulaire actuelle est construite sur cette bande côtière très plate. Elle encercle les deux massifs montagneux du Herani et du Hanareho, entre lesquels passe une route traversière (col à 35 m d'altitude). De nos jours, un trait marquant est le grand nombre de lieux de culte qui se succèdent tout au long des 25 km de cette route. La raison en est que les 2 000 habitants de Tubuai appartiennent à six églises

Tubuai, vu du ciel depuis le sud-ouest, semblant flotter au-dessus de l'océan. À gauche, le massif de néphélinites du Hanareho ; au centre, les basaltes et basanites du Herani et le dôme phonolitique du Taitaa.

différentes, toutes fort actives. Fruit du caprice des vents ou d'une erreur de navigation, les mormons sont bien représentés. Avec l'accord du prophète Joseph Smith, un marin américain décida en effet de convertir les habitants d'Hawaii. Partie de San Francisco en octobre 1843, son expédition aborda en avril 1844... à Tubuai où elle accomplit son œuvre. Le sommet de l'île est assez facilement accessible. Depuis la route traversière, une piste dessert l'émetteur de télévision installé au sommet des coulées de basanite du **mont Panee** (392 m). De là part un sentier serpentant au sein d'une végétation dense jusqu'au sommet du **mont Taitaa** (422 m) d'où une superbe vue se découvre sur l'ensemble de l'île et la ceinture récifale qui enserre son vaste lagon.

Géologie. Tubuai a la forme d'une ellipse tronquée, avec un grand axe E-O de 9,5 km et un petit axe N-S de 5,5 km, des dimensions qui doublent quasiment si les formations récifales qui entourent l'île sont incluses. Le **lagon** (85 km^2) est en effet presque deux fois plus grand que les terres émergées (45 km^2). L'ensemble, on l'a mentionné, ne représente cependant qu'une infime partie d'un édifice volcanique dont le volume supérieur à 10 000 km^3 repose au fond de la mer sur une base de 100 km de diamètre. La partie émergée de l'île est ancienne. Elle s'est formée entre 10 et 8,8 Ma à l'aplomb du point chaud Macdonald par le biais de coulées subaériennes de basaltes alcalins, puis de basanites par le volcan oriental du Herani. Le volcan occidental du Hanareho a ensuite pris la relève. En raison d'une diminution du taux de fusion partielle des roches du manteau au

Le volcanisme de Tubuai (d'après la carte BRGM de Maury et coll.).

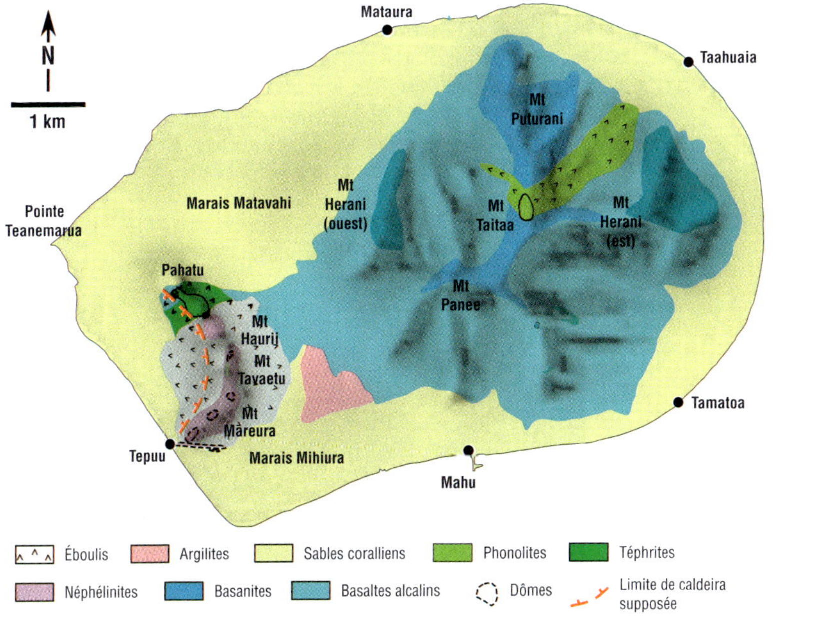

cours du temps, la composition des laves a continué à évoluer. Ont ainsi été émises des coulées de laves différenciées (**néphélinites,** laves rares en Polynésie, et téphrites), tandis que des **dômes de phonolites** se mettaient en place, tel le **mont Taitaa,** le point culminant de l'île. L'altitude de ce dôme dut être jadis bien plus grande qu'aujourd'hui, comme en témoigne le spectaculaire éboulis long de 2 km qui en descend du côté N jusqu'à la frange côtière et comporte des blocs d'une taille atteignant une dizaine de mètres cubes. Sous l'effet d'une importante subsidence, les carbonates du récif-barrière et les sables coralliens du lagon ont peu à peu couvert ces laves de sorte que **sables coralliens** et zones marécageuses couvrent désormais près des deux tiers de la superficie de Tubuai et confèrent à l'île sa spécificité.

Le **massif du Hanareho** forme une crête atteignant des altitudes de 240 à 327 m. Il est bien visible de la route traversière de l'île et est accessible soit par un chemin qui en part sur la gauche vers la carrière ouverte dans les éboulis de la base du Tonarutu, soit depuis la route côtière à l'extrême O de l'île (village de Tepuu au pied du Mareura). Un sentier assez éprouvant suit la ligne de crête d'un bout à l'autre du croissant. Des néphélinites comportant des enclaves de roches profondes (péridotites et de pyroxénites) ont constitué l'essentiel du massif entre 9,7 et 8,8 Ma. En coulées épaisses, souvent prismées, ces laves noirâtres et massives forment les sommets du Haurii, du Tavaetu (327 m), du Hanareho et du Mareura (327 m). L'érosion y a découpé des falaises bordées d'un épais manteau d'éboulis. Ces coulées sont recoupées par des necks (Mareura, sommet du Tonarutu, Hanareho) et des dykes de néphélinites : l'un d'entre eux, large de 15 m environ, affleure sur 700 m de long dans le village de Tepuu.

Pour terminer cette courte description, un mot sur les **pitons de Pahatu** et **Petit Pahatu** (accès facile en 1,5 km par le chemin menant de l'aérodrome aux carrières). Ces belles aiguilles montrent une prismation divergente vers le haut et s'enracinent dans un dyke de direction E-O qui recoupe les coulées téphritiques du Piritia. Vieilles de 8,9 Ma, elles forment la partie nord du massif du Hanareho. Ce massif a une forme de croissant dont le mur interne, flanqué de vastes éboulis, représente sans doute une limite de **caldeira.** Les phonolites de Pahatu et Petit Pahatu ont été abondamment exploitées pour la fabrication d'herminettes. Témoignage de leur qualité, ces outils furent exportés dans les autres îles Australes et même dans l'archipel de la Société.

Situation. À 600 km de Papeete ; vols presque quotidiens à partir de Papeete et desserte hebdomadaire par cargo.

Vus du haut du mont Taitaa, les coulées et dômes de néphélinite du massif du Hanareho. Au premier plan, les pentes du mont Panee.

5. Le bout du monde : l'archipel des Gambier

Localisation : entre 23°07' S et 134°55' O
Une dizaine d'îles et 25 îlots
Îles de Mangareva (14 km^2), Taravai (5,3 km^2), Akamaru (1,5 km^2), Aukena (1,5 km^2)
Superficie totale : 35 km^2
Population : 1200 (2002)
Point culminant : mont Duff (441 m) à Mangareva
Situation : à 1600 km à l'E de Tahiti, 1500 km à l'E de Tubuai, 1700 km au S de Nuku Hiva, 6200 km à l'O de Lima, 6000 km à l'E de Nouméa, 15300 km au SO de Paris

L'archipel des **Gambier** est certainement le plus envoûtant de la Polynésie française. Perdues au milieu du Pacifique, ses îles représentent la dernière escale avant l'Amérique du Sud. La plus grande est **Mangareva,** la « montagne flottante » dans la langue des lieux, qui est proche du marquisien. Quelque 1200 habitants vivent principalement de la perliculture au milieu d'un **lagon** qui pourrait être le plus beau du monde. On ne se lassera pas de parcourir cette merveille en bateau et d'y plonger, tant sont divers les bosquets coralliens qui la tapissent et les poissons tropicaux qui peuplent les frondaisons calcaires…

À vrai dire, les Gambier ne désignent pas un grand archipel, au même titre que la Société ou les Marquises, mais des petites îles volcaniques, pour la plupart inhabitées, et de nombreux îlots coralliens (*motu*) qui dessinent un pentagone de 25 km sur 30 km. C'est une puissante **barrière de corail,** longue de 90 km, qui les isole et protège leur lagon de la houle du Pacifique. À l'abri derrière cette barrière, Mangareva est une île longue de 8 km, large de 1,5 km seulement. Une piste d'environ 3 km permet d'en parcourir la partie Nord ; ailleurs, on ne se déplace qu'en bateau ou à pied. L'île culmine au **mont Duff** (441 m), une pyramide paraissant inaccessible quand on la voit de Rikitea ou du sud de l'archipel. Mais la forme très dissymétrique de ce mont fait que le gravir à partir du nord-ouest de Mangareva ne présente pas de difficulté particulière (3 heures A/R). Les petits efforts à consentir paraissent en fait bien modestes eu égard aux extraordinaires vues du lagon procurées par l'ascension.

L'archipel fut visité en 1797 par John Wilson (London Missionary Society) qui le nomma en hommage au protecteur de son expédition, l'amiral anglais Gambier, et baptisa le point culminant du nom de son navire, le *Duff*. Nommé « *allumeur des feux du roi* », un des missionnaires protestants laissés par Wilson se déroba devant les devoirs les plus intimes attendus de lui lors d'une excursion du chef Tenaï dans une vallée voisine, selon Radiguet. Il dut ainsi déguerpir au plus vite ! Dix ans avant l'instauration du protectorat français, la première mission catholique de Polynésie, dirigée par le père Honoré Laval, fut implantée en 1834 à Mangareva par la congrégation du Sacré-Cœur. Le père Laval entreprit d'instruire les habitants, qui étaient environ 5 000 à son arrivée, d'améliorer l'agriculture et de construire des

Le lagon et l'île d'Aukena vus depuis le mont Duff.

Le mont Duff.

tours de guet, des routes, l'imposante cathédrale Saint-Michel et neuf autres églises ou chapelles. En 1838, il déplaça aux Gambier la population entière de l'atoll de Temoe, situé à 50 km au sud-est, qui abandonna les lieux en laissant les maisons et autres bâtiments intacts. Les vestiges de ce déplacement représentent une aubaine pour les archéologues de notre époque. En 1868, la régente de Mangareva décréta que « *les commandements de Dieu et de l'Eglise catholique sont, comme par le passé, la loi fondamentale de notre pays.* » En 1871, cette théocratie avait assez indisposé les autorités françaises pour que le père Laval soit renvoyé à Tahiti...

Outre la cathédrale, il reste de cette période de superbes petites églises aux autels décorés de nacre merveilleusement travaillée sur les îles désormais quasiment inhabitées d'Akamaru, d'Aukena et de Taravai, qui ne compte plus qu'une douzaine d'habitants. Au nord de Rikitea, l'histoire récente a laissé une *maison nucléaire*. Ce genre de grand bunker fut bâti pour protéger la population des Gambier au cas où les vents auraient poussé vers l'archipel les retombées radioactives des essais nucléaires aériens pratiqués entre 1966 et 1974 sur l'atoll de Mururoa, distant d'environ 400 km.

Géologie. Les Gambier appartiennent à une chaîne volcanique longue de 1 100 km qui se termine environ 80 km au SE de Pitcairn où se situe actuellement le point chaud sous-jacent. Ce dernier a donné naissance à de grands volcans sous-marins dont les noms honorent la mémoire de la ***Bounty*** et de certains de ses marins mutinés (Adams, Young). C'est en effet sur Pitcairn que ces derniers terminèrent leur vie, en compagnie de leur chef Christian Fletcher, après avoir brûlé leur vaisseau qui risquait d'être repéré par les navires anglais envoyés à leur poursuite.

L'île de Mangareva et la longue arête du mont Duff.

Sans mentionner les nombreux volcans sous-marins non étudiés, on rencontre successivement en remontant cette chaîne vers le NO à partir du point chaud : **Pitcairn** (formée entre 0,9 et 0,5 Ma) ; les îles Gambier (âgées de 6,3 à 5,7 Ma) ; les atolls de **Mururoa** et **Fangataufa** (dont les substrats volcaniques, connus grâce aux essais nucléaires souterrains, sont âgés respectivement de 11,8-9,4 Ma et de 13,6-9,6 Ma) ; enfin, les atolls d'Hereheretue et du Duc de Gloucester. La distance entre Pitcairn et Fangataufa étant de 1 060 km, il apparaît que la différence entre les âges moyens de leurs volcans est compatible avec un déplacement de 11 cm/an de la plaque Pacifique par rapport à un point chaud de position fixe dans le manteau profond.

Géologiquement, les îles Gambier ne présentent pas une grande variété. Elles représentent en effet les sommets d'un seul **très grand volcan** aujourd'hui presque entièrement submergé et noyé sous les calcaires coralliens. Malgré l'absence d'études géophysiques, il semble que les vestiges de deux anciennes **caldeiras** soient les deux zones où le lagon est le plus grand entre les îles hautes (c'est-à-dire entre Mangareva et Aukena et entre le S de Mangareva, Angakauitai, Makaroa et Akamaru). Victor Segalen l'avait-il entrevu ? Il n'était pourtant pas géologue, mais jeune médecin de marine, cultivé et poète, qui avait bien retenu son Darwin lorsqu'il consigna : « *Dans le matin gris, le mont Duff se dresse, péniblement d'ailleurs, en ses 400 m. Mais le cirque immense dessiné*

La Porte de Makapu.

par les îles d'alentour est plus retenant. Est-ce un atoll futur ? Et par un lent et continuel affaissement toutes ces hauteurs se nivelleront, peut-être... ».

Les parties actuellement émergées sont des coulées de basalte empilées qui ne diffèrent guère les unes des autres que par leur teneur variable en grands cristaux d'olivine et de pyroxène. Elles sont parfois séparées par des niveaux de brèches et de cendres stromboliennes rouges. L'ensemble est recoupé par un réseau dense de dykes. À la base de la série s'est exercée une forte altération hydrothermale marquée par la présence de nombreuses zéolites dans les vacuoles. Ces coulées zéolitisées sont bien visibles à la base du mont Duff, à moins de 100 m d'altitude, notamment au S du village de Rikitea.

Au mont Duff, une suite d'au moins **25 coulées** se rencontre de la base au sommet. Cette série s'est mise en place en quelques dizaines de milliers d'années tout au plus, car les datations effectuées n'ont pas pu distinguer les âges des coulées inférieures et supérieures. En montant par le sentier partant de la base NO de la pyramide, on notera successivement à titre d'exemples : à 65 m, une coulée à grandes vacuoles tapissées de zéolites ; à 140 m, une autre formant une falaise prismée ; à 285 m, une coulée très riche en olivine ; à 360 m, une seconde où l'olivine est encore plus abondante (d'aspect semblable aux « océanites » de La Réunion) ; enfin, comprises dans la partie centrale de la coulée du sommet, épaisse de 15 m, se trouvent des niveaux de roches grenues (gabbros).

Une curiosité géologique appelée la **porte de Makapu** mérite enfin d'être mentionnée. Cette arche naturelle d'une dizaine de mètres de hauteur se trouve dans l'îlot volcanique du même nom, l'un des plus petits de l'archipel. Elle a été créée par l'érosion dans la base d'une des coulées basaltiques les plus jeunes des îles Gambier. Son sommet est en effet constitué par une coulée prismée de basalte âgée de 5,7 Ma qui a comblé une ancienne dépression creusée dans des coulées un peu plus anciennes, elles-mêmes intercalées entre des niveaux de brèches déposées par des coulées de boue. Au S de la porte, l'un de ces niveaux a été littéralement cuit quand la coulée supérieure s'est mise en place.

Situation. À 1 700 km au SE de Tahiti ; desserte approximativement hebdomadaire à partir de Papeete. *Makapu :* 30 minutes par bateau depuis Rikitea.

Le village de Rikitea et l'empilement des coulées du mont Duff. À gauche, la cathédrale Saint-Michel.

IV. Les terres Australes

1. Des territoires épars

Les terres Australes et Antarctiques françaises

Du 39e parallèle au continent antarctique, les terres Australes et Antarctiques françaises (TAAF) rassemblent les possessions dispersées au sud de l'océan Indien. Sous des latitudes encore relativement clémentes (~ 39° S), les îles Saint-Paul (7 km^2) et Amsterdam (58 km^2) se distinguent surtout par leur petitesse. Plus au sud, l'archipel Crozet (~ 46° S) est, sur 120 km, un alignement est-ouest de cinq îles d'une superficie totale de 354 km^2. Vient ensuite l'archipel des Kerguelen (~ 49° S), constitué d'une grande île de 6 675 km^2, un peu plus petite que la Corse, et de trois cents îles et îlots. Enfin, la terre Adélie est le secteur de l'Antarctique situé sous le 65e parallèle qui est compris entre les méridiens 136° et 142° E ; ne comportant pas de volcans, cette petite partie de l'Antarctique ne justifie pas d'autre mention dans ce chapitre.

Les TAAF au centre du monde.

Ne sont donc décrites ci-après que des îles situées approximativement entre les célèbres 40e rugissants et 50e hurlants. Ces terres sont elles-mêmes séparées par de grandes distances. Si on les transplantait en Europe aux mêmes latitudes nord (au lieu de sud) et si on centrait Kerguelen sur Rouen, les îles Crozet seraient situées aux environs de Prague alors que Saint-Paul et Amsterdam se trouveraient près de Gibraltar. Éloignés de 12 000 à 13 000 km de la métropole, ces territoires dispersés entre Afrique et Australie ne font guère parler d'eux. Certes, les philatélistes les connaissent, grâce à leurs timbres originaux, et les armateurs en raison du pavillon de Kerguelen, qui permet d'y immatriculer des navires. Parfois, on les mentionne quand des voiliers croisent à proximité lors d'une course autour du monde. De temps à autre, on évoque aussi leurs phoques, leurs baleines, et leurs étonnantes colonies de manchots, d'albatros ou de pétrels. Rapportée à leur superficie, leur biomasse aviaire est en fait analogue à celle des élevages intensifs modernes. Cette étonnante richesse vient de ce que ces petites terres sont avant tout des lieux de reproduction d'espèces qui exploitent très loin aux alentours l'exceptionnelle productivité planctonique du sud de l'océan Indien.

Pour l'essentiel, chacun de ces archipels reste cependant *terra incognita*. Dès leurs découvertes, ils souffrirent d'un désintérêt général. Un éloignement de tout, des climats rudes et des ressources très limitées à terre empêchaient l'installation de populations permanentes. Nul conflit n'opposa à leur sujet des nations européennes occupées par bien d'autres rivalités coloniales. L'île Marion, mentionnée comme française dans des atlas du XIXe siècle put ainsi devenir subrepticement britannique. Quant à la France, elle ne revendiqua formellement Saint-Paul, Amsterdam et Kerguelen qu'en 1893, et Crozet qu'en 1931 après que les îles eurent été rattachées, en 1924, au gouvernement de Madagascar. La Seconde Guerre mondiale souligna ensuite l'importance stratégique de ces terres. Les TAAF furent ainsi créées par une loi de 1955 qui leur conféra un statut de territoire d'outre-mer (TOM), devenu en 2003 celui de collectivité d'outre-mer (COM).

Les stations scientifiques installées de 1949 (Kerguelen) à 1963 (Crozet) furent d'abord justifiées par leur intérêt propre, qui apparut encore plus clairement en 1958 à l'occasion de l'année géophysique internationale. Elles eurent, en outre, l'avantage de concrétiser la souveraineté française en assurant l'occupation continue d'une île de chaque territoire. Depuis, l'évolution du droit international a porté à un total de 1 750 000 km^2 les domaines maritimes d'exclusivité économique de ces terres lointaines. Celles-ci ont la particularité de ne compter ni électeurs ni élus. Elles sont placées sous l'autorité d'un administrateur supérieur,

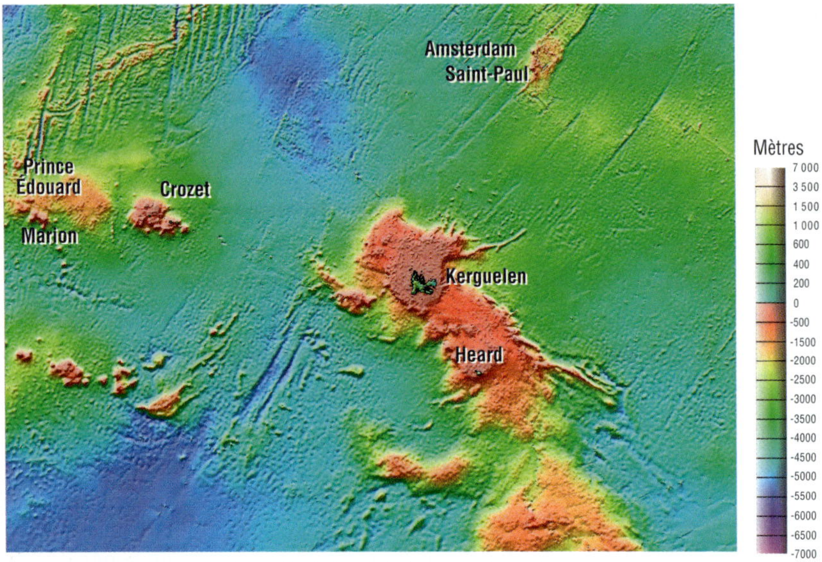

Les fonds marins autour des terres Australes et le très vaste plateau de Kerguelen, qui fut jadis pour partie exondé (Smith et Sandwell, 1997).

ayant rang de préfet, qui dépend du ministère de l'Outre-mer et réside désormais à Saint-Pierre de La Réunion. Assisté par un comité consultatif de sept membres nommés par le ministère de l'Outre-mer, le préfet est représenté dans chaque archipel par un chef de district. Depuis 2005, il administre aussi les îles Éparses (Bassas da India, Europa, les Glorieuses et Juan de Nova, dans le canal du Mozambique ; Tromelin, dans l'océan Indien), toutes sont situées non loin de Madagascar.

Le voyage des terres Australes

Les bases scientifiques sont actuellement occupées par un total de 200 personnes environ, séjournant chacune pendant des durées allant de deux mois à un an. Les bases sont desservies par le navire océanographique *Marion Dufresne II* dont une des missions est le ravitaillement et la relève du personnel quatre à cinq fois par an. De novembre à mars, les effectifs des stations peuvent doubler en raison des diverses campagnes scientifiques effectuées pendant l'été austral, qu'elles soient biologiques, océanographiques, météorologiques, géologiques ou géophysiques. Journalistes, peintres ou photographes se joignent à l'occasion aux équipes. L'ensemble de ces activités est placé sous l'autorité du préfet des TAAF.

Depuis 1994, les terres Australes accueillent un nombre limité de visiteurs, actuellement une soixantaine par an. Pour préserver un environnement exceptionnel, plantes et animaux font l'objet d'une protection stricte et chaque groupe est encadré à terre par un ancien hivernant, souvent naturaliste. En l'absence de liaison aérienne, la desserte est assurée à partir de La Réunion par le *Marion Dufresne*. Six jours de mer sont nécessaires pour atteindre l'archipel Crozet où le navire reste au plus trois journées. Deux à trois jours de navigation conduisent ensuite aux Kerguelen où la durée du séjour est d'une longue semaine. Sur le chemin du retour sont enfin desservies les îles Amsterdam et, si besoin, Saint-Paul, où les arrêts ne dépassent pas, respectivement, trois jours et une journée. Ce parcours est parfois effectué en sens inverse. Selon les conditions, les débarquements se font directement par bateau ou par hélicoptère.

Une des originalités de ces croisières qui durent de 20 à 25 jours est ainsi de mêler un zeste d'aventure scientifique à la découverte d'une nature particulièrement sauvage. À terre, c'est une faune originale et des sites volcaniques étonnants, voire grandioses, qui attendent les visiteurs. Les

Un grand albatros (a), un manchot macaroni (b), un cormoran (c) et un manchot royal (d).

Le Marion Dufresne II *dans le golfe du Morbihan (Kerguelen). À l'arrière-plan, le massif du mont Wyville Thomson, à gauche, et, à droite, le dôme du Pouce.*

Le blason des TAAF: le chou de Kerguelen, la langouste de Saint-Paul, le manchot royal de la Possession et la glace de la terre Adélie.

impératifs scientifiques peuvent, en outre, conduire à d'intéressants cabotages autour des îles. À Kerguelen, par exemple, il est alors possible de découvrir des paysages volcaniques d'une très grande diversité.

Il y a deux siècles et demi, Maupertuis s'était complètement mépris à propos de l'existence d'un continent austral. Il n'avait cependant pas tort quand il affirma: « *Je ne fais pas ici le détail des connaissances que nous allons acquérir du côté de la botanique, de la géographie, de la physique et de l'histoire naturelle. Un continent isolé qui n'a point communiqué avec les autres, et qui fait un monde à part doit fournir des éclaircissements lumineux sur les révolutions arrivées dans le globe.* » Dans ces îles réellement isolées à l'autre bout du monde, le visiteur curieux pourra ainsi tenter de faire sienne cette belle proposition...

2. Amsterdam et Saint-Paul

Amsterdam

Localisation : 37°50′ S, 77°34′ E

Superficie : 58 km^2

Population permanente : néant

Point culminant : mont de la Dives (881 m)

Situation : à 90 km au N de Saint-Paul, 1 400 km au NE de Kerguelen, 2 300 km au NO de Crozet, 3 400 km au SE de La Réunion, 12 100 km au SE de Paris

Saint-Paul

Localisation : 38°42′ S, 77°32′ E

Superficie : 6,5 km^2

Population permanente : néant

Point culminant : crête de la Novara (244 m)

Situation : à 90 km au S d'Amsterdam

Des îles peu convoitées

Les hasards de la géologie ont placé Amsterdam et Saint-Paul non loin de la route maritime des Indes. Isolées dans une zone de 6 millions de kilomètres carrés vierge d'autres terres émergées, les deux îles furent ainsi découvertes précocement. Amsterdam le fut dès la fameuse expédition de Magellan. Après la mort de ce dernier aux Philippines, Juan Sebastian Elcano (v. 1476-1526) lui succéda et ramena les quelques survivants en Espagne à bord du navire amiral le *Victoria*. C'est dans la dernière partie de ce premier tour du monde qu'Amsterdam fut rencontrée le 18 mars 1522. Il fut toutefois impossible de débarquer dans cette île entourée de falaises hautes de 60 à 700 m. En la laissant anonyme, les Espagnols consignèrent qu'elle « *paraît être inhabitée, ne présente aucun arbre, et peut avoir une circonférence d'environ 6 lieues* ». En route pour Java, c'est l'amiral néerlandais Antonie van Diemen (1593-1645) qui lui donna le nom de son bateau, la *Nouvelle Amsterdam*, le 17 juin 1633.

L'observatoire établi à Saint-Paul en 1774 par l'expédition du commandant Mouchez. La chance fut au rendez-vous : au milieu de tempêtes continuelles, une matinée de beau temps présida au passage de Vénus ! (Photo © Institut de mécanique céleste et de calcul des éphémérides, http://www.imcce.fr).

Un peu plus au sud, Saint-Paul fut sans doute découverte par des Portugais. Sa plus ancienne mention connue figure en effet dans un portulan lusitanien de 1599, mais sa première description date de 1617. « *Elle avait 1 mille et demi de long environ, sur autant de large,* rapporta alors le néerlandais Harwick Claesz van Hillegom. *Passablement haute, elle paraissait tout à fait verte. La côte était escarpée, sans plages, et environnée de forts brisants, de sorte que ne voyant aucune chance d'y aborder ou même d'ancrer, nous continuâmes notre voyage.* » Éloignées de toute terre habitée et impropres à des mouillages, les deux îles ne suscitèrent ainsi aucune convoitise.

En 1792, l'amiral Antoine Joseph de Bruni d'Entrecasteaux (1737-1793) longea Amsterdam au début du voyage dont il avait été chargé pour retrouver les traces de l'expédition de Lapérouse. L'ingénieur hydrographe Charles Beautemps-Beaupré (1766-1854) en profita pour effectuer les premiers levés sous voiles des côtes sud et sud-est. L'île était couverte de *Phylica arborea,* un petit arbre de la famille des rhamnacées. Un incendie peut-être dû à des phoquiers américains la ravagea alors. « *On ne tarda pas à reconnaître que les forêts étaient en combustion* », rapporta Jacques-Julien Houton de La Billardière (1755-1834), un des naturalistes de l'expédition, qui conclut : « *Cette terre parut alors toute en feu et la fumée qui en recevait la clarté, donnait au ciel une teinte cuivrée, comme aux approches d'un ouragan.* » Par le biais de lectures un peu rapides de ce récit, l'île gagna la réputation de posséder un volcan actif. La conclusion était prématurée, à moins que l'incendie n'eût plutôt été déclenché par une éruption.

Toujours est-il que les véritables fumerolles qui furent également observées par les naturalistes français lui donnèrent quelque crédit…

À l'initiative de marchands locaux, le gouverneur de La Réunion envoya, en juillet 1843, Martin Dupeyrat, capitaine d'un navire de commerce nommé *L'Olympe*, prendre possession de Saint-Paul et Amsterdam au nom de la France. À cet effet, une quarantaine de pêcheurs et de marins furent laissés à Saint-Paul avec cinq soldats de l'infanterie de marine. En avril 1844, un gouvernement français soucieux de ménager l'Angleterre ne soutint pas cet effort. Alors que la pêche s'était poursuivie cahin-caha, l'occupation de l'île cessa en 1853. Œuvre d'un individu isolé, une autre tentative, à Amsterdam, avorta aussi en 1871. Un demi-siècle plus tard, une nouvelle pêcherie nommée *La langouste française* fut créé en 1924 à Saint-Paul pour exploiter cette grande richesse de l'île. Une centaine de Malgaches et vingt et un paysans bretons s'établirent. L'aventure tourna au désastre dès 1931. Alors que le scorbut décimait le personnel, les quelques survivants furent oubliés par leurs employeurs. Saint-Paul gagna sa réputation d'île maudite, qui fut encore confortée lorsqu'un thonnier japonais vint la percuter en août 1995 !

Dans leur pratique, les scientifiques furent plus heureux. Les premières observations pétrographiques de Saint-Paul furent données en 1856 par Ferdinand von Hochstetter (1829-1884) dans le cadre de l'expédition autrichienne de la *Novara*. Un plus long travail fut ensuite effectué en 1874 par Charles Vélain (1845-1925) lors de la

Des manchots macaronis et les falaises du cratère de Saint-Paul.

mission scientifique de *la Dives,* dirigée par le commandant et astronome Ernest Mouchez (1821-1892), qui était venue observer à Saint-Paul le passage de Vénus devant le Soleil. On doit aussi à Vélain une histoire de ces îles qui est encore la plus complète et la mieux documentée.

En 1949, une base scientifique permanente vit enfin le jour à Amsterdam. Elle compte aujourd'hui une vingtaine de personnes. Initialement dédiée à la météorologie, elle a étendu ses activités au suivi de la pollution atmosphérique. C'est l'une des deux stations mondiales de référence en la matière grâce à son éloignement de 3000 km de toute activité humaine. L'île est de la sorte un endroit idéal pour observer la teneur en CO_2, CO, ozone, soufre ou radon de l'atmosphère.

Géologiquement, Saint-Paul et Amsterdam sont deux points où émerge un plateau volcanique long de 250 km et large de 200 km, dont les plus hauts-fonds sont ailleurs de 1 000 à 1 500 m sous le niveau de la mer. Ce plateau a commencé à s'édifier il y a 5 Ma à l'aplomb d'un point chaud qui se trouvait alors lui-même sous la dorsale sud-est indienne. Fait relativement rare, les basaltes des deux îles sont ainsi typiques de ceux des rides médio-océaniques. Saint-Paul et Amsterdam ont ensuite été décalées par le jeu d'une des grandes failles, de direction NE-SO, qui découpe en segments distincts la dorsale médio-océanique. Elles sont aujourd'hui distantes de 90 km environ. Leur position 600 km au nord de la limite avec les eaux antarctiques leur confère un climat océanique tempéré au niveau de la mer, mais subpolaire en altitude. À la station météorologique d'Amsterdam, les températures varient par exemple de 12 à 17 °C, les précipitations annuelles sont de 1 100 mm et les vents soufflent en moyenne à 7,4 km/s.

DOCUMENTS

- *Approches des îles Saint-Paul et Amsterdam,* carte du SHOM (1991, 1/350 000).
- Carte IGN à 1/25 000 N°4460A, *Îles Saint-Paul et Amsterdam.*

Amsterdam

Volcan bouclier – Neuf fois plus grande que Saint-Paul, Amsterdam est une sorte d'île de La Réunion en miniature. Les hautes **falaises** qui la rendent difficile d'accès présentent une grande dissymétrie entre la côte occidentale, où elles dépassent 700 m de haut, et les autres rives où leur hauteur n'atteint pas 100 m. Ce contraste évident fut souligné par Vélain lors des deux brèves visites qu'il put faire, au cours desquelles il donna aux lieux leur toponymie. À l'ouest, résuma-t-il, « *ces grandes murailles verticales, sur lesquelles la végétation a peine à se fixer, prennent, sous un ciel de plomb, sous les brumes incessantes qui masquent leurs cimes aiguës et déchiquetées, l'aspect le plus triste et le plus sauvage qu'on puisse imaginer.* » À ce sombre tableau, ajouta-t-il, succède brutalement vers le sud « *l'aspect accidenté d'une terre montagneuse, découpée par de profonds ravins d'où s'échappent des ruisseaux abondants qui, sous une pente rapide de 30 à 35 degrés, rebondissent en cascades et viennent se perdre sur un plateau assez vaste qui règne au-dessus des falaises.* »
Les falaises les moins élevées se trouvent sur la côte nord, près d'une pointe nommée La Cale qui procure un abri relatif aux navires. C'est au-dessus de ces lieux qu'a été établie en 1949 la **base scientifique** dont le nom honore son premier directeur, l'ingénieur météorologue Paul Martin du Viviès. Par beau temps, ses petits bâtiments lui donnent une allure de station de vacances. Quand – chose fréquente ! – la mer est très agitée, c'est par hélicoptère que la base doit être ravitaillée car les vedettes

Les vestiges de la forêt de phylica.

Le cratère de l'Olympe, dominant les champs de laves qui couvrent les pentes nord d'Amsterdam.

du *Marion Dufresne* ne peuvent alors s'approcher du rivage. Plus haut sommet d'Amsterdam, le **mont de la Dives** (881 m) est le point culminant du mur d'une **caldeira** située presque au centre du volcan. Du côté opposé se trouve la **Grande Marmite** (742 m), un cratère d'explosion profond de 100 m et d'un diamètre de 180 m. Au sommet et sur les flancs de l'île sont dispersés environ 25 petits cônes adventifs aux cratères bien formés et aux noms évocateurs. Le plus grand est le **Museau de Tanche** (748 m), haut de 150 m. La très grande fraîcheur de l'un d'entre eux, le **cratère Dumas,** au nord-est de l'île, indique un âge sans doute inférieur à 100 ans. Ainsi, le volcanisme d'Amsterdam ne peut pas être considéré comme éteint...

Les hivernants ont le loisir de séjourner au refuge du **cratère Antonelli** (202 m), à une heure de marche vers le sud-ouest à partir de la base. En chemin se succèdent de petits cônes hauts d'une dizaine de mètres d'où ont été émises des laves cordées. Des **tunnels** sont visibles dans les coulées récentes. Comme leur diamètre peut être de plusieurs mètres, ils représentent un danger réel quand on s'écarte des chemins car leur voûte est parfois percée de trous masqués par une végétation vigoureuse de graminées, de joncs et de fougères. Il reste un fragment de la **forêt de phylica** sur le flanc est de l'île, entretenu par les scientifiques de la base, abrité du vent par un rideau de cèdres et protégé par une barrière de l'appétit de bovins devenus sauvages et qu'on peut apercevoir à l'occasion (2 heures A/R à partir de la base). La prome-

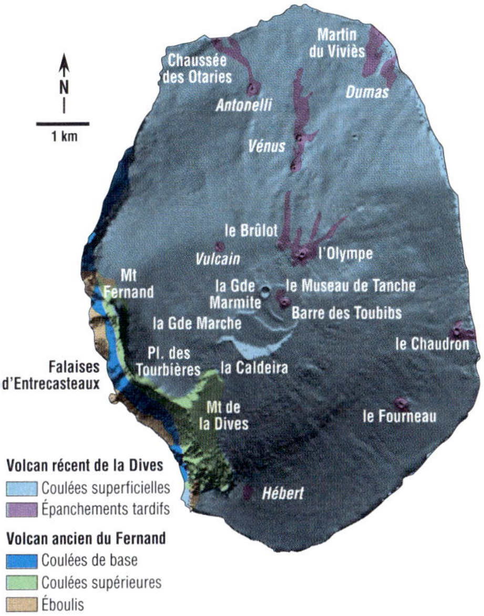

Le volcan d'Amsterdam (d'après la carte de Nougier, 1982).

nade donne une autre occasion de voir des **cônes scoriacés** rouges, des coulées en tunnel et des scories dont la fraîcheur n'a d'égale que celle des productions actuelles du piton de la Fournaise.

Amsterdam est en outre connue pour sa faune. Une espèce d'albatros (*Diomedea amsterdamensis*) y est endémique. Pour les étudier, les ornithologues résident dans une cabane qui est située sur la grève près de la pointe d'Entrecasteaux et est desservie par une échelle située au niveau des falaises sud-ouest. Près de La Cale se trouve la chaussée des otaries. Sous l'œil vigilant de grands mâles qui protègent leurs harems, les femelles sont installées dans un chaos basaltique. Le spectacle vaut à la fois par la foule des otaries et les cris plaintifs d'une progéniture particulièrement nombreuse en été.

Géologie. De forme ovale, Amsterdam représente la partie émergée d'un grand massif volcanique qui repose sur un plancher sous-marin profond de 1 500 m. Son édification s'est faite en deux principaux épisodes. Un premier volcan bouclier a émergé de l'océan il y 690 ka. Sa période d'activité la plus intense eut lieu entre 400 et 200 ka. Elle a conduit à former le **mont Fernand** (731 m), un volcan portant le nom du bateau de pêche emprunté par Vélain et qui se fracassa contre les falaises de l'île en 1876. Le plateau des Tourbières est un reste du cratère de cet édifice. Aux deux extrémités de ce plateau, les falaises du mont Fernand et du Pignon sont les fragments du mur d'une **caldeira** dont le diamètre était de 2 km. De ce volcan sans doute vaste de 44 km^2, il ne reste plus qu'une portion de 3 km^2, recouverte d'un côté par les produits du bouclier récent et de l'autre limitée par les **falaises d'Entrecasteaux.** Hautes de 600 à 700 m, celles-ci ont été créées par deux failles orientées 20° N et 330° N dont le jeu a précipité à la mer 95 % du premier volcan à une époque dont on peut simplement dire qu'elle a moins de 200 ka. Dans ces falaises, se distinguent à la base des coulées basaltiques recoupées par de nombreux dykes, puis des brèches et enfin les coulées basaltiques les plus récentes dont l'âge de 10 à 20 ka environ en fait les contemporaines des derniers épanchements de Saint-Paul.

Les vestiges du vieux bouclier : le plateau des Tourbières, surplombant les falaises d'Entrecasteaux et, au fond, les empilements de coulées sombres du mont Fernand.

La caldeira d'Amsterdam : au premier plan, les falaises rectilignes de la Barre des Toubibs et de la Grande Marche ; au second plan, le cratère d'explosion de la Grande Marmite et le cône du Museau de Tanche ; à l'arrière-plan, le cratère de l'Olympe.

Une deuxième phase, qui n'est sans doute pas terminée, a commencé il y a quelques dizaines de milliers d'années. Sur le flanc E du volcan du Fernand s'est alors édifié le **volcan de la Dives** dont les pentes varient de 30° au sommet à 15° vers la base. Sa caldeira elliptique a un grand axe de 1,5 km. « *Elle se décompose en une succession de vastes plates-formes,* écrivit Vélain, *complètement marécageuses, dues à d'immenses coulées de laves basaltiques, absolument nivelées qui s'échelonnent les unes au-dessus des autres. Chacune d'elles est supportée par une falaise rectiligne, produite, sans aucun doute, par une grande cassure qui entame les coulées sur 10 à 12 m de hauteur et les montre subdivisées en magnifiques colonnades prismatiques.* » La plupart des coulées récentes proviennent de cette caldeira. Les laves fluides ont formé des cordes et parcouru plusieurs kilomètres, souvent en tunnel. L'un d'entre eux, long de 1,5 km, se jette à la mer à la roche Godon, au N de l'île. Ce sont toutefois les cônes scoriacés rouges particulièrement bien conservés qui attestent l'activité la plus tardive. Ils sont dispersés dans toute l'île avec les petites coulées en gratons qui leur sont associées.

Mais c'est en mer, et non à terre, qu'une activité vraiment contemporaine a récemment été détectée. Le **volcan Boomerang,** haut de 1 100 m environ et culminant 650 m sous le niveau de la mer, a été découvert à 18 km seulement au NE de l'île. Il possède une **caldeira** de 2 km de diamètre, profonde de 200 m, où ont été prélevés des verres basaltiques produits lors d'une éruption qui se déroula à la fin de l'année 1995. Ce volcan d'un volume de 300 km^3 a commencé à se former il y a 700 ka. Au rythme auquel il croît, quelques millions d'années devront cependant s'écouler avant que les TAAF ne comptent une nouvelle île !

Saint-Paul

Volcan bouclier effondré — Vaste **cratère** entouré d'une portion de cône en forme de triangle, en pleine mer, Saint-Paul est l'expression minimum d'un volcan bouclier. « *On ne peut se défendre d'une émotion profonde,* assura Vélain, *cet isolement absolu, au milieu d'un silence que les grandes voix de la mer seules troublent par intervalles, est écrasant* ». Le cratère

L'île Saint-Paul et le rocher de la Quille vus du ciel. À droite du grand navire, le Marion Dufresne, *la marque de l'effondrement en mer du premier bouclier est évidente.*

est en effet baigné par la mer dont il est curieusement protégé par deux petites jetées qui pénètrent en son sein et délimitent une passe profonde de 2,5 m seulement à marée haute. D'après les récits de navigateurs cités par Vélain, cette passe est très récente puisqu'elle s'ouvrit entre les années 1754 et 1789. Depuis, les jetées servent de résidence et de plage à une importante **colonie d'otaries.** Les mères sont agressives parce qu'elles sentent leur progéniture menacée lorsqu'on s'en approche à terre. Elles ne demandent cependant qu'à plonger et jouer avec les visiteurs dans les eaux très poissonneuses du cratère, dont la température ne dépasse pas 17 °C.

Les friches de l'ancienne usine langoustière, les vestiges des habitations et le cimetière font deviner ce que furent la vie et les angoisses des oubliés de Saint-Paul. Derrière le cimetière, un sentier monte sur le flanc nord du volcan. Il mène à une colonie de manchots (gorfous sauteurs) installée à mi-pente, puis à la **crête de la Novara** qui culmine à 268 m et offre évidemment la seule vue imprenable de l'île (2 heures A/R). Descendant vers la pointe Ouest, l'arête des **Quatre Collines** doit son nom à autant de petits cônes de forme régulière « *ayant dans leur centre des cratères où la lave et les autres matières volcaniques ont toutes les apparences d'une formation récente* », comme le remarqua sir George Leonard Staunton (1737-1801) qui passa par Saint-Paul le 1er juillet 1793. « *La chaleur y est encore si grande et il sort de leurs nombreuses crevasses tant de vapeurs élastiques,* souligna ce voyageur anglais, *qu'il n'y a nul doute qu'ils n'aient été naguère dans un état d'éruption* ». Et, ajouta Staunton, « *la*

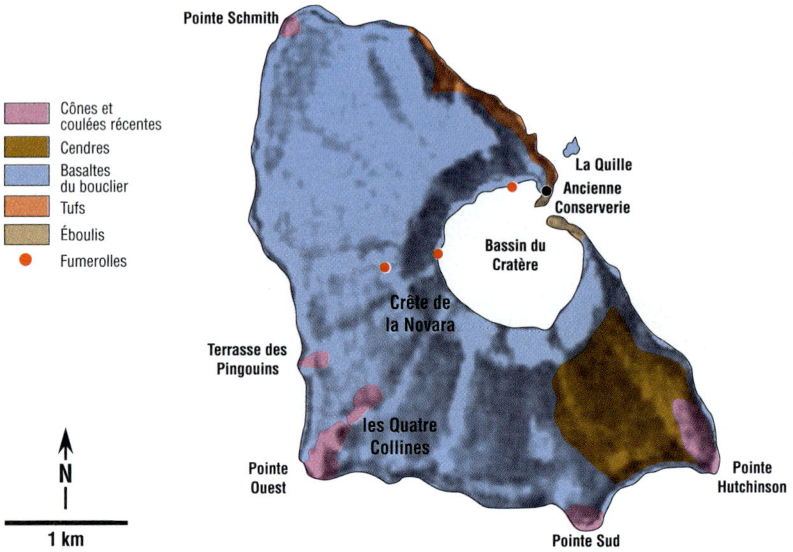

Le volcan de Saint-Paul (d'après la carte de Nougier, 1982).

chaleur était si forte, que lorsqu'on restait un quart de minute sans marcher on sentait ses pieds brûler »...
Ces cônes sont froids désormais, mais des **fumerolles** sont encore émises en altitude, sur le rebord ouest du cratère, et, au bord de la mer, du côté diamétralement opposé à la passe ouverte dans la digue naturelle. Une marche difficile conduit à ces dernières parmi les gros blocs de scories et de laves camouflés par des graminées et des joncs (1 h 30 A/R). Suivant une tradition datant de la fin du XVIIe siècle, le fin du fin consiste à faire cuire les langoustes pêchées dans le cratère à la chaleur des fumerolles... Ces fumerolles ont pour autre particularité de figurer parmi les premières à avoir été analysées quand Vélain mit en œuvre dès 1874 les méthodes du géologue Charles Sainte-Claire Deville (1814-1876). Il détermina qu'elles étaient constituées à 97 % de CO_2.

Géologie. Saint-Paul est un volcan dont la partie NE a été tronquée par le jeu de failles parallèles à la ride sud-est indienne. Sa forme indique que l'effondrement s'est produit tardivement, peut-être il y a quelques milliers d'années seulement. Les pentes sont de 10° vers l'extérieur et de 45° vers le cratère. Ce dernier a un diamètre de 1 200 m environ au niveau de la mer et de 1 800 m au sommet. Sa profondeur est de 60 m sous la mer, soit de plus de 300 m au total. La digue barrant le cratère est faite des débris de cet effondrement dont une autre signature est donnée par les pentes moins abruptes des fonds marins du côté N de l'île.
Les falaises créées de part et d'autre du cratère révèlent la structure intime du volcan. La plus élevée, celle du N est la moins abrupte, nota Vélain : « *Elle montre*

Les tufs à palagonite du rocher de la Quille et la falaise créée par l'effondrement de l'ancien volcan.

à sa base un énorme massif de roches compactes, dont les teintes rutilantes et bigarrées, tantôt jaunâtres ou blanches, tantôt et surtout violacées ou d'un rouge vif, attirent de suite l'attention. C'est la partie la plus ancienne de l'île ; les laves plus récentes la traversent sous forme de dykes dans tous les sens, et l'enveloppent de toutes parts sous leurs puissantes coulées. » Ces formations sont les vestiges d'un premier édifice qui repose sur un fondement datant sans doute de 300 ka et émergea de la mer il y a environ 100 ka. Son centre était situé au N du rocher de la Quille. Les roches de teinte vive, que l'on retrouve dans ce rocher, sont des rhyolites qui témoignent d'une différenciation magmatique importante. Elles sont recouvertes en discordance de strates jaunes friables de ponces et de tufs basaltiques, elles-mêmes surmontées par un conglomérat de laves produit par l'érosion. De - 50 à - 40 ka une phase explosive paroxysmale a ensuite produit des coulées de basalte et des tufs reposant sur un nouveau substratum de pyroclastites et de sédiments tuffacés plus ou moins indurés.

Comme le remarqua aussi Vélain, la falaise orientale, « *absolument à pic, laisse voir dans toute sa hauteur (232 m) un nombre infini de coulées de laves noires ou grisâtres, alternant régulièrement avec des lits de scories, qui se relèvent toutes fortement vers l'intérieur du cratère sous un angle de 25 à 30 degrés* ». Ces produits sont ceux du volcan actuel qui, depuis 40 ka jusqu'à une période très récente, s'est édifié 700 m au S de son prédécesseur. Dans la phase la plus récente, des lits de cendres (40 cm) se sont déposés sur les flancs SO et SE tandis que, accompagnés de coulées minuscules, de petits cônes d'éclaboussures se sont formés sur des fissures radiaires ; les cônes les plus notables sont ceux des Quatre Collines et des pointes Ouest et Sud. L'activité se réduit désormais aux sources chaudes et fumerolles émises en plusieurs points sur le bord NO du cratère. Selon les analyses les plus récentes, les fumerolles ne comportent plus que de la vapeur d'eau. Les températures actuelles semblent également plus basses d'une vingtaine de degrés que les 104 °C mesurés au sol par Vélain en 1874, des températures qui fluctuaient de manière importante au gré des marées.

3. L'archipel Crozet

Localisation : de 46°06' S et 50°13' E (île aux Cochons) à 46°25' S et 52°10' E (île de l'Est)

Deux groupes d'îles alignées sur 120 km

Îles occidentales : île aux Cochons (68 km^2), île des Pingouins (6 km^2), îlots des Apôtres (3 km^2) et quelques récifs dont les Brisants de l'Héroïne, les Cinq Géants, les rochers de la Meurthe, le rocher de l'Arche

Îles orientales : îles de la Possession (147 km^2) et de l'Est (130 km^2)

Point culminant : mont Marion-Dufresne, sur l'île de l'Est (1 090 m)

Superficie totale : 354 km^2

Population permanente : néant

Situation : à 2 300 km au SO d'Amsterdam, 1 500 km à l'O de Kerguelen, 2 800 km au S de La Réunion, 11 600 km au SE de Paris

Des oiseaux et des brumes

À l'écart des routes maritimes, les îles Crozet connurent une découverte tardive en janvier 1772. Commandées par Nicolas-Thomas Marion-Dufresne (1724-1772), dont le second était Julien Crozet (1725-1782), les flûtes le

Les îlots des Apôtres, majestueuses ruines d'un vieux volcan bouclier. Au premier plan, vus du sud-ouest, l'Obélisque (70 m) et le Caillou (20 m) ; au second plan, de gauche à droite : le rocher Fendu (70 m), la Grande Aiguille (152 m), le Hangar (114 m), la Petite Aiguille (110 m) et le Donjon (228 m) masquant en partie la falaise ouest de Petite Île (248 m). À droite, le rocher Sud (50 m) et Grande Île (292 m), longue de près de 3 km, qui est séparée de Petite Île par le bras de mer de la Porte de l'Enfer (l'échelle est donnée par le bateau, à droite sous l'horizon).

Mascarin et le *Duc de Castries* avaient quitté trois mois auparavant l'île de France à la recherche du continent austral. Le 6 janvier, des oiseaux signalèrent la proximité d'une terre. Une semaine plus tard se profilèrent les côtes de la *Terre d'Espérance*, étape vers le continent tant désiré, puis celle de l'*île de la Caverne*, les deux îles aujourd'hui sud-africaines connues sous les noms de Marion et du Prince Édouard que Cook leur donna en 1776. Après quelques déboires et une navigation éprouvante sous un gros temps, *les îles Froides* apparurent le 22 janvier, ainsi nommées par les marins en raison des conditions difficiles qu'ils affrontaient. Le lendemain, une île de forme ronde fut rencontrée 120 km plus à l'est, « *si élevée, qu'on pourrait, dans un beau temps, la découvrir de vingt lieues. Le sommet des montagnes était couvert de neige* ». Le 24 janvier, poursuivit Crozet, surgit à proximité « *une autre île qui me parut encore plus élevée que celle dont nous rangions la côte. Elle était également de forme ronde, plus montueuse que la première, mais plus petite; nous la nommâmes l'*île Aride [île de l'Est]. »

Le même jour, un débarquement put être effectué dans la première de ces deux terres. Au sommet d'une pyramide de pierres, Crozet laissa une bouteille contenant une lettre attestant le rattachement à la couronne de France d'une île qui reçut naturellement le nom de *La Prise de Possession*. Crozet ne put y découvrir « *ni arbre ni arbrisseau* ». Il ajouta : « *cette île, exposée aux ravages continuels des vents orageux de l'ouest, qui règnent toute l'année dans ces parages, ne paraît pas habitable. Je n'y ai trouvé que des loups marins, des pingouins, des damiers,*

Le mont Branca (La Possession) et, dans le lointain, les hautes falaises de l'île de l'Est.

des envergures, des cormorans, des plongeons, et de toutes les espèces d'oiseaux aquatiques que les navigateurs rencontrent en pleine mer, lorsqu'ils passent le cap de Bonne-Espérance ».

Phoquiers et baleiniers ne tardèrent pas à exploiter ces ressources. En raison des tempêtes coutumières des lieux, la fréquence des naufrages fut cependant telle que la marine anglaise finit par dépêcher tous les deux ou trois ans un navire pour rapatrier d'éventuels rescapés ! L'un d'entre eux, Charles Goodridge, alors matelot, décrivit comment ses compagnons et lui survécurent pendant deux ans après le naufrage de leur cotre en 1821 : « *Les éléphants de mer nous procuraient viande, lavage, hébergement, feu, éclairage, chaussures de cuir, fil à coudre, foyer, lavabos et pipes*, écrivit-il vingt ans plus tard. *Pour la nourriture, nous utilisions le cœur, la langue et les ris, la peau de vieux animaux, la sorte de peau charnue qui pend du museau, et l'espèce de nageoire qui sert à la nage.* Longuement bouillies, ces différentes parties donnaient une sorte de gelée qui faisait, « *avec des œufs, quelques pigeons et des poules d'eau, une excellente soupe.* » Souvent était aussi ajoutée une cervelle, « *qui était presque aussi douce que du sucre, et était fréquemment mangée crue.* » Quant au sang des éléphants, « *il servait à se laver, car il ôtait vite saleté et graisse.* » Et, pour les moments de détente, « *une dent faisait un fourneau auquel nous attachions une jambe d'oiseau pour faire une très bonne pipe.* » Faute de tabac, « *nous séchions l'herbe de l'île et, bien que ce fût un mauvais succédané, nous devions nous en contenter.* »

Un climat subpolaire règne sur ces îles. La température de la mer varie entre 3 et 7 °C, celle de l'air de 4 à 18 °C. Il n'y a ni glacier ni neiges éternelles, mais des vents soufflant plus de 100 jours par an à des vitesses supérieures à 100 km/h, avec des pointes de 180 km/h. Venant de l'ouest, ces vents sont chargés de nuages qui déversent 2500 mm de précipitations par an, étalées sur 300 jours. S'il empêche tout arbre de pousser en ces lieux, le vent n'est pas l'ennemi des oiseaux. L'archipel compte, en effet, pas moins de 25 millions de nicheurs répartis en 36 espèces. Cette abondance conduisit en 1964 à créer une base scientifique, dans l'île de la Possession, qui est aujourd'hui nommée en l'honneur du responsable de la première mission, le météorologue Alfred Faure (1925-1968). La base est située au pied du mont Branca, à 130 m d'altitude, sur le plateau est qui surplombe Port-Alfred. En contrebas, le fond de la baie du Marin est un véritable paradis pour de grands albatros, une colonie de 50000 manchots royaux, et aussi des orques.

Géologie. Les îles Crozet constituent la partie émergée d'un vaste plateau volcanique, dénué de sismicité, qui porte également plus à l'O l'île Marion et celle du Prince Édouard, et se détache au milieu d'une plaine abyssale profonde de 4000 m datant d'environ 68 à 54 Ma, soit de la fin du Secondaire ou du début du Tertiaire. Ce plateau est grand de 4500 km² à 250 m sous l'eau, et de 20000 km² à 1000 m de profondeur. Son volcanisme fait encore l'objet de discussions. Il suffira de dire qu'il pourrait être encore actif aux îles de l'Est et de la Possession, mais qu'il ne rentre pas dans

Sur la côte sud de l'île de l'Est, de sévères falaises sous un temps inhospitalier qui est familier des lieux.

Sur la côte sud de l'île de l'Est, les empilements de coulées basaltiques entaillés par la vallée en auge qui débouche dans la baie de l'Abondance.

un schéma simple. Le point chaud qui serait à la source de l'activité la plus récente paraît en effet situé sous le volcan sous-marin Conrad, dans la chaîne Lena, à 500 km au SO de l'archipel Crozet.

Les îles occidentales ne sont pas desservies par le *Marion Dufresne.* Les plus vieilles laves s'y trouvent aux **îlots des Apôtres.** Au nombre approximatif de douze, ceux-ci culminent dans Grande Île au mont Pierre (292 m), à l'arrière des hautes falaises de Judas... Ils sont les vestiges du flanc SE d'un vaste édifice volcanique âgé de 5,65 Ma à 2,65 Ma dont le démantèlement sera bientôt complet. De taille comparable, l'**île des Pingouins** est le flanc NE d'un volcan presque complètement effondré en mer dont les laves les moins vieilles ont 1,1 Ma. Grande de 65 km^2, l'**île aux Cochons** a une forme grossièrement circulaire. Elle doit son nom aux porcs importés qui s'y multiplièrent un temps. Culminant au **mont Richard-Foy** (853 m), elle seule a une allure de volcan bouclier typique grâce à une activité qui débuta il y 400 ka. Au cours des derniers 200 ka, un dynamisme strombolien a donné naissance à une soixantaine de petits cônes scoriacés bien alignés sur deux grandes directions de fracture. Selon divers traits morphologiques, les dernières éruptions se sont produites depuis le dernier minimum glaciaire qui eut lieu il y a 5 500 ans.

Dans la partie orientale de l'archipel, l'**île de l'Est** ne justifie pas non plus une longue description car il est interdit d'y débarquer sans une autorisation spéciale du comité d'environnement polaire français. Elle doit cette protection particulière au fait que

Le Morne-Rouge (116 m) et le cap Chivaud (192 m) au fond de la baie Américaine où se termine la vallée des Branloires (île de la Possession).

ses écosystèmes ont été jusqu'à présent très peu perturbés par l'homme, le rat en étant par exemple resté absent. Son sommet, le **mont Marion-Dufresne** (1 090 m) est le point culminant de l'archipel. Les épais nuages qui le masquent habituellement confèrent à l'île un air mystérieux. De forme oblongue, celle-ci est bordée de falaises hautes de 500 m, voire plus, contre lesquelles d'immenses vagues viennent se briser. Elle est divisée en deux par des vallées glaciaires débouchant dans les deux seules grandes baies existantes. L'histoire de ce volcan bouclier est déjà longue puisqu'elle commença il y a 8,75 Ma, s'interrompit très longtemps et reprit il y a 1,6 Ma pour ne s'achever qu'il y a 100 ka. Trois épisodes ont été distingués dans cette dernière période, le second ayant donné entre 500 et 400 ka les épaisses coulées basaltiques qui constituent les sommets de l'île.

DOCUMENTS

- Carte IGN série bleue n°4450C : *Île aux Cochons, îlots des Apôtres, île des Pingouins* (1986, 1/25 000).
- Carte de reconnaissance à 1/50 000, *Îles de l'Est et de la Possession,* levé 1964, océan Indien, banc de Crozet, J. R. Janney et coll., mission de recherche des TAAF, 1986.

La Possession

La vallée de la rivière du Camp, débutant au pic du Mascarin (au fond) et se terminant à la manchotière de Port-Alfred (en bas à gauche).

Volcan bouclier — La Possession est la plus grande île de l'archipel. Distante de 16 km seulement de l'île de l'Est, elle est longue de 18 km et large de 15. Elle doit sa taille à une activité qui a commencé il y a plus de 8 Ma et n'a sans doute pas dit son dernier mot bien qu'aucune éruption n'y ait encore été observée.

La Possession est séparée en deux parties inégales par une ligne de crête arquée qui court des **monts Jules Verne,** au nord, jusqu'au point culminant de l'île, le **pic du Mascarin** (934 m), au sud. À des altitudes comprises entre 700 et 900 m environ, cette crête porte les cônes et autres points de sortie récents. La partie occidentale est la plus élevée. Elle tombe abruptement dans la mer en formant de hautes falaises jalonnées de caps et d'éperons rocheux,

Le haut de la vallée des Branloires et la ligne de crête allant du mont du Mischief au mont du Cratère (au centre) et à Labourage et Paturage (à droite).

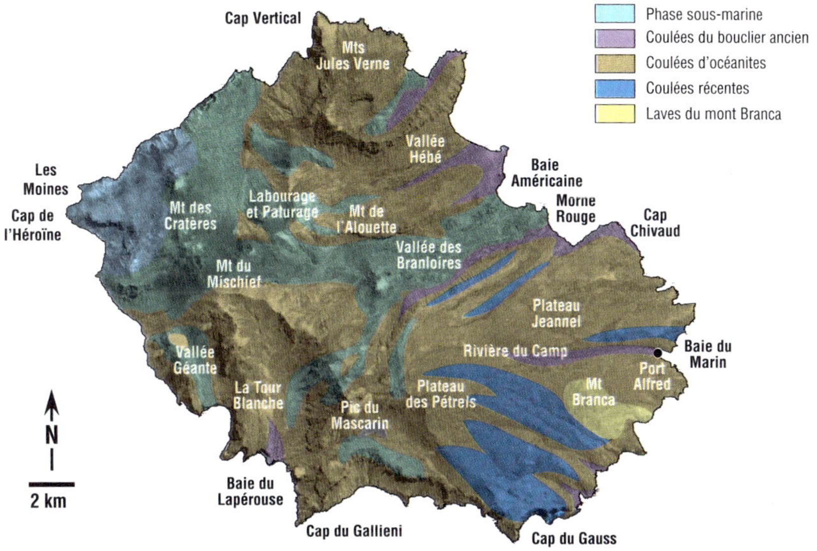

Le volcanisme de l'île de la Possession (d'après la carte de Chevalier et Nougier, 1981).

tels les rochers Percés, la roche Debout, ou la pointe et les rochers des Moines face auxquels le *Marion Dufresne* mouille parfois.

La région orientale est beaucoup plus basse. Elle présente des pentes assez douces, comme le **plateau Jeannel** et le **plateau des Pétrels,** et des crêtes séparées par des vallées glaciaires dont l'accès est relativement aisé à partir de la base (quelques heures de marche avec de bonnes bottes pour éviter les *souilles*, des trous d'eau ou de boue de profondeur dépassant souvent 50 cm que la végétation flottante des marécages tourbeux peut masquer). La côte est festonnée de baies situées à l'abri des vents d'ouest dominants. Le *Marion Dufresne* mouille dans la baie du Marin pour ravitailler la base Alfred Faure. Dans la vallée est établie une colonie de manchots royaux des plus impressionnantes. Pour ravitailler un poste d'observation ornithologique, le *Marion Dufresne* jette à l'occasion l'ancre un peu plus au nord, au bord de la grande plage de sable noir de la **baie Américaine.**

Géologie. L'histoire de la Possession a été décrite en trois épisodes. Le premier est celui d'une activité sous-marine non datée dont, chose inhabituelle, les traces subsistent à l'O de l'île dans la région de la **pointe et des rochers des Moines.** Grâce à un basculement récent qui a donné une pente de 40° aux dépôts, un empilement de pyroclastites peut être observé sur une hauteur cumulée de 1 500 m. Il comporte des produits de démantèlement et quelques niveaux fossilifères.

Sur le versant effondré du vieux bouclier, les pyroclastites des rochers des Moines basculées à 40° par une tectonique tardive.

Entre 8,7 et 2,1 Ma, un très long second épisode a d'abord conduit à l'édification d'un **volcan bouclier** qui constitue le soubassement actuel de l'île. Ses coulées de basalte, empilées sur moins de 300 m, ne s'observent qu'en fond de vallée. Leur pendage indique que ce volcan était centré sur un point situé à l'O du cap de l'Héroïne. De ce point rayonne un réseau annulaire de dykes, mêlés à des sills, lié à l'effondrement du toit d'une chambre magmatique. La plus grande partie de ce volcan s'étant effondrée en mer, il n'en reste que le quart oriental. Celui-ci est en réalité largement recouvert de produits du démantèlement qui a eu cours jusqu'à 1 Ma. Ces niveaux atteignent 700 m d'épaisseur et sont intercalés de petites coulées de basalte et de sills provenant encore de points situés à l'O du cap de l'Héroïne.

Derrière la partie basse de la vallée des Branloires, les empilements de coulées du mont de l'Alouette et des monts Jules Verne. Vue prise du plateau Jeannel.

Les élégants prismes basaltiques de la tour Blanche, perchés sur la ligne de crête qui domine à l'est la vallée des Géants.

Après cette période d'érosion, un système de **filons radiaires** par rapport à l'O de l'île s'est mis en place entre 1,0 et 0,7 Ma. Dans la falaise N de la baie Américaine, l'un d'entre eux, large d'une dizaine de mètres, recoupe ainsi les coulées de basaltes de la première période. La différenciation des laves a conduit par ailleurs à la formation de deux dômes de phonolite, le plus beau étant celui du Lapérouse. Entre 0,7 et 0,5 Ma, les grandes coulées d'océanites qui nappent les plateaux Jeannel et des Pétrels se sont ensuite épanchées à partir d'une zone très riche en dykes qui court du cap du Gauss au **mont du Mischief** (991 m). Sur les hauteurs SO de l'île, au fond de la baie du Lapérouse, une autre voie d'accès des laves vers la surface est figurée par la **tour Blanche** (335 m), un joli neck prismé dépassant d'une dizaine de mètres le plateau volcanique. L'installation d'une calotte glaciaire a ensuite provoqué le creusement de grandes vallées en auge, telles les vallées Hébé, Géante ou des Branloires. Cette découpe des plateaux basaltiques pratiquée par les glaciers est évidente dans la vallée de la rivière du Camp dont l'embouchure, dans la baie du Marin, est occupée par une grande manchotière.

Après un sommeil apparent ayant duré de 0,7 Ma jusqu'à la période subactuelle, le troisième épisode a d'abord été marqué par une **activité strombolienne** notable. De longues coulées basaltiques se sont alors épanchées à partir des sommets. Elles sont bien visibles au centre et à l'O de l'île, ainsi que sur les hauteurs dominant au SE la base Alfred Faure (facilement accessibles en moins de 3 heures A/R). La fraîcheur des cônes, dont l'un se rencontre juste au S de la base, suggère des âges de l'ordre de 10000 ans. Les laves émises au **mont Branca** (383 m), l'un des plus jeunes cônes, sont riches en grands cristaux d'olivine et de pyroxène. L'existence de coulées de fond de vallée moulant une topographie plus ancienne indique également une activité assez récente.

4. L'archipel des Kerguelen

Localisation : de 48°27' à 49°45' S et de 68°27' à 70° 35' E
Trois cents îles et îlots
Superficie totale : 7215 km², dont 6675 km² pour Grande-Terre et 220 km² pour l'île Foch, au N de l'archipel
Point culminant : le Grand Ross (1850 m)
Population permanente : néant, mais 60-70 hivernants et 50 campagnards d'été à la station scientifique de Port-aux-Français
Situation : à 1400 km au SO d'Amsterdam, 1500 km à l'E de Crozet, 2000 km au N de l'Antarctique, 3400 km au S de La Réunion, 4400 km au SE du cap de Bonne-Espérance, 4800 km au SO de l'Australie, 12600 km au SE de Paris.

N. B. : en raison des excursions faisables aux Kerguelen, l'ordre alphabétique n'a pas lieu d'être dans cette partie ; les sites sont regroupés par zone géographique.

Entre rugissements et hurlements

L'énigme de Kerguelen

À la fin de l'Ancien Régime, Yves-Joseph de Kerguelen de Trémarec (1734-1797) est un brillant lieutenant de vaisseau, un membre estimé de l'Académie de marine. Il rêve cependant de gloire. Une découverte retentissante la lui vaudrait certainement. Kerguelen partage les espérances un peu folles qui s'attachent au mystérieux continent austral. En coulisses, il œuvre donc pour se faire nommer à la tête d'une grande expédition. Grâce à de hautes relations, son ambition se concrétise le 25 mars 1771. Louis XV et son ministre de la Marine signent un mémoire le chargeant de « *tenter une des plus grandes découvertes qui restent à faire,* » celle des territoires qui doivent occuper « *une partie du globe depuis les 45 degrés de latitude sud, jusqu'aux environs du pôle, dans un espace immense où l'on a encore point pénétré.* » Il est donc enjoint

Des clairs-obscurs au-dessus du glacier Ampère. À droite, l'éperon nord-est de la Grande Barrière (vue en direction du nord-est, prise du refuge de la Mortadelle).

au sieur de Kerguelen de faire voile sur ces terres et d'accomplir tout effort pour les trouver et les reconnaître. « *S'il parvient à les découvrir,* continue le mémoire, *il cherchera un port où il puisse être à l'abri. Il prendra toutes les précautions nécessaires pour descendre à terre avec sûreté. Il tâchera de lier commerce et amitié avec les habitants. Il examinera les productions du pays, la culture, les manufactures, s'il y en a, et quel parti on pourrait en tirer pour le commerce du royaume.* »

Les sérieux préparatifs de l'expédition sont menés rondement. Le 16 janvier 1772, Kerguelen quitte l'île de France (Maurice) à bord de la flûte *La Fortune* et met le cap vers le sud avec sa conserve le *Gros-Ventre,* une gabare qui est commandée par Louis de Saint-Allouarn (1738-1772). Trois semaines plus tard, les deux navires rentrent dans ce qu'on appellera bientôt les 40e rugissants. « *Gros temps, gros vent, grosse mer* » deviennent le lot quotidien des marins. Peu après, la présence de paquets d'algues et d'oiseaux de mer fait penser qu'une grande terre approche. Le 12 février, de premiers rochers sont rencontrés. Ils sont baptisés îlots de La Fortune. Le lendemain, des côtes s'étendant sur plus de 25 lieues du nord au sud apparaissent quand la brume se dissipe momentanément. Bourrasques de neige et vent de tempête rendent cependant leur approche dangereuse.

Du cap Dauphin aux sommets enneigés des monts Henri et Raymond, la côte est de la péninsule Rallier du Baty vue du Doigt de Sainte-Anne. Au premier plan, les curieux restes d'un dôme de phonolite.

Les circonstances conduisent en fin de compte les deux navires à se perdre de vue. Dès le 17 février, Kerguelen prend la décision surprenante de regagner aussitôt l'île de France. Certes, son navire est avarié et son équipage malade du scorbut. Kerguelen craint par surcroît que sa découverte ne soit perdue s'il devait faire naufrage, mais il file ensuite vers la métropole sans jamais chercher à retrouver le *Gros-Ventre* aux divers points de rencontre prévus dans l'éventualité d'une séparation forcée. Lorsqu'il arrive à Versailles en juillet 1772, Kerguelen ignore donc que sa conserve a pu accoster dans l'actuelle baie du Gros-Ventre, au sud-ouest de l'archipel. C'est là que l'enseigne de vaisseau de Charles-Marc de Boisguehenneuc (1740-1778) a pris officiellement possession de ces terres « *au nom du Roy* ». L'équipage a ensuite poursuivi son périple par une exploration de la côte ouest de la Nouvelle-Hollande (l'Australie).

Quoique nul homme de son propre équipage n'ait débarqué, Kerguelen enjolive son histoire dans la présentation de la *Terre de Kerguelen* ou *France australe* qu'il offre à son arrivée. Ces terres qu'il a eu « *le bonheur de découvrir paraissent former la masse centrale du continent Antarctique* », avance-t-il. Cette « *cinquième partie du monde* », ajoute-t-il, « *procurera des graines propres à la nourriture des hommes, des bois de construction, et des matières qui sont d'un prix excessif dans toute l'Inde, des*

Neiges, glaces et terres dénudées : l'archipel des Kerguelen.

chanvres, des graines et des fruits propres à donner de l'huile, des animaux et des bestiaux en tout genre qu'on pourra porter dans nos îles, soit vivants, soit salés ». Kerguelen note aussi qu'on « *peut trouver dans des latitudes froides des cristaux, des diamants, des rubis, des saphirs, des émeraudes et autres pierres fines colorées* », et il conclut même que, si l'on n'y découvre pas des hommes d'une espèce différente, « *on trouvera du moins des hommes naturels, vivants comme dans l'état primitif, sans défiance comme sans remords, et ignorant les artifices des hommes civilisés.* »

En public, Kerguelen est moins disert. Il sait que sa conduite lui a valu des inimitiés. Le roi ne l'en décore pas moins avant de le charger d'une deuxième expédition. Les termes de celle-ci le

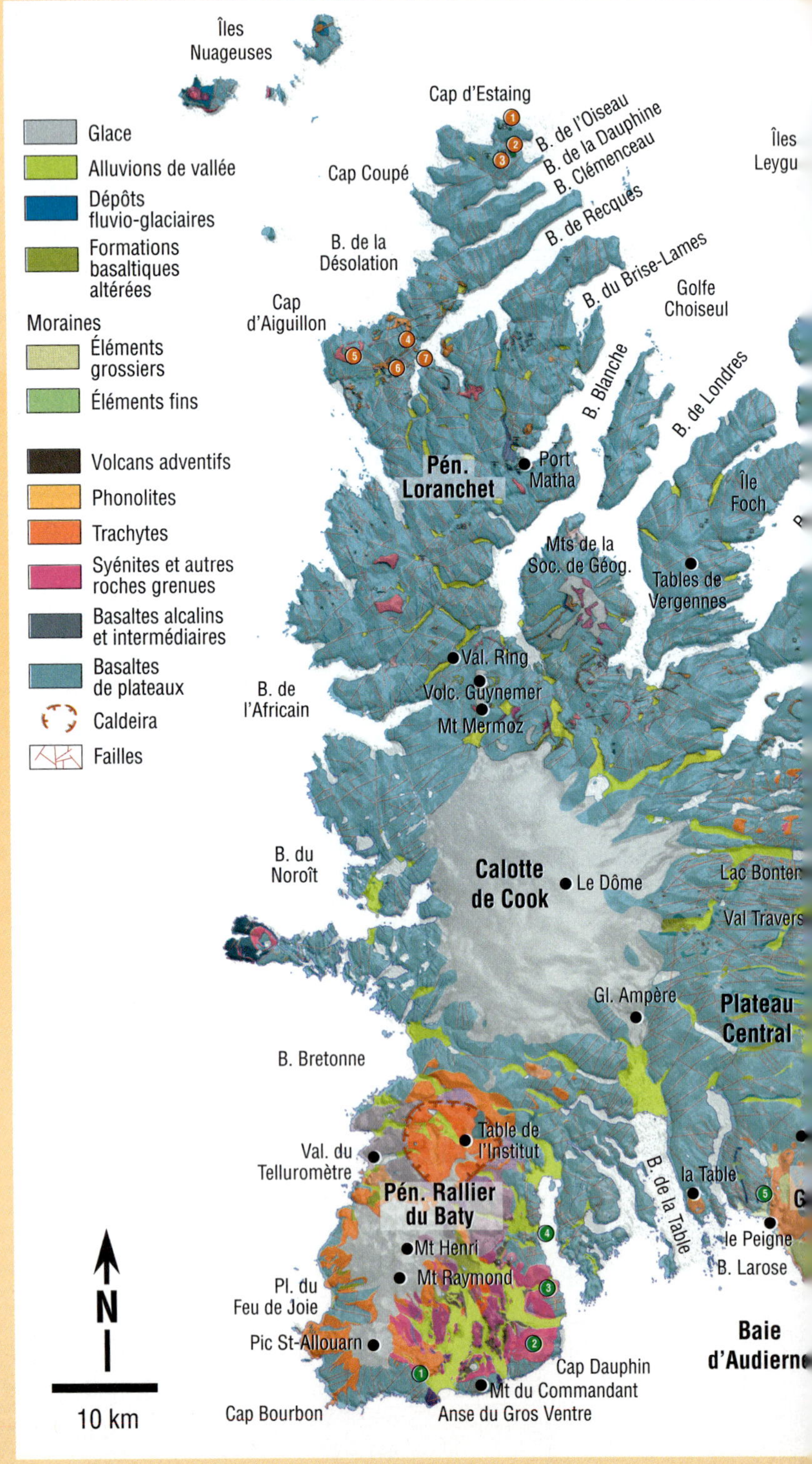

Îles Nuageuses
Glace
Alluvions de vallée
Dépôts fluvio-glaciaires
Formations basaltiques altérées
Moraines
Éléments grossiers
Éléments fins
Volcans adventifs
Phonolites
Trachytes
Syénites et autres roches grenues
Basaltes alcalins et intermédiaires
Basaltes de plateaux
Caldeira
Failles
Cap d'Estaing
B. de l'Oiseau
B. de la Dauphine
B. Clémenceau
B. de Recques
Îles Leygu
Cap Coupé
B. de la Désolation
B. du Brise-Lames
Golfe Choiseul
Cap d'Aiguillon
B. Blanche
B. de Londres
Port Matha
Pén. Loranchet
Île Foch
Mts de la Soc. de Géog.
Tables de Vergennes
Val. Ring
Volc. Guynemer
Mt Mermoz
B. de l'Africain
B. du Noroît
Calotte de Cook
Le Dôme
Lac Bonter
Val Travers
Gl. Ampère
Plateau Central
B. Bretonne
Table de l'Institut
Val. du Telluromètre
Pén. Rallier du Baty
B. de la Table
la Table
le Peigne
B. Larose
Mt Henri
Mt Raymond
Pl. du Feu de Joie
Pic St-Allouarn
Baie d'Audierne
Cap Dauphin
Mt du Commandant
Cap Bourbon
Anse du Gros Ventre
N
10 km

LORANCHET

- able de l'Oiseau
- 'ort Christmas
- 1t Havergal
- ol des Mécaniciens
- 1t Lacroix
- rand Couloir
- 'te du Muséum

RALLIER DU BATY et GALLIENI

1. Arête Jérémine
2. Mt de Voltz
3. Mt Léon Lutaud
4. B. de la Mouche
5. Pl. de Dante
6. Gl. Buffon
7. la Table du Cratère
8. Anse du Radioléine

COURBET

1. Anse Sablonneuse
2. Cap Allaire
3. Port Kirk
4. Anse de Saint-Malo
5. Bras Karl Luyken
6. Mt Amery
7. Montagnes Vertes
8. les Mamelles
9. Riv. du Sud
10. B. de l'Aurore Australe
11. Pte Guite
12. Pte des Chionis

RONARC'H et JEANNE D'ARC

1. Port-Douzième
2. le Trièdre
3. Mt du Bel Air
4. Mt Rouge
5. Val. Phonolite
6. la Tour de Pise
7. B. Greenland
8. C. Mac Lear
9. Riv. des Macaronis
10. le Pain de Sucre
11. le Phare
12. Mt Evans
13. Mt Tizard
14. Val Gabbro
15. Canyon des Sourcils Noirs
16. Bras Bolinder
17. P. de Buenos-Aires
18. Val. des Neiges
19. Dôme Rouge

Le volcanisme des îles Kerguelen (d'après la carte de Nougier, 1970, et les données inédites du programme Cartoker [ex-IFRTP-IPEV] coordonné par A. Giret, G. Michon et J.-Y. Cottin, 1988-2001).

laissent même juge d'en étendre les buts en l'autorisant par avance à faire un tour entier du monde. Le 29 octobre 1773, trois navires quittent l'île Bourbon, le *Roland*, l'*Oiseau* et la *Dauphine*. De nouveau, la navigation devient difficile au sud du 40e parallèle. Le 14 décembre, la France australe est néanmoins en vue. Dans un temps décidément mauvais, les navigateurs en reconnaissent la côte nord-ouest. Le 6 janvier 1774, un canot peut être mis à la mer dans la *baie de l'Oiseau*. M. de Rochegude débarque et renouvelle la prise de possession faite au nom du roi deux ans auparavant.

Les conditions ne s'améliorant nullement, Kerguelen ordonne le retour dès le 18 janvier. Lors d'une escale au Cap, c'est un constat d'échec patent qu'il doit envoyer au secrétaire d'État à la Marine et aux Colonies : « *Les terres australes que nous avons parcourues ne paraissent offrir aucune ressource*, regrette-t-il. *Elles sont couvertes de neige presque partout : l'on n'a vu à terre que des loups marins, des pingouins et autres oiseaux de mer. Il n'y a pas d'apparence que le pays soit habité, du moins nous n'avons sur cela aucun indice, et les froids que nous avons éprouvés et les tempêtes continuelles ne permettent point de le penser.* » En naviguant plus au sud en janvier 1773, Cook avait montré au cours de son deuxième voyage que ces terres n'étaient pas le bout d'un continent. De retour en France, Kerguelen doit donc reconnaître que cette île a « *environ 200 lieues de circuit* » et « *qu'il a aussi apparence, d'après le voyage de M. Cook que toute cette étendue de mers méridionales est semée d'îles ou de rochers mais qu'il n'y a ni continent ni grande terre.* »

Le 15 mars 1775, ce n'est plus par le roi qu'est reçu Kerguelen, mais par un conseil de guerre. Il est cassé de son grade et condamné à six ans de forteresse. Pourquoi ? Sa conduite avait été hautement répréhensible durant toute l'expédition. Il avait embarqué clandestinement une jeune fille de seize ans – sa maîtresse pendant le voyage –, procédé à divers trafics pour son propre compte, et compromis par la présence de ses marchandises les conditions sanitaires de son navire. L'ambiance à bord était rapidement devenue déplorable. Sans rien découvrir, Kerguelen n'avait surtout pas saisi la chance de tenter la circumnavigation que Bougainville avait accomplie en 1767-1768 et que Lapérouse tenterait une décennie plus tard. Une grâce accordée lors de la guerre d'indépendance américaine abrégea sa peine de trois ans. Bien qu'il fût même promu contre-amiral en 1793, Kerguelen ne fit jamais la grande découverte qu'il s'était destinée. Il eut toutefois le privilège de laisser son nom à des terres qu'il ne foula jamais de son propre pied…

Une exploration laborieuse

Quand il vit de ses yeux l'archipel en 1776, Cook nota dans le journal de son troisième voyage : « *cette terre est une île de petite étendue que, à cause de sa stérilité, j'appellerai île de la Désolation.* » Dans le livre qui fut tiré en 1784 de ce journal, un souci de courtoisie posthume lui fut prêté pour lui faire écrire : « *à cause de sa stérilité, je devrais appeler cette île de la Désolation, si je ne voulais pas enlever à M. de Kerguelen l'honneur de lui donner son nom.* » C'est ainsi que la dénomination d'*îles de Kerguelen* put s'imposer… Pour désigner ces nouveaux lieux, Kerguelen avait puisé son inspiration chez les officiers et navires de ses expéditions (cap Ligneville, baie de La Fortune), en Bretagne (baies d'Audierne ou de Quiberon) et à la Cour (caps Dauphin ou Bourbon). Après lui, Cook honora surtout d'illustres contemporains (Charlotte Point, Cape George, en l'honneur du couple royal) ou des dates (Christmas Harbour, Sunday Harbour).

Des habitués du ciel des Kerguelen : d'épais nuages au-dessus du golfe du Morbihan (photo prise entre le Pouce et le Trièdre).

Phoquiers et baleiniers anglais, américains et norvégiens vinrent ensuite exploiter les ressources de l'archipel. Ces marins travaillant dans des conditions difficiles participèrent activement à la découverte des îles et de leur milieu naturel particulier. La toponymie s'enrichit des impressions qu'ils ressentirent (Thunder Harbour, Surfy Hole), de leurs propres noms et de ceux de leurs bateaux. Diverses expéditions scientifiques françaises, anglaises, américaines et allemandes se succédèrent aussi tout au long du XIXe siècle et complétèrent les levés des côtes et des reliefs. En l'absence de toute coordination, la toponymie devint toutefois plus confuse à mesure que la cartographie se faisait moins imprécise. Quand elle fut uniformisée, elle ne put rester à l'écart des conflits politiques, Bismarck ayant par exemple dû laisser à Joffre l'honneur de nommer une grande presqu'île. Quant à Jeanne d'Arc, la sainte ne fut honorée qu'indirectement par une autre presqu'île car son nom était en l'occurrence celui d'un navire norvégien ! Les dernières lacunes de la toponymie furent comblées dans le cadre de la préparation de l'année géophysique internationale de 1958. C'est ainsi que, par exemple, des instruments de mesure se trouvèrent à leur tour honorés par les vallées de l'Octant, du Sextant ou du Telluromètre (mesure de la résistance de la terre)...

En raison de leur très grand découpage, les côtes de l'archipel ne bénéficièrent d'une carte fidèle qu'en 1922. Celle-ci fut l'œuvre de Raymond Rallier du Baty (1881-1978) qui se montra, avec son frère Henri et une poignée de compagnons, l'explorateur le plus hardi et le plus minutieux de l'archipel au tout début du XXe siècle. En 1908-1909, ces jeunes Français en parcoururent pendant 15 mois les rivages à bord du ketch de 20 m, le *J.-B. Charcot*, qui les avait amenés de métropole. Une seconde exploration faite en 1913-1914 à bord de *la Curieuse* fut nécessaire pour compléter leur travail. Comme tous les visiteurs de ces terres désolées, Rallier du Baty fut subjugué. « *Plus de mille fois, j'ai vu cette côte*, confia-t-il en 1910. *Dans un grain de neige ou à travers le crachin, elle avait vraiment l'air diabolique dans sa sinistre laideur, terre de désolation sauvage et dénudée qu'anges et mortels devaient fuir. Par une belle journée, avec le soleil étincelant sur les rochers, tout est différent. La beauté particulière de Kerguelen s'insinue dans les cœurs et vous prend sous son charme, avant de hanter les mémoires des marins qui s'y sont aventurés.* »

Des particularités volcanologiques

L'astronomie, la géographie, l'océanographie ou la météorologie n'avaient pas été les seules motivations des expéditions scientifiques. La géologie ne fut pas oubliée. Cook nota lui-même que l'archipel était « *principalement constitué d'une roche bleu sombre et très dure* » qui lui fit penser à celles de l'Écosse ou des Canaries. La nature volcanique de l'archipel put ainsi être reconnue aisément par la suite. Sa spécificité également, ainsi que les problèmes qu'elle posait. Au plein milieu des océans, la présence inattendue de roches grenues apparentées au granite fut par exemple soupçonnée dès 1874, puis finalement démontrée en 1929 par Édouard Aubert de La Rüe (1901-1992). Ces roches représentaient-elles des vestiges de continent disparu ou étaient-elles le résultat d'une différenciation magmatique ? La question diviserait longtemps les géologues ! Quant aux parentés de flore et de faune entre l'archipel et l'Amérique du Sud, témoignaient-elles de l'existence passée de grands ponts entre continents, ou était-elle plutôt un argument en faveur de la dérive de ces continents ?

Aubert de la Rüe penchait pour la seconde explication. Ce grand pionnier de la géologie de l'archipel était parti à la demande du syndicat de recherches minières créé par la compagnie concessionnaire des îles Kerguelen, Saint-Paul et Amsterdam. Les conditions du travail effectué de 1928 à 1931 furent tout sauf confortables. Dépourvu de tout soutien logistique, Aubert de la Rüe était tributaire des phoquiers pour ses déplacements. Il dut même puiser dans sa propre cassette pour financer son travail.

Andrée et Edgar Aubert de la Rüe.

« *C'est accompagné seulement de ma femme qui m'a suivi dans ces deux voyages, en*

Les lumières délicates d'une fin d'après-midi sur le val du Levant (presqu'île Jeanne d'Arc). À droite, une coulée de basalte sur des basaltes de plateaux érodés.

partageant tous les risques et toutes les difficultés, que j'ai entrepris l'exploration de cet archipel, confia-t-il dans sa thèse de doctorat. *À l'intérieur de ces îles désertes, nous ne devions compter que sur nos propres moyens qui étaient très limités. Nous devions, à nous deux, porter non seulement des vêtements et des vivres pour camper dans la montagne, mais nous charger également d'instruments scientifiques ainsi que d'armes pour nous défendre des attaques d'oiseaux et de chiens sauvages. Il fallait en outre transporter tous les échantillons géologiques que je prélevais au cours de mes itinéraires.* » Mais Aubert de la Rüe n'était pas un géologue de salon. Il avait une vraie trempe d'explorateur. Après les terres Australes, il alla étudier La Réunion et la Polynésie, où nous l'avons déjà rencontré, revint en 1952 aux Kerguelen pour être l'un des premiers hivernants de Port-aux-Français, et tira de ses nombreux voyages la matière de bons livres.

L'empreinte des glaciers

L'archipel des Kerguelen a une forme qui peut évoquer la silhouette d'un oiseau fantastique. Ses plus grandes dimensions nord-sud et est-ouest sont respectivement de 120 et 130 km. À elle seule, la Grande-Terre représente 92 % d'une superficie totale de 7215 km^2 qui est elle-même 20 % plus faible que celle de la Corse. L'archipel est un lambeau d'un grand massif volcanique qui émergea de l'océan il y a 30 Ma environ. Selon des comparaisons faites avec d'autres îles basaltiques, ses plus hauts sommets purent jadis dépasser une hauteur de 3 000 m. Par rapport à la plupart de ces îles océaniques, Kerguelen se distingue cependant par ses 300 îles ou îlots et la myriade d'écueils et de récifs qui résultent d'un extrême découpage en lanières de ses rivages. Les côtes sont tellement déchiquetées qu'elles se développent sur près de 3 000 km, soit une longueur proche de celle du littoral de la France métropolitaine. En raison des fjords qui pénètrent profondément à l'intérieur de la Grande-Terre, aucun point ne se trouve à plus de 16 km de la mer.

Cette particularité, l'archipel la doit aux puissants glaciers qui couvrirent ses terres lors de la période de froid intense ayant affecté l'hémisphère austral il y a 500 ka environ. Leur grand œuvre fut de déblayer un millier de mètres de roches pour produire des plateaux, d'une altitude moyenne de 500 m environ, dont les coulées basaltiques bien stratifiées sont partout mises au jour sur leurs bordures. En même temps furent creusées des vallées profondes disposées approximativement en rayons par rapport au centre de l'archipel. Retouchées une dernière fois il y a 30 ka, lors de la glaciation du Würm, ces vallées ont été alternativement envahies ou évacuées par la mer au gré des fluctuations de niveau induites par l'alternance de

Une tache claire isolée au sein de fragments bruns de basalte : les vestiges d'un dôme de phonolite passé au rabot d'un glacier dans une vallée en auge de la péninsule Aubert de la Rüe.

Le front du glacier Ampère, haut de quelques dizaines de mètres, vu du refuge de la Mortadelle.

périodes chaudes et froides. En période froide, le golfe du Morbihan était par exemple asséché. Mais, en raison de fortes pentes sous-marines, la taille de l'archipel n'augmentait alors que de façon marginale. Ces pentes abruptes ont en outre conduit l'immense volume des produits d'érosion à se disperser en mer. Du côté oriental seulement, des pentes plus faibles ont permis aux sédiments fluvio-glaciaires de s'accumuler et de donner naissance à la grande plaine de piedmont de la péninsule Courbet.

De ces vastes glaciers, il reste aujourd'hui ceux de la presqu'île de Rallier du Baty, au sud-ouest, et des monts Ross, au sud, et surtout la calotte de Cook, grande de 550 km^2 à l'ouest de la Grande Terre, qui culmine au Dôme (1 050 m) et alimente une vingtaine de petites langues. Marquée par l'allongement de ces glaciers, la toute dernière période de refroidissement eut lieu au XVIIe siècle lors du *petit âge glaciaire*. Depuis plusieurs décennies, c'est à un recul que l'on assiste, particulièrement sur le versant oriental de la Grande-Terre, qui est protégé des perturbations froides provenant de l'Antarctique. Au sud de la calotte de Cook, le glacier Ampère a, par exemple, reculé de 3 km entre 1966 et 1997. Malgré tout, les glaces couvrent encore 10 % de la superficie de l'archipel.

Un sol polygonal au-dessus de la baie Larose.

Un autre effet du froid peut être discerné sur les plateaux. Le sol y est souvent couvert de curieux motifs, plus ou moins circulaires ou polygonaux, dont le diamètre varie de quelques décimètres à 2 m. Ces figures sont créées par une fragmentation et un tri très lent des matériaux dûs à des cycles répétés de gel et de dégel. Les particules les plus fines gardent préférentiellement l'humidité. Elles se rassemblent au centre des anneaux formés par les éléments les plus grossiers, lesquels forment un réseau continu en se réunissant les uns aux autres pour dessiner une sorte de mosaïque.

Les plus vieilles îles dans l'océan le plus jeune

Bien qu'ayant été jadis considérablement plus grand, l'archipel des Kerguelen reste par sa superficie le troisième massif basaltique émergeant des océans ; il suit de très loin l'Islande, qui est quinze fois plus vaste, mais est aujourd'hui moins étendu de 30 % que la Grande Île d'Hawaii. Il se distingue par d'autres traits. Au nord de la plaque antarctique, l'archipel repose au nord d'un plateau immergé dont les 6 millions de kilomètres carrés en font le second au monde par la taille, après celui d'Ontong Java, en Indonésie. Large de 200 à 600 km et dominant de 2 à 4 km les fonds marins, ce plateau s'étend sur 2 300 km du nord-ouest au sud-est et porte également, plus au sud, les petites îles Heard (où le volcanisme est actif) et McDonald. Quant à la première place, l'archipel l'occupe par la durée anormale de son activité volcanique. On y trouve en effet des laves dont l'âge va de 30 Ma à la période quasiment actuelle, couvrant ainsi un intervalle de temps 2 à 5 fois plus long que dans la plupart des îles océaniques.

Le plateau de Kerguelen a lui-même une histoire fort compliquée. On y distingue plusieurs parties d'âges variant de plus de 100 Ma, au

Une carte géologique très largement diffusée (timbre de 1987).

sud, à 40 Ma à l'extrême nord. Cette diversité d'origine est liée à la séparation, il y a 130 Ma environ de l'Inde, de l'Australie et de l'Antarctique. Autre fait notable, la vitesse d'édification fut assez rapide pour qu'une grande partie de ce plateau émerge un temps des eaux et qu'une activité explosive importante prenne place. Vers 40 Ma, une nouvelle dorsale médio-océanique, la ride est-indienne, s'individualisa et se trouva surmonter un point chaud au nord de ce qui était alors le plateau de Kerguelen. La conjonction des deux types de volcanisme se traduisit par une activité fissurale qui édifia la partie nord du plateau, puis commença à l'air libre celle de l'archipel actuel. Surtout entre 30 et 23 Ma, des coulées de *basaltes de plateaux* s'empilèrent sur des épaisseurs allant de 400 à 3000 m, comme elles l'avaient fait il y a 65 Ma

Bordant la baie de Recques (péninsule Loranchet), les vestiges des immenses plateaux de basaltes de la pointe nord-ouest de l'archipel.

Les sommets désolés de la péninsule Aubert de la Rüe. Au premier plan, deux dômes clairs de phonolite érodés ; derrière, à droite, un cône brun de scories et sa coulée grise ; au loin à droite, le Point Sublime au sommet des basaltes de plateaux.

en Inde où elles constituent les célèbres *trapps* du Deccan. Ces laves sont les plus anciennes connues en milieu océanique. Elles s'épanchèrent rapidement à partir de nombreuses fissures dont il ne reste nul vestige. Elles le firent généralement coulée sur coulée, sans changements notables de composition minéralogique, sans grands niveaux de brèches et sans que des sols eussent eu le temps de se former. Ces basaltes couvrent encore 85 % de la superficie des terres émergées. Ce sont les seules de ce type sur tout le territoire français.

Vers 25 Ma, le jeu de très grandes failles a induit un déplacement vers le nord-est de la ride est-indienne à une vitesse de 3 cm par an. Depuis, venant se plaquer au-dessus des basaltes de plateaux n'a subsisté qu'un volcanisme de point chaud. Celui-ci a produit des laves plus alcalines et a donné naissance aux massifs *volcano-plutoniques* qui se mirent en place au sein des vieux plateaux et constituent désormais une autre spécificité de l'archipel. Selon leur âge et l'érosion qu'ils ont subie, on en voit aujourd'hui les parties hautes volcaniques, comme aux monts Ross, les parties intermédiaires (*hypovolcaniques*), comme aux monts de la Société de Géographie, ou les fondements de roches grenues, comme dans les péninsules Courbet et Rallier du Baty. Ces massifs ont par ailleurs été le siège d'une importante différenciation magmatique. Les magmas basaltiques ont produit soit des phonolites, soit des trachytes (et leur équivalent grenu, des syénites) et même des rhyolites (ou des granites), les deux séries se trouvant respectivement confinées dans l'est et l'ouest de la Grande-Terre. Cette présence de roches riches en silice est encore une autre particularité remarquable de l'archipel. Coulées et dômes sont donc représentés. Les dépôts pyroclastiques le sont également en raison d'une activité phréatomagmatique importante depuis 24 Ma qui est pour partie due à la présence de glaciers.

La tectonique a aussi apporté sa marque au cours de cette seconde période. Le léger pendage des coulées basaltiques et les altitudes généralement décroissantes d'ouest en est indiquent en effet qu'un grand basculement vers le sud-est a affecté l'ensemble du massif volcanique il y a sans doute 15 Ma. À ce basculement a succédé un mouvement « en touches de piano » au cours duquel des fossés se sont créés par des effondrements d'ampleur irrégulière de certains blocs.

Un milieu spécial

Aubert de la Rüe, le grand pionnier de la géologie de Kerguelen, résuma sans détours les conditions de son long travail de terrain. « *Le relief très accidenté,* écrivit-il, *les tourbières et les fondrières redoutables,*

Quand l'eau remonte une cascade au vent (péninsule Loranchet)...

les champs de pierre, les glaciers et les neiges persistantes, le nombre et l'importance des cours d'eau, nous obligeant constamment à de longs détours, étaient les moindres obstacles auxquels nous nous heurtions durant nos reconnaissances. Les plus grandes difficultés provenaient du mauvais temps permanent qui règne sur ces îles avec une intensité inconnue dans nos régions. Les vents y atteignent une violence telle que la marche y est des plus pénibles et qu'il est souvent difficile de se tenir debout. »

La providence des naufragés : le fameux chou de Kerguelen, riche en vitamine C.

Le climat est rude car l'archipel est nettement situé sous la ligne de convergence antarctique. La température moyenne de l'eau de mer varie de 2 à 6 °C. Celle de l'air descend rarement au-dessous de - 10 °C au niveau de la mer, mais elle est en moyenne annuelle de 4 °C seulement et ne dépasse pas souvent 12 °C l'été. La pluie, la neige ou le grésil arrivent vite. Les vents sont véloces, soufflant en moyenne à 35 km/h, donnant lieu à 150 jours de tempête (où les vitesses dépassent par moments 85 km/h), avec des pointes atteignant 200 km/h trois ou quatre jours par an, essentiellement pendant l'hiver. Les précipitations peuvent néanmoins être assez modestes. Elles ne dépassent pas 820 mm à Port-aux-Français où le Soleil brille 1 600 heures par an, soit autant qu'à Brest. Sur les crêtes occidentales des péninsules Loranchet et Rallier du Baty, les pluies sont en revanche quasi quotidiennes.

Ces vents violents empêchent tout arbre de pousser. Il en résulte partout une atmosphère de haute montagne, même à très basse altitude si l'on oublie la mer toute proche. En l'absence de végétation dense, les itinéraires de randonnée n'ont pas besoin d'être balisés. Il suffit de se fixer un cap et de le tenir à l'aide des cartes topographiques et des coordonnées GPS en évitant escarpements et trop fortes pentes. Aussi loin que porte le regard par temps clair, des

La manchotière du cap Coupé, sur la côte occidentale de la péninsule Loranchet.

terrains dégagés permettent en tout point de jouir de panoramas superbes dès que l'altitude dépasse environ 800 m. Mais les torrents gonflent et les sols se détrempent vite quand il pleut. Et le vent reste une menace à prendre au sérieux même si ses coups les plus violents ne durent pas plus de quelques heures. Quand le vent se déchaîne, mieux vaut ne pas sortir ou, si l'on est dehors loin d'un refuge, chercher aussitôt un abri de fortune où attendre que cesse la tempête.

La faune de ces terres éloignées de tout continent était peu diversifiée. Comme dans les autres terres Australes, elle comptait surtout des oiseaux et des mammifères marins. Manchots, pétrels, sternes ou damiers du cap servirent non seulement de nourriture et de combustible mais aussi de compagnie aux premiers visiteurs de l'archipel. « *Leur présence rendait moins pesante la solitude inhumaine et désolée qui aurait été intolérable autrement* », nota ainsi Rallier du Baty. *Leurs cris nous furent bientôt familiers. Même la nuit on les entendait dans l'obscurité frémissante, et les cris de certains d'entre eux avaient des accents étrangement humains, parfois plaintifs et apitoyants comme des pleurs d'enfants* ». Quant aux otaries à fourrure, éléphants de mer, orques ou baleines, ils abondent sur les côtes. Les mammifères terrestres étaient en revanche absents. Faussant compagnie aux premiers navigateurs, les rats s'invitèrent vite. À l'usage d'éventuels naufragés, des lapins furent laissés en 1874 par l'expédition scientifique allemande de la Gazelle ; ils ont pullulé aussitôt. Introduits dans les années 1950 pour lutter contre les rats, les chats sont devenus un prédateur redoutable des jeunes oiseaux. Un troupeau de 1 500 rennes, introduit par les Norvégiens dans les années 1930, a également prospéré. Il représente de nos jours une ressource de viande appréciée.

La flore de Kerguelen, endémique ou non, était plus variée. Le long du littoral prospèrent des algues brunes géantes (*Macrocystis* et *Durvillea*). Sur terre se trouvent une soixantaine d'espèces endémiques de lichens, des mousses de terrains acides ainsi que de rares champignons, en particulier dans les zones fréquentées par les moutons. Les plantes supérieures ont malheureusement souffert de la concurrence exercée par des plantes exotiques ainsi que de la présence des animaux importés. À basse altitude, le sol était originellement couvert par un tapis d'azorelle (*Azorella selago*), une plante endémique formant des coussins pouvant dépasser 1 m de haut. Ce tapis, sur lequel s'implantait le célèbre chou de Kerguelen (*Pringlea antiscorbutica*) a été victime des rongeurs. Depuis, c'est une rosacée, *Acaena adscendens*, qui forme des prairies et est elle-même concurrencée par le pissenlit au bord du golfe du Morbihan.

Au siècle dernier, plusieurs tentatives ont été faites pour profiter des ressources de l'archipel. La première fut l'œuvre de phoquiers

*Une prairie d'*Acaena *dans le val du Levant (presqu'île Jeanne d'Arc).*

et baleiniers norvégiens dans la péninsule Jeanne d'Arc. L'exploitation de la graisse d'éléphants de mer fut de nouveau tentée entre 1957 et 1964, peu de temps après la création de la base scientifique de Port-aux-Français. L'alevinage de saumons à la station Armor, dans le golfe du Morbihan, a ensuite été pratiqué dans les années 1970; ce ne fut cependant qu'un programme scientifique, patronné par la mission de recherche des TAAF, le CNRS et l'INRA. Depuis, l'essentiel de l'activité est concentré à Port-aux-Français où résident hivernants et campagnards d'été. Au fond du vaste golfe du Morbihan, la base est depuis sa création en 1950-1951 la plus grande des TAAF. C'est aussi le seul centre de séjour de l'archipel et le point de départ de randonnées, courtes ou non.

Les excursions un peu lointaines nécessitent une navigation d'approche faite à bord de *L'Aventure*, le chaland qui sillonne le golfe du Morbihan ou de *La Curieuse*, le petit bateau océanographique qui peut faire le tour de l'archipel. Elles sont donc tributaires des déplacements effectués à des fins scientifiques. Des refuges ont été installés en divers lieux accessibles à pied, à partir de Port-aux-Français ou de points de débarquement usuels. Ces baraques au confort très rudimentaire permettent des randonnées vers des sites que la taille de l'archipel empêcherait autrement de découvrir. Pour toute sortie hors de la base, le chef de district (ou *DisKer*) doit être sollicité. Certaines régions sont intégralement préservées, d'autres trop difficiles d'accès pour être visitées.

DOCUMENTS

- Carte IGN n°80354 au 1/200 000.
- Carte IGN de reconnaissance des îles Kerguelen en trois planches au 1/100 000, 1964-1966 : planche est, *Courbet – Ronarch – Jeanne d'Arc – Plateau central;* planche nord-ouest, *Loranchet;* planche sud-ouest, *Rallier du Baty.*
- *Carte géologique de reconnaissance des îles Kerguelen au 1/200 000,* J. Nougier, TAAF, 1970.
- Carte géologique programme IPEV-Cartoker, au 1/100 000, A. Giret, G. Michon et J.-Y. Cottin, à paraître.

La côte sud, vue du bateau

La péninsule Rallier du Baty

Venant généralement de Crozet, le *Marion Dufresne* aborde l'archipel par le sud-ouest à une heure telle que la seconde partie du littoral est parfois longée de nuit. L'ensemble des côtes peut néanmoins être découvert si l'occasion se présente de faire le tour complet de l'archipel.

Avant que le cap Bourbon ne soit doublé apparaissent d'abord les lointains sommets enneigés de la **péninsule Rallier du Baty.** Cette région abrite de nombreuses espèces animales et végétales encore épargnées des ravages de rongeurs grâce à la barrière que représente le torrent de la vallée du Telluromètre. Elle bénéficie d'une protection particulière. On n'y pénètre que par autorisation spéciale du comité d'environnement polaire des TAAF.

Du nord vers le sud se trouvent les **monts Henri** (1 262 m) et **Raymond** (1 166 m), qui honorent les frères Rallier du Baty, puis le **pic Saint-Allouarn** (1 189 m). Tous trois culminent à moins de 2 km du rivage. Visibles de près seulement, des **fumerolles** et **solfatares** émergent du sol au nord du pic Saint-Allouarn et sur la plage du Feu de Joie, au sud de ce pic. Les anciens phoquiers en conclurent à l'existence d'une activité volcanique actuelle. Il n'en est rien, bien que

La transition abrupte entre syénites claires et sombres basaltes de plateaux au mont du Commandant. Touchant au mont, l'extrémité sud de la vaste plaine des Sables qui doit sa teinte beige aux syénites de la péninsule Rallier du Baty.

la péninsule abrite certainement les laves les plus jeunes de l'archipel : des coulées de trachyte y ont moins de 8 000 ans, et certaines datent sans doute de notre ère.
Une dizaine de kilomètres après le cap Bourbon, la première anse est celle du **Gros-Ventre** où l'enseigne de vaisseau de Boisguehenneuc fut en 1772 le premier homme à mettre pied sur l'archipel. En bordure même du rivage se montrent ensuite le **mont du Commandant** (647 m) et d'autres reliefs plus modestes avant que le fjord de la baie de la Mouche n'annonce le début de la baie d'Audierne.

Géologie. Le pic Saint-Allouarn appartient à un vaste **complexe volcanique** profondément entaillé de vallées glaciaires et fluviatiles dont il est difficile de se figurer les contours en raison d'une couverture de neiges et de glaces éternelles. Depuis les sommets, de vastes niveaux sombres d'ignimbrites soudées définissent une topographie oblique et tranchent nettement avec l'horizontalité des vieux basaltes de plateaux, d'âge supérieur à 20 Ma, sur lesquels elles se sont épanchées. Au SE du pic Saint-Allouarn, ces laves récentes dessinent jusqu'à l'anse du Gros-Ventre l'impressionnante arête Jérémine, la seule voie permettant de gagner à pied les sommets, puis la côte O à partir de la côte S.
Tels les monts Léon Lutaud (700 m) et de Volz (730 m), les reliefs apparaissant à l'intérieur de la péninsule sont plus arrondis et de teinte plus claire. Ils ont été modelés dans des **roches plutoniques** (syénite, ou plus rarement granite), non recouvertes par les basaltes, vieilles de 11,5 à 6 Ma. Ces roches confèrent à la péninsule Rallier du Baty, et par extension à l'archipel, un intérêt géologique exceptionnel parmi les îles volcaniques. Elles ont été produites par cristallisation fractionnée de magmas basaltiques. Leur nature grenue est due au fait qu'elles ont refroidi dans des **chambres magmatiques** à partir desquelles furent auparavant émises les laves différenciées de la péninsule. Ces chambres profondes de 2 à 3 km ont ensuite été mises au jour par l'érosion qui a déblayé les basaltes de plateaux sus-jacents. Les monts du Commandant et de Voltz montrent un contact des plus remarquables (bien visible avec des jumelles) entre massif de syénite et cette couverture de basaltes de plateaux.

La baie d'Audierne et le massif des monts Ross

La vaste baie d'Audierne marque un intermède avant que les monts Ross ne soient longés. Entre deux massifs élevés et assez résistants à l'érosion, elle s'est formée aux dépens de vieux plateaux basaltiques d'altitude modeste au sein desquels elle se prolonge par plusieurs fjords. Le plus grand est celui de la **baie de la Table,** qui doit son nom à une plate-forme ovale, de grand axe supérieur à 1 km, qui culmine à 306 m. Ce vaste lac de lave (de trachy-phonolite) forme de très grandes orgues en reposant sur des dépôts d'érosion. Par temps clair, il est bien visible du

La baie Larose : le Peigne et le Doigt de Sainte-Anne ; au bord du rivage, des petits points blancs : les manchots. Dans les nuages, les monts Ross.

navire sur la rive orientale de son fjord. Au fond de celui-ci se trouvent la plaine Ampère et son glacier descendant de la calotte de Cook. Le refuge de la Mortadelle est construit sur un *nunatak* (terme esquimau désignant les îlots rocheux émergeant de glaces), dont la superficie augmente depuis une dizaine d'années en raison d'une régression importante de la calotte glaciaire.

Du côté oriental, la baie d'Audierne se termine par la baie **Larose** (du nom d'un marin de l'expédition Rallier du Baty), où se trouve un refuge utilisé occasionnellement. Au milieu de la baie se dresse le spectaculaire **Doigt de Sainte-Anne,** une immense voile de lave qui représentait jadis un précieux repère pour les marins. Au fond de la baie, la plaine de Dante est jalonnée de dômes, tel celui de la **roche Sanadoire,** auxquels certaines ressemblances ont fait donner des noms de grands rocs auvergnats. Vers le nord-est, cette plaine se poursuit par la **vallée des**

La roche Sanadoire, un dôme de trachyte au milieu de plateaux basaltiques. Au premier plan, des touffes d'azorelle.

Les monts Ross et leurs falaises abruptes du côté intérieur de la caldeira du stratovolcan. Au premier plan, l'immense sill de trachyte de la Table du Cratère (600 m), longue de 1,5 km, reposant en relief inversé sur des basaltes de plateaux, les dômes phonolitiques de la roche Diane et de la roche Simoun, le glacier Buffon (vers la gauche, recouvert de scories) et quelques petits lacs de barrages morainiques. Vue à partir du Point Sublime, sur la péninsule Aubert de la Rüe (accessible par hélicoptère à partir de la baie des Swains).

Orgues qui possède les plus belles laves prismées de l'archipel, avec des colonnes de trachyte hautes de plus de 100 m et de diamètre de 1,5 m environ.

Vers l'est de la baie d'Audierne, la perspective est fermée par le **stratovolcan des monts Ross.** Le massif a été nommé en l'honneur de l'explorateur anglais James Ross (1800-1862) qui séjourna plus de deux mois dans l'archipel en 1840 avant de mettre le cap sur le pôle magnétique Sud. Ces monts ont deux sommets : le Petit Ross ou Antecime (1 721 m), au nord, et le Grand Ross (1 850 m), au sud, le point culminant de l'archipel qui est couvert d'un bourrelet de glaces éternelles faisant corniche sur sa face est. Par temps favorable, les « Ross » sont visibles de la côte sud comme de Port-aux-Français ou de toute autre éminence, même distante. À moins de 5 km du littoral, le Grand Ross est balayé par des vents venant de l'Antarctique. Les conditions climatiques très rigoureuses auquel il est soumis rendent son ascension difficile. Il n'a été gravi que deux fois jusqu'en 2006.

Géologie. Le cachet particulier de la baie Larose vient de **dômes phonolitiques,** sombres, ou trachy-phonolitiques, plus clairs, dont les plus récents

sont âgés de 2 Ma. Ces dômes sont venus percer des basaltes de plateaux vieux de 15 à 10 Ma. L'un d'entre eux forme par exemple l'îlot Soé, à l'E de la baie d'Audierne. Haut de 154 m, le Doigt de Sainte-Anne est quant à lui un culot circulaire de trachyte de plus de 100 m de diamètre à sa base. Du côté de la plage, il a pour voisin **le Peigne,** une table de trachyte dont le nom vient de la série régulière de petites ravines créées par l'érosion du côté de la mer.

Avec un diamètre de 50 km et une superficie de 150 km^2, le volcan des monts Ross est le plus vaste de Kerguelen ; sa taille est en fait comparable à celle de l'Etna. À la base du massif se trouve une alternance de tufs et de coulées-sills de phonolites qui témoigne des toutes premières phases explosives par lesquelles débuta son édification il y a 8 Ma au sein des basaltes de plateaux. Les tufs sont associés à des pitons de trachyte qui recoupent les basaltes de plateaux en étant souvent masqués par les moraines et les produits volcaniques plus récents. Les phonolites sont verdâtres, prismées verticalement, très gélives et se débitent en lauzes. Elles sont désormais en relief inversé.

Il y a 1,9 Ma s'est formée une **caldeira d'explosion** de 4 à 5 km de diamètre, largement ouverte au SE, située vers 700 m d'altitude. Celle-ci a été créée par coalescence d'au moins trois cratères plus petits produits à l'issue d'une violente phase explosive de type vulcanien qui a exhumé la partie supérieure d'une chambre magmatique où figurent gabbros et syénites néphéliniques. Les deux sommets du massif sont formés de pyroclastites. Leurs pentes sont supérieures à 50 % parce qu'elles représentent les bords de la caldeira ; les parois internes du flanc O présentent ainsi un dénivelé de près de 1 000 m. Âgées de 1 à 0,1 Ma, ces formations comptent parmi les plus jeunes de tout l'archipel.

À l'extérieur du massif, la jonction avec les vastes entablements basaltiques de près de 1 000 m d'altitude est effectuée par l'intermédiaire de grandes fractures, centrées sur les monts Ross et qui ont été exploitées comme amorces par les glaciers pour creuser leurs grandes vallées durant tout le Quaternaire.

Les presqu'îles orientales

Le **glacier Buffon,** actuellement en forte régression, marque la limite entre le massif des monts Ross et, à l'est, la petite péninsule Aubert de la Rüe. La **baie des Swains** et l'**îlot Gaby** apparaissent très vite, puis la **presqu'île Jeanne d'Arc.** Les reliefs s'assagissent ; ce sont les vieilles tables de basalte que l'on retrouve. Abruptes, dentelées et déchiquetées, les côtes prennent en revanche une allure

Le cap des Aiguilles vu du massif du val Gabbro.

Dans le prolongement de basaltes de plateaux, les gabbros de l'îlot Gaby sous le soleil (vus de la péninsule Aubert de la Rüe). Au second plan, la haute pointe des Trois Swains (sud-ouest de la presqu'île Jeanne d'Arc).

fantasmagorique. Au **cap des Aiguilles,** c'est d'une hauteur de 700 m que les falaises descendent vers la mer. Des pitons ajoutent çà et là une touche supplémentaire de pittoresque au tableau, tels le Phare (714 m) et son voisin le mont Evans (718 m) dans la baie Sauvage ou, au-dessus du cap des Aiguilles, les deux pointes du mont Tizard (844 m).

Pointes et baies se succèdent ainsi jusqu'au cap George, l'extrémité orientale de la presqu'île Jeanne d'Arc. Limitée à l'Est par ce cap, la **baie de l'À-Pic** justifie son nom par des falaises proprement verticales hautes de 500 m. Vers le nord, le bateau traverse ensuite la baie Greenland. Celle-ci se termine au Halage des Naufragés, le cordon qui réunit les presqu'îles Jeanne d'Arc et Ronarc'h. Contrairement à sa voisine, de forme tabulaire, la **presqu'île Ronarc'h** est coiffée par un massif volcanique plus récent, celui du **mont Wyville Thomson** (937 m), nommé en l'honneur d'un membre de la célèbre expédition océanographique anglaise du *Challenger* (1874). À la différence du reste de la côte sud, les presqu'îles Jeanne d'Arc et Ronarc'h peuvent être des lieux de randonnée. Pour le moment, il n'est donc pas nécessaire d'en dire plus à leur sujet et de présenter en particulier les nombreux dômes de phonolite qui font leur particularité.

Géologie. La baie des Swains pourrait avoir été créée par un **effondrement** de 150 à 200 m consécutif à l'érection des monts Ross. L'îlot Gaby serait alors une petite portion non effondrée du plateau originel. Il est constitué d'un empilement basaltique recoupé par un petit massif de gabbro et par des filons de trachyte. Au mont Tizard ont été trouvées des enclaves de **roches métamorphiques** provenant du manteau et de la croûte océanique profonde, attestant l'existence de roches magmatiques recristallisées vers 50 km de profondeur (granulite à grenat et saphirine, unique en milieu purement océanique). Cette observation rend compte de l'épaisseur anormalement élevée de la croûte océanique sous l'archipel (14 à 20 km, au lieu des 7 à 10 km habituels) par une accumulation de grandes poches de magmas dans le manteau et à son interface avec la croûte. Au cap du Challenger, le point le plus méridional de l'archipel, affleure un petit massif de péridotite et gabbros lités vieux de 24 Ma. Ce massif du **val Gabbro** est le reste d'une petite **chambre magmatique,** autrefois située à moins de 3 km de profondeur, qui alimenta les épaisses coulées volcaniques formant les reliefs avoisinants.

Le golfe du Morbihan et ses environs

Les rivages du golfe

Après un virage à bâbord et la prise d'un cap presque nord, le navire entre enfin dans la **Passe Royale,** l'entrée large de 10 km du **golfe du Morbihan.** La base de Port-aux-Français est désormais tout proche. Son nom reprend celui que Lapérouse donna à une baie des côtes de l'Alaska où chavirèrent en 1786 deux de ses canots. Avant d'y arriver, le navire laisse au sud, derrière l'îlot Murray, la presqu'île Ronarc'h et ses reliefs les plus originaux : le Pain de Sucre, le mont Wyville Thomson et le Pouce. À l'ouest, une quarantaine d'îles et d'îlots prolongent en mer les reliefs de la partie centrale de la Grande-Terre. Vers l'avant

Le golfe du Morbihan, vu de la péninsule Aubert de la Rüe. Au loin, à gauche, les sommets de la péninsule Courbet ; à droite, le dôme Rouge, sur la presqu'île Jeanne d'Arc.

Le mont Wyville Thomson vu du golfe du Morbihan. À gauche, le dôme du Pouce. À droite, un vaste champ jaune de pissenlits, espèce récemment introduite et qui progresse rapidement aux dépens des azorelles et Acaena.

se détachent les sommets de la **péninsule Courbet,** le mont Crozier (979 m), puis les monts du Château (852 m) et les créneaux qui leur ont valu leur nom. Vers l'est se dévoilent ensuite le **plateau des Drumlins,** qui assure la transition avec la grande **plaine de Piedmont,** et la petite presqu'île du Prince de Galles. Quand se montrent enfin les radômes et les bâtiments de la base scientifique, le débarquement est imminent.

Géologie. Le golfe du Morbihan est grand de 750 km^2. Ses îles et îlots appartiennent aux parties externes, très érodées, des basaltes de plateaux dont le pendage est tourné vers le SE. La Passe Royale devrait son existence à un effondrement postérieur à 10 Ma dont une des failles limitantes, orientée E-O, marquerait la côte sud de la presqu'île du Prince de Galles. Ne dépassant pas 250 m d'altitude, les reliefs de cette presqu'île sont modestes. Ils se détachent néanmoins nettement au-dessus de l'isthme Bas qui les rattache à la Grande-Terre. Ce sont des produits phonolitiques (coulées massives prismées, dykes ou culots parfois associés à des ponces blanchâtres) vieux de 10 à 6 Ma. On retrouve ces formations phonolitiques ou trachytiques au S de la Passe Royale, au mont des Fées, où elles constituent les reliefs particuliers de la presqu'île Ronarc'h.

Port-aux-Français

Au fond du golfe du Morbihan, le site de Port-aux-Français (18 m) a été retenu pour établir la base scientifique en raison d'un climat relativement clément, de l'absence de reliefs et d'un accès maritime commode grâce à un mouillage abrité de la forte houle venant du sud. Ce curieux hameau du bout du monde jouit d'une vue imprenable sur les monts Ross ainsi que sur la presqu'île de Ronarc'h et ses dômes de phonolite. Il comprend

Au bout du monde, Notre-Dame du Vent et son clocher surmonté de la Croix de la Géophysique. *Face à la Passe Royale, en contre-haut des bâtiments de Port-aux-Français, l'église a été édifiée autour d'un autel fait d'un parallélépipède régulier de basalte de 2 m³ trouvé dans les environs.*

un petit port, une église (Notre-Dame du Vent), un restaurant à vue panoramique, des hangars métalliques et, depuis 2003, des logements en dur pour les hivernants. Les bâtiments sont édifiés sur des restes de coulées érodées de basalte (anciennes carrières), entourées de tourbières basses et de dunes sableuses (à sanidine) où des rongeurs ont élu domicile. De durées variables, diverses excursions peuvent être faites à pied à partir de la base.

Bien que la mer y soit un peu fraîche pour se baigner, l'**anse du Pacha** et sa plage de sable clair sont le but de promenade le plus proche. La marche fournit en outre une première occasion de se familiariser avec les *souilles* d'éléphants de mer, souvent camouflées par la végétation d'*Acaena,* qui sont parfois de véritables trous de boue ou d'eau boueuse dans lesquels on peut perdre des bottes, voire s'enfoncer profondément. Selon Aubert de La Rüe, ces bourbiers étaient appelés « suceuses » par les chasseurs d'éléphants de mer…

À l'est de Port-aux-Français, **la pointe des Cormorans** est le meilleur endroit pour faire la connaissance de ces oiseaux. Plusieurs familles y résident régulièrement sur un reste de platier basaltique. Vers le sud-est, les 5 km de la seule route goudronnée de l'archipel mènent à la station du Centre national d'études spatiales (CNES). Nul paysage grandiose ne se découvre en chemin. Les curieux

Des cormorans à l'anse du Pacha, face aux monts Ross.

remarqueront néanmoins l'aspect caractéristique de la plaine basse aménagée par des moraines, puis remaniées par un transport torrentiel.

Des vues plus complètes de ce milieu façonné par les glaciers sont procurées par une excursion à la **plage de Ratmanoff,** encore plus à l'est de Port-aux-Français, au bord de l'océan Indien, où résident **manchots** et **éléphants de mer** (pachas et harems observables en septembre et octobre). La plaine, traversée d'ouest en est, est une couverture de moraine de piedmont, les dépôts fluvio-glaciaires pouvant y atteindre 70 m d'épaisseur. Son altitude moyenne ne dépasse pourtant pas 30 m en raison de la remontée de la mer depuis la fin de la glaciation. Trois pitons hauts d'une centaine de mètres mais de nature très différente en émergent. Du sud au nord, ce sont le dôme trachytique du mont Bungay, le Peeper (un cône volcanique à enclaves de péridotites vieux de 1,2 Ma) et le mont Campbell (fait d'un conglomérat glaciaire). La plaine de Piedmont est agrémentée d'une multitude de lacs, d'étangs et de nombreux torrents dans lesquels peuvent être trouvées des agates presque polies (appelées localement *godons,* que les hivernants achèvent de polir avec des moyens de fortune). Jusqu'alors vierges de poissons, les pièces d'eau sont devenues très riches en truites depuis qu'un alevinage a été pratiqué dans les années 1970.

Parmi les excursions faciles, la plus intéressante est sans doute celle du **plateau des Drumlins** (mot irlandais désignant un relief laissé par la moraine de fond d'un glacier). Ce désert de galets émoussés rappelant les *regs* du Sahara est une grande plaine d'érosion que glaciers et torrents glaciaires descendant des montagnes de la péninsule

Le désert de pierres du plateau des Drumlins vu de la rivière de l'Otarie. Derrière le golfe du Morbihan, les sommets de la presqu'île Ronarc'h : Pain de Sucre, Wyville Thomson, Pouce et, à l'extrême droite, Trièdre.

Une éléphante, en haut, et, ci-contre, un éléphant de mer sur la plage de Ratmanoff.

Courbet ont abandonnée lors de leur retrait. Il est parsemé de petites dépressions souvent remplies d'eau, temporairement ou de façon permanente. Près de la limite des Drumlins, le chemin mène à la rivière du Sud où se trouvent de petites cascades. De là, il est possible de poursuivre jusqu'au val Studer ou de rentrer à Port-aux-Français par le rivage en faisant le détour par la cabane de la **pointe Molloy** (cabane, 5 heures A/R : vue sur le golfe).

La **presqu'île du Prince de Galles** est le but d'autres randonnées aisées, de quelques heures, faisables depuis Port-aux-Français. Plusieurs pistes gagnent le sud à partir de la station Géophy qui est proche de la base du CNES. L'une d'elle mène vite à la côte et continue jusqu'à l'isthme Bas (à l'ouest) puis grimpe sur la presqu'île du Prince de Galles qu'elle parcourt d'ouest en est jusqu'à la cabane de la pointe Suzanne (station géophysique). Par temps

dégagé, le chemin offre des vues sur la baie de l'Aurore australe (vers l'ouest), la Passe Royale (vers le sud), la baie Norvégienne (vers le nord). Au-delà, peuvent être également vus la péninsule Courbet, le golfe du Morbihan, le Pouce, le massif des Ross et la calotte de Cook. En contrebas vers le nord, des filons massifs de basalte forment des reliefs ruiniformes. Ces filons réapparaissent vers l'extrémité de la pointe Suzanne où ils renferment de nombreuses enclaves de péridotite et de pyroxénite.
À partir de l'isthme Bas, il est possible de longer la côte de la presqu'île du Prince de Galles et d'y observer trois espèces différentes de **manchots,** des **albatros** géants et fuligineux, ainsi qu'une importante colonie d'**otaries.** Au nord se succèdent plages et prairies caillouteuses en pente douce. Plus escarpé, le chemin du rivage Sud passe par la pointe Guite, la pointe des Chionis puis longe des falaises plus ou moins abruptes jusqu'à la pointe Suzanne. Par endroits se trouvent des roches sédimentaires contenant des fossiles de mollusques miocènes et des dents de requins, ainsi que des filons riches en enclaves de péridotites.

Situation. *Anse du Pacha:* continuer vers l'O après la chapelle sur le chemin menant à l'ancienne cave sismique, puis obliquer vers la plage en passant tourbières et petites dunes (1 heure A/R). *Pointe des Cormorans:* suivre le rivage vers l'E (30 minutes A/R). *Plage de Ratmanoff:* par tracteur (6 heures aller) ou à pied (10 heures aller). *Plateau des Drumlins:* suivre sur 5 km l'ancien chemin de la cabane (abandonnée) du limnigraphe (boucle via la pointe Molloy: 6 heures). *Val Studer:* poursuivre par la rivière du Sud jusqu'au refuge métallique du lac Supérieur (10 heures A/R). *Pointe Suzanne:* 7-8 heures A/R par voie directe (possibilité de dépose en tracteur à l'isthme Bas).

Val Studer

La villégiature du val Studer, haubanée pour résister au vent...

Cette vallée est nommée en l'honneur du géologue suisse Theophil Studer (1845-1922) qui trouva en 1874 les premières roches grenues dans l'archipel, sous forme de galets. À une heure de marche du plateau des Drumlins, un refuge (68 m) permet de passer la nuit dans la partie basse. Il est situé au bord du lac Supérieur, qui se prête à la pêche à la truite. En dépit de son confort spartiate, le refuge est un précieux gîte pour effectuer des randonnées

Le val Studer et, au fond, les Montagnes vertes bordées à gauche par la vallée du lac Supérieur et à droite par celle de la rivière du Sud ; au centre, la ravine où affleurent mica et enclaves de roches du manteau.

vers la côte nord de la péninsule Courbet ou ses plus hauts sommets. Juste à l'entrée du val Studer, des sources ferrugineuses émergent dans cette vallée en auge typique creusée au sein des basaltes de plateaux, donnant naissance à des mares rousses ou jaunâtres entourées d'*Acaena* et d'azorelles.

Les vallées des rivières du Sud et du Nord (« col » à 200 m d'altitude) mènent directement à la baie des Cascades et à l'**anse Betsy,** une plage de sable sombre bordée de basaltes de plateaux. Dans le cours supérieur de la rivière du Sud, les **Montagnes vertes** (716 m) et **les Mamelles** (584 m) se distinguent à l'ouest par leurs reliefs émoussés qui se dégagent au-dessus des basaltes de plateaux. Elles doivent leur forme à la nature grenue de leurs roches qui les a conduit à mieux résister à l'érosion que les basaltes. En position symétrique par rapport à la rivière du Sud, les **monts du Château** (852 m) peuvent aussi être gravis aisément pour profiter d'une vue sur toute la péninsule (et observer des enclaves de péridotite).

Enfin, la montée du **mont Crozier** est assez facile par le plateau de Tussok et les crêtes du mont Amery (800 m) que l'on gagne depuis le sud du val Studer. Une antenne relais pour les communications VHF a été installée à son sommet. Par temps clair, une magnifique vue est garantie sur la péninsule Courbet et les basses terres de l'est ainsi que, vers l'ouest, sur l'ensemble du plateau central et les monts Ross.

Géologie. Les roches grenues des Montagnes vertes vont des gabbros aux syénites. Par leur âge de 26 Ma, ces roches représentent le plus ancien

exemple de **complexe volcano-plutonique** de l'archipel. De 60 à 979 m d'altitude, les flancs du mont Crozier procurent un des plus beaux aperçus de l'archipel sur les basaltes de plateaux. L'empilement a un âge, allant de 25 à 24 Ma, qui témoigne de la rapidité de son édification. Ses laves sont typiques d'un point chaud, sans montrer une contribution de la ride médio-océanique qui s'était donc éloignée de ce dernier il y a au moins 25 Ma.
À partir du refuge, une courte marche conduit au ravin du Mica près duquel un filon de lamprophyre (particulièrement riche en enclaves de péridotites et de gabbros) comporte des **micas noirs** (biotite) grands de 1 cm qu'on retrouve dans les éboulis.

Situation. (temps donnés à partir du refuge) *Anse Betsy :* 10 heures A/R. *Montagnes vertes :* remonter juste face à la cabane, vers le N, la rivière du Sud, puis suivre à g. la rivière jusqu'à sa source (6 heures A/R). *Mont Crozier :* 10 heures A/R. *Ravin du Mica :* depuis le refuge, traverser le val Studer vers le N jusqu'à la vallée menant au mont du Château ; filon situé 30 m après un éboulis facile à escalader dans le premier petit vallon à g. dans la rivière du Sud, une centaine de mètres avant d'atteindre le ravin incorrectement nommé « du Mica » (1 heure A/R).

La traversée du golfe

Les presqu'îles Ronarc'h et Jeanne d'Arc sont souvent desservies par *L'Aventure* à partir de Port-aux-Français. Deux escales peuvent être faites au cours de la traversée du golfe du Morbihan : l'une, à l'île Haute, une réserve de mouflons séparée de la péninsule Courbet par le bras Karl Luyken ; l'autre à Port-Bizet, dans l'île Longue, entre les presqu'îles Ronarc'h et Jeanne d'Arc, où sont élevés les moutons dont la base fait un bon usage. Les deux îles sont constituées de basaltes de plateaux pendant légèrement vers le sud-est.

Le cordon du Halage des Naufragés, vu de la Tête d'Homme, devant un culot de phonolite érodé.

L'un des points de débarquement habituels est le **Halage des Naufragés,** un isthme sableux séparant la haute mer (baie Greenland) de l'intérieur du golfe du Morbihan (bras Bolinder). C'est un cordon partiellement morainique, large de quelques centaines de mètres, qui relie les presqu'îles Jeanne d'Arc et Ronarc'h. Les chasseurs de phoques et de baleines y passaient naguère du golfe à l'océan en traînant leurs gros canots. Sur la plage intérieure du halage ont été trouvés quelques vestiges (rames, poulies, mâts, etc.) de cette activité dont Port-Jeanne d'Arc fut le centre jusqu'à la fin des années 1920.

La presqu'île Ronarc'h

Juste au nord du halage, **la Tête d'Homme** (400 m) ne passe pas inaperçue. C'est un dôme émergeant des basaltes que l'érosion a taillé avec un surprenant souci de la figuration. Sur le versant nord de la Tête d'Homme, le refuge *Phonolite* a été aménagé (à 30 minutes du halage) dans la vallée éponyme.

Le plus beau point de vue de la presqu'île est naturellement procuré par le mont **Wyville Thomson** (937 m). Par temps clair, le panorama sur le golfe du Morbihan et la Passe Royale est exceptionnel de son sommet. Est aussi remarquable l'abondance des dômes qui sont venus se

La Tête d'Homme, vue depuis la baie Greenland.

Le Pouce, vu du sud, sur son cône de solifluxion.

mettre en place aux alentours. Le contraste entre la Tête d'Homme ou **le Pouce** (744 m), enveloppé dans un majestueux cône d'éboulis, témoigne des différences de morphologie qu'ils ont pu prendre. Ces dômes sont le but d'une autre longue randonnée menant jusqu'à Port-Douzième. En chemin se rencontrent en particulier le **mont du Bel Air** (654 m), **le Trièdre** (654 m), et le Pouce dont les silhouettes tranchent sur un fond de vieux basaltes érodés constituant un plateau de cailloutis basaltiques (altitude moyenne 250 m) rappelant aussi les *regs* désertiques du Sahara.

Quoique l'arbre soit aujourd'hui absent de l'archipel, d'intéressants vestiges attestent l'existence de forêts à une époque assez récente. Ils se trouvent dans une moraine haute de plus de 100 m située près de l'embouchure de la **rivière des Macaronis,** du côté du mont Rond et du cap Mac Lear, la pointe sud-est de la presqu'île. Ces **bois fossiles** sont des troncs et des branches d'arbres voisins d'*araucarias* (*Agathoxylon kerguelense*) et de cupressacées (*Cupressinoxylon antarcticum*). Ils ont été conservés sans se silicifier. La forêt a disparu il y a au moins 40 ka, victime de la glaciation du Würm. Quant à la rivière des Macaronis, son nom n'évoque pas des pâtes, mais une espèce de manchot (gorfou macaroni ou gorfou doré) dont une petite colonie est installée à son embouchure.

Géologie. Le fondement de la presqu'île Ronarc'h est constitué par des **basaltes de plateaux** dont l'altitude moyenne n'est que de 250 m ; leur âge varie de 22 à 20 Ma. À travers ces vieux empilements est venu s'installer le volcan du massif Wyville Thomson. Les laves très peu différenciées de ce bouclier tardif ont des âges compris entre 9,4 (± 0,2) et 6,7 (± 0,2) Ma qui sont semblables à ceux des dômes de phonolite. Comme ailleurs dans l'archipel, les glaciers n'ont pas plus ménagé ces dômes que les basaltes de plateaux. Il ne reste en effet qu'une grande protubérance de teinte gris-vert sur le versant du dôme qui s'était mis en place juste au N du site actuel du Halage des Naufragés...
La presqu'île Ronarc'h compte par ailleurs deux des trois **formations marines** fossilifères connues de l'archipel qui datent toutes du Miocène. La plus importante, de beaucoup, affleure entre 70 et 150 m dans les falaises du mont Rond à 2 km au S de la rivière des Macaronis. Sa présence à cette hauteur atteste que l'archipel n'a pas subi de subsidence notable.
Deux particularités minéralogiques peuvent enfin être notées. À mi-chemin entre le refuge et le sommet de la Tête d'Homme, du côté N, figure un petit filon circulaire de 6 m de diamètre de lamprophyre dans lequel se trouvent des cristaux noirs de **mica** (phlogopite) pouvant atteindre 3 à 4 cm^2 et de petites inclusions de carbonates provenant directement du manteau. Au col situé entre les monts Wyville Thomson et la Tour de Pise, ce sont des **clinopyroxènes** noirs de géométrie quasi parfaite, longs de quelques centimètres, que renferment des tufs jaunes ou rougeâtres.

Situation (durées données à partir du refuge de val Phonolite). *Mont Wyville Thomson :* remonter le val Phonolite, puis la ravine située entre le mont Rouge et la Tour de Pise, et enfin la crête gagnant le sommet (8 heures A/R). *Dômes :* en haut du val Phonolite, monter sur le plateau basaltique, puis contourner par l'ouest le massif du Wyville Thomson (6 à 8 heures, puis se faire récupérer par *L'Aventure* à Port-Douzième, face à l'île Suhm ; itinéraire inverse possible). *Bois fossiles :* s'éloigner du refuge vers l'est et longer les côtes de la baie Greenland (8 heures A/R).

La presqu'île Jeanne d'Arc

Port-Jeanne d'Arc, sur la passe de Buenos-Aires, bordé de basaltes de plateaux.

Du Halage des Naufragés, il est possible de monter au plateau des **Hauts de Hurlevent** (300 m environ), à l'est de la presqu'île Jeanne d'Arc et de profiter de belles vues sur la baie des Swains, les monts Ross, le Halage des Naufragés et le Plateau central, ainsi que, par temps clair, sur le golfe du Morbihan. Un autre but d'excursion est le **canyon des Sourcils Noirs,** situé à la pointe orientale de la presqu'île, où se trouve un refuge particulièrement confortable pour étudier les albatros (d'envergure atteignant 2,5 m) qui ont donné leur nom aux lieux. Une randonnée difficile de deux jours, sans refuge et sous des vents souvent violents, mène à la côte sud via le val du Levant et se poursuit de l'anse de l'Antarctique au Phare en passant par le val Gabbro, le cap des Aiguilles et le mont Tizard.

Une destination plus courante est **Port-Jeanne d'Arc.** Situé juste à l'est de l'isthme rattachant la presqu'île à la Grande-Terre par son extrémité nord-ouest, ce port est atteint en contournant l'île Longue vers le sud pour entrer dans la passe de Buenos-Aires. Bien avant que le site de Port-aux-Français ne devienne un mouillage, c'est cette passe qui procura aux phoquiers et baleiniers un abri d'une grande sûreté. En 1908, des Norvégiens aménagèrent un port, une station-atelier baleinière, des maisons, une école et même une bergerie. En 1909, ce petit village fit l'admiration de Rallier du Baty. « *Par je ne sais pas quel miracle* », se demanda-t-il, a été construit « *un certain nombre de baraques en bois de fort belle apparence, surtout dans un endroit tel que l'île de la Désolation ?* »

La présence de **lignite** à proximité put jouer dans le choix des lieux, mais la ressource n'avait ni la qualité ni la quantité nécessaire pour satisfaire les besoins de l'exploitation et ceux des navires à vapeur. Ces derniers transportaient donc leur charbon, qu'on retrouve encore en tas près des ateliers. Cette première installation périclita dès la fin des années 1920 en raison de chasses à la baleine décevantes et de la plus grande commodité offerte par les navires usines.

Port-Jeanne d'Arc a récemment fait l'objet d'une remise en valeur au titre de la conservation du patrimoine. Des bâtiments, de style nordique, ont été restaurés, l'un d'entre eux servant désormais de refuge. Bien que rouillés, des tonneaux métalliques rangés dans un ordre imparfait près

Un émouvant vestige de Port-Jeanne d'Arc, près du ravin du Charbon, où le combustible est présent en niveaux épais de 20 à 30 cm, apparaissant en creux sous les coulées mises au jour par des cascades.

de vieilles cuves et citernes semblent attendre leur embarquement. Les restes du quai en bois où accostaient les navires à voile ou à vapeur se reconnaissent également.

Géologie. Au SO de la presqu'île, la **baie Sauvage** mérite son nom : elle est bordée de falaises, hautes par endroits de 500 m, qui semblent avoir tranché net la montagne. Au NE, le rivage est en revanche plat, festonné d'innombrables anses et pointes soulignant les faibles irrégularités du relief. Cette forte dissymétrie de la presqu'île Jeanne d'Arc illustre particulièrement bien le basculement d'ensemble qui a affecté l'archipel il y a moins de 10 Ma. Comme sa voisine de Ronarc'h, la presqu'île Jeanne d'Arc est essentiellement faite de basaltes de plateaux. Ses altitudes plus élevées sont probablement dues à un effondrement d'ampleur moins important. Quant à sa plus faible abondance en dômes, elle n'est sans doute qu'apparente, une partie des dômes ayant pu ne pas percer les basaltes jusqu'aux niveaux actuellement mis au jour.

Près de Port-Jeanne d'Arc, du lignite a été exploité dans le **ravin du Charbon.** Sous forme de niveaux épais de 1 à 10 m, il est présent au sein d'une formation puissante de 150 m constituée de conglomérats de roches volcaniques (basaltes et trachytes) où des coulées de basalte sont également intercalées. Ces conglomérats témoignent d'une érosion intense pendant des périodes répétées d'interruption de l'activité volcanique entre 20 et 10 Ma. La phase suivante fut explosive, comme l'attestent les tufs et brèches trachytiques déposés sur 50 m d'épaisseur au-dessus des conglomérats et l'existence de nombreux dômes de la même lave vieux de 20 Ma au plus. Dans la partie supérieure de la falaise de la vallée des Neiges, que surplombe le mont du Refuge (614 m), les coulées de basaltes formant le plateau de Port-Jeanne d'Arc jusqu'à 150 m d'altitude datent du vaste épisode effusif qui eut lieu entre 26 et 22 Ma. Noter enfin qu'un filon de basalte remarquable par sa quantité d'**enclaves de péridotites** et de gabbros se trouve au pied SO du dôme Rouge, un pointement de trachyte situé près de Port-Jeanne d'Arc.

Situation. Depuis le halage, *plateau de Hurlevent:* 6 heures A/R. *Canyon des Sourcils Noirs:* 5 heures aller. De Port-aux-Français, *Port-Jeanne d'Arc:* 2 à 3 heures par le chaland ou *La Curieuse.* De Port-Jeanne d'Arc, *ravin du Charbon:* à 15 minutes vers le S ; *dôme Rouge:* 1 heure A/R vers l'O.

Le Plateau central

La côte nord

Le **Plateau central** se terminant au fond du golfe du Morbihan, le point de débarquement le plus proche de Port-aux-Français se trouve au fond de l'**anse de Saint-Malo** qui marque la limite occidentale de la péninsule Courbet. Un chalet inhabituellement confortable, le refuge Raymond, y a été installé. Il sert en particulier aux chasseurs qui régulent les populations de rennes du plateau et de mouflons de l'île Haute. Un autre refuge fut longtemps utilisé par les scientifiques, car l'anse de Saint-Malo permet un passage rapide entre le golfe du Morbihan et la côte nord via l'isthme du Lac, mettant **Port Kirk** et le cap Allaire à 2 heures de marche environ.

De Port Kirk, qui se distingue par sa plage de sable blanc, une belle randonnée faite en restant en haut des falaises longe le Havre du Beau Temps et se poursuit vers le mont de la Solitude et le lac Bontemps pour se terminer au **val Travers** et à ses bains chauds. À partir de l'extrémité occidentale du Havre du Beau Temps, on peut alternativement gagner **Port-Couvreux,** au fond du golfe des Baleiniers, dans la partie orientale de la presqu'île de la Grye. Ce site fut le siège d'une tentative de colonisation quand, dans le cadre de la concession de l'archipel accordée aux frères Bossière, quatre bergers s'y installèrent en 1912. Un millier de moutons furent expédiés des îles Malouines, mais beaucoup périrent au

À Port Kirk, des bûches vieilles de 30 Ma sous une cascade.

cours de la traversée avant que la Première Guerre mondiale ne mette un terme à l'aventure. Une seconde tentative échoua également en 1922, en grande partie à cause de pâturages inappropriés. Le refuge actuel de Port-Couvreux est un vestige des bâtiments de cette époque.

Géologie. L'anse de Saint-Malo montre une belle série de **basaltes de plateaux** pendant légèrement vers le NE. Les plages de **sable blanc** de Port Kirk et de l'anse Sablonneuse, sur la côte N, sont constituées de feldspath potassique (sanidine), chose assez rare aux Kerguelen où l'omniprésence des basaltes conduit à une prédominance de sables sombres (à pyroxènes et olivine). Quand ils sont présents, les feldspaths de sable proviennent des laves différenciées (trachyte, phonolite) émises il y a moins de 1 Ma dans le massif des monts Ross ou lors d'épisodes très explosifs de type plinien survenus au N de la péninsule Rallier du Baty il y a moins de 30 ka.
Le petit golfe de Port Kirk s'est également créé dans des basaltes de plateaux bien stratifiés. Dans les niveaux vieux de 30 Ma, ces coulées ont la particularité remarquable de renfermer des **bois fossiles** (*araucarias*) qu'elles ont aplatis par leur propre poids. On les trouve aussi bien à l'E qu'à l'O (à la Grande Bastide) de Port Kirk. Malgré leur âge vénérable, ces bois sont dans un état de conservation remarquable : ils n'ont pas été silicifiés de sorte qu'ils sont encore susceptibles de brûler ! Sur la côte E de l'anse et dans les basaltes du fond de la plage, des filons de basaltes riches en très gros felsdpaths potassique blancs (1 à 2 cm) comportent parfois de grandes quantités d'enclaves provenant du manteau et de la croûte profonde.

Situation. *Anse de Saint-Malo :* à 2 heures de *Port-aux-Français* par bateau. *Port-Couvreux :* à 10 heures aller de l'anse. *Val Travers :* à 10 heures aller de l'anse.

Petits volcans et bains chauds

Un autre point de débarquement est situé près de l'endroit où le **lac d'Armor** se déverse dans un fjord qui rejoint

Les sources chaudes du val Travers.

Le lac d'Armor, surmonté d'une belle série de basaltes stratifiés.

un peu au sud la passe de Buenos-Aires, entre l'île Longue et la presqu'île Jeanne d'Arc. En raison de ce déversoir, le lac d'Armor fut employé comme station d'alevinage de truites et saumons dans les années 1950. La station a été fermée au début des années 1990 en raison de coûts de production trop élevés, mais l'*omble des fontaines* qui avait été introduit a eu le temps de se faire appeler *omble de Kerguelen*...

À proximité, le **volcan du Diable** (315 m) est un cône strombolien typique au cratère égueulé vers le sud-ouest qui domine de 215 m un plateau désolé. Son ascension est aisée. Du haut de ses scories sombres se dévoile une vue à ne pas manquer sur le Ross, qui est tout proche au sud-ouest, et sur les parties nord et ouest du Plateau central. Un peu plus vers l'ouest, le **puy Saint-Théodule** (366 m) est autre volcan strombolien dont le cône est bien régulier. De son sommet, il offre une perspective un peu différente sur les mêmes reliefs. Son sommet abonde en bombes volcaniques dont beaucoup sont en fuseau.

Les **bains chauds** du **val Travers** sont une curiosité d'un genre différent. Découverts tardivement en 1978, ces bains offrent des eaux à 70 °C. Sourdant sur les pentes douces du mont de la Tourmente, celles-ci y ont creusé plusieurs petites vasques dont la température diminue progressivement par dilution avec les eaux de ruissellement. Un refuge permet d'en faire l'objet de randonnées durant de 3 à 4 jours, à partir de Port-aux-Français, ou de 1 à 2 journée(s) seulement, selon l'itinéraire et le temps plus ou moins beau, à partir de plusieurs points de débarquement (Larmor, Bossière, anse de Saint-Malo).

Le flanc nord du volcan du Diable reposant sur les basaltes de plateaux. Au premier plan, le lac Noir, à gauche, et le lac d'Argoat, à droite.

Géologie. Le volcan du Diable et le puy Saint-Théodule sont deux des plus jeunes volcans du Plateau central. Tous deux sont des appareils adventifs stromboliens du massif des monts Ross. Le volcan du Diable est âgé d'environ 1 Ma. Sur les basaltes de plateaux, il a d'abord déposé des cendres, des tufs et des brèches produits par une activité phréatomagmatique. Les niveaux de tufs jaunes, palagonitiques, sont particulièrement développés sur le flanc sud où l'érosion a sculpté des grottes. Sur cette base, un volcan strombolien s'est ensuite édifié et a émis vers le SO une coulée de basalte bien visible. Le tout a enfin été soumis à l'érosion glaciaire qui a en particulier accentué l'égueulement du cratère.

Vieux de 1,0 (± 0,07) Ma, le puy Saint-Théodule a connu une histoire semblable. Un épisode phréotomagmatique initial ayant laissé des tufs jaunes a été suivi par une éruption strombolienne au cours de laquelle des scories se sont accumulées. Le dépôt de pyroclastites s'est produit à l'air libre, dans une zone non englacée. Les éléments basaltiques ont pris des formes cordées ou en bombes fuselées. Les blocs, lapilli et les scories sont intimement mêlés aux tufs friables.

Aux bains chauds, les eaux sourdent des basaltes de plateaux du mont de la Tourmente. Elles indiquent l'existence d'un corps magmatique en profondeur dont la présence est aussi révélée par de nombreux dykes de trachyte dans le val Daniel, dans le massif du Petit et du Grand Ballon, et au nord de la baie Irlandaise.

Situation. *Lac d'Armor:* débarquement après 2 heures de bateau à partir de Port-aux-Français. *Volcan du Diable:* à 2,5 km au sud du déversoir du lac d'Armor. *Puy Saint-Théodule:* à 2 h 30 à l'O du volcan du Diable; chemin plus court à partir du fond l'anse du Radioléine, dans la baie des Swains. *Val Travers* (attention ! traversée de nombreuses rivières) : sur la berge NE du lac, partir en direction du fjord Henri Bossière (où se trouve un autre refuge), suivre les berges du lac Yseult puis celles du lac Tristan, rejoindre le lac de Courmayeur et le val d'Aoste, d'où une descente abrupte par un éboulis mal consolidé conduit au val Travers (au moins 10 à 12 heures aller, avec bivouac possible au lac Courmayeur) ; bains situés à mi-pente 10 minutes au sud du refuge, au pied du mont de la Tourmente ; autre possibilité, débarquer de *La Curieuse* au déversoir du lac Bontemps, dans la baie Irlandaise, suivre la rive O du lac et remonter ensuite le val Travers vers le SO à partir du pied du mont de la Tourmente (2 heures aller).

La pointe nord de l'archipel

La péninsule Loranchet

Les côtes de la presqu'île Loranchet forment un grand cap au nord-ouest de l'archipel. Bien qu'elles soient quasi inaccessibles à partir de Port-aux-Français par voie de terre, il est possible d'en découvrir le fort contraste entre les faces occidentales et orientales lorsque le *Marion Dufresne* fait le tour de l'archipel. Le long des premières se succèdent de petites anses bordées de hautes falaises. Du côté oriental se suivent, du nord au sud, les longs fjords des baies de la Dauphine, Clémenceau et de Recques, qui ne sont pas loin de tronçonner la péninsule en véritables îles. Plus au sud, la baie du Brise-Lames procure effectivement à *La Curieuse* un mouillage tranquille. La large baie Blanche s'enfonce ensuite pour enserrer les **monts de la Société de géographie** (1 081 m), le troisième **massif volcano-plutonique** de l'archipel, dont les sommets sont couverts de neiges éternelles. Au sud-ouest, ces monts ont pour voisins le volcan Guynemer (1 088 m) et le mont Mermoz (910 m) qui possèdent tous deux des **glaciers** figurant parmi les plus beaux de l'archipel.

Le *Marion Dufresne* et *La Curieuse* se rendent parfois dans la célèbre **baie de l'Oiseau.** La possibilité se présente alors de mettre pied à terre à Port-Christmas où mouillèrent la seconde expédition de Kerguelen et la troisième de Cook. C'est en ces lieux que, le 2 janvier 1893, l'équipage de l'*Eure* vint reprendre officiellement possession de l'archipel au son de 21 coups de canon. Rallier du Baty posa également

Tournée vers les Tables de Vergennes (616 m), un des sommets de la presqu'île Foch, une vallée glaciaire des monts de la Société de Géographie sous le ciel ténébreux de la façade occidentale de l'archipel. Sur la gauche, des syénites de ce massif plutono-volcanique.

pour la première fois pied sur l'archipel dans cette baie. Plus chanceux que les compagnons de Kerguelen, il put dès ce jour-là découvrir la splendeur d'une lumière trop souvent chiche de ses feux. « *Les murailles lisses qui nous dominaient étaient noires comme du charbon*, écrivit-il, *silencieuses comme une forteresse du royaume des morts, terribles à première vue dans leur menaçante majesté, bien que non dépourvues d'ombres, de lumières et de couleurs surprenantes. Car le soleil, qui se couchait sur l'île comme nous entrions dans la baie, avait rempli le ciel de rouges et d'ors glorieux, qui se réfléchissaient avec une beauté magique sur les eaux lisses à l'abri des rochers. Ses rayons baignaient les murs de basalte d'une couleur intense, qui miroitait sur leurs facettes comme si ces éperons déchiquetés étaient veinés d'or. Ils donnaient une curieuse douceur à quelques rochers ronds, semblables à des coussins destinés au repos de quelque déesse, en inondant d'autres d'un faible éclat de pourpre et embrasant les ombres profondes qui s'allongeaient entre les crêtes.* »

Comme pour marquer la solennité attachée à ce lieu, la baie est bordée d'un côté par la haute **Table de l'Oiseau** (403 m) et de l'autre par le **mont Havergal** (552 m), et elle est signalée de loin par les immenses piliers de l'**arche des Kerguelen.** L'arche s'est malheureusement effondrée il y a une centaine d'années. Il ne subsiste que deux colonnes de basaltes stratifiés, hautes d'une cinquantaine de mètres, au pied desquelles est installée une très importante colonie de manchots royaux. Il reste aussi bien des légendes et récits d'aventures qu'a inspirés l'allure étrange d'une arche perdue à l'extrémité d'un archipel mystérieux...

Géologie. La **Table de l'Oiseau** est un neck de basalte âgé de 28 Ma d'un diamètre de 400 m qui s'est mis en place à travers les vieux basaltes de plateaux. À la manière d'une phonolite, ce basalte prismé, riche en olivine et en enclaves de péridotites, se débite en dalles. La table a son homologue de l'autre côté de la baie avec **le Sphynx** (350 m), situé en contrebas du mont Havergal, qui est quant à lui constitué de basaltes de plateaux bien stratifiés. On y trouve des niveaux de **lignite** épais de plusieurs décimètres dans lesquels se reconnaissent des fragments de troncs d'une des espèces d'*Araucarioxylon* (une famille de grands conifères). Les troncs situés à la base de la série basaltique ont des âges compris entre 30 et 25 Ma.
Au fond de la baie Blanche, **Port Matha** se distingue aisément par de vastes taches très claires au milieu des basaltes sombres. Ce sont des coulées de **rhyolites** et de trachytes dont les produits d'altération, des arènes, se déposent çà et là sur les basaltes de plateaux. De telles laves très différenciées existent également au ravin du Bol du Punch du Diable du côté N de Port Matha, et au fond de la baie de Recques (col des Mécaniciens, pointe Muséum, Grand Couloir, mont Lacroix).

La baie de l'Oiseau : sur les traces de Kerguelen et de Cook

Qui arrive du nord, poussé par les vents d'ouest, parvient d'abord aux côtes de la presqu'île Loranchet. En les approchant en 1772, Kerguelen ne vit pas que ces rivages austères n'annonçaient que des terres désolées. Il préféra voir en elles les portes du nouvel eldorado que représentait pour lui le continent austral. Quand il arriva à son tour dans l'archipel en 1776, Cook ne put souffrir de cette illusion. Le hasard voulut qu'il jetât l'ancre dans la baie où les Français avaient débarqué le 4 janvier 1774 lors de leur deuxième expédition. Cette baie reçut ainsi deux noms différents. Solution élégante, les deux noms ont été conservés : **Port-Christmas** est désormais la petite anse située au fond de la **baie de l'Oiseau.**
À la différence des officiers de Kerguelen, qui y firent une brève halte, les marins de Cook y séjournèrent plusieurs jours. Le site donna alors lieu à l'un des plus jolis épisodes de l'histoire des expéditions maritimes. Cook en fit lui-même le récit dans le journal de son troisième voyage à la date du 27 décembre 1776 :

Les piliers de l'ancienne arche des Kerguelen, au nord-est de la baie de l'Oiseau, vus du mont Havergal.

« *L'équipage avait beaucoup travaillé les deux jours précédents,* consigna Cook, *il avait achevé de remplir nos futailles à un ruisseau que la grève présentait à notre gauche ; et le 27 je permis aux matelots de se reposer, et de célébrer la fête de Noël. La plupart d'entre eux descendirent à terre, et firent des courses à l'intérieur du pays, ils ne rencontrèrent que des montagnes extrêmement stériles et d'un aspect affreux. L'un d'eux me rapporta le soir une bouteille, qu'il avait trouvée attachée avec un fil d'archal* [de laiton], *sur un rocher qui s'avance en saillie au côté septentrional du havre. Cette bouteille renfermait un morceau de parchemin, sur lequel on lisait l'inscription suivante :*

"Ludovico XV galliarum
rege. et D. de Boynes,
regi a Secretis ad res
maritimas, annis 1772 et
1773."

Cette inscription prouve clairement que d'autres Navigateurs avaient abordé dans ce havre avant nous. Je supposai qu'elle avait été laissée par M. de Boisguehenneuc, qui descendit à terre, avec un canot, le 13 février 1772, le jour même où M. de Kerguelen découvrit cette terre. Cette descente est en effet marquée dans la*

*Cook confondit les deux expéditions françaises en notant 1772 alors que le parchemin mentionnait 1772 et 1773.

Carte française de l'hémisphère austral, publiée l'année suivante. Afin de laisser un Monument de notre séjour dans ce havre, j'écrivis, de l'autre côté du parchemin :

"Naves Resolution
& Discovery,
de Rege Magnae Britanniae
Decembris 1776."

Je le remis dans la bouteille, avec une pièce de deux sous d'argent, frappée en 1772, et après avoir couvert le goulot d'un chapeau de plomb, je la plaçai, le lendemain, au milieu d'un monceau de pierres, que nous élevâmes, pour cet objet, sur une petite colline, qui est au côté septentrional du havre, et près de l'endroit où elle fut trouvée : elle sera sûrement aperçue de tous les Navigateurs qui aborderont à cette baie, par hasard ou à dessein. J'y arborai le pavillon de la Grande-Bretagne, et je donnai le nom de Havre de Noël au lieu où mouillaient nos vaisseaux. »

La bouteille n'a jamais été revue. Le rocher de Prise de Possession constitue un petit promontoire, haut de 5 m, à la base de la série basaltique. C'est un fragment d'une coulée de dolérite (une roche intermédiaire entre basalte et gabbro), vieille de 29,8 Ma. En 1939, la marine nationale y a édifié une pyramide de nationalité.

La baie de l'Oiseau, sous un soleil dont Kerguelen ne put bénéficier... À droite, la Table de l'Oiseau s'élevant au-dessus des basaltes de plateaux.

La géologie des Kerguelen en résumé. En haut, de la glace, le stratovolcan des monts Ross, les basaltes de plateaux de la pyramide Branca (905 m) et un fjord vus de l'île Guillou (golfe du Morbihan).
En bas, des fragments de roches volcano-plutoniques déposés au fond de la vallée des Chicanes, qui entaille elle-même les basaltes des plateaux de la péninsule Rallier du Baty. Au loin, bordant la baie de la Table, le mont Château Gaillard (541 m).

Glossaire

Comme toute discipline, la volcanologie a son jargon. Il est naturellement inutile d'en connaître tous les termes. Le glossaire qui suit est conforme à la nomenclature internationale actuelle. Sans être exhaustif, il inclut des termes qui sont d'usage courant dans la littérature géologique et pétrologique. D'autres renseignements seront trouvés dans l'indispensable *Dictionnaire de géologie* d'A. Foucault et J.-F. Raoult (Dunod, Paris, 2005). Pour l'étymologie, qui est indiquée entre crochets, on pourra aussi consulter les dictionnaires latin-français et grec-français usuels ainsi que les dictionnaires de la langue française.

A

Aa : terme hawaiien (voir graton).

Acide : se dit de roches comportant plus de 65 % de silice (et moins de 15 % au total d'oxydes de magnésium MgO, calcium CaO et fer FeO), dans lesquelles le quartz est généralement présent. C'est un terme à éviter, ayant pour origine l'idée ancienne, et erronée, selon laquelle les silicates proviendraient de condensations de l'acide silicique (H_4SiO_4). Préférer « felsique ».

Affleurement : lieu où une roche donnée est observable à la surface du sol.

Amphiboles (du gr. *amphibolos*, « ambigu ») : famille de minéraux aluminosilicatés, en prismes, aiguilles ou fibres, de couleur bleue, vert clair, noire ou surtout brune dans les roches volcaniques, de formule chimique simplifiée $[Ca, Na]_2^{-3}[Mg, Fe, Al]_5 [Si, Al]_8O_{22}[OH]_2$, et comportant de l'ordre de 1,5 % d'eau en poids.

Andésite : (lave des Andes) roche volcanique comportant typiquement de 53 à 65 % de silice (en poids), et formée principalement de feldspaths (plagioclases), de pyroxènes et d'une pâte à grain très fin ou vitreuse.

Arc volcanique : ceinture de volcans formés à l'aplomb d'une zone de subduction, en milieu océanique ou continental.

Asthénosphère (du gr. *asthenos*, « sans résistance », et *sphaira*, « sphère ») : partie du manteau située sous la lithosphère, ayant un comportement mécanique de corps visqueux, à l'intérieur de laquelle les roches subissent un très lent mouvement de convection qui provoque le déplacement des plaques lithosphériques sus-jacentes.

Atoll (aux Maldives, *atolu*) : île en forme d'anneau, édifiée par des récifs coralliens, entourant un lagon.

Avalanche de débris : glissement de terrain affectant le flanc d'un volcan, les débris entraînés se déposant au pied de l'édifice.

B

Basalte (du lat. *basaltes*, origine éthiopienne ?) : roche volcanique comportant typiquement de 44 à 53 % de silice (en poids), et formée principalement de feldspaths (plagioclases) et de pyroxènes, accessoirement d'olivines et de spinelles, avec des proportions variables de verre ; équivalent volcanique du gabbro.

Basanite (du gr. *basanes*, « pierre de touche ») : basalte pauvre en silice contenant des feldspathoïdes (néphéline, leucite ou haüyne), généralement en cristaux non visibles à l'œil nu.

Basique : se dit de roches comportant moins de 53 % de silice et plus de 20 % au total d'oxydes MgO, CaO et FeO. Terme à éviter ; préférer « mafique ».

Bombe (du lat. *bombus*) : fragment pyroclastique de diamètre supérieur à 64 mm ; ex. : bombe en fuseau, ou bouse de vache (aplatie sur une face en retombant au sol à l'état pâteux).

Brèche volcanique : roche produite par consolidation et cimentation de cendres, lapilli, bombes ou fragments de laves, et pouvant aussi inclure des fragments de roches du socle.

C

Calcite (du lat. *calcis*, « chaux ») : forme la plus courante du carbonate de calcium.

Caldeira (en portugais, « chaudière ») : vaste dépression, plus ou moins circulaire, produite par explosion violente ou par effondrement du toit d'une chambre magmatique superficielle ; elle se forme généralement après des éruptions mettant en œuvre quelques kilomètres cubes ou plus de magma.

Carbet : grande case collective des Indiens caraïbes.

Cendre (du lat. *cinis*) : particule solide de moins de 2 mm de diamètre formée par refroidissement de plus petites gouttes de magma ou, parfois, par la pulvérisation de roches préexistantes due à une explosion.

Chambre magmatique : réservoir souterrain où du magma s'accumule lors de sa remontée vers la surface, les chambres plus superficielles se vidangeant lors d'une éruption.

Cheminée (du lat. *caminus*, « âtre ») : conduit par lequel le magma gagne la surface à partir d'une chambre magmatique.

Cheveu de Pélé (divinité hawaiienne du feu) : mince filament de lave produit par étirement de gouttelettes de magma projetées en l'air à très grande vitesse dans les hautes fontaines de lave d'éruptions hawaiiennes.

Chromite (du gr. *khroma*, « couleur ») : oxyde de chrome (Cr_2O_4) de la famille des spinelles.

Cinérite (du lat. *cinis*, « cendre ») : roche produite par consolidation et cimentation de cendres.

Cône d'éclaboussures (en anglais, *spatter cone*) : petit cône édifié par des fragments d'une lave très fluide qui s'accumulent autour de points de sortie lors d'éruptions hawaiiennes.

Conglomérat (du lat. *cum*, « avec », et *glomus*, « pelote ») : roche formée de fragments d'autres roches cimentés ensemble ; les conglomérats sont de deux sortes, brèches ou poudingues, selon que ces fragments ont une forme respectivement anguleuse ou arrondie.

Cordée : se dit d'une lave fluide, dont la surface est lisse, drapée, cordée, etc.

Cratère (du gr. *krater*, « vase ») : dépression, généralement située au sommet d'un volcan, qui représente un point de sortie de magma, autour duquel s'accumulent des produits émis, ou résulte d'effondrements et d'explosions causés par les éruptions.

Cristallisation fractionnée : processus par lequel les composants les plus réfractaires d'un magma cristallisent les premiers, en laissant un magma résiduel plus riche en silice que la roche nouvellement formée.

Croûte (du lat. *crusta*) : enveloppe externe de la Terre, séparée du manteau supérieur par la discontinuité de Mohorovicic, ayant une épaisseur de 7 à 12 km sous les océans, et de 30 à 70 km sous les continents ; la croûte a une composition proche de celle des granites en milieu continental, et de celle des basaltes en milieu océanique.

Cryptodôme (du gr. *kruptos*, « caché ») : dôme formé par une remontée de magma, juste au-dessous de la surface, qui soulève ainsi les roches superficielles.

Culot (de *cul*, « fond » et du lat. *culus*, « culotte ») : bouchon de lave ou de brèches à l'extrémité d'une cheminée volcanique.

D

Dacite (de la Dacie) : andésite à quartz.

Déferlante basale : nuée constituée de gaz chauds et de fragments de lave et de roches s'écoulant radialement, de manière turbulente, à partir d'un cratère d'explosion.

Dégazage : processus par lequel les volatils s'échappent d'un magma, quand la pression diminue, pour s'individualiser sous forme de bulles de gaz.

Dôme (du gr. *dôma*, « maison ») : monticule de roches formé au-dessus de la cheminée du volcan par accumulation d'un magma trop visqueux pour pouvoir s'écouler.

Dyke (en anglais, « digue ») : filon de roches ignées, généralement subvertical, formé par refroidissement d'un magma qui s'est mis en place dans une fissure créée dans les roches cassantes de la croûte ; un dyke gagnant la surface est une cheminée.

E

Écoulement pyroclastique : voir nuée ardente.

Effusive (du lat. *effundere*, « répandre ») : se dit d'une activité volcanique dominée par l'émission de laves liquides.

Ejecta (mot latin) : ensemble des matières solides émises par un volcan.

Entablement (terme d'architecture) : partie supérieure d'une coulée de lave dont la prismation est chaotique, reposant sur une colonnade de primes réguliers (orgues) située à la base de la coulée et parfois surmontée d'une fausse colonnade de petits prismes.

Explosive : se dit d'une activité volcanique dominée par des explosions, dues à de violentes détentes des gaz magmatiques, qui provoquent l'émission de pyroclastes.

F

Feldspath (de l'allemand *feld*, « champ » et *spath*, « cristal, cristal des champs ») : aluminosilicate de sodium et de potassium (*feldspaths alcalins*, de formule chimique [Na, K]$AlSi_3O_8$) ou de sodium et de calcium (*plagioclases*, de formule chimique [NaSi, CaAl]$AlSi_2O_8$), de couleur claire.

Feldspathoïdes : famille d'aluminosilicates alcalins, comprenant en particulier la néphéline ($NaAlSiO_4$) et la leucite ($KalSi_2O_6$), ne pouvant en principe être présents dans une roche qu'en l'absence de quartz ou d'une autre forme cristalline de la silice.

Felsique : (de feldspath et silice) roche comportant plus de 65 % de silice. Préférer ce terme à « acide ».

Fiamme (en italien, « flamme ») : inclusion en forme de flamme de chandelle caractéristique des ignimbrites consolidées, vestige des ponces qui se sont consolidées à chaud.

Fissure volcanique : ouverture linéaire par laquelle s'épanchent des magmas, pouvant localement former de petits cônes avec cratères.

Fluidale : se dit d'une texture marquée par des alignements de cristaux, de bulles ou de débris dus à l'écoulement d'une lave visqueuse.

Fontaine de lave : projection en l'air continue d'un mélange de gaz et d'un magma fluide à haute température.

Fragmentation : processus par lequel les bulles de gaz en assez grande abondance dans un magma (déjà présentes ou venant de s'individualiser) se dilatent rapidement et coalescent pour former un violent jet gazeux dans lequel le magma se retrouve divisé en fragments en arrivant à la surface.

Fumerolle (de l'italien *fumarolo*, « orifice de cheminée ») : émanation volcanique gazeuse de haute température.

Fusion partielle : processus par lequel les composants les moins réfractaires d'une roche fondent les premiers, en laissant une roche résiduelle plus pauvre en silice que le magma formé.

G

Gabbro (du nom d'un village de Toscane) : roche ignée grenue, de couleur vert-noir, mouchetée de blanc, constituée principalement de plagioclases et de pyroxènes, et formée par refroidissement lent d'un magma basaltique en profondeur.

Géotherme (du gr. gê, « terre », et *thermos*, « chaud ») : augmentation de la température avec la profondeur ou la pression en un endroit donné ; synonyme de gradient géothermique.

Géothermie : chaleur de la terre ; par extension, étude des propriétés thermiques de la terre, particulièrement dans les zones où le géotherme est anormalement élevé.

Geyser (en islandais, « jaillissement ») : mélange d'eau chaude (en général assez fortement minéralisée) et de vapeur émis par intermittence en panache dans une zone géothermique.

Gradient géothermique : voir géotherme.

Granite (de l'italien *granito*, « grenu ») : roche ignée grenue, de teinte claire (de blanc à gris, rouge ou bleuté), comportant de 66 à 75 % de silice, et formée essentiellement de quartz et de feldspaths alcalins.

Graton : élément d'une coulée de lave, typiquement de quelques décimètres de taille, dont la surface est rugueuse, déchiquetée ou scoriacée.

Grenat (du lat. *grenate*, « grenade ») : minéral de densité élevée ayant une forme de cube tronqué, en général brun ou rouge, de formule chimique simplifiée $(Ca, Mg, Fe)_3Al_2Si_3O_{12}$.

Grenue : se dit d'une roche à gros grains comme un granite ou un gabbro, dont les minéraux sont jointifs et visibles à l'œil nu.

Grès (du francique *greot*, « gravier ») : roche constituée principalement de grains de quartz cimentés. **Grès de plage :** par extension, terme appliqué à un sable de plage dont tous les éléments sont calcaires.

H

Haüyne (dédiée à R. J. Haüy) : feldspathoïde sodi-calcique de teinte bleue.

Hawaiienne : se dit d'une éruption effusive, mettant en jeu des fontaines de lave.

La proportion de lave s'accumulant autour des points de sortie est inférieure à 2 %.

Hawaiite : roche de composition et minéralogie intermédiaires entre celles des trachyte et basalte, comportant souvent de grands cristaux de plagioclase (appelée *roche pintade* à La Réunion).

Hornito (en espagnol, « petit four ») : monticule s'édifiant à la surface d'une croûte de lave avec des paquets de lave projetés par le magma sous-jacent en mouvement (parfois appelé volcan sans racine).

Hyaloclastite (du gr. *hualos*, « verre », et *klastos*, « brisé ») : brèche formée de débris de verre volcanique fragmenté de façon non explosive par contact avec de l'eau, de la glace ou des sédiments saturés en eau.

Hydrovolcanisme : voir phréatomagmatisme.

I

Igné (du lat. *igneus*, « enflammé ») : produit par le feu.

Ignimbrite (du lat. *ignis*, « feu », et *imbris*, « pluie ») : roche souvent claire, consolidée ou non, formée par dépôt massif de cendres et de ponces transportées sur de grandes distances par un aérosol volcanique.

Intermédiaire : se dit des roches comportant de 50 à 65 % de silice, et donc intermédiaires entre roches felsiques (« acides ») et mafiques (« basiques »).

Inversion de relief : processus par lequel des laves (le plus souvent basaltiques) qui se sont épanchées au fond d'une vallée se retrouvent en surplomb et forment en fin de compte un plateau quand l'érosion a préférentiellement attaqué, sur les bords de la coulée, un substratum plus altérable.

KL

Ka : abréviation de kilo-années ou millier(s) d'années.

Lagon (en espagnol, *laguna*) : étendue d'eau de mer limitée par des récifs coralliens.

Lahar (terme indonésien) : coulée de boue fortement chargée en débris rocheux empruntant des vallons et vallées de pente assez forte pour en assurer la descente sur les flancs d'un volcan.

Lapilli (du lat. *lapis*, « pierre ») : fragment pyroclastique de diamètre compris entre 2 et 64 mm.

Lave (de l'italien *lava* et du lat. *labes*, « éboulement ») : magma plus ou moins dégazé émis en surface par les processus volcaniques.

Lave en coussins : lave très rapidement refroidie au contact d'eau, vitrifiée en surface, adoptant alors un débit en forme de coussins (*pillow-lava*, en anglais).

Liquidus : température à laquelle la fusion se termine (au chauffage) ou la cristallisation commence (au refroidissement) pour une substance qui, comme une roche ou un magma, n'est pas un corps pur.

Lithosphère (du gr. *lithos*, « pierre », et *sphaira*, « sphère ») : enveloppe superficielle de la Terre, épaisse d'une centaine de kilomètres, constituée de la croûte et de la partie externe du manteau supérieur, et divisée en plaques ayant un comportement mécanique de corps rigide se déplaçant sur un substratum plastique, l'asthénosphère.

M

Ma : abréviation de million(s) d'années.

Maar (terme d'origine allemande, de la région de l'Eifel où ont été décrits les maars) : cratère formé lors d'une éruption phréatomagmatique violemment explosive, beaucoup plus large que haut, souvent en dépression par rapport à la topographie environnante (et donc pouvant être ensuite occupé par un lac).

Mafique (de magnésium et fer) : se dit d'une roche comportant moins de 50 % de silice, constituée de minéraux riches en magnésium et en fer ; préférer ce terme à « basique », qui décrit en pratique les mêmes roches.

Magma (lat. d'origine gr., « résidu ») : bain fondu généralement constitué de silicates (rarement, de carbonates) et formé par fusion partielle de roches profondes ; un magma charrie généralement des inclusions solides ou gazeuses et donne soit des roches volcaniques, en arrivant en surface, soit des roches plutoniques (ou intrusives), si le refroidissement a lieu en profondeur.

Magnétite (du lat. *magnes*, « aimant ») : oxyde de fer (Fe_3O_4) de la famille des spinelles, aux fortes propriétés magnétiques.

Manteau (du lat. *mantus*) : enveloppe de la Terre, formée essentiellement de silicates, située sous la croûte et au-dessus du noyau. Sur la base de différences de densité et de vitesses de propagation d'ondes sismiques, on distingue un manteau *supérieur*, jusqu'à une profondeur de 400 km, une *zone de transition*, jusqu'à 670 km, et un manteau *inférieur* qui s'étend jusqu'à 2 900 km.

Mégabloc : grande masse rocheuse glissant dans une vallée sans se fragmenter lors de l'effondrement du flanc d'un volcan.

Mésozoïque : voir secondaire (ère).

Micas (en lat., « parcelle ») : vaste famille de minéraux hydratés se présentant sous forme de paillettes brillantes, blanches, beiges ou noires ; les deux plus importants membres de cette famille sont la muscovite (blanche, de formule chimique $K_2Al_4[Si_6Al_2O_{20}](OH, F)_4$), qui est fréquente dans les granites et les roches métamorphiques, et la biotite (noire, de formule $K(Mg, Fe_3)[Si_3AlO_3](OH, F)_2$), qui est courante à la fois dans les laves felsiques et les roches métamorphiques.

Microlite (du gr. *mikros* et *lithos*, « toute petite pierre ») : petit cristal invisible à l'œil nu, le plus souvent de feldspaths, à l'aspect de baguette et qui se forme lors du refroidissement rapide d'une lave.

Minéral (du lat. médiéval *mineralis*) : corps solide, très généralement cristallin, parfois vitreux, constituant élémentaire d'une roche.

Mofette (en italien *mofetta*, « gaz nocif », du lat. *muffa*, « moisissure ») : exhalaison de gaz carbonique (CO_2) à température ambiante.

Mont Saint Helens : volcan de l'Ouest américain, exemple modèle des éruptions explosives marquées par l'écroulement d'un vaste pan de l'édifice volcanique et la projection de cendres sur de très grandes distances.

Morne (de l'espagnol *morro*, « monticule ») : aux Antilles, nom donné aux montagnes de forme arrondie.

N

Neck (en anglais, « cou ») : masse de lave ou de brèches volcaniques, de forme généralement conique ou cylindrique, située à l'aplomb d'un point de sortie du magma.

Nodule : fragment de roche se trouvant en enclave dans une autre ; une péridotite dans un basalte, par exemple.

Nuée ardente : masse de gaz chauds maintenant en suspension des débris pyroclastiques et s'écoulant à très grande vitesse le long des flancs d'un volcan sous la forme d'un nuage turbulent.

O

Obsidienne (en lat., « pierre d'Obsius ») : verre volcanique de couleur sombre, de composition souvent rhyolitique et parfois trachytique.

Océanite : basalte riche en grands cristaux d'olivine ayant précipité avant éruption dans une chambre magmatique.

Olivine (olive) : silicate ferromagnésien, de formule chimique simplifiée $(Mg, Fe)_2SiO_4$.

P

Pahoehoe : terme hawaiien (voir cordé).

Palagonite (de Palagonia, en Sicile) : mélange complexe de minéraux principalement apparentés aux argiles et aux zéolites, formé par action de l'eau sur un verre volcanique, et constituant la matrice de brèches dont la teinte peut aller de jaune à vert ou gris.

Panache : masse de matière chaude remontant à l'intérieur de la Terre en raison de sa densité plus faible que celle des roches environnantes.

Panache éruptif: nuée, soumise à l'action des vents, où se mêlent gaz (vapeur d'eau majoritaire) et cendres.

Péléenne (en référence à la montagne Pelée) : se dit d'une éruption violemment explosive, caractérisée par l'extrusion d'un dôme de laves très visqueuses et l'émission de nuées ardentes.

Péridot (fr. *péritot,* origine inconnue) : nom donné aux variétés gemmes de minéraux dont les membres les plus importants sont les olivines.

Péridotite (de péridot) : roche grenue, jaune sombre ou vert-noir, pauvre en silice, constituée principalement d'olivines, accompagnées de pyroxènes ferromagnésiens, et aussi de grenats et de spinelles, formant l'essentiel du manteau supérieur de la Terre ; par altération, les péridotites donnent des serpentines.

Périglaciaire (du gr. *peri,* « autour », et glacier) : se dit des conditions physiques et climatiques qui prévalent autour des régions couvertes par des glaciers.

pH : paramètre physico-chimique rendant compte du caractère acide, neutre ou basique d'une solution selon que sa valeur est, respectivement, inférieure, égale ou supérieure à 7.

Phonolite (du gr. *lithos* et *phonê,* « pierre qui résonne ») : roche volcanique caractérisée par une teneur élevée en oxydes alcalins par rapport à celle de la silice, constituée de feldspaths et de feldspathoïdes, à la cassure grasse et la patine blanchâtre, se débitant en dalles qui émettent un son clair quand on les frappe.

Phréatique (éruption) : explosion due à une violente détente de vapeur d'eau produite par réchauffement d'une nappe phréatique par le magma sous-jacent.

Phréatomagmatisme (du gr. *phreas,* « puits ») : ou hydrovolcanisme, activité volcanique due à l'interaction d'eaux d'infiltration avec un magma, conduisant à des dépôts où fragments et débris des roches encaissantes se trouvent intimement mêlés.

PK : point kilométrique ; encore en vigueur sur certaines pancartes même s'il est aujourd'hui remplacé par le PR, ou point repère (N. B. : la distance entre deux PR n'est pas forcément 1 km).

Plagioclase (du gr. *plagios*, « oblique », et *klasis*, « cassure ») : feldspath sodi-calcique.

Planèze (du lat. *planus*) : plateau faiblement incliné et au contour approximativement triangulaire, produit par d'abondants épanchemenst de basalte entaillés par des vallées.

Plinienne (en référence à Pline le Jeune) : se dit d'une éruption explosive caractérisée par une émission intense de cendres et de scories pouvant retomber à des distances de quelques dizaines de kilomètres du volcan.

Point chaud : région du manteau terrestre, de profondeur sans doute très variable, où prend naissance un très vaste panache de matière et de chaleur. La fusion partielle qui se développe en son sein au cours de sa lente remontée vers la surface produit des laves basaltiques. Pour les panaches provenant de la frontière entre noyau et manteau, le volcanisme est actif durant des périodes atteignant des dizaines de millions d'années. Les points chauds sont en général nommés d'après la zone volcanique active en surface qui leur est associée (ex. : points chauds de La Réunion, du Macdonald en Polynésie)

Ponce (du lat. *pumex*, « pierre ponce ») : roche essentiellement vitreuse et très peu dense en raison d'une vésicularité élevée, souvent de composition felsique.

Porphyrique (du gr. *porphyra*, « pourpre ») : se dit d'une roche ignée comportant de grands cristaux disséminés dans une pâte vitreuse ou microcristalline.

Pouzzolane (de l'italien *pozzolana*, de Pozzuoli, ville proche de Naples) : scorie ayant acquis une couleur rougeâtre à la suite d'une oxydation du fer par l'air à des températures de l'ordre de 600 °C ; de composition trachytique dans la région de Naples, ailleurs généralement proches de celle des basaltes.

Précambrien : première ère géologique, débutant il y a 4,55 milliards d'années lors de la formation de la Terre et se terminant plus de 4 milliards d'années plus tard au Cambrien.

Primaire : se dit d'un magma ayant subi peu de transformations (cristallisation fractionnée ou contamination par d'autres roches) depuis sa formation en profondeur par fusion partielle d'une péridotite du manteau.

Primaire (ère) : ou Paléozoïque, première ère des temps fossilifères, ayant suivi le Précambrien et duré de 540 à 251 Ma.

Prismation (du gr. *prizein*, « scier ») : débit en prismes acquis au cours du refroidissement d'une lave.

Pyroclaste (du gr. *pyros*, « feu », et *klastos*, « brisé ») : ou débris pyroclastique, terme général désignant tous les débris (cendres, lapilli et bombes) projetés par voie aérienne au cours d'une éruption.

Pyroclastite : ou roche pyroclastique, formée par consolidation de pyroclastes.

Pyroxène (du gr. *xenos*, « étranger », et *pyros*, « feu ») : silicate ferromagnésien noir de formule chimique simplifiée $(Ca, Mg, Fe)_2Si_2O_6$, constituant des basaltes et des andésites.

Q

Quartz (terme allemand, du saxon *querkluftertz*, « minerai en veine recoupant ») : composant majeur des granites et principale espèce cristalline sous laquelle se présente la silice (SiO_2) ; généralement blanc ou dépourvu de couleur, parfois violet (améthyste), jaune (citrine), rose ou gris-noir, rarement altéré et ayant un lustre vitreux.

Quaternaire : dernière période des temps fossilifères ayant débuté il y a 1,8 Ma ; ne se distinguant pas nettement du Tertiaire, elle fut introduite pour marquer l'émergence de l'homme qu'on place désormais bien plus tôt, dans le Miocène.

R

Réfractaire : se dit d'une substance qui fond à des températures élevées.

Rhyolite (du gr. *rhuô*, « couler », « pierre qui coule ») : roche volcanique blanche, jaune, rouge ou verte, comportant typiquement plus de 68 % de silice et constituée principalement de verre, de quartz et de feldspaths ; équivalent volcanique du granite, se formant par petits épanchements de lave ou par consolidation de grandes nappes de ponces.

Roche (du lat. *rocca*) : constituant du sous-sol formé d'un assemblage de minéraux. Une roche « ignée » est formée par refroidissement d'un magma. Une roche est dite « métamorphique » si elle a subi un ou plusieurs épisode(s) de déformation et de recristallisation à l'état solide. Elle est « sédimentaire » si elle s'est formée par consolidation de sédiments généralement déposés en milieu aqueux.

S

Sanidine (dérivé savant du gr. *sanis* et *idos*, « planche » par analogie de forme) : forme du feldspath potassique ($KAlSi_3O_8$) stable aux plus hautes températures, qu'on trouve donc dans les roches volcaniques.

Scorie (du gr. *skôria*, « écume de fer ») : fragment de lave, à la surface irrégulière, fortement vacuolaire et donc peu dense.

Secondaire (ère) : ou Mésozoïque, seconde ère des temps fossilifères, ayant duré de 251 à 65 Ma.

Sédiments (du lat. *sedimentum*, « dépôt ») : particules minérales et organiques transportées par les eaux (ou les vents) et s'accumulant par gravité au fond d'une mer ou d'un lac ou encore d'un creux du relief.

Silicate : minéral dont la trame est formée d'oxygène (O) et de silicium (Si) dans laquelle viennent s'incorporer les autres éléments chimiques. Par ordre d'abondance, ce sont l'aluminium (Al), le calcium (Ca), le magnésium (Mg), le sodium (Na), le fer (Fe) et le potassium (K)… dans la croûte ; ce sont le magnésium, le fer, l'aluminium, le calcium… dans le manteau supérieur.

Silice (du lat. *silex*) : dioxyde de silicium (SiO_2), existant sous plusieurs formes cristallines ; la plus commune est le quartz, mais les formes stables aux plus hautes températures, la cristobalite et la trydimite, ne sont pas rares dans les roches volcaniques.

Sill (terme anglais) : filon généralement horizontal de roches ignées, formé lors du refroidissement d'un magma qui s'est généralement mis en place entre des strates de roches encaissantes.

Solfatare (de Solfatara, près de Naples) : exhalaison gazeuse, principalement de gaz carbonique (CO_2) et hydrogène sulfuré (H_2S), se produisant dans des fissures ou des vasques de boues chaudes et accompagnées de dépôts de soufre.

Solidus : température à laquelle la fusion commence (au chauffage) ou la cristallisation se termine (au refroidissement) pour une substance qui, comme une roche ou un magma, n'est pas un corps pur.

Solifluxion : glissement du sol se produisant à la manière d'un très lent écoulement.

Spinelles (de l'italien *spinella*, du lat. *spina*, « épine ») : famille de minéraux dépourvus de silicium, denses, opaques ou de couleur sombre, se présentant comme les grenats sous forme de cubes tronqués ; le spinelle au sens strict ($MgAl_2O_4$), la hercynite ($FeAl_2O_4$), la magnétite (Fe_3O_4) et la chromite ($FeCr_2O_4$) sont quelques-uns des membres importants de cette famille, les deux derniers ayant une grande importance économique.

Stratovolcan : volcan formé par des alternances de couches de lave et de débris pyroclastiques.

Strombolien (de Stromboli, volcan italien des îles Éoliennes) : qualifie un type d'éruption légèrement plus violent que celles de type hawaiien, marqué par des quantités plus importantes de cendres et de scories qui édifient un cône en retombant autour de la cheminée.

Subduction (du lat. *sub*, « dessous », et *ducere*, « tirer ») : processus par lequel une plaque lithosphérique s'enfonce sous une autre.

Surtseyen (de Surtsey, île islandaise, nommée en l'honneur de Surtur, gardien mythique du feu) : type d'éruption où le magma parvient à la surface au fond d'une mer ou d'un lac ; dans les brèches produites par la fragmentation intense de la lave qui en résulte, la matrice vitreuse se transforme en un mélange complexe de minéraux appelé « palagonite ».

T

Tectonique des plaques : théorie élaborée dans les années 1960 pour expliquer, dans un même cadre, la formation des chaînes de montagnes, la dérive des continents (proprement rebaptisée « expansion océanique »), la sismicité et le volcanisme. Selon cette théorie, la chaleur profonde de la Terre, provenant principalement de la désintégration des éléments naturellement radioactifs (comme l'uranium, le thorium et le potassium), est le moteur de l'activité géologique. Cette chaleur induit en effet un lent mouvement de convection des roches du manteau, qui est lui-même la cause directe de la création des plaques lithosphériques (le long d'immenses chaînes volcaniques sous-marines), du déplacement de celles-ci, et de leur destruction dans les zones de subduction ; la formation des montagnes résulte alors de collisions entre plaques ; la sismicité dépend des déformations subies par les plaques durant leur mouvement ; le volcanisme naît de la fusion partielle des roches du manteau.

Téphra (en gr., « cendre ») : terme désignant tous les types de laves fragmentées au cours d'éruptions pyroclastiques, quelle qu'en soit la granulométrie (cendres, lapilli, bombes).

Téphrite (du gr. *tephra*, « cendre ») : roche felsique caractérisée par la présence de felsdpath (plagioclase) et de feldspathoïdes (néphéline et/ou leucite).

Tertiaire (ère) : autrefois définie comme la troisième ère des temps fossilifères, c'est désormais, de 65 à 1,8 Ma, la première partie du Cénozoïque qui se termine par le très court Quaternaire (de 1,8 Ma à l'actuel).

Texture (du lat. *textura*, « tissu ») : arrangement mutuel des minéraux et des vésicules d'une roche.

Tholéiite (de Tholey, nom de lieu allemand) : parmi les variétés de basaltes, la plus riche en silice, émise en particulier dans les rides médio-océaniques.

Trachy-andésite : roche de composition et minéralogie intermédiaires entre celles des trachyte et andésite.

Trachy-basalte : voir hawaiite.

Trachy-phonolite : roche de composition et minéralogie intermédiaires entre celles des trachyte et phonolite.

Trachyte (du gr. *trakhus*, « raboteux ») : lave à grain fin, de couleur grise, comportant de 58 à 66 % de silice et constituée principalement de feldspaths (alcalins et plagioclases) dans une pâte microcristalline où le verre est peu abondant.

Trapp (en suédois, « escalier ») : empilement de coulées basaltiques d'origine fissurale couvrant des milliers de kilomètres carrés sur des épaisseurs cumulées de 2 000 à 3 000 m.

Trémor volcanique (en lat., « tremblement ») : secousses sismiques continues produites par le mouvement d'un magma dans la chambre magmatique et les conduits volcaniques.

Tsunami (en japonais, « longue vague dans un port ») : vagues de grande hauteur (raz-de-marée) produites quand une partie de l'énergie d'un tremblement de terre ou d'une éruption volcanique est communiquée à l'océan ou à un grand lac.

Tuf volcanique (de l'italien *tufo*, du lat. *tofus*, « pierre spongieuse et friable ») : roche produite par consolidation et cimentation de cendres ou de lapilli, de couleur souvent jaune pâle, parfois rose. N. B. : à ne pas confondre avec d'autres sortes de tufs, telles des roches crayeuses très tendres.

Tunnel de lave : cavité, d'un diamètre de quelques mètres et de longueur pouvant atteindre plusieurs kilomètres, laissée au sein d'une coulée par la vidange d'un chenal dans lequel s'écoulait le magma.

UV

Ultrabasique : se dit couramment de roches comportant moins de 45 % de silice et plus de 40 % au total d'oxydes MgO, CaO et FeO, bien que le terme « ultramafique » doive être préféré (voir acide).

Verre (du lat. *vitrum*) : substance solide dépourvue de forme propre (et d'ordre atomique, à l'échelle microscopique), produite quand le refroidissement d'un magma est assez rapide pour que des minéraux ne puissent pas cristalliser.

Vésicule (du lat. *vesica*, « vessie ») : cavité produite dans une roche volcanique par une bulle de gaz présente dans le magma avant ou au cours de l'éruption.

Vésicularité : proportion (en volume) des vésicules présentes dans une roche.

Viscosité (du lat. *viscum*, « glu ») : grandeur physique caractérisant la résistance à

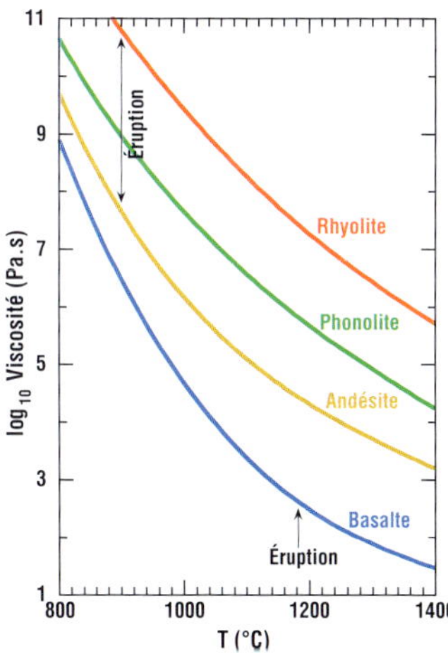

Viscosité de quelques types de laves en fonction de la température. À la même température, les différences de viscosité entre laves ne sont pas considérables (N. B. : une unité de l'échelle logarithmique employée représente un facteur 10). Les éruptions mettant en jeu des laves différenciées sont néanmoins beaucoup plus explosives, principalement parce qu'elles se produisent à des températures plus basses que les éruptions basaltiques.

l'écoulement d'une substance quand celle-ci est soumise à une contrainte (unité SI : pascal seconde). Par comparaison, la viscosité de l'eau liquide est environ 1 millième de Pa.s et celle des miels de 100 à 10000 Pa.s.

Volatils (du lat. *volatilis*, « qui vole ») : substances qui, telles l'eau (H_2O), le gaz carbonique (CO_2), l'acide chlorhydrique (HCl) ou encore l'oxyde de soufre (SO_2), ne restent dissoutes dans un magma qu'à des pressions élevées, et sont donc relâchées sous forme gazeuse au cours d'une éruption. N. B. : de l'eau peut néanmoins être incorporée dans des minéraux, comme les amphiboles et les micas, lorsque ceux-ci cristallisent à des pressions élevées.

Volcan (de Vulcano, volcan italien des îles Lipari) : édifice formé par épanchement de laves ou accumulation de pyroclastes ; on distingue les volcans *annulaires* (les plus courants en milieu continental, avec un édifice de type conique) et *fissuraux* (à l'origine, par exemple, des fameux trapps du Deccan, et formant en milieu océanique les dorsales sous-marines).

Volcan bouclier : volcan essentiellement édifié par empilement de coulées de laves fluides.

Vulcanien (de Vulcain) : type d'éruption à caractère explosif plus modéré que celui des éruptions pliniennes, édifiant un appareil principalement constitué de pyroclastes.

XZ

Xénolithe ou xénolite (du gr. *lithos* et *xenos*, « pierre étrangère ») : fragment de roche profonde remonté vers la surface par un magma, présent en inclusion dans une lave.

Zéolites (du gr. *zein*, « bouillir » et *lithos*, « pierre ») : vaste famille de minéraux aluminosilicatés comportant en leur sein de grands canaux dans lesquels des molécules d'eau viennent s'insérer ; l'analcime, de formule (Si_2Al_6]NaH_2O, est une zéolite assez commune dans les basaltes.

Bibliographie et compléments de lecture

Généralités

Bardintzeff J.-M., *Volcanologie*, Dunod, Paris, 2000.

Bourdier J.-L. (coord.), *Le volcanisme*, BRGM Éditions, Orléans, 1994.

Foucault A. et Raoult J.-F., *Dictionnaire de géologie*, Dunod, Paris, 2005.

Francis P., *Volcanoes, A Planetary Perspective*, Oxford University Press, Oxford, 1993.

Juteau T. et Maury R.C., *Géologie de la croûte océanique. Pétrologie et dynamique endogène*, Masson, Paris, 1997.

Kornprobst J. et Laverne C., *Les volcans, comment ça marche ?* Éd. scientifiques GB et BRGM Éditions, Paris, 2002.

Larouzière F.-D. de, *Dictionnaire des roches d'origine magmatique et des météorites*, BRGM Éditions, Orléans, 2001.

Mercalli G., *I Vulcani attiviti della Terra*, U. Hoepli, Milan, 1907.

Morello N. (ed.), *Volcanoes and History*, Brigatti, Gênes, 1998.

Rançon J.-P. et Graviou P., *Curiosités géologiques de Mayotte*, Éd. du Baboab et BRGM Éditions, Orléans, 2006.

Richet P. et coll., *Guide des volcans de France*, Belin/BRGM Éditions, Paris, 2003.

Sigurdsson H., Houghton B.F., McNutt S.M., Rymer H. et Stix J. (eds), *Encyclopedia of Volcanoes*, Academic Press, San Diego, 2000.

Smith W.H.F. et Sandwell D.T., « Global sea floor topography from satellite altimetry and ship depth soundings », *Science*, 227, p. 1956-1962, 1997.

Partie I

Une histoire des volcans de mer

Al-Idrisi [Edresi], *Géographie* [*Amusement pour qui désire parcourir les différentes parties du monde*], trad. P.A. Jaubert, Paris, Imprimerie Royale, 1837.

Aristote, *Du Ciel*, trad. P. Moraux, Les Belles Lettres, Paris, 1965.

Branagan D.F., « Streams of fire, burning mountains, pumice and volcanic activity at no very remote period. Volcanism in the Australasian region: the search for understanding to 1860 » dans *Volcanoes and History*, Morello N. (ed.), Brigatti, Gênes, 1998.

Buache P., *Carte physique de la Grande Mer: ci-devant nommée Mer du Sud Pacifique, avec la représentation de ce que l'on conjecture sur la mer Glaciale Antarctique*, dressée et presentée à l'Académie des sciences le 5 Septembre 1744 ; gravée par Desbruslins père, 1757.

CROZET J., *Nouveau voyage à la Mer du Sud : commencé sous les ordres de M. Marion… & achevé, après la mort de cet officier, sous ceux de M. le chevalier Duclesmeur*, Barrois l'aîné, Paris, 1783.

CUVIER G., « Éloge historique de Desmarest lu le 16 mars 1818 » dans *Recueil des éloges historiques*, Firmin Didot, Paris, 1861, vol. 2, p. 137-162.

DARWIN C., *The Structure and Distribution of Coral Reefs, being the first part of the geology of the voyage of the Beagle under the command of Capt. Fitzroy, R.N. during the years 1832 to 1836*, Smith, Elder and Co., Londres, 1842.

DUPUGET, J.-A., « Coup-d'œil rapide sur la physique générale et la minéralogie des Antilles », *Journal de Physique, de chimie et d'histoire naturelle*, 18, p. 43-60, 1796.

DU TERTRE J.-B., *Histoire générale des Antilles habitées par les Français*, T. Jolly, Paris, 1667-1671.

FLACOURT E. de, *Relation de la grande île Madagascar contenant ce qui s'est passé entre les Français et les Originaires de cette île depuis l'an 1642 jusqu'en l'an 1655, 1656, 1657, composée par le sieur de Flacourt, directeur de la Compagnie française de l'orient et Commandant pour sa Majesté dans ladite île & aux îles adjacentes*, (Nicolas Oudot, Troyes, 1661) rééd. Grandidier A., Charles-Roux J., Froideveaux H. et G. Grandidier, *Collection des ouvrages anciens concernant Madagascar*, tome IX, Paris, Union coloniale, 1920.

FORSTER J.R., *Observations made during a Voyage round the World, on Physical Geography, Natural History and Ethic Philosophy*, G. Robinson, Londres, 1778.

GONZALES DE LAZA G., cité par A. Lacroix dans « Composition minéralogique et chimique des laves des volcans de l'océan pacifique situés entre l'équateur et le tropique du Capricorne, le 175° de longitude ouest et le 165° de longitude est », *Mémoires de l'Académie des sciences de l'Institut de France*, 63, 1936-1939 (1941).

LABAT J.B., *Nouveau voyage aux isles de l'Amérique contenant l'histoire naturelle de ces pays : l'origine, les mœurs, la religion & le gouvernement des habitans anciens et modernes ; Les guerres et les Evenemens singuliers qui y sont arrivez pendant le long séjour que l'Auteur y a fait ; Le commerce et les manufactures qui y sont établies, & les moyens de les augmenter – Avec une description exacte et curieuse de toutes ces isles*, P. Husson, La Haye, 1724.

LACROIX A., *La Montagne Pelée et ses éruptions*, Masson, Paris, 1904.

LACROIX A., « La constitution lithologique des îles de la Polynésie australe », *Mémoires de l'Académie des sciences de Paris*, 5, p. 1-80, 1927.

LAPORTE D., Rapaille C. et Provost A., « Wetting angles, equilibrium melt geometry and the permeability threshold of partially molten crustal protoliths », dans *Granite: From Segregation of Melt to Emplacement Fabrics*, dir. par J.-L. Bouchez, D.H.W. Hutton et W.E. Stephens, Kluwer, Amsterdam, 1997.

LIPMAN P.W et coll., « The 1980 eruptions of Mount St. Helens », *U.S. Geological Survey Professional Paper* 1250, 1981.

LONDON J., « Contes des mers du Sud », dans *Jack London* (tome 2) : *romans maritimes et exotiques*, coll. Bouquins, Robert Laffont, Paris, 1985 (trad. de *South Seas Tales*, Macmillan, Londres, 1911).

DE MAUPERTUIS P.-L. Moreau, *Lettre sur le progrès des sciences*, Berlin, 1752.

ORDINAIRE C.N., *Histoire naturelle des volcans : comprenant les volcans soumarins, ceux de boue et autres phénomènes analogues*, Levrault frères, Paris, 1802.

Raspe R.E., « A letter containing a short account of some basalt hills in Hassia », *Philosophical Transactions of the Royal Society of London*, 61, 2e partie, p. 580, 1771.

de Rochefort C., *Histoire naturelle et morale des iles Antilles de l'Amérique enrichie de plusieurs belles figures & des raretés les plus considérables qui y sont décrites, avec un vocabulaire Caraïbe*, Reinier Leers, Rotterdam, 1681.

Ren Y., Stutzmann E., Van der Hilst R. et Besse J., « Understanding seismic heterogeneities in the lower mantle beneath the Americas from seismic tomography and plate tectonic history », *Journal of Geophysical Research*, vol. 112, BO1302, doi m:10.1029/2005JB004154, 2007.

Richet P., « Nicolas Desmarest et l'origine volcanique des basaltes », *Travaux du comité français d'histoire de la géologie*, 17, p. 81-98, 2003.

Robin B., Pétron C. et Rives C., *Les coraux : Nouvelle-Calédonie, Tahiti, Réunion, Antilles*, Les éd. du Pacifique, Paris, 1997.

Salvat B. et Rives C., *Le corail et les récifs coralliens*, éd. Ouest-France, Rennes, 2003.

Taillemite É., *Les découvreurs du Pacifique, Bougainville, Cook, Lapérouse*, Découvertes Gallimard, Paris, 1984.

Partie II

Les volcans de la France d'outre-mer

Les Antilles

Adélaïde-Merlande J. et Hervieu J.-P., *Les volcans dans l'histoire des Antilles*, Karthala, Paris, 1996.

Allard-Saint-Albin A., *Bouquets d'îles entre mer et océan : Géologie régionale de la Martinique*, Desormaux, Fort-de-France, 2005.

Andréieff P. et coll., « Histoire géologique de la Martinique (Petites Antilles) : biostratigraphie (foraminifères), radiochronologie (potassium-argon), évolution volcano-structurale », *Géologie de la France*, n°2-3, p. 39-70, 1988.

Boudon G., Dagain J., Semet M.P. et Westercamp D., *Massif volcanique de la Soufrière (département de la Guadeloupe, Petites Antilles)*, Éd. du BRGM, Orléans, 1988.

Boudon G. et Semet M.P., « Similitudes et différences de l'histoire volcanologique des édifices antillais français actifs : montagne Pelée (Martinique) et Grande Découverte (Guadeloupe) », *Rapport quadriennal du Comité national français de géodésie et de géophysique*, p. 73-82, 1995.

Bouysse P., « Aperçu géologique des Antilles françaises », *Géologues*, n° 139, p. 4-12, 2003.

Bouysse P. et Westercamp D., « Effets de la subduction des rides océaniques sur l'évolution d'un arc insulaire : l'exemple des petites Antilles », *Géologie de la France*, n°2-3, p. 3-38, 1988.

Céloron de Blainville P., lettre « Sur un volcan qui a fait éruption entre la Guadeloupe et Marie-Galante », *C. R. Académie des sciences*, t. 16, p. 142-143, 1843.

Chanca D.A., « Second voyage de Christophe Colomb », dans *Relation des quatre voyages entrepris par Christophe Colomb pour la découverte du Nouveau-monde de 1492 à 1504*, don de Navarrete M.F., trad. Chalumeau de Verneuil et de la Roquette T.F.A., Treuttel et Würtz, Paris, 1828.

CHRÉTIEN S. et BROUSSE R., *La Montagne Pelée se réveille, Comment se prépare une éruption cataclysmique*, Boubée, Paris, 1988.

CONTOUR S., *Saint-Pierre (Martinique), tome II : La catastrophe et ses suites*, Éditions caribéennes, Fort-de-France, 1989.

CONTOUR S., *Guadeloupe, Martinique dans les revues illustrées du XIXe siècle*, S. Contour, Paris, 1996.

CORZANI J., « La fortune littéraire de la "catastrophe de Saint-Pierre". Entre commémoration et mythification, le jeu des idéologies » dans *Les catastrophes naturelles aux Antilles. D'une Soufrière à l'autre*, Yacou A. (sous la dir.), Karthala-CERC, Paris, 1999.

DAUPHITE M., *Saint-Pierre avant et après*, Éditions du centre d'art musée Paul Gauguin, St-Pierre, 2000 [comprend un guide de visite des ruines].

DUPUGET, J.-A., « Coup-d'œil rapide sur la physique générale et la minéralogie des Antilles », *Journal de Physique, de chimie et d'histoire naturelle*, 18, p. 43-60, 1796.

DU TERTRE J.-B., *Histoire générale des Antilles habitées par les Français*. T. Jolly, Paris, 1667-1671.

FEUILLARD M., ALLÈGRE C.-J., BRANDEIS G., GAULON R., LE MOUEL J.-L., MERCIER J.-C., POZZI J.-P. ET SEMET M. P., « The 1975-1977 crisis of La Soufrière de Guadeloupe (FWI): A still-born magmatic eruption », *Journal oj Volcanology and Geothermal Research*, vol. 16, p. 317-334, 1983.

FREEMAN E.W., description de l'éruption de la Pelée publiée dans le supplément du 17 mai 1902 du journal *The Sphere*, Londres.

GARAUD L., *Trois ans à la Martinique. Étude de mœurs – Paysages et croquis – Profils et portraits*, Alcide Picard et Kaan, Paris, 1895.

GERMA A. ET QUIDELLEUR X., *Temporal Evolution of the northern volcanism of Martinique Island (Lesser Antilles, France)*, VMSG 2007 Winter meeting, Oxford, 2007.

HEILPRIN A., *Mount Pelee and the Tragedy of Martinique, A study of the great catastrophes of 1902, with observations and experiences in the field*, J.B. Lippincott Co, Philadelphie, 1903.

HEILPRIN A., *The Tower of Pelee, New Studies of the Great Volcano of Martinique*, J.B. Lippincott Co, Philadelphie, 1904.

HENRY M., « Sur l'éruption volcanique du 8 mai à la Martinique », *C. R. Académie des sciences*, 135, 71-72, 1902.

JACQUES D. et MAURY R.C., « L'archipel des Saintes (Guadeloupe, Petites Antilles) : géologie et pétrologie », *Géologie de la France*, n°2-3, p. 89-99, 1998.

JEREMINE E. et MICHEL-LÉVY A., « Alfred Lacroix », *Bulletin Volcanologique*, 10, p. 173-189, 1950.

LABAT J.B., *Nouveau voyage aux isles de l'Amérique contenant l'histoire naturelle de ces pays : l'origine, les mœurs, la religion & le gouvernement des habitans anciens et modernes ; Les guerres et les Evenemens singuliers qui y sont arrivez pendant le long séjour que l'Auteur y a fait ; Le commerce et les manufactures qui y sont établies, & les moyens de les augmenter – Avec une description exacte et curieuse de toutes ces isles*, P. Husson, La Haye, 1724.

LACROIX A., *La Montagne Pelée après ses éruptions, avec observations sur les éruptions du Vésuve en 79 et 1906*, Masson, Paris.

LACROIX A., *La Montagne Pelée et ses éruptions*, Masson, Paris, 1904.

LE FRIANT A., *Les déstabilisations de flanc des volcans actifs de l'arc des Petites Antilles : origines et conséquences*, thèse de l'université Paris 7, 2001.

LEPOINTE É., « Le réveil du volcan, la Soufrière en 1976, la population guadeloupéenne à l'épreuve du danger » dans *Les catastrophes naturelles aux Antilles. D'une Soufrière à l'autre*, Yacou A. (sous la dir.), Karthala-CERC, Paris, 1999.

LOUBAT B et PISTOLESI-LAFONT A., *La Soufrière : à qui la faute ?* Presses de la Cité, Paris, 1977.

PERRET F.A., *The eruption of Mount Pelée 1929-1932*, Carnegie Institution of Washington publication 458, Washington, D.C., 1935.

DE ROCHEFORT C., *Histoire naturelle et morale des iles Antilles de l'Amérique enrichie de plusieurs belles figures & des raretés les plus considérables qui y sont décrites, avec un vocabulaire Caraïbe*, Reinier Leers, Rotterdam, 1681.

SAMPER A., QUIDELLEUR X., LAHITTE P. ET MOLLEX D., « Timing of effusive volcanism and collapse events within an oceanic arc island: Basse Terre, Guadeloupe archipelago (Lesser Antilles arc) », *Earth and Planetary Science Letters*, doi:10.1016/j.epsl2007.03.030, 2007.

SMITH A.L. et ROOBOL M.J., « Mt. Pelee, Martinique : A Study of an Active Island-Arc Volcano », *Geological Society of America Memoir 175*, Boulder, 1990.

TANGUY J.-C., « The 1902-1905 eruptions of Montagne Pelée, Martinique: anatomy and retrospection », *Journal of Volcanology and Geothermal Research*, 60, p. 87-107, 1994.

TARDON R., *La Caldeira*, Fasquelle éditeurs, Paris, 1949.

WESTERCAMP D. et TAZIEFF H., *Martinique, Guadeloupe, Saint-Martin, La Désirade*, coll. Guides géologiques régionaux, Masson, Paris, 1980.

WESTERCAMP D. et coll., *Notice explicative de la carte géologique à 1/50 000e de la Martinique*, Éd. du BRGM, Orléans, 1989.

YACOU A. (sous la dir.), *Les catastrophes naturelles aux Antilles. D'une Soufrière à l'autre*, Karthala-CERC, Paris, 1999.

La Réunion

ALLÈGRE J.-L. et GROLLIER B., *Planète volcan, Le piton de la Fournaise, du sommet des cratères à l'océan*, J.-L. Allègre, Saint-Gilles-les-Bains, 1999.

BACHÈLERY P., *Le Piton de la Fournaise (île de La Réunion). Étude volcanologique, structurale et pétrologique*, thèse de 3e cycle à l'univ. Clermont-Ferrand II, 1981.

BACHÈLERY P., LABAZUY P. et LÉNAT J.-F., « Avalanches de débris sous-marines et subaériennes à La Réunion », *C. R. Académie des sciences*, sér. 2, 323, 6, p. 475-482, 1996.

BÉNARD R. et GROLLIER B., *Scènes de La Réunion vue d'en haut*, Orphie, Saint-Denis, 2002.

BÉNARD R. et KRAFFT M., *Au cœur de la Fournaise*, éd. Nourault-Bénard, Saint-Denis, 1986.

BERT A., *Description du volcan de l'île de La Réunion et des environs, précédée de quelques idées sur la structure générale de cette île*, manuscrit de 1791 publié par A. Lacroix dans *Le volcan actif de l'île de La Réunion (supplément)*, Gauthier-Villars, Paris, 1938, p. 1-44.

BORY DE SAINT-VINCENT J.B.G., *Voyage dans les quatre principales îles des mers d'Afrique, fait par ordre du gouvernement pendant les années neuf et dix de la République*, (F. Buisson, Paris, an XIII [1804]) rééd. Laffite reprints, Marseille, 1980.

FÉRIOT J.-B., STAUDACHER T. et RICARD L.-P., *Les instruments de surveillance au piton de la Fournaise*, Observatoire volcanologique, La Plaine des Cafres, 2000.

KIEFFER G., « Grands traits morphologiques de l'île de La Réunion (océan Indien) » dans *Le volcanisme de La Réunion*, Centre de recherches volcanologiques, Clermont-Ferrand, 1990, p. 75-114.

KRAFFT M. et BÉNARD R., *La Fournaise*, Éd. Roland Bénard, Saint-Denis, 1977.

LABAZUY P., « Recurrent landslides events on the submarine flank of Piton de la Fournaise volcano (Reunion Island) » dans *Volcano Instability on the Earth and Other Planets*, McGuire W.J., Jones A.P. et Neuberg J., Geological Society Special Publications, 110, p. 293-305, 1996.

LACROIX A., *Le volcan actif de l'île de La Réunion et ses produits*, Gauthier-Villars, Paris, 1936.

LACROIX A., *Le volcan actif de l'île de La Réunion (supplément) et celui de la Grande Comore*, Gauthier-Villars, Paris, 1938.

LÉNAT J.-F. (sous la dir.), *Le volcanisme de La Réunion*, Centre de recherches volcanologiques, Clermont-Ferrand, 1990.

MAIRINE P., *La Route du volcan : découverte de la Fournaise ancienne, Itinéraire géologique*, Conseil général de La Réunion, Rectorat, Saint-André, 1998.

MONTAGGIONI L. et NATIVEL P., *La Réunion, île Maurice, géologie et aperçus biologiques*, coll. Guides géologiques régionaux, Masson, Paris, 1988.

OEHLER J.F., LABAZUY P. et LÉNAT J.F., « Recurrence of major flank landslides during the last 2 Ma-history of Reunion Island », *Bulletin of Volcanology*, 66, p. 585-598, 2005.

REYNAUD L., *Les plus beaux paysages de La Réunion en 80 randonnées*, Orphie, Saint-Denis, 1998.

RIVALS P., *Histoire géologique de l'île de La Réunion*, Azalées Éditions, Saint-Denis, 1989.

STAUDACHER T. et CHEMINÉE A., *La Réunion, île volcanique située sur un point chaud*, Observatoire volcanologique du piton de la Fournaise, Bourg-Murat, 2002.

STIELJES L. et coll., *Notice explicative de la carte des coulées historiques du volcan de la Fournaise*, Éd. du BRGM, Orléans, 1986.

Polynésie

BINARD N., MAURY R.C., GUILLE G., TALANDIER J., GILLOT P.-Y. et COTTEN J., « Mehetia island, South Pacific: geology and petrology of the emerged part of the Society hotspot », *Journal of Volcanology and Geothermal Research*, 55, p. 239-260, 1993.

BLAIS S. et coll., Géologie, géochimie et géochronologie de l'île de Bora Bora (Société, Polynésie française), *C. R. Académie des sciences, sér. 2, sciences de la Terre et des planètes*, 331, p. 579-585, 2000.

BLAIS S. et coll., « The island of Maupiti : The oldest emergent volcano in the Society hot spot chain (French Polynesia) », *Bulletin de la Société géologique de France*, 173, p. 45-55, 2002.

BONNEVILLE A., « Les paysages sous-marins de l'océan Pacifique » dans *Le grand océan, le temps et l'espace du Pacifique*, Dunis S. (sous la dir.), Georg, Genève, 2004.

DE BOUGAINVILLE L.A., *Voyage autour du monde par la frégate du Roi "La Boudeuse" et la flûte "l'Étoile" en 1766, 1767, 1768 & 1769*, (Saillant et Nyon, Paris, 1771) rééd. Éd. La Découverte, Paris, 1989.

CLOUARD V. et BONNEVILLE A., « Submarine landslides in French Polynesia », dans *Oceanic Hotspots: Intraplate Submarine Magmatism and Tectonism*, Hekinian R., Stoffers P.S. et Cheminée J.-L. (sous la dir.), Springer, Berlin, 2004, p. 209-238.

Collectif, *Atlas de la Polynésie française*, ORSTOM, Paris, 1993 [très complet sur les milieux naturels et la géographie physique et humaine de la Polynésie, avec quelques schémas géologiques, de nombreuses cartes de la végétation et des sols, des informations sur les sites archéologiques, etc.].

Collectif, *Cahiers du Pacifique*, n° 12, 1969 [sur géographie, géologie et biologie de

Mururoa] ; n°18, 1976 [sur les Gambier] ; n°21, 1978 [sur les Marquises], fondation Singer-Polignac, Paris.

Collectif, *Cahiers de l'Indo-Pacifique*, n°2, 1980 [sur Tubuai], fondation Singer-Polignac, Paris.

Collectif, *Géologie de la France*, n°3, 1998 [sur la Polynésie française], Éd. du BRGM, Orléans.

Collectif, *Géologie de la France*, n°2, 2002 [sur les volcans polynésiens, des Marquises à l'île de Pâques], Éd. du BRGM, Orléans.

COMMERSON P., journal publié dans *Bougainville et ses compagnons autour du monde*, Taillemite É., Imprimerie nationale, Paris, 1977, tome II.

DARWIN C., *The Structure and Distribution of Coral Reefs, being the first part of the geology of the voyage of the Beagle under the command of Capt. Fitzroy, R.N. during the years 1832 to 1836*, Smith, Elder and Co., Londres, 1842.

DARWIN C., *Voyage d'un naturaliste autour du monde fait à bord du navire le "Beagle" de 1831 à 1836*, trad. E. Barbier, C. Reinwald, Paris, 1875.

DUMONT D'URVILLE J., *Voyage autour du monde*, Furne et Cie, Paris, 1853.

DUNCAN R.A. et MCDOUGALL I., « Linear volcanism in French Polynesia », *Journal of Volcanology and Geothermal Research*, 1, p. 197-227, 1976.

DUPERREY L.-I., *Voyage autour du monde exécuté sur ordre du roi, sur la corvette de Sa Majesté "La Coquille", en 1822, 1823, 1824 et 1825*, atlas historique, Arthus Bertrand, Paris, 1826.

FORSTER J.R., *Observations made during a Voyage round the World, on Physical Geography, Natural History and Ethic Philosophy*, G. Robinson, Londres, 1778 [trad. M. Pingeron, *Observations faites pendant le second voyage de M. Cook dans l'hémisphère austral et autour du monde sur la géographie, l'histoire naturelle et la philosophie morale, et en particulier sur la Terre et ses couches, l'eau et l'océan, l'atmosphère, les révolution du globe, les corps organisés, et l'espèce humaine*, Paris, Hôtel de Thou, 1778].

GUILLE G. et coll., « Les Marquises (Polynésie française) : un archipel intraocéanique atypique », *Géologie de la France*, n°2, p. 5-37, 2002.

HILDENBRAND A., GILLOT P.-Y. et LE ROY I., « Volcano-tectonic and geochemical evolution of an intra-plate volcano: Tahiti-Nui (French Polynesia) », *Earth and Planetary Science Letters*, v. 217, p. 349-365, 2004.

LACROIX A., « La constitution lithologique des îles de la Polynésie australe », *Mémoires de l'Académie des sciences de Paris*, 5, p. 1-80, 1927.

LAPÉROUSE J.-F. DE, *Voyage autour du monde sur "L'Astrolabe" et "La Boussole"*, rééd. Maspéro, Paris, 1980.

LAVAL H., *Mémoires pour servir à l'histoire de Mangareva, ère chrétienne 1834-1871*, éd. par C.W. Newbury et P. O'Reilly, musée de l'Homme, Paris, 1968.

LE DEZ A. et coll., « L'île de Moorea (Société) : édification rapide d'un volcan-bouclier polynésien », *Géologie de la France*, n°3, p. 51-64, 1998.

LONDON J., *The Cruise of the Snark*, Macmillan, Londres, 1911 (trad. Louis Postif, *La croisière du Snark*, Hachette, Paris, 1936).

LOTI P., *Le mariage de Loti*, Calmann-Lévy, Paris, 1880.

MARCHAND É. (comte de), *Voyage autour du monde, pendant les années 1790, 1791 et 1792*, Imprimerie de la République, an VI (1798), Paris.

MELVILLE H., *Narrative of a Four Months' Residence among the Natives of a Valley of the*

Marquesas Islands ; or, A Peep at Polynesian life, J. Murray, Londres, 1846 (trad. T. Varlet et F. Ledoux, *Taïpi*, Gallimard, Paris, 1952).

MORRISON J., *The journal of James Morrison, boatswain's mate of the Bounty, describing the mutiny & subsequent misfortunes of the mutineers, together with an account of the island of Tahiti* (1792), Golden Cockerel Press, Londres, 1935 (trad. B. Jaunez, *Journal de James Morrison, second maître à bord de la "Bounty"*, musée de l'Homme, Paris, 1966).

OTTINO P. et DE BERGH-OTTINO M.-N., *Hiva Oa, images d'une mémoire océanienne*, Centre polynésien des sciences humaines, Papeete, 1991.

PLATT Mme John dans T. Henry, *Mythes tahitiens*, coll. L'aube des peuples, Gallimard, Paris, 1993 (trad. de *Ancient Tahiti*, Bishop Museum Press, Honolulu, 1928).

RADIGUET M., *Les derniers sauvages : souvenirs de l'occupation française aux îles Marquises, 1842-1859*, Hachette, Paris, 1860 (rééd. *Les derniers sauvages : aux îles Marquises, 1842-1859*, Phébus, Paris, 2001).

SCEMLA J.-J., *Le voyage en Polynésie. Anthologie des voyageurs occidentaux de Cook à Segalen*, coll. Bouquins, Robert Laffont, 1994.

SEGALEN V., *Journal des îles*, Éd. du Pacifique, Papeete, 1978.

SEGALEN V., « Hommage à Gauguin » (1915) repris notamment dans *Gauguin dans son dernier décor et autres textes de Tahiti*, Fata Morgana, Fontfroide-le-Haut, 1986.

STEVENSON R.L., *In the South Seas*, Hogarth, Londres, 1896, trad. T. Varlet et I. Chapman, *Dans les mers du Sud*, Payot & Rivages, 1995.

TAILLEMITE É., *Bougainville et ses compagnons autour du monde*, Imprimerie nationale, Paris, 1977.

TAILLEMITE É., *Les découvreurs du Pacifique, Bougainville, Cook, Lapérouse*, Découvertes Gallimard, Paris, 1984.

Les terres Australes

ANONYME, « La prise de possession par la France des îles Kerguelen », *L'Illustration*, n°2611, p. 193-194, 11 mars 1893.

AUBERT DE LA RÜE E., « Étude géologique et géographique de l'archipel de Kerguelen », *Revue de Géographie Physique et de Géologie Dynamique*, 5, n° 1 et 2, 1932.

BELLEC F., *Le Livre des terres inconnues : journaux de bord des navigateurs*, XVe-XIXe *siècles*, Éd. du Chêne, Paris, 2000.

CHEVALIER L. et NOUGIER J., « Première étude volcano-structurale de l'île de la Possession, îles Crozet (TAAF), océan Indien austral », *C.R. Académie des sciences*, 292, p. 363-367, 1981.

COOK J., *Voyage au pôle austral et autour du monde, fait sur les vaisseaux de roi l'"Aventure" & la "Résolution", en 1772, 1773, 1774 & 1775 ; écrit par Jacques Cook, commandant de la "Résolution", dans lequel on a inséré la relation du capitaine Furneaux et celle de messieurs Forster*, Hôtel de Thou, Paris, 1778 [carnets originaux publiés par J.C. Beaglehole dans *The Voyage of the Resolution and Adventure 1772-1775*, Cambridge University Press, Cambridge, 1961].

COOK J., *Troisième voyage de Cook ou voyage à l'océan Pacifique : ordonné par le roi d'Angleterre, pour faire des découvertes dans l'hémisphère Nord, pour déterminer la position et l'étendue de la côte Ouest de l'Amérique septentrionale, sa distance de l'Asie, et résoudre la question du passage au nord, exécuté sous la direction des capitaines Cook, Clerke et Gore, sur les vaisseaux la "Résolution" et la "Découverte", en 1776, 1777, 1778,*

1779 & 1780, trad. M. Démeunier, Hôtel de Thou, Paris, 1785 [carnets originaux publiés par J.C. Beaglehole dans *The Voyage of the Resolution and Discovery 1776-1780*, Cambridge University Press, Cambridge, 1967].

CROZET J., *Nouveau voyage à la Mer du Sud : commencé sous les ordres de M. Marion… & achevé, après la mort de cet officier, sous ceux de M. le chevalier Duclesmeur*, Barrois l'aîné, Paris, 1783.

DELÉPINE G., *Les îles australes françaises, Kerguelen, Crozet, Amsterdam, Saint-Paul*, Éd. Ouest-France, Rennes, 1995.

DELÉPINE G., *L'amiral de Kerguelen et les mythes de son temps*, L'Harmattan, Paris, 1998.

EATON A.E., « An account of the petrological, botanical, and zoological collections made in Kerguelen's land and Rodriguez during the transit of Venus expeditions, carried out by order of her Majesty's governement in the years 1874-75 », *Philosophical Transactions of the Royal Society of London*, 168, p. 1-580, 1879.

FLOCH D., *Les oubliés de l'île Saint-Paul, des Crozet et des Kerguelen*, Éd. Ouest-France, 1993.

GIRET A., « Les étapes magmatiques de l'édification des îles Kerguelen », *Mémoires de la Société Géologique de France*, 63, p. 273-282, 1993.

GIRET A. et coll., « Géologie des îles Crozet », *Géologues*, n° 137, p. 15-23, 2003.

GIRET A. et coll., « L'archipel Kerguelen : les plus vieilles îles dans le plus jeune des océans », *Géologues*, n° 137, p. 23-39, 2003.

GOODRIDGE C.M., *Narrative of a voyage to the South seas, and the shipwreck of the* Princess of Wales *cutter with an account of two years residence on an uninhabited island*, W.C. Featherstone, Exeter, 1843.

GRÉGOIRE M. et coll., « Oceanic mafic granulite from the Kerguelen archipelago », *Nature*, 367, p. 360-363, 1994.

GUNN B.M., ABRANSON C.E., NOUGIER J., WATKINS N.D. et HAJASH A., « Amsterdam Island, an isolated volcano in the Southern Indian Ocean », *Contributions to Mineralogy and Petrology*, 32, p. 79-92, 1971.

KERGUELEN DE TRÉMAREC Y.-J., *Relation de deux voyages dans les mers australes et des Indes faits en 1771, 1772, 1773 et 1774*, Knapen et Fils, Paris, 1782 (rééd. avec notes de A. Boulaire, le Serpent de mer, Paris, 2000).

LA BILLARDIÈRE J.J. Houton DE, *Relation du voyage à la recherche de La Pérouse, fait par ordre de l'Assemblée constituante pendant les années 1791, 1792, et pendant la 1re et la 2e année de la République française*, H.J. Jansen, Paris, an VIII (1799).

LACROIX A., « Les roches éruptives grenues de l'archipel des Kerguelen », *C.R. Académie des sciences*, 179, p. 113-119, 1924.

NOUGIER J., *Contribution à l'étude géologique et géomorphologique des îles Kerguelen*, thèse d'État, Paris, 2 vols, CNFRA n°27, 1970.

NOUGIER, J., « Volcanism of Saint-Paul and Amsterdam islands (TAAF): Some aspects of volcanism along plate margins » dans *Antarctic Geoscience*, C. Craddock (éd.), The University of Wisconsin Press, Madison, 1982, p. 755-765.

RALLIER DU BATY R., *Aventures aux Kerguelen*, Éd. maritimes et d'outre-mer (EMOM), 1991 (trad. par R. Delcourt de *15 000 miles in a ketch*, 1910).

VÉLAIN C., *Description géologique de la presqu'île d'Aden, de l'île de La Réunion, des îles Saint-Paul et Amsterdam*, A. Hennuyer, Paris, 1878.

VERDENAL Y., *Saint-Paul et Amsterdam, voyage austral dans le temps*, Gérard Louis, Haroué, 2004.

Index des noms communs

E

F

G

H-I

K-L

Z

Index des noms de personnes

N-P

Q-R

S

T-W

Index des noms de lieux

A

B

C

D-E

F

G

H-J

K-L

M

N-O

P

R

S

T

U

V-W

Crédits photographiques et sources des documents

Agrinier Pierre : p. 139h.
Barrère Alain : p. 70h, 210h, 213h et bg.
Barruol Ghilhem : p. 381.
Bastin Philippe : p. 105b.
Beauducel François (Observatoire volcanologique et sismologique de Guadeloupe) : p. 144 et 151.
Blais Sylvain : p. 60 et 347.
Boivin Reynald : p. 315 et 330.
Bonneville Alain (fond documentaire) : p. 308, 340 et 369.
Bou Jean-Michel : p. 46.
BRGM et université de La Réunion : p. 176-177 (carte).
BRGM : photos p. 137 et 182 et fichiers numériques pour toutes les cartes de Martinique et de Polynésie.
BRGM-im@gé/Bès de Berc S. : p. 152 et 154.
BRGM-im@gé/Félenc J. : p. 23h.
BRGM-im@gé/Hervé J.-Y. : p. 134, 139b et 140.
BRGM-im@gé/Moiriat D. : p. 353, 362b et 366.
BRGM-im@gé/Maurizot P. : p. 23b.
Chevet Jude : p. 452.
Cottin Jean-Yves : p. 33h, 34h, 40b, 69b, 70b, 71, 75, 78, 385hd, 401, 402, 410, 415, 418, 419, 421, 423, 424, 425, 426, 427, 431h, 434, 435, 436, 439, 441, 442, 443, 445, 446, 448, 449, 450, 451, 456 et 457.
Davaille Anne : p. 38.
Doré Fabrice (Grenoble) : p. 52b et 406h.
Ferlicot Lucette : p. 208b, 210b et 213bd.
Finizola Anthony : p. 52h.
François Yann (Nantes, secteur privé) : p. 393.
Gagnevin Damien : p. 45d.
Gerbe Marie-Christine : p. 386.
Giret André : p. 385hg et bg, 394, 395, 422b et 454.
Gonzales-Marabal Anne-Marie : p. 334, 335 et 336.
Guille Gérard : p. 321.
Guillot Pierre-Louis : p. 54h, 99 et 100.
Heilprin Angelo : p. 111, 115, 125.
Hékinian Roger (Ifremer) : p. 298.
Hiramatsu Yoshihiro : p. 49.
Houssais Morgane : p. 98.
IGN : p. 205h et 205b.
Labazuy Philippe : p. 169.
Labo de géographie de l'université de La Réunion : p. 222h.
Lacroix Alfred : p. 85, 107, 110h et b, 112g et d, 204h et b.
Laporte Didier : p. 40h.
Legendre Chrystèle : p. 361, 362h et 365.
Lejeune Anne-Marie : p. 64, 66 et 87.
Libourel Guy : p. 314.
Lugand Stéphane : p. 166, 271 et 287.
Mairine Philippe : p. 41 (repris en couverture), 50md, 51md, 55h, 57h et b, 69h, 164, 167, 192, 198h et b, 200, 238 et 263.
Maison du volcan : p. 244.
Marsh Bruce D. : p. 39 (schéma).
Maury Marie-France : p. 367.
Maury René : p. 24, 47bd, 58b, 295, 304hd, 305hd et bd, 306, 309, 316, 318b, 328, 333, 341, 342, 344, 345, 349, 354, 356, 357h et b, 358, 360, 370, 373, 378, 379 et 380b.
Mergoil Jean : p. 14, 33b, 72b, 101, 108, 122, 138, 145, 153h, 230 et 254.
Michel Feuillard (Observatoire volcanologique de Guadeloupe) : p. 129.
Michon Gilbert : p. 412-413 (carte), 431b, 438h et b.
Mitard Emmelyne : p. 205 (schéma) et avec J. Dyon les pages intérieures de la couverture.
Moine Bertrand : p. 68, 385bd, 397, 409, 420, 429, 432-433, 437, 440h et b, 444, 458h et b.
Munschy Marc : p. 400, 404b, 406b et 407.
Observatoire volcanologique du piton de la Fournaise (OVPF) : p. 29, 30, 209, 212b et 245.
Observatoire volcanologique et sismologique de la Martinique, avec l'aimable autorisation de Sarah Bazin : p. 113.
Ottino Pierre : p. 304g, 304 bd et 305g.
Peltier Aline : p. 207b.
Perret Frank : p. 61, 121 et 126.
Perrin Jean : p. 50bg.
Ricard Michel : p. 53h, 313et 323.
Richet Pascal : p. 15, 17, 21, 27, 28b, 34b, 35, 44, 45g, 51hd, 51mg et bd, 53b, 54b, 59, 62, 63, 65, 72h, 74, 76, 83, 96, 97, 102, 103, 104, 123, 127b, 135, 136, 141, 142, 143, 146, 147, 148-149, 153b, 157, 159, 161, 174, 180, 183, 186, 190, 193, 194, 196-197, 199h et b, 203h et b, 208h et m, 215, 218, 219, 222b, 223, 224, 232, 233, 235, 239, 241, 243, 252, 261, 262h, 264, 267, 268, 272, 275h et b, 279h, 282, 285b, 288, 290 et 291h.

Roches Christian : p. 55b.
Rouland Daniel : p. 303, 318h, 350, 389, 391, 392, 403, 404h
Rouland Hélène : p. 296, 302, 319, 325, 352, 338, 371 et 376.
Salvat Bernard : p. 312 et 320h.
Schaming Marc (Crozet) : p. 403.
Simien Frédéric : p. 227 et 291b.
Société géologique de France : p. 47h et bg.
Staudacher Thomas (OVPF) : p. 31bg et bd, 48, 50bd, 51hg, 56, 191, 201, 206h et b, 211hg et mg, 212h et 221.
Stutzmann Eléonore : p. 36.
Talandier Jean : p. 364.
Techer Georges : p. 207h.
Troispoux Gilles : p. 398-399.
Villeneuve Nicolas : p. 9, 10-11, 13, 28h, 31hg et hd, 50hg, 50hd et mg, 51bg, 73, 80-81, 165, 171, 172, 173, 178, 181, 185, 188, 202, 216, 217, 226, 228, 229, 231, 236, 242, 246, 248, 253, 255, 256, 257, 258, 259, 260, 262b, 265, 266, 269, 273, 274, 276, 278, 279b, 281, 283, 284, 285h, 286 et 289.
Welsch Benoît : p. 211b.
Zerbib Lydia : p. 105h, 117 et 124.

Akg-images/Ullstein Bild : p. 19
Bibliothèque centrale du Museum national d'histoire naturelle, Paris 2007 : p. 118, 310, 320b et 332.
Caputo Robert/Aurora/Cosmos : p. 374.
Imaz Presse Réunion : p. 234.
IMCCE : p. 388.
Lanting Frans/Minden Pictures/J.H. Editorial : p. 311.
Musée d'ethnographie de Bordeaux 2 (université Victor-Segalen – www.meb.u-bordeuax2.fr)/ Photo Pr Paul Coÿne (1848-1920) : p. 120.
Nasa : p. 109, 155, 299, 326, 331, 337, 348, 372, 380h, 382 et 411.
Nasa/Modis Land Rapide Response Team : p. 214.
National Maritime Museum, London : p. 293.
Postes des terres Australes et Antarctiques françaises : p. 417 © TAAF/E. Lacaque, p. 422h © TAAF/R. Quillivic.
Sicard Franck : p. 127h.

Cartographie et figures (sauf p. 39, 176-177, 205 et 412-413) : Joël Dyon.

Notes

NOTES

Notes

Imprimé en France par Loire Offset Plus à Saint-Étienne
N° d'impression : 34574 - N° d'édition : 004510-01
Dépôt légal : mai 2007